高等院校环境类系列教材

环境与可持续发展科学导论

主　编　杨京平

副主编　何云峰　汪　华　钟一铭

中国环境出版社·北京

图书在版编目（CIP）数据

环境与可持续发展科学导论/杨京平主编. —北京：
中国环境出版社，2014.7（2017.2 重印）
ISBN 978-7-5111-1976-6

Ⅰ．①环⋯　Ⅱ．①杨⋯　Ⅲ．①环境保护—可持
续性发展—高等学校—教材　Ⅳ．①X22
中国版本图书馆 CIP 数据核字（2014）第 153732 号

出 品 人　王新程
责任编辑　付江平
责任校对　唐丽虹
封面设计　彭　杉

出版发行　**中国环境出版社**
　　　　　（100062　北京市东城区广渠门内大街 16 号）
　　　　　网　　　址：http://www.cesp.com.cn
　　　　　电子邮箱：bjgl@cesp.com.cn
　　　　　联系电话：010-67112765（编辑管理部）
　　　　　　发行热线：010-67125803，010-67113405（传真）
印　　刷　北京中科印刷有限公司
经　　销　各地新华书店
版　　次　2014 年 9 月第 1 版
印　　次　2017 年 2 月第 2 次印刷
开　　本　787×1092　1/16
印　　张　21.75
字　　数　474 千字
定　　价　42.00 元

前 言

　　进入 20 世纪 60 年代以来，由于全球工业化的发展，农业化学化、机械化和城市化发展的加快，人类生产与生活活动对资源的消耗大幅增长，对水体、大气、土壤和生物环境带来的严重破坏，造成环境污染的事故和生态灾难等不断发生。迈入 21 世纪的中国，经济发展取得了举世瞩目的成就，但是在经济发展的过程中也产生了许多日益严重的环境问题及生态危机。面对日益严重的人口爆炸、资源紧缺、环境破坏等，如何推进社会、经济、环境的可持续发展成为紧迫的全球现实问题，亟待解决。

　　树立正确的环境、生物与生态系统安全的概念，实现可持续发展成为我国经济发展的战略要求。可持续发展必须注重充分、合理地利用自然资源，在高效、持续、稳定地发展生产的同时，推进经济的发展、社会的进步与环境、生态系统的协同进化。正是在这种情况下，本教材系统地介绍了有关环境、环境保护、生态系统、生态安全及可持续发展的基本概念及相关理论，并结合目前国内外环境保护、生态工程与技术建设取得的成功经验，重点阐明了有关环境科学的理论、环境污染、资源概况、清洁生产、农业环境与可持续发展、城市的可持续发展、海洋环境与可持续发展等内容，以培养树立学习者的可持续发展价值观及环境资源的保护意识，从而促进人们的生产方式、生活方式的转变，建立一个可持续发展的公正社会。

　　本书可以作为高等大专院校的普及环境教育的通识课程教学教材，也可以作为化工、石化、医药、材料、冶金、农林、环境工程专业的教材或者教学参考用书，供广大的科技工作者与管理人员、干部学习加以参考。

　　本书由杨京平主编，何云峰、汪华、钟一铭副主编。全书共分九章，主要编写人员为：杨京平编写第一章，汪华编写第二章，钟一铭编写第三章，赵杏编写第四章，姜继萍、何俊俊、杨京平编写第五章，王昊、杨少慧、何云峰编写第六章，叶欣怡编写第七章，蔡武、陈杰、何云峰编写第八章，吕亚敏编写第九章。全书由主编、副主编校阅定稿。

    本书在编写过程参阅和引用了众多的正式出版资料及发表的文献资料，在此表示衷心的感谢。由于本书内容涉及面广、综合性强，加上作者的水平和掌握的资料有限，书中难免存在缺点，敬请读者批评指正。

作　者

2014 年 5 月于杭州紫金港

目　录

第一章　环境学与生态学、可持续发展理论

第一节　环境与环境学

一、环境的定义

对于环境学科而言，环境是相对于某一事物来说的，是指围绕着某一事物（通常称其为主体）并对该事物会产生某些影响的所有外界事物（通常称其为客体），即环境是指相对于某项中心事物的周围事物。

因而，环境（Environment）是指影响生物机体生命、发展与生存的所有外部条件的总体。环境既包括以空气、水、土地、植物、动物等为内容的物质因素，也包括以观念、制度、行为准则等为内容的非物质因素；既包括自然因素，也包括社会因素；既包括非生命体形式，也包括生命体形式。对于人类而言，环境是以人类为主体的客观物质体系，是指地球表面与人类发生相互作用的自然要素的总体，它具有整体性、区域性及变动性的基本特征。

对不同的对象和学科来说，环境的内容也不同。对生物学来说，环境是指生物生活周围的气候、生态系统、周围群体和其他种群。对文学、历史和社会科学来说，环境指具体的人生活周围的情况和条件。对企业和管理学来说，环境指社会和心理的条件，如工作环境等。

1989 年 12 月颁布的《中华人民共和国环境保护法》第一章第二条指出"本法所称环境，是指影响人类生存和发展的各种天然的和经过人工改造的自然因素的总体，包括大气、水、海洋、土地、矿藏、森林、草原、野生生物、自然遗迹、人文遗迹、自然保护区、风景名胜区、城市和乡村等"。这是一种从环境法的定义将应当保护的要素及对象界定为环境的定义，以法律的形式对环境的保护适用对象及范围做出了规定，以保证法律的准确实施。

二、环境的分类

地球的环境是经过漫长的演变而形成的，特别是人类的诞生与进化发展，短时间内使地球表面的环境系统发生了巨大的变化，形成了我们现在地球上多种多样的环境世界。

环境科学家认为环境（自然环境）是由岩石圈（lithsphere）、大气圈（atmosphere）、水圈（hydrosphere）和生物圈（biosphere）组成。由于环境是一个非常复杂的体系，还没有形成统一的体系。目前，一般按照环境的主体、环境属性与范围来进行分类。

按环境的主体分，目前有两种体系：一类以人为主体，其他的生命物质和非生命物质都被视为环境要素，这类环境可称之为人类环境；另一类是以生物为主体，生物体以外的所有自然条件与因素称为环境，这类环境称之为生态环境。环境可以从各种不同的角度作进一步的分类，如按照环境的要素，可以分为大气环境、水环境、土壤环境等；按照生态特点可以分为陆生环境、水生环境、沙漠环境等；按照人类对其影响的程度可以分为原生环境和次生环境等。

通常按环境的属性，将环境分为自然环境、人工环境和社会环境。

1. 自然环境

自然环境是指未经过人类的加工改造而天然存在的环境；自然环境按环境要素，又可分为大气环境、水环境、土壤环境、地质环境和生物环境等，主要是指地球的五大圈层——大气圈、水圈、土圈、岩石圈和生物圈，这些构成地球的主要环境。人类生活的自然环境，主要包括岩石圈、水圈、大气圈、生物圈。和人类生活关系最密切的是生物圈。

2. 人工环境

人工环境是指在自然环境的基础上经过人的加工改造所形成的环境，或人为创造的环境。人工环境与自然环境的区别，主要在于人工环境对自然物质的形态做了较大的改变，使其失去了原有的面貌。

3. 社会环境

社会环境是指由人与人之间的各种社会关系所形成的环境，包括政治制度、经济体制、文化传统、社会治安、邻里关系等。

三、环境科学的发展

环境科学的发展是随着人类社会及认识的发展而发展，从 20 世纪 50 年代到目前为止，也仅几十年的时间。

环境科学是一门研究环境的物理、化学、生物三个部分的学科。它提供了综合性、定量化和跨学科的方法来研究环境系统。由于大多数环境问题涉及人类活动，因此经济、法律和社会科学知识往往也用于环境科学研究。环境学研究人类社会发展活动与环境演化规律之间相互作用关系，是寻求人类社会与环境协同演化、持续发展途径与方法的科学。

从有人类以来，原始人类依靠地球生物圈获取食物来源，在狩猎和采集食物阶段，人类和其他动物基本一样，在整个地球环境及生态系统中占有一席位置。但人类会使用工具，因此人类在生物界占有优越的地位，会用有限的食物维持日益壮大的种群。

在人类发展到畜牧业和农业阶段，人类已经改造了生物圈，创造了围绕人类自己的人工生态系统，从而破坏了自然生态系统。随着人类不断发展，数量增加，不断地扩大人工生态系统的范围，地球的范围是固定的，因此自然生态系统不断地缩小，许多野生生物不断地灭绝。

从人类开始开采矿石，使用化石燃料以来，人类的活动范围开始侵入岩石圈。人类开垦荒地，平整梯田，尤其是自工业革命以来，大规模地开采矿石，破坏了自然界的元素平衡。

自 20 世纪后半叶，由于人类工农业蓬勃发展，大量开采水资源，过量使用化石燃料，向水体和大气中排放大量的废水、废气，造成大气圈和水圈的质量恶化，从而引起全世界的关注，使得环境保护事业开始出现。

现在随着科技能力的发展，人类活动已经延伸到地球之外的外层空间环境，甚至私人都有能力发射火箭。造成目前有几千件垃圾废物在外层空间围绕地球的轨道上运转，大至火箭残骸，小至空间站宇航员的排泄物，严重影响对外空的观察和卫星的发射。人类的环境已经超出了地球的范围。

毋庸置疑，自然环境是人类赖以生存和发展的场所，它所提供的生态环境和各种资源使我们得以生活并在经济、社会活动中不断发展。但是，由于人类具有意识，能够进行高级的思维活动，有改造自然的能力而与自然生态系统中的其他生物不同，人类在自然界中占有十分特殊的位置。也就是说我们人类往往不是消极和被动地适应环境，而是积极和主动地依靠自己的力量去改变自然，这就意味着人类与环境的关系，必然与人类改造自然的能力有关，随着人类社会的发展和进步，人类与环境的关系的发展也经历了不同的时期，并具有不同的特点。根据生态破坏与环境污染的程度和人类对环境意识的不同，人类与环境的关系的发展大致可以分为以下几个主要时期。

（一）原始协调时期

人类产生以后，首先经历了漫长的原始社会时期。在这一时期内，人类改造自然和从事生产活动的手段是极其简陋和低下的。无论是最初依靠采集野生食物（或现成食物）和渔猎为生，还是发展到后来以栽培作物和驯养动物为主，人类所从事的这些生产方式和生产活动对于环境的影响是微乎其微的。从这种意义上说，在这一时期内，人类与环境之间保持着原始协调的关系，这是因为人类改造、支配和征服自然环境的能力极其低下，自然环境几乎完全支配着人类的生活，主宰着人类的生存和命运。

（二）生态破坏初期

随着人类社会的发展，铁器工具开始出现并逐渐得到推广和应用，这极大地提高了人类的生产力水平和改造自然的能力，使人类能够开垦荒地、挖渠引水，实现了农业发展中的革命。但这同时也在局部范围内破坏了生态的自然结构和原有布局，开始出现了早期的和局部的环境及生态破坏，但总体上仍然没有超出生态系统所能容许或能承受的限度。所以，在这一时期内，人类与环境的关系基本上还是协调的。

（三）协调关系失衡时期——污染加剧、公害频生时期

18世纪中叶，随着资本主义工厂手工业的出现和发展，英国率先启动了工业革命，接着，工业化的浪潮迅速蔓延到全球，人类进入了工业文明时代。这一方面标志着人类改造自然的能力和生产力水平有了质的飞跃，加速了各种自然资源的开发和利用，进一步提高了人类的生活水平；但另一方面，工业生产所产生的大量气体、液体和固体废物以及日益集中的人口的生活活动的大量排泄物直接地排放到我们的生存环境中，造成了局部日益严重的环境污染，不断降低着人们生存环境的质量，同时也日益明显地打破着人类与环境之间的原本协调的关系。尤其是英、美等国家先后发生的"环境公害"事件，对人们的生命和财产造成了更大的危害和损失。

随着现代大工业的迅速发展，人类向环境中所排放的废物，不论是在种类和数量上，还是在对环境污染的范围和程度及其所造成的危害上，都在极其迅速地扩大和增长着，这也意味着日益加剧的环境污染已经成为危害人类生命，乃至威胁人类生存的全球性问题。

（四）反思与减缓时期

随着环境问题的日益严重，从20世纪50年代以来，人类开始对自身的生产行为和对环境造成的影响进行反思。从蕾切尔·卡逊著作《寂静的春天》一书的出版到1970年4月22日"地球日"的诞生；从1972年《人类环境宣言》的发表到1992年巴西里约热内卢"联合国环境与发展大会"的召开，都充分说明各国政府和世界组织对环境问题的重视，不少国家都在不断地完善环保法规，以期更有效地约束和规范人们的环境行为，缓解全球范围内环境污染不断加剧的势头。

环境科学的发展主要是运用自然科学和社会科学的有关学科理论、技术与方法来研究环境问题、解决办法、提出对策。寻求人类社会与环境的协同进化、持续发展的途径及方法，从而使环境永远为人类社会持续、协调、稳定的发展提供良好的支持与保证。

从人类与环境关系的一个大致演化过程，我们能很清楚地预见到未来人与自然、人类社会与环境系统的变化，那就是人类的环境保护意识将不断提高，将会更加积极主动地参与到保护环境的日常行为当中。与此同时，对于目前已经产生的环境问题，人类也不会置

之不理，人类将运用教育的、行政的、经济的、法律的和科学技术的等各种手段，去有效地治理已经造成的环境污染。特别是运用新的科学技术手段，发明和应用一些绿色的新材料和新能源、新的清洁生产的技术和工艺，将会更加有效地减少和防止对环境的污染，进一步改善和提高环境的质量，使环境更加适合人类的生存，使人类与环境的关系趋于更高程度的协调。

四、环境问题与危机

环境问题是指由于自然及人为活动使环境质量发生改变，从而带来不利于人类生产、生活和健康的结果。按照形成的原因，环境问题可以分成为两类（图1-1）。

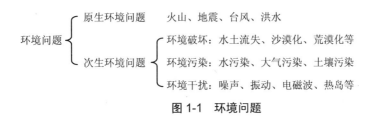

图 1-1　环境问题

1. 原生环境问题

原生环境问题——指由自然力引起的环境问题。如自然界的火山爆发、洪涝干旱、地震、泥石流、疾病暴发等自然界的异常变化。

2. 次生环境问题

次生环境问题——由于人类活动作用于周围的环境而引起的环境问题，称为次生环境问题。其主要是由于人类不合理利用资源所引起的环境衰退和工、农业发展所带来的环境污染等问题，通常可以分为环境破坏与环境污染两种类型。

（1）环境破坏。环境破坏又称为生态破坏，一类它使人类的周围环境结构与功能改变，对人类的生存与发展产生了不利的影响，通常表现为生物环境的破坏，如过度砍伐引起森林覆盖率锐减，过度放牧引起草原退化，滥肆捕杀引起许多动物物种濒临灭绝等；另一类属非生物环境破坏。如毁林开荒使水土流失、沙漠化、荒漠化，填湖造地使湿地减少、洪涝频繁等。环境破坏包括土地资源的破坏、森林资源的破坏、草原资源的破坏、水资源的破坏、矿产资源的破坏、物种资源的破坏、自然景观的破坏、风景名胜地和文化遗迹地的破坏等。在近代，由于科学技术的进步与迅速发展，人口急剧增加，地球环境遭受人为破坏的规模与速度越来越大，后果也越来越严重，而且环境破坏恢复起来越来越困难，成本也越来越高。

（2）环境污染。环境污染是由于人为或自然的因素，使环境化学组分或物理状态发生变化，与原来的环境相比，环境质量发生恶化，扰乱或破坏了原有的生态系统或人们正常的生产、生活条件。

通常有毒、有害物质进入环境，并在环境中扩散、迁移，使环境系统的结构与功能发生变化，对人类的生产生活和发展带来不利的影响，我们称之为环境污染。造成环境污染的污染物质，可以是自然活动的结果，也可以是人类活动的结果，或者是两类活动共同作用的结果。环境的污染按污染物性质可以分为生物污染、化学污染和物理污染；按环境要素可以分为大气污染、水污染、土壤污染、放射性污染等。

20世纪50年代以来，世界各地由于重大污染事件不断出现，环境污染才逐渐引起人们普遍关注。工业生产产生的"三废"排放到环境中，积累到一定程度，自然环境对它们已不能分解或彻底降解，造成环境污染，形成了所谓社会环境公害。环境危机的表现形式主要为环境污染和生态破坏，它使人类的生存和发展受到了更大的威胁。

随着人类社会及工业化、产业化的迅猛发展，污染造成的环境问题带来了严重的后果，并在20世纪50—60年代产生了一系列严重的震惊世界的环境公害事件，此后环境问题的不断发展演变也产生了新的一些特点。

① 从局部、区域性的环境污染发展成为全球性的环境问题，由单一的大气污染扩大到大气、水体、土壤和食品等各方面的污染。

② 从第一代环境问题扩展到第二代环境问题。第一代环境问题，是指环境污染与生态破坏造成的区域性影响，其中最主要的有大气污染、水污染、固体废物和城市垃圾所造成的污染；森林滥伐；草原过度放牧和不合适的垦荒；生态环境的破坏；土地不合理开发引起的水土流失、沙漠化以及非农业占用耕地导致农田面积减少；资源不合理开发利用，导致能源和其他矿产资源短缺，水资源短缺。第二代环境问题是指全球性环境问题。解决这些问题的难度都大大超过第一代环境问题。其中最重要的有：全球气候变暖、臭氧层破坏、酸雨、危险废弃物越界转移、生物多样性锐减。

近年来我国环境污染造成的人体健康问题频发，仅2009年一年就发生多起群体性环境健康事件。2009年7月，内蒙古赤峰市新城区千余市民在饮用自来水后出现腹泻、呕吐、头晕、发热等症状，后赤峰市建委通报，污染事件为水源污染所致。2009年7月，陕西省凤翔县"血铅事件"，主要是邻近一家铅锌冶炼企业排污导致该县长青镇孙家南头、马道口两村731名受检儿童中615人血铅超标，其中163人中度铅中毒、3人重度铅中毒。2009年8月，湖南武冈再爆铅污染事件。之后，河南省济源市柿槟村，千名儿童受铅冶炼工厂污染血铅超标，血铅值最高达正常值范围的6倍还多。

五、环境保护

环境保护（Environmental Protection）是指人类为解决现实或潜在的环境问题，协调人类与环境的关系，保障经济社会的持续发展而采取的各种行动的总称。其方法和手段有工程技术的、行政管理的，也有利用国家法律、法规和舆论宣传手段而使全社会重视和处理环境污染问题。环境保护涉及自然科学和社会科学的许多领域，有其独特的研究对象。

1972 年 6 月 5—16 日在瑞典斯德哥尔摩召开第一届联合国"人类环境会议"，提出了著名的《人类环境宣言》，这是环境保护事业正式引起世界各国政府重视的开端。我国的环境保护从 1972 年也正式开始起步，1973 年当时的国家建委成立了环境保护办公室，后来改为由国务院直属的国家环境保护总局。各省（市、区）也相继成立了环境保护局（厅）。政府的环境保护部门主要职责是执行各级人民代表大会制定的控制污染物排放政策，鼓励开发污染物排放控制技术以控制污染，保护和改善环境。

环境保护包括了三个层面上的保护：

（1）对自然环境的保护；

（2）对人类居住、生活环境的保护；

（3）对地球生物的保护。包括物种的保全，植物、植被的养护，动物的回归，维护生物、生态系统多样性，转基因的合理慎用，濒临灭绝生物的特殊保护，灭绝物种的恢复，栖息地的扩大，人类与生物的和谐共处等。

环境保护是因为环境是人类生存和发展的基本前提。环境为我们的生存和发展提供了必要的资源和条件。人与环境是一个统一的整体，人离不开环境，保护环境就是保护人类自身的发展与生存条件。

（1）环境保护能够促进和优化经济增长。环境与经济的关系紧密相连。良好的生态环境是经济增长的基础和条件，环境问题究其产生根源，是发展不足或发展不当造成的。环境问题在经济发展过程中产生，也只有在发展过程中不断解决。保护好环境，能优化经济增长，促进发展。

（2）环境保护是以人为本的价值观体现。自然环境是人类社会赖以生存发展的基础，保护环境就是保护人的生存和发展环境。加强环境保护，可以防治环境污染和其他公害，保证生产安全的生产资料和生活资料，努力让人民群众喝上干净的水、呼吸清洁的空气、吃上放心的食物，保障人的健康生存。而受到污染的空气和水、土壤直接导致呼吸疾病、皮肤疾病和癌症的高发，受到污染的水产品和农产品威胁到人体健康和生命安全，是对人的基本权利的最大侵犯。随着温饱问题的解决，人民期待更加舒适的居住环境，对环境质量的要求越来越高。提高生活质量，延长人均寿命，成为环境保护体现以人为本的发展要求。

（3）保护环境是实现可持续发展的重要途径。中国用短短 30 多年的时间走完了发达国家上百年的经济发展路程，取得举世公认的伟大成绩。但是，我国经济的高速发展在很大程度上是以资源、能源的大量消耗和环境污染加重为代价的，是在生态透支的基础上实现的，是一种不可持续的发展方式。创造的国内生产总值虽然只有世界的 4%，但耗用的钢铁、煤炭、水泥却分别占世界总消费量的 30%、31% 和 40%。我国的经济增长属于粗放型的增长。多年的环境问题已经成为制约经济社会发展的"瓶颈"、危及人民群众健康、影响社会稳定的重要因素。

环境保护的主要内容：

（1）防治环境污染。包括防治工业生产排放的"三废"（废水、废气、废渣污染）、粉尘、放射性物质以及产生的噪声、振动、恶臭和电磁微波辐射，交通运输活动产生的有害气体、液体、噪声，海上船舶运输排出的污染物，工农业生产和人民生活使用的有毒有害化学品，化肥农药的流失，城镇生活排放的烟尘、污水和垃圾等造成的污染。

（2）防止生态破坏。包括防止由大型水利工程、铁路、公路干线、大型港口码头、机场和大型工业项目等工程建设对环境造成的污染和破坏，农垦和围湖造田活动、海上油田、海岸带和沼泽地的开发、森林和矿产资源的开发对环境的破坏和影响，新工业区、新城镇的设置和建设等对生态环境的破坏、污染和影响。

（3）自然资源保护。包括对珍稀物种及其生活环境、特殊的自然发展史遗迹、地质现象、地貌景观等提供有效的保护。另外，城乡规划，控制水土流失和沙漠化、植树造林、控制人口的增长和分布、合理配置生产力等，也都属于环境保护的内容。

环境保护已成为当今世界各国政府和人民的共同行动和主要任务之一。中国政府则把环境保护宣布为中国的一项基本国策，并制定和颁布了一系列环境保护的法律、法规，以保证这一基本国策的贯彻执行。

第二节　生态学基础概述

一、生态学与生态系统

自人类从自然界产生并进化到现在以来，人们认识到我们是自然生态系统的多样化生物的组成成分，共同构成了地球生物圈，形成了地球上万物霜天竞自由的各类生态系统。

（一）生态学

生态学是研究环境与生物相互关系的一门科学，生态学可以分为个体生态学、种群生态学、群落生态学和生态系统生态学。但无论其针对的研究对象的层次水平如何不同，都是为了研究生物与环境、生物与生物之间的相互关系，或者是从系统化的角度来研究生物与环境之间物质流、能量流及相互之间关系的一门学科。

（二）生态系统

英国植物群落学家 A. G. Tansley 认为有机体不能与它们的环境分开，在一定的空间范围内，所有动物、植物、微生物及周围物理环境之间的相互作用形成一个自然系统，这些系统就是生态系统（Ecosystem）。

美国生态学家奥德姆（E. P. Odum）认为，生态系统是指生物群落与生存环境之间，以及生物群落内生物之间密切联系、相互作用，通过物质交换、能量转化和信息传递，成为占据一定空间，具有一定结构，执行一定功能的动态平衡体。奥德姆在《生态学基础》（第五版）一书中给出生态系统定义：生态系统就是在一定区域中共同栖居着所有生物与其环境之间由于不断进行物质循环和能量流动过程而形成的统一整体。

生态系统在地球表面有许多种类型，且大小不一。地球上有无数大大小小的生态系统，其核心是生物群落。它具有自我维持、修补和重建的能力。奥德姆提出生态系统通常包括六种类型的系统，即：基因系统、细胞系统、器官系统、个体系统、种群系统、群落系统（即生态系统）。生态系统也可简写成这样的表达式：生态系统＝生物群落＋环境。现代生态学理论认为生态系统内包含着能量的流动、碳的流动或者营养的循环。

从上述学者的观点可以看出，所谓生态系统，是指在一定的时空范围内，由生物因素与环境因素相互作用、相互影响所构成的综合体，或者说，是占据一定空间的自然界客观存在的实体，是生命系统与环境系统在特定空间的组合。生态系统概念的提出，为研究生物与环境的关系提供了新的观点和基础。生态系统生态学已经成为当前生态学研究领域中最活跃的一方面。

1. 生态系统的基本成分

生态系统的基本组成部分可以分成为两大类：生物组分与环境组分。环境提供生态系统所需要的物质和能量的来源，如太阳辐射、大气、水、CO_2、土壤及各种矿物；生物组分包括了生产者、消费者和分解者。

生产者主要是绿色植物，它们能进行光合作用，把大气中的 CO_2 和水合成有机物质，把太阳光能转变成为化学潜能。它们为生态系统中一切生物提供了赖以生存的主要能量来源，其生产力的大小决定了生态系统初级生产力的大小。

消费者主要由各类动物组成，是以初级生产者的产物为食物的大型异养生物。它们不能利用太阳能生产有机物，只能从植物所制造的现成有机物质中获得营养和能量，因此它也是生态系统中生产力十分重要的构成因素。

分解者又称为还原者，主要是细菌、真菌和一些以腐生生活为主的原生动物及其他小型有机体。它们把植物、动物体有机成分元素和储备的能量通过分解作用又释放到无机环境中，供生产者再利用。

2. 生态系统的分类

由于生态系统是生物与环境相互作用形成的综合体，因此它存在着各种各样的形态。地球上最大的生态系统就是生物圈，它包括了水圈的全部，大气圈和岩石圈的一部分，是地球上全部生物及其生活领域的总和。通常根据形态特征、地理位置、功能目标及人们的研究需要而对生态系统进行分类（图1-2）。

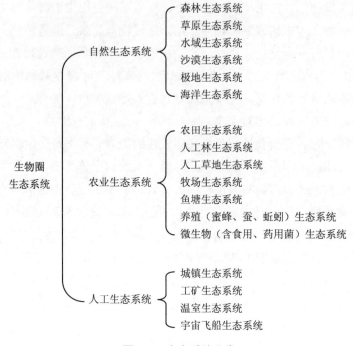

图 1-2　生态系统分类

二、生态学中常用的概念

（一）种群及群落

种群：是指在一定空间范围内同种生物所有个体的总和。可以区分为动物、植物与微生物种群。

群落：在特定空间及自然区域环境下由许多不同种的生物种群构成的群体。

（二）生态平衡的概念

生态学上的平衡概念是指某个主体与其环境的综合协调。从这一意义上说，生命系统的各个层次都涉及生态平衡的问题。如种群和群落的稳定不只受自身调节机制的制约，同时也与其他种群或群落及许多其他因素有关，这是对生态平衡的广义理解。

狭义的生态平衡（Ecological equilibrium）就是指生态系统的相对稳定及平衡状态，简称生态平衡。处于这一状态时，生态系统内生物之间和生物与环境之间相互高度适应，种群及群落的结构、数量比例长久保持相对稳定，生产、消费和分解之间相互协调，系统能量和物质的输入与输出之间接近平衡。在一般情况下，能量和物质的输入大于输出，生物量增加；反之，则生物量减少。如果输入和输出在较长时间趋于相等，生态系统的结构和功能长期处于稳定状态，此时，生物和种类组成及数量比例持久地没有明显变动，在外来干扰下能通过自我调节恢复到原始的最初稳定状态，生态系统的这种状态就称为生态系统的平衡，也就是人们常说的生态平衡。显然生态平衡是动态的、相对的，是一个运动着的平衡状态。

（三）生态灾害与生态危机

生态灾害是指由于生态系统平衡的失衡、改变所带来的各种始料未及的不良后果。与生态冲击（ecological backlash）、生态报复（ecological boomerang）的含义相似。

生态危机，指的是人类赖以生存和发展的环境或生态系统结构和功能由于人为的不合理开发、利用而引起的生态环境严重破坏、退化，使人类的生存与发展受到威胁的现象，是生态失调的结果。主要由人类盲目和过度的生产活动所引起。

人类对大自然认识缺乏全面性和系统性，习惯于依靠片面的、某些单向的技术来"征服"大自然，常常采取一些顾此失彼的行为措施，在第一步取得某些预期效果以后，第二步、第三步却出现了意料之外的不良影响，常常抵消了第一步的效果甚至摧毁了再发展的基础条件。人们总是由于专心顾及当前的直接利益而忽视了环境在人作用下的长期缓慢的不良变化，不自觉地忍受了一个又一个这样的"自然报复"。比如我国许多地方曾是植被繁茂的好地方，历代战火和不适当垦殖，导致了水土流失极其严重，甚至出现沙漠化。任意排放污水、堆积废物、使用生化物质灭蚊除藻、筑坝与开挖河流、施用淤泥等都有可能破坏水源和土壤资源。只相信在单项专业中训练有素的专家和专家工作部门分别对自然采取的行为，不了解这些部门的分别作用可能互相抵消而破坏自然界的整体性。直到 20 世纪 70 年代以后，由于世界工业普遍迅速发展，污染和生态环境破坏产生了极明显的严重的综合效应，才引起人们的注意和重视。于是人和大自然作为一个有机整体进行系统研究的环境科学逐渐兴起，全面研究人类各种活动的正反两方面的效应、注意防止生态灾难或自然报复成为人类协调人与自然关系的新的指导原则。

（四）生态安全及生态移民

1. 生态安全的定义

安全其实是针对于风险来说的。近些年来，人类对于生态的破坏越来越严重，水土流失、干旱洪涝、沙尘暴、泥石流、水污染、大气污染、垃圾问题等都在威胁着人类的健康和发展，还有我们生存的环境。由于人口激增，人类对自然资源的开发加快、消耗飙升，使生态环境日趋恶化，直接威胁人类的生存。其实，人们还是有一定忍耐力的，如果这些对于生态的破坏只是让自己生活的不舒服也就罢了，但是如果连基本的生存都受到威胁，那就应该考虑生态安全的问题了。

生态安全主要包括两个含义：一是生态系统自身是否安全，二是生态系统对于人类是否安全。生态安全的本质可以认为是以人类社会的可持续发展为目的，促进经济、社会和生态三者之间和谐统一。影响安全的因素主要有生态环境问题、公共政策和公众素质。

早在 1989 年国际应用系统分析研究所就提出要建立优化的全球生态安全的监测系统，并指出"生态安全"的含义是指在人的生活、健康、安乐、基本权利、生活保障来源、必要的资源、社会秩序、人类适应环境变化的能力等方面不受到威胁。认为生态安全在全球安全中占据着越来越重要的地位。

国际上对生态安全的研究，主要围绕着"环境变化"与"安全"之间的关系展开。通过多年的研究，国际上对生态安全取得了以下几点共识：①环境、资源压力与日俱增，影响到社会、经济与政治安全；②由于人口的持续增长、消费量和污染的增多及土地利用的改变，环境压力在冲突和灾害中起着越来越重要的作用；③冲突和灾害破坏了环境保护和发展的成就；④生态安全不能仅停留在国家层面上，它应该从大到全球小到地方的不同层面上加以考虑。

2. 生态安全及生态难民案例

甘肃地处青藏高原、黄土高原、蒙新高原三大高原会聚区域，位居黄河、长江和石羊河、黑河、疏勒河和哈尔腾河四大内陆河上游，是一个生态功能特殊、生态地位极端重要、影响全国生态安全的生态过渡带，环境极其脆弱。过度的人口压力导致水土流失严重，荒漠化日益扩展，植被、草场退化严重。垦殖活动过多，使这块土地上的人既是生态环境的破坏者，最后又成了生态难民。

甘肃省政府早就采取各种方式鼓励民众自找出路，如投亲靠友、自行搬迁等。但移民数量大，省内土地资源容纳量有限，往外大规模移民实在是心有余而力不足。曾被称为"沙漠之盾"的民勤，由于生态环境不断恶化，绿洲面积不断缩小，早已沦为中国四大沙尘暴策源地之一。全县 2 385 万亩①面积中，各类荒漠和荒漠化面积达到 2 228 万亩。13 万亩沙枣、35 万亩红柳处于死亡半死亡状态。为了生存，从 1995 年民勤人就开始纷纷逃离家乡。民勤县政府于 2003 年启动生态移民计划，有组织地将人口迁往新疆、内蒙古等地。但经过多年的移民实践后，《民勤生态难民迁移情况调查与预警研究》作出结论，国内已经很难有一块地方可以承接移民了。

"生态移民"，不如说是"生态难民"。"生态难民"是近 50 年才提出的一个概念，指那些因为生态条件不适合人类生存，或者因生存条件恶化难以继续生存的情况所导致的移民。他们既是生态恶化制造者，也是生态恶化的受难者。比如生活在鲁豫两省黄河滩区的 189 万滩民，他们常年生活在危险之中，一场大雨就可能让河水夺槽而出，毁坏房屋，淹没农田。而他们不甘于向黄河低头的自救行动却在一定程度上增加了洪灾的危险。

---

① 1 亩=1/15 hm²。

全国的生态难民共有多少？2005 年 4 月据国家环保总局有关人员在引述专家的估算数据称：由于广大西部和生态脆弱地区难以承载现有的人口，全国 22 个省市需要迁出 1.86 亿人，而能够接纳人口的广东、北京、天津、上海、辽宁、浙江、福建、黑龙江、海南等省市最多只能接纳 3 000 万人。届时全国将有 1.5 亿人口沦为生态移民。其实，上述所谓能够接纳人口的省份，其人口与资源承载力也实在有限，能否接纳 3 000 万人实在是个疑问。总之，目前可以看到的是成千上万的生态难民无处可去，更多的是各省依赖自身在艰难地消化。比如 2003 年宁夏回族自治区计划今后若干年内搬迁的总人口为 302 794，至 2008 年开始整村搬迁，截至 2009 年底，共批复建设移民安置专案区 34 个，移民 13.08 万人，累计定居移民 8.2 万人。

甘肃省的人口压力与资源紧张的矛盾在西北各省当中尤为突出，1949 年总人口由 968.43 万增加到 2005 年的 2 634 万，净增人口 1 665.6 万，增长了 175.6%。由于人口的大量增加，全省可利用土地人口承载量长期处于超载状态，相对于全国的综合资源承载力，超载 850 万人，相对于西北五省区的综合资源承载力，超载 485 万人。为了生存，人们毁林毁草开荒，逐步由低到高、由川原进住山区，拓展生存空间。过多的人口对当地资源的过度透支，使当地沦为生态灾难频发的高危地带。

舟曲县人口无法依靠农业收入养活自己，共有 4 万人外出打工，2009 年外出务工收入超过亿元。但舟曲人也与其他地方的农民一样，无法在别处生根，一是因为人口管制方式（如户口），二是因为中国城市居大不易。因此，他们进城务工的结果只是增加收入，并无迁居其他地方的可能。公开信息显示舟曲面临过大的人口压力。舟曲人均土地面积只有 1 亩左右，80%的人粮食不能自给。1959 年舟曲全县不过 1 万余人，至 2000 年县城所在的城关镇不足 2 万人，而 2010 年城区人口已超过 5 万。然而，舟曲县城测绘面积仅 4 km²，除河流、山体外，可利用面积仅 1.47 km²，城区东西不到 2 km，南北不到 1.5 km。因四面环山的限制，舟曲县几乎没有向外扩张的条件，舟曲县总面积 3 010 km²，总人口 13.69 万，但却有 5 万人口挤在这个狭小空间里，城区人口密度位居全省县级城市之首，和兰州相近。2008 年后舟曲县为解决建设用地严重不足的矛盾，还提出了在城区白龙江东段建设"城东新区"的设想。但新区还未建成，2010 年 8 月县城就遭遇了致命的引发重大人员伤亡的三眼峪沟泥石流。早在泥石流发生之前，中国地质环境监测院专家早有预测。该地滑坡体上堆积区呈扇状，向白龙江倾斜，且人为改造强烈，前缘被城区建筑物占用，中部、上部大部分地带为耕地，没有植被。截至 2003 年，当地民众继续砍伐森林，破坏植被，部分地区林线已退至分水岭，大自然的报复只是时间问题。舟曲全县排查，发现 86 处泥石流灾害隐患，分布广泛，白龙江河谷尤为集中，仅两河口至县城就有 12 条灾害性泥石流沟道，直接威胁县城安全。

第三节 可持续发展及环境可持续利用

一、人类与环境变化

人类起源于非洲，许多的考古学、地质学的证据表明非洲的东部及东非大峡谷为人类的起源地，即人类起源的"东边的故事"之说。

（一）人类的起源、进化与环境

人类的起源与进化同地球环境的演化有着密不可分的关系。古类人猿在同天然敌害、竞争性物种以及环境各因素的协调平衡中，适应了不断变化的环境。大自然在对它们的自然选择中，同时也赋予它们泛化的特性，使得直立古猿、智猿具有更强的生物潜能，具备了比其他动物更强的适应环境的能力。到第四世纪时，地球上普遍发生了严重的冰川，气候寒冷，环境恶化，森林大面积消亡，很多生物死亡。古类人猿一部分因不适应环境而死亡，而剩下的一部分通过对环境变化的适应，不断地进化，类人猿在面临巨大环境阻力的同时，为了捕猎与生存的需要，增加了直立活动、社群活动、信息交流，从而使自己在更广阔的地理空间内生活着。

进入至今几万年前的古人猿，在进化到旧石器时代后，人类的生存明显地高于其他动物，但对环境的适应能力仍比较低，制造的工具比较简单，人的身体与大脑和现代人差别还比较明显。到了旧石器时代中后期，人类适应环境的能力增强，已经能够取火烧食，并且制造了比较好的石器，加强了利用自然环境和自然资源的能力，也使人口得到大发展，这时人类的进化进入了一个新时期，在跨入新石器时代的同时，人类由于过度地捕猎野生动物，常常在取得食物的同时，又伴随着失去食物的来源，造成生活地区物种的灭绝，例如美洲野牛的绝迹，同时对人类的生存也造成了威胁。为了解决食物短缺的生存危机，古人类不断地迁徙，追逐食物丰盛的地区，后来逐步学会了驯养家畜和种植作物。随着种植的发展，人类对于自然环境和自然资源的选择有了新的技术与手段。人类能获得更多稳定的自然资源发展自己。而不必完全依赖于自然因子对于人类的支配与作用，而人类能够选择利用自然环境和自然资源。

（二）人类的发展与环境

随着人类的自然进化与发展能力的不断提升，人口数量不断增长，发展与环境之间的不平衡及生存空间的限制，人类为了维持自身的发展，必须不断地提高物质生产水平。而人类自身的繁衍更是促进了物质资料的生产，来适应和满足人类自身发展的需要。人类的自身生产的发展，在摆脱了完全依赖于自然环境之后，逐渐地依赖于物质资料的生产。在早期的原始人类部落，人类长期地过着采集与渔猎生活，他们与生活的环境（自然环境）共处一体，人类的自身生产和生活资料的生产都受自然调节，主要是利用环境中的自然生物资源，环境对人的发展具有巨大的制约性。人对环境的影响过程微乎其微。

在原始的农耕放牧时期，人类开始利用气候、土地和水利资源，把大片的原始森林和草原转变成耕地与牧场，逐渐地把自然景观转变为人为耕作的作物、放牧的动物为主体的景观类型，大大地改变了生物群落的组成、结构与空间分布，从而对自然资源的利用与环境的改造上升到了一个新的台阶。

在科学技术飞速发展的今天，人类不仅大量利用生物资源、水利资源、土地资源、矿产资源、海洋资源，极大丰富了物质资料的生产，提高了产品的数量与质量；而且在空间上人类对大气圈、水圈、地圈、岩石圈及外层太空间的利用与影响日益扩大，从而大大提高了地球环境对人类各种需求的承载能力，同时科学与技术的进步使人类基本上摆脱部分环境的限制，使人类的生产更加安全，对自己的了解和保护进入到了一个全新的时期，此时人口增长已进入了一个新的阶段。因此人类发展进化的历史，既是伴随着物质资料生产的历史，也同时伴随着生态环境的演变发展历史。在今天人类科技能力突飞猛进的时代，全球的环境已经发生了巨大的变化，原始的环境已不复存在，自然生态系统也越来越多地被人工生态系统所替代或加以干扰、渗透，使人类与生存环境的关系，向着更高阶段发展。

环境对于人类生存与发展的关系表现在以下几方面的重要功能：

（1）环境是人类的栖息地，各种环境要素如空气、水、土地和生物等都是人类生存和繁衍的必要条件。

（2）环境是人类生活、生产活动的对象，且具有自我调节和净化污染物的能力，因而是人类社会生存发展的依托。

（3）环境具有相对的稳定性，它是人类社会生存发展的约束因素。

人类对环境的依托关系的实质：一是人类对环境自然资源的直接利用，环境以物质性产品的形式满足人类生存、发展和享受的需要；二是人类对环境系统的生态功能的利用，环境以非物质性产品的形式为人类提供舒适性服务，满足人类更高级的享受（美学、旅游及观赏等）。

就人类生存的地球环境来讲，地球是一个巨大、平衡的生态系统，它是由生物群体和非生物的物理性因素组成。生物群体包括植物群体、动物群体和微生物群体，非生物组分主要是大气圈、岩石圈和水圈。它直接形成人类利用的水资源、矿产资源以及土地资源。环境系统对人类发展的另一类重要功能，就是由那些物质性结构要素有机结合成一个整体后所表现出来的系统性功能——即生态功能（生态服务与保护）。它维持着人类的生存与进一步发展，帮助人类更好地利用自然资源，如森林的水土保持和水源涵养等功能，能使土地资源和水资源更有效地为人类服务。环境的自然调节功能与净化，在一定程度上是环境对人类社会健康发展的重要保证。

二、人类与环境关系的发展演变

（一）远古时期

早在距今几万年前的远古时代，大自然作为一个绝对的生产者，默默滋养着这个刚苏醒的世界。人与野兽的生活并无较大差异，居住在山洞，出行都是赤脚，过着茹毛饮血的日子，对自然有着奴性般的尊崇。这种尊崇里多是对自然的神化，使得人们敬畏自然的威严，对之顶礼膜拜。

（二）农业文明时期

随着各种器具的产生，在农业文明时期人类也由对自然的绝对服从开始向对自然的改造索取这一方向过渡。这一点从一些出土的文物中便能有所体会。余姚河姆渡文化遗址博物馆已经表明了 7 000 年前先祖的灿烂文明，在其中出土的饰品、陶具中，各种虫鱼鸟兽的图案让人着迷。尽管人在摸索自然的过程中，渐渐地掌握了一些规律，意图去更好地适应自然，获得更舒适的生活，但无论是花瓶表面旋转荡漾着水波纹，还是陶碗中鱼儿自在游荡活泼的场景，都依旧让人体会到人对自然的感恩、珍惜、敬佩与欣赏。在此时期，东西方还不约而同地出现了一些崇尚人与自然和谐统一的哲学家，如古希腊的罗马哲学家强调人和自然界协调统一的思想，中国的庄子提出的"顺天说"，荀子的"制天说"与"天人协调说"等。总之，在农业文明时代，人类享有其应有的主动权，却也保持着对自然的敬畏之心，是相对和谐与安详的一个阶段。

（三）工业文明时期

当历史的车轮缓缓地驶入工业文明时代，与蒸汽机的气焰一同嚣张的便是人类渴求征服自然的心。由于社会生产力的迅速发展，人类应用新的生产力控制了一个又一个自然物，加速着对自然的攫取。森林的砍伐、湖泊的填埋，因石油与煤炭的燃烧而产生的温室气体，这一切都在不知不觉中挥霍着自然界几千万年的心血，也悄悄地改变着我们周围的环境。于是，冰川渐渐融化，海平面逐步上升，越来越多的物种因为无法适应家园的消失与气候的变化不得不走向灭绝的边缘。稠密的人口，严重的污染，还有始终徘徊在城市上空的灰蒙蒙的天空，它纠结着尘埃与灰霾，代替了参天绿树的荫蔽，使得我们的每一次呼吸都在为自己的自私赎罪、埋单。

（四）对未来人与自然关系的展望与思考

人与自然的矛盾深化到一定程度时，人类便会为他的错误行径付出巨大的代价。沉痛的教训会令其醒悟，意识到"先污染、后治理"的策略存在着漏洞。因此，当社会发展到一定的文明阶段时，人与自然的关系又将逐渐恢复和谐，但这个过程将会艰难而漫长，毕竟有些伤害是不可逆的。渡渡鸟是毛里求斯印度洋岛屿上的特有物种，由于已适应了田园岛屿的那种没有天敌的环境，它已丧失了飞行的能力，只能在森林中从容走动。但在 1600 年前后，欧洲人来到这个岛屿上，带来了新的动物如狗、猫和老鼠。这些动物不断地突袭渡渡鸟的巢穴，人类也将渡渡鸟的森林家园夷为平地，最终使其灭绝而成为了历史。任何一种生命其实都是脆弱的，它们的逝去从理论上而言是降低了自然界的生物多样性，对人类自身来说也是永远地失去了一些曾与之同呼吸的珍贵朋友。如今，越来越多的人已认识到环境保护刻不容缓的现实，我们应该对环境建设多一些信心。也相信人类会意识到环境保护的重要性，并且最终与自然和谐相处。

三、可持续发展

在 20 世纪初开始的工业化进程中，产生了新的一系列危及人类生存的环境问题，威胁着人类社会与经济的发展。为了人类的未来和子孙后代，为了继续发展，从 20 世纪 80 年代针对上述人类发展面临的挑战，全球对"发展"展开了激烈的讨论，对工业化以来走过的发展道路进行了反思。

可持续发展是一个新的发展观。它的提出是应时代的变迁、社会经济发展的需要而产生的。"可持续发展"概念是由 1987 年担任世界环境与发展委员会主席的布伦兰特夫人提出来的。但其理念可追溯至 20 世纪 60 年代的《寂静的春天》、"太空飞船理论"和罗马俱乐部《增长的极限》等。1989 年 5 月举行的第 15 届联合国环境规划署理事会期间，经过反复磋商，通过了《关于可持续发展的声明》。1992 年在巴西里约热内卢举行的联合国环境与发展大会上通过了《21 世纪议程》，制定了可持续发展的重大行动计划，可持续发展取得了各国的共识。

（一）定义

可持续发展（Sustainable development）概念的明确提出，最早可以追溯到 1980 年由世界自然保护联盟（IUCN），联合国环境规划署（UNEP），野生动物基金会（WWF）共同发表的《世界自然保护大纲》"必须研究自然的、社会的、生态的、经济的以及利用自然资源过程中的基本关系，以确保全球的可持续发展"。

1987 年以布伦兰特夫人为首的世界环境与发展委员会（WCED）发表了报告《我们共同的未来》，在此报告中对"可持续发展"定义为："既满足当代人的需求，又不对后代人满足其自身需求的能力构成危害的发展"。它包括两个重要概念：需要的概念，尤其是世界各国人们的基本需要，应将此放在特别优先的地位来考虑；限制的概念，技术状况和社会组织对环境满足眼前和将来需要的能力施加的限制。

1989 年 5 月举行的第 15 届联合国环境规划署理事会期间，经过反复磋商，专门为"可持续发展"的定义和战略通过了《关于可持续发展的声明》。

（1）可持续发展意味着维护、合理使用并且提高自然资源基础，这种基础支撑着生态抗压力及经济的增长；

（2）可持续发展还意味着在发展计划和政策中纳入对环境的关注与考虑，而不代表在援助或发展资助方面的一种新形式的附加条件；

（3）可持续发展关注的是各种经济活动的生态合理性，强调对资源、环境有利的经济活动应给予鼓励，反之则应予摒弃。

（二）内涵

可持续发展的核心思想认为健康的经济发展应建立在生态可持续能力、社会公正和人民积极参与自身发展决策的基础上；它所追求的目标是：既要使人类的各种需要得到满足，个人得到充分发展；又要保护资源和生态环境，不对后代人的生存和发展构成威胁；可持续发展就是建立在社会、经济、人口、资源、环境相互协调和共同发展的基础上的一种发展，其宗旨是既能相对满足当代人的需求，又不能对后代人的发展构成危害。

（1）发展的可持续性，人类的经济和社会的发展不能超越资源和环境的承载能力；

（2）人与人关系的公平性，当代人在发展与消费时应努力做到使后代人有同样的发展机会，同一代人中一部分人的发展不应当损害另一部分人的利益；

（3）人与自然的协调共生，人类必须建立新的道德观念和价值标准，学会尊重自然、师法自然、保护自然，与之和谐相处，走生产发展、生活富裕、生态良好的文明发展道路，保证一代接一代地永续发展；

（4）生态文明是实现可持续发展的目标，生态文明主张人与自然的和谐共生，人类不能超越生态系统的承载能力，不能损害支撑地球生命系统的自然环境。

四、中国的可持续发展

（一）可持续发展的战略

我国是人口众多、资源相对不足的国家，实施可持续发展战略更具有特殊的重要性和紧迫性。要把控制人口、节约资源、保护环境放到重要位置，使人口增长与社会生产力的发展相适应，使经济建设与资源、环境相协调，实现良性循环。

我国人口基数大，今后 15 年还将增加近两亿人口，这对农业发展、人民生活水平提高和整个经济建设都造成了很大的压力。必须控制人口数量增长，提高人口质量。我国耕地、水和矿产等重要资源的人均占有量都比较低。今后随着人口增加和经济发展，对资源总量的需求更多，环境保护的难度更大。

1992 年，中国政府向联合国环境与发展大会提交的《中华人民共和国环境与发展报告》，系统回顾了中国环境与发展的过程与状况，同时阐述了中国关于可持续发展的基本立场和观点。1992 年 8 月中国政府制定"中国环境与发展十大对策"，提出走可持续发展道路是中国当代以及未来的选择。1994 年中国政府制定完成并批准通过了《中国 21 世纪议程——中国 21 世纪人口、环境与发展白皮书》，确立了中国 21 世纪可持续发展的总体战略框架和各个领域的主要目标。在此之后，国家有关部门和很多地方政府也相应地制定了部门和地方可持续发展实施行动计划。

1994 年 7 月 4 日，国务院批准了我国的第一个国家级可持续发展战略《中国 21 世纪人口、环境与发展白皮书》。在此报告中明确提出了在现代化建设中，必须把实现可持续发展作为一个重大战略，实现人、社会与自然的和谐、协调发展。实施可持续发展战略具有特殊的重要性和紧迫性，要把控制人口、节约资源、保护环境放到重要位置，使人口增长与社会生产力的发展相适应，使经济建设与资源、环境相协调，实现良性循环。在面向 21 世纪的可持续发展战略行动，中国政府明确了在今后 10～15 年的发展过程中，为了能够使中国的可持续发展奠定较为坚实的基础，需要在经济改革和社会变革中，构筑起可持续发展的战略体系和新型机制：

（1）同环境保护和民主法制建设的发展相适应，构筑可持续发展的法律体系，它包括三个层次：把可持续发展原则纳入经济立法；完善环境与资源法律；加强与国际环境公约相配套的国内立法。

（2）同市场经济发展相适应，有效利用市场机制保护环境。它包括三个方面：加快经济的改革，减少和取消对资源消耗大、经济效率低的国有企业的补贴；建立以市场供求为基础的自然资源价格体制；推行环境税。

（3）同经济增长相适应，将公共投资重点向环境保护领域倾斜，并引导企业向环境保护投资。政府应在清洁能源、水资源保护和水污染治理、城市公共交通、大规模生态工程建设的投资方面发挥主导作用，并利用合理收费和企业化经营的方式，引导其他方面的资金进入环境保护领域，使中国的环保投资保持在 GNP 的 1%～1.5%。

（4）同新的宏观调控机制的发展相配套，建立环境与经济综合决策机制，其核心内容是政府的重要经济和社会决策、计划和项目，要按一定程序进行环境影响评价，要建立对政府的环境审计制度。

（5）同政府体制改革相配套，建立廉洁、高效、协调的环境保护行政体系，加强其能力建设，使之能强有力地实施国家各项环境保护法律、法规。

（二）21世纪的可持续发展目标

我国政府在21世纪初制定的可持续发展目标：

（1）可持续发展能力不断增强，经济结构调整取得显著成效，人口总量得到有效控制，生态环境明显改善，资源利用率显著提高，促进人与自然的和谐，推动整个社会走上生产发展、生活富裕、生态良好的文明发展道路。

（2）通过国民经济结构战略性调整，完成从"高消耗、高污染、低效益"向"低消耗、低污染、高效益"转变。促进产业结构优化升级，减轻资源环境压力，改变区域发展不平衡，缩小城乡差别。

（3）继续大力推进扶贫开发，进一步改善贫困地区的基本生产、生活条件，加强基础设施建设，改善生态环境，逐步改变贫困地区经济、社会、文化的落后状况，提高贫困人口的生活质量和综合素质，巩固扶贫成果，尽快使尚未脱贫的农村人口解决温饱问题，并逐步过上小康生活。

（4）严格控制人口增长，全面提高人口素质，建立完善的优生优育体系和社会保障体系，基本实现人人享有社会保障的目标；社会就业比较充分；公共服务水平大幅度提高；防灾减灾能力全面提高，灾害损失明显降低。加强职业技能培训，提高劳动者素质，建立健全国家职业资格证书制度。到2010年，全国人口数量控制在14亿以内，年平均自然增长率控制在9‰以内。全国普及九年义务教育的人口覆盖率进一步提高，初中阶段毛入学率超过95%，高等教育毛入学率达到20%左右，青壮年非文盲率保持在95%以上。

（5）合理开发和集约高效利用资源，不断提高资源承载能力，建成资源可持续利用的保障体系和重要资源战略储备安全体系。

（6）全国大部分地区环境质量明显改善，基本遏制生态恶化的趋势，重点地区的生态功能和生物多样性得到基本恢复，农田污染状况得到根本改善。到2010年，森林覆盖率达到20.3%，治理"三化"（退化、沙化、碱化）草地3 300万 hm^2，新增治理水土流失面积5 000万 hm^2，二氧化硫、工业固体废物等主要污染物排放总量比前5年下降10%，城市污水处理率达到60%以上。

（7）形成健全的可持续发展法律、法规体系；完善可持续发展的信息共享和决策咨询服务体系；全面提高政府的科学决策和综合协调能力；大幅度提高社会公众参与可持续发展的程度；参与国际社会可持续发展领域合作的能力明显提高。

中国科学院在《2010中国可持续发展战略报告》指出，我国可持续发展今后一段时期内主要面临应对国际金融危机、全球气候变化和国内资源环境问题三重挑战。

《2010中国可持续发展战略报告》提出，未来十年，是我国实现快速工业化和城市化以及转变发展方式的关键期。虽然目前人均能耗和人均排放远低于发达国家，但未来作为最大的碳排放国，中国面临越来越大的国际压力局面是难免的，我们需要努力探索一条符合国情和发展规律，并且是负责任的低碳发展之路。还有国内资源环境问题的多样性挑战，重化工业阶段的经济快速增长和消费结构的升级，使得我国战略性资源能源长期处于供需紧张状态。且 20 年来，中国的生态和环境问题也发生了深刻变化，面临越来越复杂多样的污染格局和大范围的生态退化压力。受发展利益驱动、监测能力不足和监管能力滞后等影响，中国环境污染已发展为区域性大气污染和流域性水体污染，改善生态环境质量的任务紧迫而艰巨。

中国科学院关于"中国可持续发展战略课题组"报告中，给出了我国在 21 世纪中期可持续发展的总体目标。用 50 年的时间，全面达到世界中等发达国家的可持续发展水平，进入世界总体可持续发展能力前 20 名的国家行列。到 2050 年单位能量消耗所创造的价值在 2000 年基础上提高 10～12 倍。到 2050 年中国人均预期寿命达到 85 岁（每 10 年提高 3 岁）。到 2050 年中国人文发展指数进入世界前 50 名。到 2050 年能有效地克服人口、粮食、能源、资源、生态、环境、社会公正等制约可持续发展的"瓶颈"。确保中国的人口安全、食物安全、信息安全、经济安全、健康安全、生态环境安全。争取到 2030 年实现人口数量和规模的"零增长"，同时大力提高人口素质并改善人口结构。争取到 2040 年实现能源和资源消耗的"零增长"，同时大力提高社会财富积累能力。争取到 2050 年生态环境退化的"零增长"，同时大力提高生态环境质量并整体改善生存空间，全面进入可持续发展的良性循环。

（三）环境保护与可持续发展

1. 环境保护与可持续利用的演变

环境既是发展的资源，又是发展的制约条件，这是因为地球环境的容量是有限的。

依赖，适应，改变以及创造这四个词或许是在人类历史发展前进中，人与环境关系演变的生动描述。但是，人类与自然的关系演变归根结底属于人类认识上的改变。人类与自然的天平似乎偏向于人类，所以人类怎么处理环境的关系？对这个问题人类怎么来回答将很大程度影响到人类与环境的关系。

劳动让人类从单纯的自然环境中区别出来，人类利用劳动和客观物质制造出除了可以满足人类基本物质生活需要的东西以外，还创造除了具有欣赏价值的文艺物品——也就是现在所谓的文明。但是人类除了产生文明以外，还产生了一种叫做"野蛮"的行为。譬如工业革命中大气污染物没有限制地向空中排放，引发伦敦的烟雾事件等。

"为什么环境问题至少在工业革命以前并未引起人们的关注，而现在却成了一个越来越影响人类自身生存的全球紧迫性问题？这是因为在过去，人类对自然资源的索取及产生的各类垃圾还没有超出大自然的承受力，而现在，人类对大自然的过度开发利用及大量的生活和工业垃圾已经超出了大自然的承受能力。"

人与自然的关系是一个不断演化的过程，正如恩格斯指出的："人本身是自然界的产物，是在他们的环境中并且和这个环境一起发展起来的。"人是自然的一部分，人作为生物进化的最高阶段，是自然演化的产物，人的生命活动归根结底是由自然条件决定的。在远古，因为认知的匮乏，人一度敬畏自然，神化自然，崇拜自然，以一种仰天、颂天的观念来看待自然，人类屈从于自然。

有一点是不可否认的，那便是人作为自然环境的最高产物，我们的社会活动对自然造成的影响也是非常主要的。人类的社会经济活动是不会停止的，也就是说我们的社会将一直发展下去。但是，这样的发展过程中人类若不能清楚地认识到自己作为自然环境中的主体所肩负的责任的话，人类是不能长久的生存。自然资源是有限的，一些客观存在的自然规律也是我们所不能改变的。未来的人类一定会拥有更高的科学技术以及道德规范。

案例——伦敦为了响应"最环保的奥运会"而为环境所做出的努力

2012 年也许大家不知道伦敦奥运会主会场的奥林匹克公园曾是伦敦的"大毒瘤"。它聚集了伦敦最不堪入目的环境，各种垃圾的堆积和污染物的富集。可以说这里的生态环境遭到了彻底的破坏。但是，英国人却用这样一块土地举办了世界上影响最大的运动会，建造了一个美丽的奥林匹克公园。专家们先在这片土地上挖了 3 500 多个小洞来检测土壤中的污染物成分。调查结果令人大吃一惊。土壤中不仅含有汽油、焦油、重金属，还渗入了砷、铅、氰化物等剧毒物质，甚至还检测出低含量的放射性物质。为了改造这样一片土地，英国人给它进行了一次彻底的清洗。玻璃、橡胶、报废设备等垃圾被工人们一一拣出后，泥土在特殊的"土壤清洗机"一轮"搅拌"之后，汽油、芳香烃等有机污染物便自动与土壤分离了。这之后，再用超大的"电磁铁"吸出其中的重金属。清洗之后，土壤还要被细心地抹上一层"润肤露"。工人们将泥土堆在一张张混凝土床架上，慢慢地浇进牛奶与植物油。这些"有营养的"物质会促使细菌在泥土里生长繁殖，加速分解污染物。2006—2009 年，200 万 t 有毒土壤"享受"了以上的清洗程序。如果把这些泥土灌进可口可乐罐，那足够满满地装上 20 亿罐。这是英国有史以来最为庞大的土壤清洗项目。

英国人所做的，其实并不是一件伟大的事情，因为土壤最初的污染也是他们所造成的。但是他们的这一切行为又为全世界做了一个表率。虽然人类曾经对自然造成了很大的伤害，但是这些破坏并不是完全不能修复的。就像伦敦的事例中，英国人花费了大量的金钱与人力物力来弥补自己的过错。而结果，也是非常让人惊喜的，从伦敦奥运会我们就可以了解到，虽然并没有达到伦敦最初承诺的效果，但是他们的行为已经让我们感觉到了我们并非无力挽救我们的环境。只要人类愿意用心，愿意牺牲一些物质方面的代价，我们的环境仍可以和我们和谐地发展，也能把已经破坏的环境恢复它们本来的面目。

---

2. 为什么要保护环境

随着世界人口的增长，自然资源的消耗也是成倍上升。与此同时，在过去的 100 年中，大量温室气体的排放使全球平均温度上升了 0.74℃，这正悄悄地改变着全球的气候，2003

年在欧洲出现的极端高温导致 3 万人死亡；冰川与山顶积雪的消融导致支持几百万人口的供水出现干枯，而在过去的 50 年中，海平面已上升了 7.5 cm；上升的温度为蚊蝇创造了条件，它们的分布范围也从热带延伸到了温带，疟疾与登革热等一些致命的传染性疾病也会因此扩散，直接影响人的身体健康。敏感的鱼类受到气候的影响也改变了它们的生活习性。生物圈的全球性污染伴随着食物链的层层递进也累及至人类。土地的沙漠化，水资源的缺乏，恶劣气候的频频出现更令我们深感危机。而问题的解决总要比问题的出现来得晚一些，又因为违背了自然界最本质的"熵增"原理，残局的收拾也并非想象中那么容易。我们需要用新的技术去处理种种棘手的结果，这往往比原先的破坏需要花费人更多的精力。当保护的速度远远赶不上破坏的速度时，人与环境之间的矛盾也就随之激化了。

人类生活在地球上，必须不断地从自然环境中摄取生命活动所必需的物质和能量。从古至今，人与自然环境一直存在着千丝万缕的联系。自然界向人类提供能源、营养和生存空间，制约着人类的衣食住行、娱乐、审美和情感，影响着人类的心理、伦理、精神、行为。自然的变化和波动会带来人类社会的变化和波动。良好的生态环境是社会和谐稳定的基础。

环境是人类赖以生存的物质基础，也是决定人类健康的关键因素。人体通过新陈代谢无时无刻不在与周围环境进行着物质和能量的交换，人体中各种化学元素与地壳和海水中各种化学元素相适应。人类活动排放的各种污染物，使环境质量下降或恶化，影响人体健康，造成疾病。环境与人之间是一种互相联系、互相制约的关系，环境的状况与环境中人群的健康状况密切相关。

随着生产力的发展和工农业的现代化，保护和改善环境就成为劳动力再生产的必要条件。自然资源的退化和破坏将成为生产力发展的障碍。随着生产的发展，人们对环境的要求愈来愈高，如果环境污染严重将会引起尖锐的矛盾，影响人的生产积极性。现代化的生产装备（设备、仪表等）需要一个清洁的环境（精密的产品也是如此），从某种意义上说，环境保护搞不好也就难以实现现代化生产。

改革开放以来，中国在取得巨大发展成绩的同时，也造成了严重的环境污染和生态破坏。目前我国生态环境形势严峻。一是森林质量不高，草地退化，土地沙化速度加快，水土流失严重，水生态环境仍在恶化；二是农业和农村面源污染严重，食品安全问题日益突出；三是有害外来物种入侵，生物多样性锐减，遗传资源丧失，生物资源破坏形势不容乐观；四是人口问题形势严峻；五是资源危机显现，关系到国计民生的重要资源人均占有量低；六是生态功能继续衰退，生态安全受到威胁，工业固体废物产生量急剧增加，全国大气污染排放总量仍处于较高水平，全球变暖、臭氧层破坏等。

上述生态环境现状不仅给生态环境带来了巨大的破坏，而且制约了经济和社会的协调发展。由于中国技术和管理水平低下，经营方式比较粗放，能源、资源的消耗量大，资源效率低，污染物排放严重，因而环境污染所导致的经济损失近年来不断呈上升的态势。一些地区由于植被破坏，水土流失，生态失调，致使土地荒漠化越来越严重，迫使当地农民被迫远走他乡，成为生态灾民，影响社会安定。自然灾害加剧，洪涝、干旱、泥石流、沙尘暴等的频繁发生，可以说是生态环境恶化导致的直接后果。大气污染、水污染、废弃物污染以及辐射污染等严重地损害着广大人民群众的身心健康。江河断流使水资源供需矛盾更加激化，给下游地区的社会经济发展造成了严重影响。另外，生物资源的过量消耗和物种的大量消失，也进一步削弱了工农业生产的原材料供给能力。

人类只有一个地球，人们生活在同一个地球村里。环境问题是全球性的问题，具有广泛性、复杂性、挑战性和共同性。温室效应与全球气候变暖、臭氧层破坏、酸雨、生物多样性减少与森林锐减、土壤荒漠化、淡水资源紧缺与污染、有毒化学品污染、海洋生态破坏等环境问题制约着全世界人类的生存与发展。随着社会经济的发展，环境问题已经作为一个不可回避的重要问题提上了各国政府的议事日程。保护环境，减轻环境污染，遏制生态恶化趋势，成为政府社会管理的重要任务。

3. 保护环境就是保护人类自己

大自然是人类赖以生存的家园，人类得以在世上生存、繁衍，得益于自然的庇护与给养。此外，它更是人类文明的记录者。人类文明史中涌现的神学、自然科学、文学、艺术以及哲学，无处不洋溢着自然的影响力。譬如，人类在大自然中体验到自然力量的伟大，对自然产生虔敬之心与无限景仰之情在宗教史上就具有极其重要的作用。贯穿于人类历史长河的山水情怀也令我们心向往之，我们每个人的血液中都埋伏着自然的密码，有着它最初的烙印，这使得人与自然成为不可分割的整体。正如在前文中所说，人与自然应该是有一种与生俱来的默契的，当自然界受伤、憔悴时，与之息息相关的人也会因此而受到牵累。或许"牵累"一词在此使用并不恰当，更多时候，伤害自然其实是在预先透支着人类的健康生活。这一点，从各种自然灾害给人类带来的负面结果中便可见一斑。

地球环境中，需要人类珍惜的资源主要有以下四类：

三大生命要素：空气、水和土壤；

六种自然资源：矿产、森林、淡水、土地、生物物种、化石燃料；

两类生态系统：陆地生态系统和水生生态系统；

多样景观资源：对山势、水流、本土动植物种类、自然与文化历史遗迹等。

所以从这里看，环境保护的定义很宽泛。一般情形下，我们主要指的是对人类生活的生态环境而做出一些针对性的科学措施，使得人类生存行为产生的对于自然的破坏尽量减少，以达到可持续发展的目的。工业革命时代，人类喊出"征服自然"的口号，向自然进行无穷尽地索取以满足自身的欲望，却没有想到几十年后自然界的报复来得如此猛烈。

地球从形成到现在有着 46 亿年的漫长历史，而以我们现在的空间观测技术，至今还未发现与地球环境类似的星球，可见我们生活的地球环境是多么的珍贵，多么的脆弱。人类进入工业革命时期，摆脱了农耕时代低下的生产力束缚，自认为可以掌控自然界的命运，却发现自己仍是那么的脆弱渺小。即使未来人类进入星际殖民的时代，一颗能供以人类生存的星球还是极其宝贵的。因此我们并不能仅仅只为自己考虑，还应当为我们的后代，为人类的未来而思考。

"可持续发展"这是我国对于未来社会发展的一个核心的认识。自然是没有自我意识的，也就是说它并没有自我的私欲和目的，这和人类的生存理念是相冲突的。两者之间必将产生种种矛盾，是牺牲自然还是人类本身应该从各方面总结，考虑第一位的应该是自然而不是人类的利益，自然是没有思维的它不会反抗更不会反叛，牺牲人类的一部分利益也许就是牺牲了一代人的质量，但是却能造福百代人。并且，生活的质量并不是以科技文明的进步程度来定义的，幸福的含义并不仅仅是你拥有更多的物质。

（四）环境问题的解决必须走可持续发展

1．环境的作用

（1）提供人类活动不可缺少的各种自然资源。环境是人类从事生产的物质基础，也是各种生物生存的基本条件。环境整体及其各组成要素是人类生存与发展的基础。地球上的各种经济活动都是以这些初始产品为原料、动力而开始的。环境资源的多少也决定着经济活动的规模。经济的快速增长，伴随着各种资源消耗量的同步增长。

（2）环境提供人类生产生活废弃物的自净能力。环境能在一定程度上对人类经济活动产生的废物及废能量进行消纳与同化，具有不同程度的自净能力，经济活动能够提供所需的产品同时也会产生各种废弃物，环境需要通过各种生物、物理、化学、生化的反应来消纳、稀释、分解、转化这些废弃物，如果环境不具备这种自净能力，我们生存的环境就会充斥各种废弃物，人类无法进一步生存下去。

（3）环境提供人类文明发展的景观与精神享受。环境不仅能为经济活动提供物质资源，还能满足人们对舒适性的要求。清洁的空气和水源是工农业生产、人们健康生活的基本需求。优美的自然及人文景观，舒适宜人的生活环境使人们精神愉悦、心情放松，有利于提高人们的身体素质、精神健康，经济发展水平越高，对于环境的美观、舒适性的要求也就越高。

2．环境保护及可持续发展之间的关系

环境的问题实质在于人类的经济活动索取资源的速度超过了资源本身及其替代品的再生速度以及向环境排放废弃物的数量超过了环境的自净能力。只有采用可持续发展及技术与手段，走经济、环境可持续发展的道路，才能使人类经济活动索取自然资源的速度小于资源本身及其替代品的再生速度，并使向环境排放的废弃物能够被环境自净，从而解决环境、人口、经济发展的协调问题。

环境保护与可持续发展两者之间的关系实质是：

（1）环境保护是可持续发展的重要基石及内容。环境保护与建设不仅可以为经济发展创造出许多直接或间接的效益，而且可为发展提供适宜的环境与资源；可持续发展把环境

保护作为衡量发展质量、发展水平和发展程度的客观标准之一，传统的发展模式，使得环境与资源正在急剧的衰退，能为发展提供的支撑越来越有限了，越是高速发展，环境与资源越显得重要，环境保护可以保证可持续发展最终目的实现，并把建设舒适、安全、清洁、优美的环境作为实现环境可持续重要目标。

（2）可持续发展要求采用正确生产方式和消费方式。在环境保护方面，每个人都享有正当的环境权利。这种权利应当得到他人的尊重和维护。因此必须及时坚决地改变传统发展的模式——即首先减少进而消除不可持续的生产方式和消费方式。一方面要求人们在生产时要尽可能地少投入，多产出；另一方面又要求人们在消费时尽可能地多利用、少排放。因此，必须纠正过去那种单纯靠增加投入，加大消耗实现发展和以牺牲环境来增加产出的错误做法，从而使发展更多的与资源、环境容量相协调。

（3）可持续发展需要环境保护来解决环境危机。改变传统的生产方式以及消费方式，根本出路在发展科学技术。只有大量地使用先进科技才能使单位生产量的能耗、物耗大幅度下降，才能实现少投入，多产出的发展模式，减少对资源、能源的依赖性，减轻环境的污染负荷。

（4）可持续发展还要求普遍提高人们的环境意识。实施可持续发展的前提，是人们必须改变对自然的传统态度——即从功利主义观点出发，为我所用，只要对人类是需要的，就可以随意开发使用。而应树立起一种全新的现代文明观念，即用生态的观点重新调整人与自然的关系，把人类仅仅当做自然界大家庭中一个普通的成员，从而真正建立起人与自然和谐相处的崭新观念，这仅依靠个别人不行、少数人也不行，只有使之成为公众的自觉行为，因此，要使环境教育适合可持续发展。

地球上的资源是有限的，生态系统吸收我们排放的废物的能力也是有限的。整个地球是一个密不可分的整体。我们都生存在一个渺小的"地球村"中，因此，我们必须选择一种与地球的承载能力相适应的绿色生活方式。我们的消费习惯直接决定着商家的投资取向，购买和使用不符合环保要求的商品，无异于支持破坏环境的行为。购买和使用包含濒危动植物成分的产品，则等于间接毁灭濒危物种。因此，作为消费者，我们应把手中的货币选票投给那些符合环保标准的产品，并选择一种崇尚俭朴的绿色消费方式。

复习思考题

1. 什么是环境？说明环境的重要性。
2. 什么是环境问题与环境危机？环境保护有哪些内容？
3. 原生环境与次生环境的产生与区别？
4. 什么是生态系统与生态安全的概念，生态危机与生态平衡的定义是什么？
5. 什么是可持续发展的定义与内涵？
6. 为什么说保护环境就是保护人类的未来？

7. 环境保护与可持续发展之间的关系是什么？

参考文献

[1] 魏智勇，赵明. 环境与可持续发展[M]. 北京：中国环境科学出版社，2007.

[2] 杨京平. 生态农业工程[M]. 北京：中国环境科学出版社，2009.

[3] 杨京平，刘宗岸. 环境生态工程[M]. 北京：中国环境科学出版社，2011.

[4] 杨京平. 环境生态学[M]. 北京：化学工业出版社，2006.

[5] 钱易，唐孝炎. 环境保护与可持续发展[M]. 北京：高等教育出版社，2002.

[6] 李博. 生态学[M]. 北京：高等教育出版社，2000.

[7] 张合平，刘云国. 环境生态学[M]. 北京：中国林业出版社，2002.

[8] 窦贻俭，李春华. 环境科学原理[M]. 南京：南京大学出版社，1998.

[9] 卢升高，吕军. 环境生态学[M]. 杭州：浙江大学出版社，2004.

[10] 杨京平，卢剑波. 生态安全的系统分析[M]. 北京：化学工业出版社，2004.

阅读参考资料——环境污染与危机

由于近 30 年经济的高速发展及在前期发展过程中忽略环境保护，以环境为代价的发展方式，使得近几年的环境污染及危机、生态安全危机事件不断发生。

（一）土壤污染及农产品安全

全国土壤污染状况调查工作于 2006 年 7 月展开，耗资 10 亿元专项资金，调查范围覆盖我国除台湾省和港澳地区以外的所有省、市、自治区的全部陆地。由于数据整理工作繁杂，直到 2010 年才最终完成调查结果统计工作。

2013 年初步给出的信息显示，我国是目前世界上土壤污染最严重的国家之一。国家环境保护总局在 2006 年公布的数据显示,我国受污染耕地约 1.5 亿亩,占 18 亿亩耕地的 8.3%。2013 年 12 月 30 日，在国务院新闻办的发布会上，国土资源部称，全国中、重度污染耕地面积在 5 000 万亩左右。土壤受污染的重点区域，分布在过去经济发展比较快、工业比较发达的东中部地区、长三角、珠三角、东北老工业基地，还有湖南的一些地方重工业的地区。

土壤重金属污染南方比北方严重，工业化程度越高的地区重金属污染越严重。从我国西部（成都平原）向中部（江汉平原）至南部（珠江三角洲）地区，重金属污染呈逐渐加强的趋势，表现为分布面积增大，含量强度增高、元素种类增多。中东部地区、矿山开采冶炼区的土壤负荷已经到达极限了，约 70% 的土地都受到不同程度的污染。云南、贵州、广西局部地区很严重，化工、电镀厂被污染面积有 30%～40%,农药厂更是高达 80%～90%。随着工业的发展，污染物已不仅是有害重金属，更增加了有机污染物、农药、塑料增塑剂等，呈加重趋势。西南大学的研究人员收集了 1995—2011 年，国内 43 个大中城市 3 688 个城区土壤重金属数据，初步确定了我国城市土壤重金属的污染格局。结果表明，太原、南京、开封等城市已达到强度并接近极度污染水平。长江以南城市土壤重金属污染比长江以北城市严重，中小城市土壤重金属污染低于特大城市。而我国城市土壤重金属单个潜在生态危害指数由大到小依次为：镉、汞、铅。

中国粮食产量年年增长，可是在光鲜的外表下，隐藏的危险更值得我们重视。现在农民普遍感到土壤板结了，庄稼难种了。居民普遍感到果不香、瓜不甜、菜无味，蔬菜虽然数量多了，但比小时候的难吃了。不仅如此，蔬菜中含有的有毒有害物质也比以前多得多。是什么原因导致农作物品质严重下降呢？

事实上，由于我们片面追求粮食产量的增加，使得土壤环境受到了严重的破坏，不少地区农田中有机质的含量已经从新中国成立前的 50%～70%降低到 1%的地步了，这使得不施用化肥的话，地里什么都长不出来。但是长期使用化肥会造成重金属污染，这些污染物一旦进入土壤后，不仅不能被微生物降解，而且可以通过食物链不断在生物体内富集，甚至可以转化为毒性更大的甲基化合物，最终在人体内积累危害健康。土壤环境一旦遭受重金属污染就难以彻底消除。

20 世纪 50 年代，东北开发北大荒时，黑土层厚度有 80～100 cm。所谓黑土层是富含有机质的肥沃土壤。但是目前黑土层已经下降到了 20～40 cm，黑土层正以每年 0.3～1 cm 的侵蚀速率，如不及时治理，40～50 年后大部分黑土层将流失殆尽。形成 1 cm 厚的黑土需要 400 年，那么形成 1 m 厚的黑土需要多少年？答案是 4 万年。如果以每年 1 cm 的速度流失，那么 1 m 厚的黑土流失殆尽需要多少年？答案是 100 年。

我们现在的农业生产方式简单地说就是"吃子孙饭"，把子子孙孙的饭都预先吃光了。就以秸秆为例，如果一年种一季，那么秸秆就可以还田，相当于将有机质重新返还田里，但我们为了追求产量一年种两季，为了及时播种，只有烧一条路，这一方面将宝贵的有机质都焚烧殆尽，另一方面还污染大气。由于土壤中丧失了有机质，因此只能大量使用化肥。

中国化肥的使用量全球第一，过量的化肥导致农业生产的生态要素品质下降，这就是症结所在。我国农药使用量达 130 万 t，是世界平均水平的 2.5 倍。在中国，农药和化肥的实际利用率不到 30%，其余 70%以上污染了环境。污染的加剧导致土壤中的有益菌大量减少，土壤质量下降，自净能力减弱，影响农作物的产量与品质，危害人体健康，甚至出现环境报复风险。

目前我国化肥的平均施用量是发达国家化肥安全施用上限的 2 倍，但平均利用率仅 30%左右；

我国农药年产约 170 万 t，平均 18 亿亩农田每 667 m^2 需要近 1 kg；

我国每年约有 50 万 t 农膜残留于土壤中，残膜率达 40%……年约 50 万 t 农膜残留于土壤。专家称其"白色恐怖"，令我国生态环境付出了沉重的代价，加速了耕地的"死亡"。

这些化学合成物质不仅污染了耕地、水等农业之本，还严重威胁到食品安全。

不使用大量的外部资源就成功地保持了土壤肥力和健康。这是 100 年前西方农学家发现中国农业最令人称奇之处。然而时至今日，中国的农业正在工业化之路上被化肥、农药、除草剂、添加剂、农膜、无机能等裹挟着一路狂奔。

如今我们已深陷食品安全困境不得自拔。专家提醒，是否应该反思一下我们目前的农业生产方式？

大量残留在土壤里的农膜，在 15~20 cm 土层形成不易透水、透气的难耕作层。而最关键的是它没办法降解。有人研究了其寿命后得出结论：大概要 7 代人、140 多年还降解不掉。令人担忧的还有，在降解农膜的过程中，会有致癌物二噁英排放到空气中。比如有些勤快的农民将农膜从田里拣出来后就地焚烧，看似干净了，实际上低温燃烧排放的剧毒二噁英进入了农民身体和大气中，成为难以除掉的恶性污染物。

自 20 世纪 70 年代末以来，60 年间化肥施用量增长了 100 倍。短短几十年，我国耕地肥力出现了明显下降，全国土壤有机质平均不到 1%。而与此同时，我国化肥用量及其增长速度也令人吃惊。国际公认的化肥施用安全上限是 225 kg/hm²，但目前我国农用化肥单位面积平均施用量达到 434.3 kg/hm²，是安全上限的 1.93 倍。

从我国化肥平均施用量变化图上看出，20 世纪 50 年代我国 1 hm² 土地施用化肥 4 kg 多，现在是 434 kg，以百倍速度增加。"但这些化肥的利用率仅为 35%左右。没用完，都变成了污染。我国工厂化养殖动物每年产生 27 亿 t 动物粪便，约为工业固体废料的 3.5 倍。但因养殖业与种植业分离等原因，这些本可成为很好肥料的动物粪便并未用到应该用的地方。"结果"一方面造成农田面源污染，一方面大量制造化肥，两者都因趋利。但受害的是耕地与消费者。"

我国农药的平均施用量 13.4 kg/km²，其中有 60%~70%残留在土壤中；2008 年我国农药总量 173 万 t，平均每亩施加 0.96 kg 农药。1990 年农药年施用总量约为 70 万 t，到今天这个数字已经变成了 170 多万 t。

其实，即使没有化肥农药等造成的直接污染，工矿企业废水污灌等对耕地的间接污染已经使之不堪重负。有关方面数据显示，我国因污水灌溉而遭受污染的耕地达 216.7 万 hm²。目前全国有 70%的江河水系受到污染，其中 40%基本丧失了使用功能，流经城市的河流 95%受到严重污染。

我国土地尤其是耕地污染非常严重。据调查，全国受污染的耕地约有 1 000 万 hm²，几乎占到了中国耕地总面积的 1/10。为此有识之士呼吁，守住 1.2 亿 hm² 耕地"红线"不仅仅是守住其数量，还要守住其健康、洁净之"红线"。

农业依赖大量化学物质投入堪称所谓现代农业的突出特点，危害甚多，不可持续。它不仅需要开采大量矿山、石油等，使污染和温室气体排放加剧，大量化学品被投入耕地，造成耕地污染后，不利于植物生长，导致农作物减产甚至绝收，"但危害绝不仅于此，耕地污染还严重威胁到食品、粮食安全。"

从生态学的观点来看，耕地中的有毒物质最终要回到人体安营扎寨。因为有毒物质被植物吸收积累后，通过食物链进入人体，并继续在人体内聚集，最终引发各种疾病。

（二）大气及水体污染

2000 年以来，我国环境污染程度日益严重，前景令人担忧。据程声通、王华东等的研究，目前我国 SO_2 排放量达 1 520 万 t/a。西南、华南的酸雨很严重，已经开始危害大面积的森林、湖泊和农作物。在贵阳、重庆等城市的酸雨频率高达 90%，最低时酸雨 pH 值 3.0～3.2。北方城市大气中总悬浮微粒年平均超过 800～1 000 $\mu g/m^3$，居高不下。

近几年，我国主要大中城市雾霾的新闻现场照片开始连续不断地出现在国内、海外媒体中，"哈尔滨小颗粒污染达 1 000"、"北京雾霾已持续笼罩近 80 小时""河北持续雾霾导致高速公路大面积关闭"等，已经成为城市大气污染报道的标题和网友们熟悉的话题。

环境保护部环境规划院有关学者在"中国与世界环境保护四十年"论坛中坦白地承认，目前从几乎所有污染物的排放量来看中国都是世界第一，不仅整个大气方面的污染物排放在急剧上升，更严重的是饮用水安全也成了亟待解决的突出问题。

2013 年 7 月 9 日，英国《金融时报》在《中国尘埃"削减 5.5 年"的生命预期》文章报道说，中国北方因为高污染，导致很多人受到肺癌、中风和心脏等疾病的危害，使北方人的人均预期寿命缩短 5.5 年（清华大学、北京大学、麻省理工大学和赫布鲁大学共同的研究结果），这是北方人寿命相对南方人寿命计算出来的，该文章并没有计算南方污染到底造成那里多大的生命损失。2013 年 1 月，北京的阴霾水平达到了历史的高峰。每当阴霾天气来临时，广大市民纷纷使用空气过滤器和口罩来保护自己。口罩的生产，成了最盈利的产业。国内学界对污染的量化研究非常缺乏。到底污染的水平多高？对人民的生命和健康的影响有多大？国内的学者很少发表具有说服力的文章，使大家对大气污染的讨论多半停留在日常的观察中。

研究人员利用 1981—2000 年的污染资料和 1991—2000 年的健康资料，以淮河作为南北的分界线，研究南北方人群的生命和健康状况。研究结果表明，1 m^3 所含的污染颗粒，每增加 100 μg，在所研究的期间和人群中，平均预期寿命就缩短 3 年。南北的污染差别是185 μg，所以，北方人的寿命比南方人缩短了 5.5 年。因此研究者说我们发现只要住在北方，就要比南方人少活 5.5 年。相关的报道说，5 年前，中国每年死于呼吸道疾病的人数是 70 万，现在超过 100 万。全世界都有污染，不过，中国的污染是最严重的。主要有下面几个特殊因素：

（1）煤炭是污染最严重的能源。中国每年消耗 35 亿 t 煤炭，占世界煤炭消耗量的一半。每年近 5 万亿 kW·h 的发电量，80% 通过煤炭的直接燃烧。中国的发电厂，大多没有采取任何减污的手段，直接把污染的气体和颗粒向广阔的空间排出。

（2）重工业产值占工业产值从 1978 年的 50%，上升到现在的 70%。八种最污染的工业产品，其产值是工业产值的 30%，污染占工业污染的 73%。

（3）环境污染的控制，在许多地方，尤其是基层单位、小企业，几乎是无政府状态。

地方官员对 GDP 的盲目追求等，是造成污染无限制扩展的根源。

其实，污染对人体的影响需要 10 年，甚至 20 年，或者更长的时间才能有明显的表现结果。以前报道许多，证据不够充分，这篇报道由两个国内一流大学，两个国外的一流大学的许多著名学者联合研究获得的结果，享有很高的学术权威。北方的降雨量少，空气干燥。同时，因为北方的冬天比较冷，政府在冬天有暖气供应，导致北方的污染比南方更为严重。

如果说在中国愈演愈烈的雾霾和食物重金属污染问题已足够糟糕了的话，那么这还不是最坏的，目前中国面临的最可怕的问题是，水源正以愈来愈快的速度在消失。中国水源的消失一部分来自人口基数增加所导致的大量用水，这使得中国的河流数目从 20 世纪 50 年代的 5 万条下降到了现的 2.3 万条；而另一个重要的原因则是环境污染导致的功能性缺水。2007 年中国黄河保护委员会曾对长达 13 km 的某河段进行过考察，发现沿岸上建有4 000 多个石油化工厂，不经处理的粗排放导致河水的污染，以致超过 1/3 的河段已不适合做农业灌溉用水。而与此同时，中国北方的水源正在日渐干枯，而且污染严重，北方平原超过一半的地下水连工业用水的规格都达不到，超过 70% 已不适合人类接触，而城市水源只有勉强一半能处理做饮用水。

中国正在耗尽水源，而环境污染则是加速水源消失的罪魁，2013 年 3 月 2 000 多头死猪漂浮在黄浦江这一恶劣事件不了了之就是最好的诠释，更有难以计数的河流和湖泊被其附近的工厂或居民倾倒的垃圾所污染，各地癌症村的出现更是与水源的工业、化工污染密切相关。对于一个经常可以看到水体、河道中藻类、垃圾或死鱼漂浮在河水之上的国家来说，水源污染的治理实在是任重道远。

浙江绍兴，一座历史上因水闻名的城市，悠久的水文化最早可追溯至河姆渡时期，然而当地人曾引以为自豪的"酱缸""酒缸""染缸"，如今却变成了让当地人不堪重负的"毒缸"。

全国关于"癌症村"的传闻近年来不绝于耳，更有媒体制作出了中国"癌症村"地图，在地方政府遮遮掩掩不肯"认领"的同时，环境保护部日前印发的《化学品环境风险防控"十二五"规划》终于承认。近年来，我国一些河流、湖泊、近海水域及野生动物和人体中已检测出多种化学物质，有毒有害化学物质造成多起急性水、大气突发环境事件，多个地方出现饮用水危机，个别地区甚至出现"癌症村"等严重的健康和社会问题。

公开资料显示，中国共有 164 个纺织工业集群，拥有超过 5 万家纺织工厂，主要集中于东部、东南部沿海地区。绍兴市绍兴县便是其中之一，这里的纺织企业 9 000 余家，印染产能约占全国 30%，因而也被誉为"建在布匹上的城市"。

然而，这个 GDP 功劳簿上的大功臣却变成了水乡恶变的罪魁祸首，在规划面积 100 km^2 的绍兴滨海工业区及周边已经有多个"癌症村"出现。

不是绍兴一座城在呻吟，同样沦为环境生态难民的还有毗邻的杭州市萧山临江工业园区及周边的村民，在那里同样集聚纺织及其相关的化工企业。这两个工业园区位于因潮水闻名的钱塘江畔。化工污水经过巨大的排污管进入钱塘江，而后顺流入海通过杭州湾汇入东海。在有毒有害污染物中生长的海产品最终被端上上海、北京等大城市的餐桌，甚至更远。

毫无疑问，环境污染的危害绝不可能局限在局部地区。同处一片雾霾天下，如果不控制污染物的使用、排放，癌症将会成为我们这代人，甚至几代人共同的归宿。

环境保护部《化学品环境风险防控"十二五"规划》显示，我国化学品污染防治形势十分严峻。我国现有生产使用记录的化学物质4万多种，其中3 000余种已列入当前《危险化学品名录》，目前，我国化学品产业结构和布局不合理，环境污染和风险隐患突出，发达国家已淘汰或限制部分的有毒有害化学品在我国仍有规模化生产和使用，存在部分高环境风险的化学品生产能力向我国进行转移和集中的现象。来自绿色和平组织的调研显示，绍兴滨海工业园区与萧山临江工业园区的印染企业不乏一些国际服装品牌的供应商。纺织名城向世界输出品牌潮流的同时却将污流留在了本地。

第二章　地球环境与生态系统

地球系统是一个由包括人类和人类活动在内的地球环境的各个部分及其相互作用构成的、处于不断变化之中的巨大的复杂系统。地球环境,亦称人类的生存环境,是由大气圈、水圈、岩石圈、土壤圈和生物圈组成,是一个各部分相互作用、互相关联、渗透、互相作用的一个整体。地球环境不仅仅是单纯的自然环境,也包括被人类加工改造的环境部分。

第一节　地球环境基本特征

一、岩石圈和土壤圈

（一）岩石圈和土壤圈的概念

地球是一个有 46 亿年漫长地质历史,具有复杂结构构造特征的天体。地球由地壳、地幔和地核三个部分组成。岩石圈是地球的表层,包含上部地幔和地壳,由许多板块构成。岩石圈的厚度不均匀,以我国为例,中国大陆岩石圈厚度存在明显的不均性,西厚东薄,南厚北薄,厚度变化极大（50～240 km）。西部青藏高原和中亚地区岩石圈厚度为 170～200 km,最厚达 240 km,东部濒于太平洋地区只有 50～85 km。在帕米尔、昌都、塔里木盆地中东部及恒河上游,存在 4 个岩石圈最厚地区,厚度都大于 200 km。

岩石圈不仅为人类提供了丰富的化石燃料和矿物资源,同时由于岩石圈中的动力学过程和物理、化学作用对人类生存环境产生巨大的影响。

土壤圈是岩石圈表面的一层很薄的疏松表层,处于大气圈、水圈、岩石圈和生物圈之间的界面与交互作用层之上,是大气圈、水圈、岩石圈和生物圈相互作用的产物。虽然土壤圈的量相比其他圈层很少,但绝不是其他圈层的附属部分,而是一个独立的圈层。

（二）土壤圈对其他圈层的影响

土壤圈对其他圈层有重要的影响（图 2-1）,主要体现在以下几个方面：

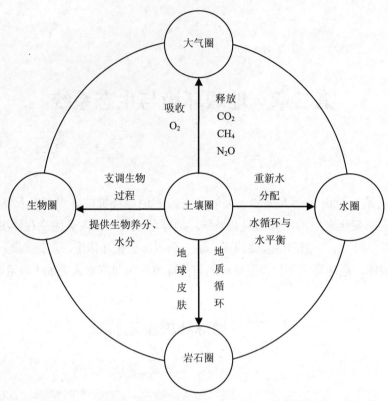

图 2-1 土壤圈对其他圈层的影响（修改自赵其国，1991）

（1）对生物圈而言，土壤是微生物和土壤动物的栖息场所，并且提供植物生长的养分和水分等物质，决定自然植被的分布。

（2）对大气圈而言，土壤影响大气圈的化学组分、水分以及热量平衡。土壤可以释放甲烷、二氧化碳、氮氧化物等温室气体，对大气圈有着明显的影响。

（3）对水圈而言，土壤影响了降水在陆地和水体之间的分配状况，同时，也影响着生物地球化学元素循环。

（4）对岩石圈而言，土壤作为地球的"皮肤"，对岩石圈起到一定的保护作用，从而减少外部干扰对岩石圈的破坏。

土壤圈对全球的地球化学循环，特别是 C、N、P 和 Si 的循环有着重要的影响。以全球碳循环为例，世界上的土壤构成了第三大活性全球碳库（Active global C pools），1 m 深的土壤大约含有 2 000 pg 有机碳和 750 pg 的无机碳，是大气碳库的 3.2 倍，生物碳库的 4.1 倍。由于森林和草原系统向农业系统和土壤耕作转变，土壤有机碳库中有 66～90 pg 碳进入大气中。研究表明大多数的农业土壤原有土壤碳库中 25%～75%流失，而退化的土壤流失量达到了 70%～90%。

二、大气圈

大气圈是受到重力吸引而聚拢在地球外表的一层流体物质，以气体为主，也含有微量颗粒物。大气圈随高度的不同表现出不同的特点，大气圈的空气密度随高度而减小，越高越稀薄。从地面往上，大气圈包括对流层、平流层、中间层和散逸层。大气圈的成分主要包括氮气、氧气、二氧化碳以及许多的微量和痕量气体（如氩气、氦气等），其中氮气、氧气、二氧化碳的体积分数分别为78.08%、20.94%和0.035%（表2-1）。

表2-1　清洁干燥的空气中最常见的10种成分（Bush M B 著，刘雪华译，2007）

气体	化学符号	在空气中所占的体积分数/%
氮气	N_2	78.08
氧气	O_2	20.94
氩气	Ar	0.934
二氧化碳	CO_2	0.035
氖气	Ne	0.001 82
氦气	He	0.000 52
甲烷	CH_4	0.000 15
氪气	Kr	0.000 11
氢离子	H^+	0.000 05
氧化亚氮	N_2O	0.000 05

地球大气圈是随着地球演化而形成。地球形成后，由于核素放射性能量的聚积以及地球演化早期频繁的地球天外物体撞击产生的巨大能量，使封存于非挥发物质中的挥发组分在熔融过程中被释放进入大气，逐渐形成富含 H_2O，CO_2（主要组分）及 CO，H_2，SO_2，H_2S，N_2，NH_3，HCl，CH_4（次要组分）和稀有气体等组分的原始次生大气圈。而后，早期的细菌在生命过程中释放出 CO_2，逐渐改变原有的大气成分，然后，出现了更进化的细菌和蓝藻，通过光合作用释放 O_2。大约在3亿年前，植物的大规模出现，演化成如今的大气成分。

大气圈与其他圈层，通过不断的物质和能量交换，保持着大气组分的平衡。它不仅包含有多数有机体呼吸所使用的氧，以及植物与海藻和蓝绿藻进行光合作用所使用的二氧化碳，也保护生物的基因免于受到太阳紫外线辐射的伤害。但当前，由于人类的活动使地球大气圈中 CO_2 含量明显增加，近200年来，通过化石燃料的燃烧释放出的 CO_2，使空气中的 CO_2 体积分数已经增加了30%，达到了 365×10^{-6}，同时，大气圈中的痕量气体含量变化以及新气体如苯、氟利昂（CFCs）等的出现，导致温室效应、臭氧层的破坏等一系列环境问题，对人类的生存环境提出了严重的挑战。

三、水圈

水圈，是由水构成的圈层，泛指地球上所有的水，占地表面积的70%。地球上的水以气态、液态和固态三种形式存在于空中、地表、地下以及生物体内，包括海洋、陆地表面和地下水以及大气圈中的水。水圈是地球圈层中最为活跃的圈层，它通过水循环与其他圈层相联系，进行各种形式的水交换。

水圈的总体积约为 $1.39\times10^9\,km^3$，其中海洋约占96.5%，大陆水仅占水圈不到3%，其中大部分储存在南北两极和山峰的冰雪中。从表2-2可以看到，地球上的水绝大多数不能被人类直接利用，并且可以被利用的淡水分布也是很不均匀的。

表2-2　地球水的构成（Cunningham W P and Cunningham M A，2010）

类型	体积/km³	总量/%	平均停留时间
总量	1 386 000 000	100	2 800 年
海洋	1 338 000 000	96.5	3 000~30 000 年*
冰川和积雪	24 364 000	1.76	1~100 000 年*
地下咸水	12 870 000	0.93	几天到数千年*
地下淡水	10 530 000	0.76	几天到数千年*
淡水湖	91 000	0.007	1~500 年*
咸水湖	85 000	0.006	1~1 000 年*
土壤水分	16 500	0.001	2 星期~1 年*
大气	12 900	0.001	1 星期
沼泽湿地	11 500	0.001	几个月到几年
江河溪流	2 120	0.000 2	1 星期到 1 个月
动植物体内的生物水	1 120	0.000 1	1 星期

注：* 取决于深度和其他因素。

地球的表面总面积约 $5.1\times10^8\,km^2$，如以大地水准面为基准，海洋面积为 $3.61\times10^8\,km^2$，占地表总面积的70.8%。海洋蕴涵了世界上约97%的液态水。地球上的海洋是相互连通的，构成统一的世界大洋。世界上的海洋被大陆分割成彼此相通的四个大洋，即太平洋、大西洋、印度洋和北冰洋。在调节地球温度方面，海洋起着重要的作用，但由于海水盐分含量太高，人类难以利用。但世界上90%的生物量是生长在海洋中。

淡水总体积约为 $3.6\times10^7\,km^3$，占全球总水量的2.6%左右。这些淡水中的77%以冰川和积雪的形式分布于极地和高山上，可供生物利用的淡水资源极其有限。而这部分可供利用的淡水资源的分布又极不均匀。人们为了利用这些有限的水资源，兴建了大量的水库，来截取地表的洪水径流。人类在利用水资源过程中还大量开采地下水，过度开采地下水导致地下水位大幅下降甚至枯竭，以及地面大幅下沉等环境问题。此外，人类对水圈的影响还包括大量湖泊消失、湖泊富营养化、围湖造田使面积缩小等一系列的环境问题。

四、生物圈

1875 年奥地利地质学家休斯（Eduard Suess）将生物圈的概念引进入自然科学。生物圈是指地球上有生命存在的部分，即地球上所有的生物，包括人类及其生存环境的总体。生物圈的范围包括大气圈下层、岩石圈上层和整个水圈，其高度最高可达到离地面 10 000 m 处或更高，因为有时昆虫和微生物可被上升气流和风带到那里。生物圈的下限在海洋中至少与海洋底部一致，在陆地中最低可达到地下植物最深的根际处，甚至很多地下洞穴的最深处。

生物圈是一个复杂的开放系统，是一个生命物质与非生命物质的自我调节系统（称之为生物圈生态系统），它是生物界和其他圈层长期相互作用的结果。生物圈存在的基本条件有：必须得到足够的太阳光能，以便合成有机物供生命活动的需要；有能够被生物利用的液态水，所有生物都含有大量的水；必须要有适宜生命生存和活动的温度条件；能够提供生命物质所需的各种元素，包括 C、N、O、Na、K 及一些金属元素等。

地球上的生物圈的发育经历了约 30 亿年的历程，在漫长的发育过程中，由于地壳与气候的变化等，一些物种消亡了，另一些新的物种产生了，形成了如今的由 $1 \times 10^7 \sim 3 \times 10^7$ 物种组成的生物圈。在这漫长的生物圈发育过程中，人类历史只有 200 万～500 万年，相对来说非常短。人类作为地球生物圈的新成员，在过去的进化与发展历程中，从农业社会进入工业社会后，对自然环境的干预越来越明显，特别是过去的一个世纪以来，科学技术迅猛发展，使人类进入到控制自然的程度，并且以胜利者和占领者的姿态出现，破坏了人类同大自然的平衡与和谐。

第二节　生态系统的组成、结构和原理

一、生态系统

生态系统概念提出后，许多生态学家对生态系统理论和实践发展做出了巨大的努力。

生态系统是生态学的基本单位，生态系统定义的基本含义包括以下几个方面：① 由生物和非生物成分组成，外部环境是生态系统整体的一部分（图 2-2）；② 各组成要素之间有机地组织在一起，具有能量流动、物质循环和信息传递等功能；③ 生态系统是客观存在的实体，有时空概念的功能单元；④ 生态系统是人类生存和发展的基础。

在应用生态系统概念时，对其范围和大小没有严格的限制，生态系统的大小可由研究

的需要来确定，小至动物有机体内消化道的微生物系统，大至各大洲的森林、荒漠等生物群落，甚至整个地球上的生物圈。

当前，人与环境的关系问题，人类与资源的开发利用等问题已成为现代生态学研究的中心问题，而对这些问题的研究与最终解决都离不开对生态系统的认识与研究。

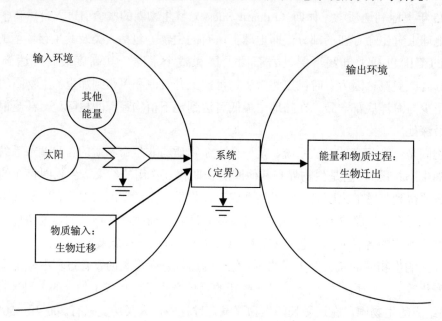

图 2-2　生态系统模型，强调外部环境必须作为生态系统整体的一部分

（Odum E P 等著，陆健健等译，2009）

二、生态系统的组成

生态系统是由生物和非生物组分组成。外部环境是生态系统整体的一部分，如果没有非生物组分，就没有生物的生存环境和空间。生态系统主要由以下几个成分组成，包括生命支持系统（非生物环境）、生产者、消费者和分解者四类基本成分（图 2-3）。生态系统生物组分的三个组成类别不是物种水平上的分类，而是一种功能上的分类。

（一）非生物环境

非生物环境是生态系统中生物赖以生存的物质、能量和生活场所，它包括参加物质循环的无机元素和化合物（如 C、N、CO_2、O_2 等），联系生物和非生物环境的有机物质（如蛋白质、脂类、糖类等）和气候或其他物理条件（如温度、光照、水分等）。

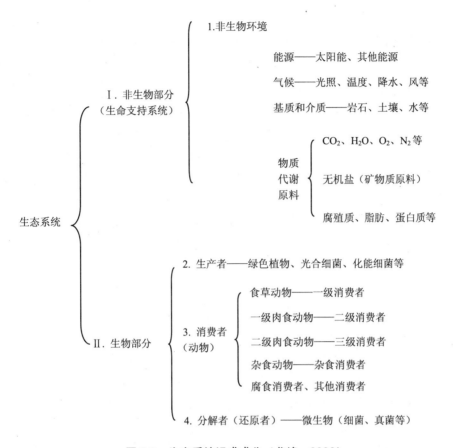

图2-3 生态系统组成成分（戈峰，2008）

（二）生产者

生产者是能以简单的无机物制造有机物的自养生物，包括所有绿色植物、蓝绿藻和某些细菌，是生态系统中的最基础的成分。绿色植物和光合细菌可以通过光合作用把水和二氧化碳等无机物合成碳水化合物等有机化合物，把太阳能转化为化学能，储存在合成的有机物分子键中。此外，有一些化能自养细菌，包括硝化细菌和氧化硫的细菌等，它们可以通过氧化无机化合物取得能量，以二氧化碳为唯一碳源，进行细胞合成。

生产者不仅为本身的生存、生长和繁殖提供营养物质和能量，同时，也是消费者和分解者直接或间接的营养物质和能量来源，所以，生产者是生态系统中最基本和最关键的生物成分。

（三）消费者

消费者是针对生产者而言，是不能用无机物直接制造有机物质，直接或间接依赖于生产者所制造的有机物的生物，因而属于异养生物。根据营养方式上的不同，可分为以

下几类:

（1）植食动物是以植物为营养的动物，又可称为一级消费者，如食草性昆虫和食草性哺乳动物等。

（2）肉食动物是以植食动物或其他动物为食的，根据其在食物链的位置，又可分为：

一级肉食动物是以植食动物为食的动物，又称二级消费者，如食野兔的狐等。

二级肉食动物是以一级肉食动物为食的动物，又称三级消费者。有的生态系统还有四级、五级消费者等。

（3）消费者还包括那些杂食动物，它们既吃植物也吃动物，如有些鱼类既吃水藻也吃水生无脊椎动物。

此外，食碎屑者也应属于消费者，它们的特点是只吃死的动植物残体。

消费者在生态系统中，不仅担负着对初级生产的产物进行加工和再生产的作用，而且它们还对其他生物种群的数量起着调控的作用。消费者在生态系统的物质和能量流动中起着重要的作用。

（四）分解者

分解者是异养生物，基本功能是把动植物体的复杂有机物分解为生产者能重新利用的简单的化合物，并把这些化合物释放到环境中，同时释放出能量，其作用与生产者相反，包括细菌、真菌、放线菌和一些小型无脊椎动物等。这些异养生物又称为还原者。分解者在生态系统中的作用极为重要，不仅对物质循环和能量流动具有重要的意义，同时也是生态系统不可缺少的成分。如果没有它们，动植物尸体将会堆积成灾，物质不能循环，生态系统将毁灭。需要注意的是，分解作用不是一类生物完成，它往往有一系列复杂的过程，各个阶段由不同的生物完成。

三、生态系统结构

系统的结构通常是指系统构成要素的组成、数量及其在时间、空间上的分布和物质、能量转移循环的途径。结构直接关系到生态系统内物质和能量的转化循环特点、水平和效率，以及生态系统抵抗外部干扰和内部变化保持系统稳定性的能力。

（一）生态系统的基本结构

生态系统结构，指生态系统的构成要素以及这些要素在时间上、空间上的配置和物质，能量在各要素间的转移、循环途径。由此可见一个生态系统的结构包括三个方面，即系统的组成成分，组分在系统空间和时间上的配置，以及组分间的联系特点和联系方式。

生态系统的结构，直接影响系统的稳定性、系统的功能、转化效率与系统生产力。通常情况下，生物种群结构复杂、营养层次多，食物链长并联系成网的生态系统，稳定性较强；反之，结构单一的生态系统，即使有较高的生产力，但稳定性差。因此在特定的生态系统（如农业生态系统）中必须保持耕地、森林、草地、水域有一定的适宜比例，从大的方面保持生态系统的稳定性。

生态系统的基本结构概括起来可以分成以下四个方面：

（1）生物种群结构，即生物（植物、动物、微生物）的组成结构及生物物种结构。例如：农田中的作物、杂草与土壤微生物；大田作物中的粮食作物、经济作物、绿肥作物等。

（2）生态系统的空间结构，这种空间结构包括了生物的配置与环境组分相互安排与搭配，因而形成了所谓的平面结构和垂直结构。例如农作物、人工林、果园、牧场、水面是农业生态系统平面结构的第一次层次，然后是在此基础上各业内部的平面结构，如农作物中的粮、棉、油、麻、糖等作物。生态系统的垂直结构是指在一个生态系统区域内，生物种群在立面上的组合状况，即将生物与环境组分合理地搭配利用，从而最大限度地利用光、温、水、热等自然资源，以提高生产力。

（3）生态系统的时间结构，是指在生态区域与特定的环境条件下，各种生物种群生长发育及生物量的积累与当地自然资源协调、吻合状况，它是自然界中生物进化同环境因素协调一致的结果。

（4）生态系统的营养结构，是生物之间借助物质、能量流动通过营养关系而联结起来的结构。多种生物营养关系所联结成的多种链状和网状结构，主要是指食物链结构和食物网结构。食物链结构是生态系统中最主要营养结构之一，建立合理有效的食物链结构，可以减少营养物质的耗损，提高能量、物质的转化利用率，从而提高系统的生产力和经济效益。

（二）生态系统的结构特点

生态系统同一般的系统相比具有一般系统所具有的共同性质，但又与其他系统不同，具有如下的特征：

（1）组织成分。它是由有生命的和无生命的两种成分组成，不仅包括植物、动物、微生物，还包括无机环境中作用于生物物质的物理化学成分，只有在生命存在的情况下，才有生态系统的存在，这是最本质与根本的一点。

（2）生态系统通常与特定的空间联系，因而具有一定的自然地理特点和一定的空间结构特点。

（3）生物的发展规律。生物具有生长、发育、繁殖和衰亡的特性，因而生态系统也可以区分为幼年期、成长期和成熟期等阶段，表现出明显的时间变化特征，有着自身的发展演化规律。

（4）生物的营养和功能。生态系统也具有代谢作用，其活动方式是通过生产者、大型消费者和小型消费者这三大功能类群参与的物质循环和能量转化过程完成的。

（5）具有复杂的动态平衡特征。生态系统中的生物存在着种内与种间的关系、生物与环境的关系，这些关系在不断发展变化，以维持其相对平衡。这种平衡处在不断变化之中，存在着正反馈与负反馈的作用。任何自然力或人类活动干扰，都会对系统的某一环节或环境因子造成影响，甚至导致生态系统的崩溃，影响系统的生态平衡。

四、生态系统的营养结构

（一）食物链

生物能量和物质通过一系列的取食和被取食关系在生态系统中传递，生物之间存在的这种传递链条就是食物链。Elton（1942）是最早提出食物链概念的人之一，他认为，由于受能量传递效率的限制，食物链的长度不可能太长，一般由 4～5 个环节构成（图 2-4）。食物链上的每一个环节称为营养阶层。

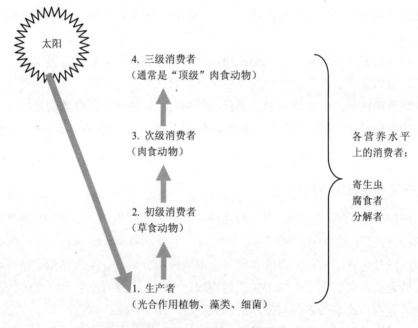

图 2-4　生态系统中的食物链

（仿 Cunningham W P and Cunningham M A，2010）

自然生态系统主要有三种类型的食物链，包括捕食（牧食）食物链、腐食食物链和寄生生物链。

1. 捕食（牧食）食物链

捕食（牧食）食物链是以活体组织作为食物传递的链条，比如小麦—蚜虫—瓢虫—食虫小鸟。虽然该食物链是人们最容易看到的食物链，但是，从能量流动角度来看，它在陆地生态系统和许多水生生态系统中，并不是主要的食物链，只在某些水生生态系统中，才能成为主要的链条。这是由于在陆地生态中，经初级生产量只有很少的一部分通向捕食食物链，例如，在一个鹅掌楸—杨树林中，净初级生产量只有 2.6%被捕食动物所利用。

2．腐食食物链

腐食食物链是以死的动植物残体为基础，从微生物（如真菌、细菌）和某些土壤动物开始的食物链。如动植物残体—蚯蚓—动物—微生物—土壤动物。

3．寄生食物链

寄生食物链是以活的动植物有机体为基础，从某些专门营寄生生活的动植物开始的食物链，如鸟类—跳蚤—鼠疫细菌。由于寄生物的生活史很复杂，所以寄生食物链也很复杂。有些内寄生物可以借助食物链中的捕食者从一个寄主转移到另一个寄主；外寄生物也经常从一个寄主转移到另一个寄主。

（二）食物网

在生态系统中，一种生物不可能固定在一条食物链上，各种生物成分由于食物传递关系而存在着一种错综复杂的普遍联系，各种食物链彼此交错连接，形成一个网状的结果，这就是食物网，图 2-5 是一个陆地生态系统典型食物网的示意图。

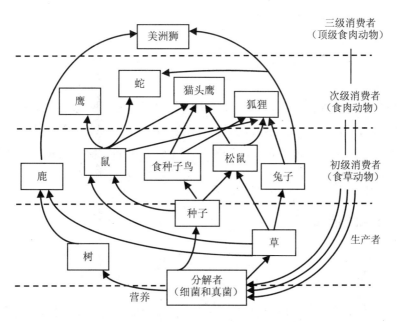

图 2-5　陆地生态系统典型食物网

（Odum E P 等著，陆健健等译，2009）

一般认为，一个复杂的食物网是生态系统保持稳定的重要条件，食物网越复杂，生态系统抵抗外力干扰的能力就越强，食物网越简单，生态系统就越容易发生波动和毁灭。在一个复杂的食物网的生态系统中，一般也不会因为一个生物的消失而引起整个生态系统的失调。

（三）有毒、有害物质沿食物链浓缩

各种杀虫剂（如 DDT、六六六）、除草剂、工业排放废物以及放射性物质等都可以通过食物链逐步浓缩。以 DDT 为例，DDT 可以通过大气、水和生物等途径被广泛传带到世界各地，然后沿着食物链移动，并逐渐在生物体内积累，从图 2-6 中可以看到 DDT 浓度从海水到银鸥，扩大了百万倍。不仅有害物质可沿着食物链浓缩，各种有益物质也可沿食物链积累，这就为人类从生物体内提取某些稀有物质和元素提供了可能性。

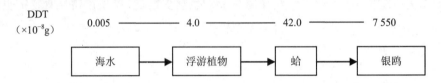

图 2-6　DDT 随生物链富集示意图（数据来自孙儒泳等，2002）

（四）营养级

自然界中的食物链和食物网是物种和物种之间的营养关系，但这种关系错综复杂。为了便于进行定量的能流和物质循环的研究，生态学家提出了营养级的概念。所谓营养级就是出于食物链某一环节上的所有生物种类的总和。营养级之间的关系是指一功能群生物和处在不同营养层次上另一功能群生物之间的关系（图 2-7）。例如，作为生产者的绿色植物和所有自养生物都位于食物链的起点，共同构成第一营养级。所有以生产者（主要是绿色植物）为食的动物都属于第二营养级，即植食动物营养级，以此类推，可以有第三、第四甚至第五营养级。营养级的位置越高，归属于这个营养级的生物种类和个体数量就越少，当少到一定程度的时候，就不能再维持另一个营养级中生物的生存了。

五、生态系统能量流动

（一）能流模式

能量是生态系统的动力，是一切生命活动的基础。能量的流动是生态系统存在、演化和发展的动力，由于生物与生物、生物与环境之间不断进行物质循环和能量转化的过程，不但使生物得以维持生存、繁衍和发展，而且也使得生态系统保持平衡与稳定。生态系统的重要功能之一就是能量流动。

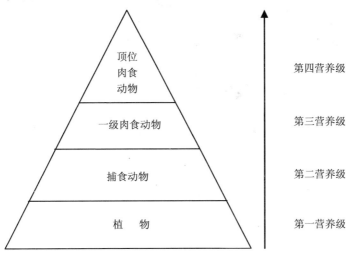

图 2-7 生态系统中营养级示意图（修改自尚玉昌，2010）

太阳能是生态系统的初始能量来源。生态系统的能量流动可以概括为一个通用的能量流动模式（图 2-8），从能量的输入开始，能量在生态系统流动过程中，一部分被生物同化利用（A），另一部分能量没有被同化（或排泄掉）（NA）；被同化的利用的能量中，一部分形成生物的生产量，另一部分能量则以呼吸的形式消耗掉。

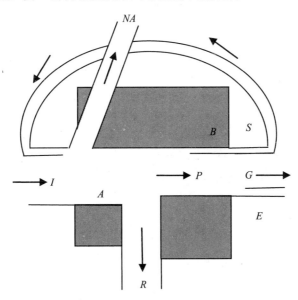

图 2-8 生态能量流模型（Odum E P 等著，陆健健等译，2009）

I=输入（或摄取的能量）；NA=未同化的能量（或排泄的）；A=同化的能量；P=生产；R=呼吸；G=生长和繁殖；B=现存生物量；S=储存的能量；E=排泄的能量

（二）能量流动的特征

1. 生态系统能量流动遵循热力学第一定律和第二定律

热力学第一定律即能量守恒定律，该定律指出在任何过程中，能量既不能被创造，也不能被消灭，只能以严格的当量比例，由一种形式转化为另一种形式。一个系统发生变化，环境的能量同时也发生变化。当日光进入生态系统后，一部分转变为化学能贮存在有机体中，另一部分用于生命代谢活动散逸于环境中，但不会消灭。热力学第二定律，即能量传递方向和转换效率的规律，从该定律可以得出，生态系统的能量从一种形式转化为另一种形式时，总有一部分能量转化为不能利用的热能而耗散。

2. 生态系统能量是单向流动

能量以光能的状态进入生态系统后，就不能再以光的形式存在；从总的能量流动的途径而言，能量只是单程流经生态系统，是不可逆的。

3. 能量在生态系统内流动的过程，就是能量不断递减的过程

生态系统中各个营养级的消费，总不能百分之百地利用前一营养级的生物量和能量，总要耗散掉一部分。平均每个营养级的能量转化效率只有10%，这就是著名的"十分之一定律"。

4. 能量流动通过食物链形成生态金字塔

生态金字塔是指生态系统各个营养级之间的量值自基础营养级向上排列，呈现出下大上小的类似金字塔的结构。这种营养级之间的数量关系，可采用生物量单位、能量单位和个体数量单位，相应的单位构成的生态金字塔就分别称为生物量金字塔、能量金字塔和数量金字塔。其中以能量金字塔所提供的情况较为客观、全面。

能量金字塔是利用各营养级所含的总能量值的多少来构建的生态金字塔（图2-9）。为什么每一个更高的营养级都比前一个营养级的能量值少得多了？原因有很多，首先，生物食用的一些食物并没有被消化，也不能提供可用的能量；其次许多被吸收的能量又被消耗在日常的生命活动中，或是在能量形式的转化过程中以热的形式散失，无法像生物量那样储存起来；此外捕食的捕食效率也不是100%，通常的规律是某一消费者营养级的能量中，只有10%可以输送到下一个更高的营养级。

数量和生物量金字塔也具有类似能量金字塔的形状，一般也是下宽上窄的正锥体。

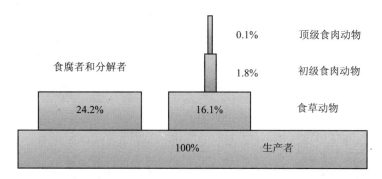

图 2-9 能量金字塔实例（Cunningham W P 等著，戴树桂主译，2004）

六、生态系统物质循环

生命的维持不仅依赖于能量的供应，而且也依赖于各种化学元素的供应。生物为了自身的生长、发育和繁殖，必须从周围环境中吸收各种营养物质和能量，这些营养元素包括最基本的生命元素，如 C、H、O、N、P 等，也包括微量元素，如 Ca、Mg、K、Na、Zn等。生态系统的物质循环是指各种有机物质经过分解者分解生成可被生产者利用的形式，归还于环境中重复利用，周而复始的循环利用过程。物质循环可以分为生态系统层次和生物圈层次，这里主要介绍生物圈层次的物质循环。

生物圈层次的物质循环，也称生物地球化学循环，是指各种化学元素，包括生命所必需的各种元素，在生物圈中具有沿着特定途径，从周围环境到生物体，再从生物体返回到周围环境的趋势，这些程度不同的循环途径称为生物地球化学循环。生物地球化学循环可分为三大类型，即水循环、气体型循环（碳循环和氮循环）和沉积型循环（磷循环）。

（一）水的生物地球化学循环

水是地球上最丰富的无机化合物，也是生物组织中含量最多的一种化合物，同时，水是生命必需元素得以不断运动的介质。水循环是最基本的生物地球化学循环，它强烈地影响其他物质的循环。

从水循环的能量动力学分析表明，是太阳能驱动了全球水循环。水循环的主要路线是从地球表面通过蒸发进入大气圈，同时又不断从大气圈通过降水回到地球表面（图 2-10）。由于太阳辐射，地球表面的水分蒸发到空中。海洋表面蒸发的水分，一部分直接降落海洋中，形成海洋水分的内循环；另一部分通过风的作用带到陆地上空，以降水形式落到大陆。大陆上的水可能暂时地贮存于土壤、湖泊和冰川中，或者通过蒸发、蒸腾进入大气，或以液态经过河流和地下水返回海洋。

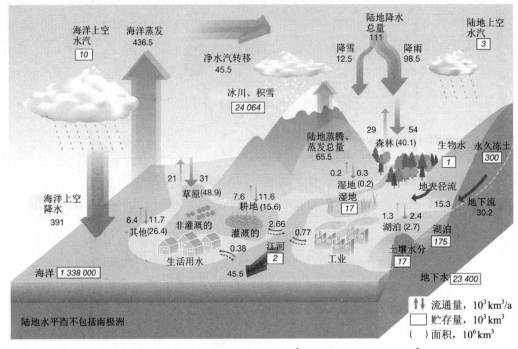

图 2-10　全球水循环流通率（1 000 km³/a）和储量（1 000 km³）

（修改自 Oki T and Kanae S，2006）

从流通率来看，陆地的降水量为 111 000 km³/a，超过了蒸发-蒸腾量（65 500 km³/a）。而海洋的蒸发量为 436 500 km³/a，超过了降水量（391 000 km³/a）。许多海洋蒸发的水分被风带到大陆上空，以降水落到地面，并最后流回海洋，也就是说，从海洋到陆地的大气水分（45 500 km³/a）通过径流回到海洋而得到平衡。

当前，人类活动已经影响了全球水循环，改变局域的水源。森林砍伐、农业活动、建立水坝等这些影响局域蒸发、蒸腾和降水的种种活动，都有可能改变全球和局域的水循环。

（二）碳的生物地球化学循环

从全球水平来看，碳循环是非常重要的生物地球化学循环。碳是生命的基本元素，它构成生物体重量（干重）的 49%。最大量的碳被固定在岩石圈中，以碳酸盐的形式存在。全球主要碳库的碳含量见表 2-3。对碳的生物地球化学循环而言，比较重要的碳库是海洋中的无机碳、大气中的二氧化碳和生物机体中的有机碳。

全球碳循环包括生物的同化和异化过程，主要是光合作用和呼吸作用；大气和海洋之间的二氧化碳交互以及碳酸盐的沉淀作用。碳循环最重要的碳流通率是大气与海洋之间的碳交换（90×10^{15}g/a 和 92×10^{15}g/a）和大气与陆地植物之间的交换（120×10^{15}g/a 和 60×10^{15}g/a），碳在大气中的平均滞留时间大约是 5 年，全球碳循环的示意见图 2-11。

表 2-3　地球主要碳库（Falkowski P，2000）

地球碳库		碳储量/Gt
大气		720
海洋		38 400
	总无机碳	37 400
	表层	670
	深层	36 730
	总有机碳	1 000
岩石圈	沉积碳酸盐	>60 000 000
	油母岩质	15 000 000
陆地生物圈		2 000
	活的生物量	600～1 000
	死亡生物量	1 200
水生生物圈		1～2
化石燃料		4 130
	煤	3 510
	石油	230
	天然气	140
	其他（泥炭）	250

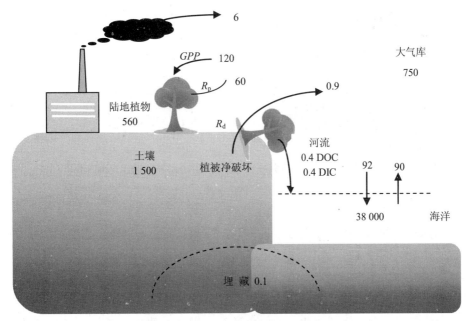

图 2-11　全球碳循环（Odum E P 等著，陆健健等译，2009）

图中值的单位为 10^{15}g 碳

当前由于大量的化石燃料燃烧、农业肥料施用等，严重干扰了全球碳循环，导致大气 CO_2 浓度的升高，从而导致了温室效应的产生。温室效应是指地球大气中高浓度的 CO_2 等温室气体像温室的玻璃罩一样只允许太阳辐射到达地面，却吸收从地面反射的红外辐射，而导致地球大气温度升高的效应。

（三）氮的生物地球化学循环

氮是氨基酸的组成元素，一切生物结构的原料。主要以氮气的形式存在于大气中，约占大气总量的 79%，但它在生物圈中仅占生物总量的 0.3%左右，且不能被生物直接利用，必须通过固氮作用将氮与氧、氢结合形成硝酸盐或氨以后，植物才能利用。

全球陆地生态系统每年自然固氮量为 110 Tg，海洋固氮量为 140 Tg，而工业化生产化肥而固定的氮，每年约 100 Tg，且逐年增加。反硝化作用是陆地和海洋氮损失的主要途径，分别达到 100 Tg/a 和 240 Tg/a，氮的生物地球化学循环见图 2-12。

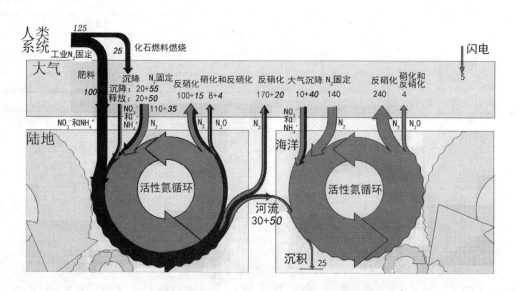

图 2-12　陆地和海洋全球氮循环（Gruber N and Galloway J N，2008）

图中深色流动符号表示经人为干扰的氮流，浅色表示"自然的"氮流

人工固氮对于养活世界上不断增加的人口作了重大贡献，同时，它也对全球氮循环产生了一定的影响（图 2-12），并且通过全球氮循环带来了不少不良的后果，其中有些是威胁人类可持续发展的生态问题。如富营养化问题，是在人类活动的影响下，营养元素（尤其是氮、磷）大量流入水体，使水体中氮磷含量增高，促使藻类和其他浮游生物种群数量激增，水中溶解氧耗尽，水质恶化，造成鱼类大量死亡的现象。此外，有研究发现，氮和其他营养物质的富集为适应高营养环境的"杂草型"物种提供了扩展的机会，导致外来杂草物种取代本地植物种，从而导致生物多样性降低。

（四）磷的生物地球化学循环

虽然生物体内磷的含量仅占体重的 1% 左右，但它是细胞遗传物质 DNA 的构成元素，而且也是三磷酸腺苷（ATP）的构成元素，在能量贮存、利用和转化方面起着关键作用，同时，它还制约着水域生态系统光合生产力的大小。

磷一般情况下不以气体成分参与循环，属于典型的沉积循环。这种类型的物质实际上有两种存在相：岩石相和溶盐相。土壤和海洋中磷的总量非常大，但是能为生物所利用的量有限。全球磷循环的最主要途径是磷从陆地土壤库通过河流运输到海洋。磷从海洋再返回陆地十分困难，海洋中的磷大部分以钙盐的形式而沉淀，因而长期的离开循环而沉积起来（图 2-13）。在陆地生态系统中，磷的有机化合物被细菌分解为磷酸盐，其中一部分被植物吸收，另一些则转化为不能被植物利用的化合物，一部分可溶性磷随水流进入湖泊和海洋。

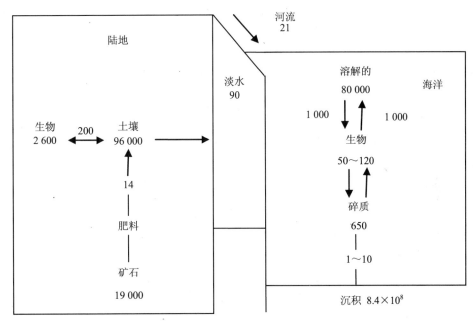

图 2-13　全球磷循环（孙儒泳，2002）

库含量以 10^{12}g 为单位，P 流通率以 10^{12}Gg/a 为单位

七、生态系统服务功能

（一）生态系统服务功能概述

生态系统服务功能是指生态系统与生态过程所形成及所维持的人类赖以生存的自然

环境条件和效用。生态系统服务功能的维持与提供离不开三大要素：生态系统结构、生态系统过程和生境。生态系统结构完整性是生态系统服务功能得以维持的基础，某一组分的缺损或变化将直接影响生态系统服务功能，如植被受损导致生态系统产品提供、水土保持和气候调节等功能受损。生态系统不仅为人类提供了食品、医药等生产生活原料，生态系统过程运行中产生了多种支持功能，形成了人类生存所必需的环境条件包括如调节气候、维持大气化学的平衡与稳定、维持生命物质的生物地化循环与水文循环、维持生物物种与遗传多样性、减缓干旱和洪涝灾害、植物花粉传播与种子扩散、土壤形成、生物防治、净化环境等。

（二）生态系统服务功能分类

关于生态系统服务功能，不同的学者从不同的角度对生态系统服务功能进行了分类，有的将生态系统服务功能划分为生态系统产品和生命支持功能；有的分为调节功能、提供生境、产品功能、信息服务功能四大类、23 种功能类型。Claire Kremen（2005）从当前可以定量的单一物种和群落贡献的角度将生态系统服务的功能分成 13 种功能类型，包括美学文化功能、产品生产、净化空气、气候稳定等。

目前，得到国际广泛认可的生态系统服务功能分类是由联合国千年生态系统评估工作组提出的分类方法。该分类方法将生态系统服务功能分成产品提供功能、调节功能、文化功能和支持功能四个大类，约 35 种类型（图 2-14）。产品提供功能是指生态系统生产或提供的产品，如木材、燃料、药品等；调节功能是指生态系统能调节人类生态环境，包括净化空气、调节气候、生物控制等；文化功能是指人们通过精神感受、知识获取、主观印象等从生态系统中获得的非物质利益，包括文化多样性、知识系统、休闲旅游等，人类的持续发展不仅要有物质文明，同时也需要精神文明，生态系统在这方面的功能是不可轻视的；支持功能是保证所有其他生态系统服务功能提供所必需的基础功能，支持功能对人的影响与其他功能有一点的区别，一般来说，支持功能的体现，是间接的或者通过较长时间才能发生的，它包括土壤形成、生境提供等。

（三）生态系统服务的价值

许多学者对生态系统服务功能的价值化进行了研究，对生态系统服务功能的价值进行了评估，但是由于生态系统提供服务的特殊性和复杂性，其评价和价值计量至今仍是一件十分困难的事情。

Costanza 等 13 位生态学家（1997）第一次对全球生态系统服务价值进行了评估，研究发现全球生态系统提供的服务总价值为：每年平均 33 万亿美元（表 2-4），与之相比全球 GNP 的年总量为 18 万亿美元，可以看出，全球生态系统服务总价值大约为全球 GNP 的 1.8 倍。Costanza 等在估计生态系统服务价值时，将生态系统的服务功能划分为 17 个类别，包括气候调节、食物生产、文化功能等，分别对全球多种生态系统这 17 个类别的生态系统服务功能进行了评估。他们采用的评估方法是首先估计出各种生态系统的单位面积服务价值，然后用各种生态系统在地球上的面积与单位面积价值相乘，从而获得生态系统服务的价值。

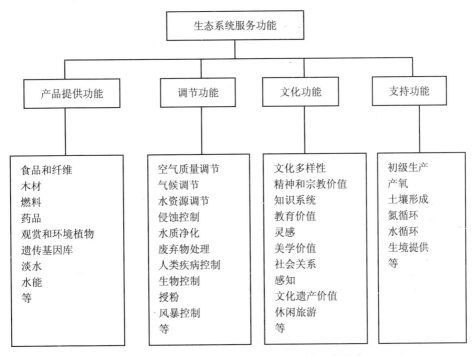

图 2-14 生态系统服务功能划分（张永民译，转引自戈峰，2008）

Costanza 的研究发现在各类生态系统服务的价值中，单位面积价值最高的是湿地，其次是湖泊河流，然后是近海海域、热带森林等，而草地和农田相对比较少（表2-4）。

表 2-4 典型生态系统服务价值（Costanza，1997）

生态系统	面积/$10^6 hm^2$	每公顷价值/[美元/（$hm^2 \cdot a$）]	全球总价值/（10^9美元/a）
海洋	33 200	252	8.4
近海水域	3 102	4 062	12.6
热带雨林	1 900	2 007	3.8
其他森林	2 955	302	0.9
草地	3 898	232	0.9
湿地	330	14 785	4.9
湖泊河流	200	8 498	1.7
农田	1 400	32	0.1
总计	—	—	33.268

虽然 Costanza 的研究成果发表后，在学术界引起了极大的争议，有的学者认为估计太低或者没有包括生态系统的内在价值等，但作为第一次对生态系统服务功能价值的定量研究，它的出现不仅可以提高公众对生态系统的重要性意识，也从另外一个角度说明生态系统的许多服务项目是人类几乎无法用其他方式替代的。

国内也有研究者对生态系统服务功能的价值进行了评估，如石垚等对中国陆地生态系统的生态服务价值研究发现,湿地的单位面积生态服务价值最高达到 40 676.4 元（表 2-5），其次是林地，农田的单位面积总价值相对很小，只有 6 114.3 元，而特别需要注意的是，由于中国城镇化的发展，城镇这一类型的生态系统单位面积总价值是负值（−5 372.1 元）。

表 2-5　中国不同类型陆地生态系统单位面积各项生态服务价值表（石垚，2012）

单位：元/hm²

生态系统	间接价值							直接价值			单位面积总价值
	气体调节	大气调节	水分调节	水土保持	土壤形成	废物循环	生物控制	食物供应	原材料	文化娱乐	
农田	442.4	787.5	530.9	—	1 291.9	1 451.2	628.2	884.9	88.5	8.8	6 114.3
园地	1 265.5	1 170.3	41.5	796.8	1 291.9	722.1	16.6	356.9	1 145.4	547.8	7 354.8
林地	1 902.5	1 592.8	1 769.7	796.8	2 588.2	1 159.2	1 924.6	177	1 172.4	584	13 667.2
草地	707.9	796.4	707.9	102.9	1 725.5	1 159.2	964.5	265.5	44.2	35.4	6 509.4
湿地	—	407.0	18 033.2	—	8.8	16 086.6	2 203.3	88.5	8.8	3 840.2	40 676.4
城镇	—	—	−6678	3 480	—	−2 174.1	—	—	—	—	−5 372.1
道路	—	—	—	3 480	—	—	—	—	—	—	3480
未开发	—	—	26.5	—	17.7	8.8	300.8	—	—	8.8	371.4
总价值	4 318.3	4754	14 431.7	8 656.5	6 924	18 413	6 038	1 781.6	2 459.3	5 025	72 801.4

人类维持自身的生存与发展就是人类充分利用生态系统服务功能的过程。这一过程既包含有人类损害生态系统服务功能的类型，又包含有人类主动恢复和保育生态系统服务功能的类型。从是否维持生态系统服务功能的标准来看，人类活动对生态系统服务功能的影响可分为积极影响和消极影响两种。积极影响方式有生态系统管理、生态工程、生态恢复与重建、生态评价与规划等；消极影响方式有：土地开垦、水资源开发利用、农业、森林采伐、放牧、捕鱼与狩猎、化石能源的消耗、城市化与工业化、国际贸易等，见表 2-6。

表 2-6　人类对生态系统服务功能的负面影响（郑华等，2003）

人类活动类型	对生态系统的影响	对生态系统服务功能的影响	对生态系统服务功能影响的后果
土地开垦	生境破碎、向大气排放温室气体改变生物地球化学循环	生物多样性维持能力下降、影响生态系统对大气和气候的调节过程、改变营养物质贮存与循环过程、破坏土壤形成与保护	生境丧失、生物入侵、物种减少、温室效应、水土流失、土地退化、荒漠化、泥石流及旱涝灾害的增加、富营养化

人类活动类型	对生态系统的影响	对生态系统服务功能的影响	对生态系统服务功能影响的后果
水资源开发利用	改变水循环、改变和破坏水生生境	影响生态系统对气候的调节过程以及水自身的净化能力、灾害缓冲能力下降、生态系统产品供给能力和生物多样性维持能力下降	湿地丧失、湖面缩小、水污染、洪旱灾害加剧、渔业产量下降、物种减少、疾病增加
农业	大量化肥和农药加入生态系统改变生物地球化学循环、物种的引入与减少	削弱生态系统净化环境的能力、影响生态系统对大气和气候的调节过程、妨碍有害生物的自然控制、生物多样性维持能力下降	氮沉降、地下水污染、富营养化、气候变化、旱涝灾害增加、虫害加剧、生物入侵、物种减少或灭绝
林业	生境破碎、通过向大气排放温室气体改变生物地球化学循环、改变水循环	生物多样性维持能力下降、影响生态系统对大气和气候的调节过程、破坏土壤形成与保护、水文调节和灾害缓冲能力下降	物种减少或灭绝、生物入侵、温室效应、水土流失、土地退化、富营养化、泥石流及突发洪旱灾害加剧
放牧	影响生态系统生境与结构	生物多样性维持能力下降、影响生态系统对大气和气候的调节过程、影响生态系统产品提供	水土流失、土地退化、荒漠化、食品减少
捕鱼、狩猎	物种减少	影响生态系统产品的提供和生物多样性维持能力	生物灭绝、食品减少
化石能源的消耗	向大气排放温室气体改变生物地球化学循环、排放污染物	影响生态系统对大气和气候的调节过程、损害生态系统净化环境的能力	温室效应、环境污染
城市化、工业化	生境破碎、排放污染物、改变水循环	生物多样性维持能力下降、影响生态系统对大气和气候的调节过程、损害生态系统净化环境的能力	物种减少、温室效应、气候变化、环境污染
国际贸易	外来物种的引入与扩散	生物多样性维持能力下降	生物入侵

第三节　生态平衡

一、生态平衡的发展

生态学上的平衡概念是指某个主体与其环境的综合协调。从这一点上来看，生命系统的各个层次都涉及生态平衡的问题，比如种群的稳定不仅仅受自身调节机制的制约，同时也与其他种群或外部环境有关，这是对生态平衡的广义理解。狭义的生态平衡是指生态系统的平衡，简称生态平衡，生态平衡指在任何一个正常的生态系统中，能量流动、物质循环和信息传递总是不断地进行着，但在一定时期内，生产者、消费者和分解者之间保持着一种动态的平衡，这种平衡状态就叫生态平衡。

生态平衡是动态的平衡，而非静止的平衡，因为能量流动、物质循环和信息传递总是在不间断地进行，生命系统也在不断地进行更新。在自然条件下，生态系统总是朝着种类多样化、结构复杂化和功能完善化的方向发展，直到生态系统达到成熟的最稳定状态为止。当生态系统中某一部分发生改变而引起不平衡，可依靠生态系统的自我调节能力，使其进入新的平衡状态。平衡是暂时的、相对的，不平衡是永久的、绝对的。正是这种从平衡到不平衡又建立新的平衡的反复过程，推动了生态系统整体和各组分的发展。

生态平衡不只是一个系统的稳定与平衡，而是意味着多种生态系统的配合、协调与平衡，甚至是全球各种生态系统的稳定、协调与平衡。但需要指出的是，自然界的生态平衡对人类来说并不总是有利的，例如自然界的顶级群落是处于平衡状态的生态系统，但它的净生产量却很低，而相比较而言不稳定的农业生态系统，却提供大量的初级和次级产品。

人类是生态系统组成中的一员，同时又是生态系统中的干预者和调节者。当人口数量超速增长，超过生态系统的承载能力时，就会造成生态平衡的破坏。目前出现的森林过量被砍伐、物种灭绝、水土流失、旱涝灾害频繁发生、环境污染、酸雨危害等，就是生态失衡的实例。另一方面，人类可以通过制订政策措施、利用技术手段合理开发和利用生态资源。人类的这种双重身份表明，他们在生态平衡中扮演着中心功能的作用。

二、生态平衡的特征

生态平衡是动态的、发展的，其主要特征如下：

（1）生态系统中物质和能量的输入、输出相对平衡。宇宙中有两类系统：一类是封闭系统，系统和周围环境之间没有物质和能量交换；另一类是开放系统，即系统和周围的环境之间存在物质和能量交换。生态系统是一种开放系统，每时每刻都与环境进行着物质和能量的交换。对于一个相对平衡的生态系统而言，其物质和能量的输入相对平衡，如果入不敷出，系统就会衰退，若输入多输出少，则生态系统有积累，处于非平衡状态。人类从不同的生态系统中获取能力和物质，增加系统输出的同时，应当给予相应的补偿，这样才能可持续发展。

（2）在生态系统整体上，生产者、消费者、分解者应构成完整的营养结构。对于一个处于平衡状态的生态系统来说，生产者、消费者、分解者都是必需的，否则，生态系统的食物链结构会断裂，导致生态系统的衰退和破坏，比如，生产者的减少或消失，导致消费者和分解者赖以生存的食物来源减少，系统就会崩溃。

（3）生物种类和数量相对稳定。生态系统的生物之间通过食物链和食物网维持着自然的协调关系，生物种类和数量相对稳定，如果人类破坏了这种关系和比例，使某种物种明显减少而另一些物种大量繁殖，生态系统的稳定和平衡将会破坏，例如，农药杀虫剂的大量使用，使害虫天敌的种类和数量大幅减少，从而带来害虫的再度猖獗。

（4）生态系统之间协调发展。在一定区域内，一般包括多种类型的生态系统，如森林、草地、农田等。如果在一个区域能根据自然条件合理配置各种生态系统的比例，它们之间就可以相互促进；相反，就会对彼此造成不利的影响。如在一个流域内，陡坡毁林开荒，就会造成水土流失，土壤肥力减退。

（5）生态系统具有良好的自我调节能力。一个成熟稳定的生态系统是能够不断进行自我调控的，当系统受外界因素影响而导致其结构与功能产生变化时，系统能及时对这种影响作出反应，对其内部进行调控，使其恢复到原有的平衡状态。

三、生态平衡失调的特征与影响因素

当外界的干扰超过了生态系统调节及补偿能力，导致其结构与功能受损，不能自我修复时，就会使整个生态系统衰退或崩溃，这就是生态平衡的失调。生态平衡的失调包括结构失调和功能失调两大类。

（一）结构失调

结构失调的标志主要体现在生态系统的组成结构中出现了缺损或变异，具体表现在以下几个方面：

一是组成生态系统的生产者、消费者和分解者缺损，如大面积的森林砍伐，使原来的森林生态系统的主要生产者消失，甚至使各级依赖于森林的消费者的栖息地遭到破坏。

二是生物种类与数量减少，层次结构产生变化，如草原由于过度放牧，使高草群落退化为矮草群落。

三是环境中各种非生命成分发生变化，如水体污染导致水体富营养化，浮游生物大量繁殖。

（二）功能失调

功能失调表现为由于结构组分的缺损，导致能量流动在系统内的某一个营养层次上受阻或物质循环的正常途径的中断，具体表现在以下几个方面：

一是生物生产下降。初级生产者的初级生产力下降，如滥伐森林等。

二是能量流动受阻。由食物链连接的能量流动受阻，如澳大利亚野兔大量繁殖，毁坏草场。

三是物质循环中断，这将使得生物的连续生产过程中断。

四是扰乱信息传递。某些化学物质导致某些昆虫对性外激素的分辨能力混淆或下降，导致昆虫不育，进而影响整条食物链的稳定。

（三）引起生态平衡失调的因素

引起生态平衡失调的因素主要包括自然因素和人为因素。

1. 自然因素

自然界发生的灾害往往会对生态系统造成巨大的影响，如恐龙的灭绝，是由于陨石撞击地球而造成。主要的灾害有火山爆发、地震、火灾、流行病、海啸、台风等，这些因素可使生态系统在短时间内遭到破坏甚至毁灭。

2. 人为因素

人类社会的经济活动，包括生产与生活活动对自然资源的不合理利用，人类活动中生成大量自然界没有的污染物质，这些都会造成生态系统平衡的失调与破坏。

自从工业革命以来，人类对自然界的利用以及对环境改造的程度越来越大，工业与农业生产中，大量的有害物质及污染物质进入环境中，从而改变了生态系统的环境因素，影响生态系统的正常功能，如除草剂与杀虫剂的施用，人工合成化肥的过多投入等。因此如何协调人与环境、人与自然的关系是保护和维持良好生态平衡的关键所在。

四、生态平衡的调节机制

生态系统平衡的调节主要是通过系统的反馈机制实现的。所谓反馈，就是系统的输出决定系统未来功能的输入。

反馈分为正反馈和负反馈，两者的作用是相反的。负反馈是比较常见的一种反馈。它的作用可使系统保持稳定，反馈的结果是抑制和减弱最初发生变化的那种成分所发生的变化。例如，如果草原上的食草动物因为迁入而增加，植物就会因为受到过度啃食而减少，植物数量减少以后，反过来就会抑制动物的数量（图 2-15）。正反馈可以使系统偏离加剧，例如，在种群持续增长过程中，种群数量不断上升。正反馈也是有机体生长和存活所必需的。但是，正反馈不能维持稳态，要使系统维持稳态，只有通过负反馈控制。因为地球和生物圈是一个有限的系统，其空间、资源都是有限的，所以应该考虑用负反馈来管理生物圈及其资源，使其成为能持久地为人类谋福利的系统。

此外，生态系统面对外界的干扰具有抵抗力和恢复力，这些也是生态系统维持生态平衡的重要途径。

生态系统抵抗外界干扰并维持系统结构和功能的原状的能力，是维持生态平衡的重要途径之一。抵抗力与系统发育阶段状况有关，其发育越成熟，结构越复杂，抵抗外界干扰的能力就越强。例如我国长白山红松针阔混交林生态系统，生物群落垂直层次明显，结构复杂，系统自身储存了大量的物质和信息，这类生态系统抵抗虫害的能力要远远超过结构单一的农田生态系统。

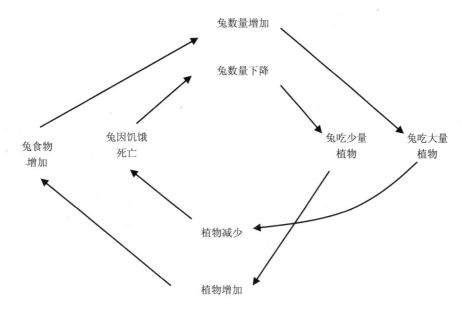

图 2-15　兔种群与植物种群之间的负反馈（尚玉昌，2010）

恢复力是指生态系统遭受外界干扰破坏后，系统恢复到原状的能力，如污染水域切断污染源后，生物群落的恢复就是系统恢复力的表现。生态系统恢复能力是由生命成分的基本属性决定的，所以，恢复力强的生态系统，生物的生活世代短，结构比较简单，如杂草生态系统遭受破坏后恢复速度要比森林生态系统快得多。生物成分（主要是初级生产者层次）生活世代越长，结构越复杂的生态系统，一旦遭到破坏，则长期难以恢复。

恢复力和抵抗力的比较发现，两者的情况完全相反，恢复力越强的生态系统，其抵抗力一般比较低，反之亦然。

第四节　环境容量与环境承载力

环境容量是环境科学的基本理论问题之一，主要应用于环境质量控制，并作为工农业规划的一种依据。环境容量是在环境管理中实行污染物浓度控制时提出的概念，它与污染物的区域性环境标准制定、环境污染物的控制和治理目标等问题有直接的关系。

一、环境容量的概念与类型

环境容量是指某一环境区域内对人类活动造成影响的最大容纳量。大气、水、土地、动植物等都有承受污染物的最高限值，就环境污染而言，污染物存在的数量超过最大容纳量，这一环境的生态平衡和正常功能就会遭到破坏。环境容量是一个变值，包括两个组成部分，即基本环境容量和变动环境容量。前者可以通过环境质量标准减去环境本底值得到，后者是指该环境单元的净化能力。

环境容量可分为整体环境单元容量和单一环境要素容量。若根据环境要素，又可分为大气环境容量、水环境容量（其中包括河流、湖泊和海洋环境容量）、土壤环境容量和生物环境容量等。此外，还有人口环境容量、城市环境容量等。如果按照污染物划分，可分为有机污染物（包括易降解的和难降解的）环境容量、重金属与非金属污染物环境容量等。

张昌顺等研究我国各省（市）单位面积水环境容量，根据各省市水环境丰裕度指数空间分布格局，可将我国水环境容量分为 5 个区域：① 充沛区，主要包括海南、广东、广西、湖南、江西、福建和浙江 7 省（区）；② 充足区，该区包括云南、贵州、四川、重庆和湖北 5 省（市）；③ 中等区，此区仅有西藏、安徽、上海和江苏 4 省（区、市）；④ 较少区，包括河南、陕西、山东、辽宁、吉林和黑龙江 6 省；⑤ 匮乏区，此区在我国分布面积最大，约占我国总面积的 46.33%。

二、环境容量的基本特征

根据马超群等的研究，环境容量的基本特征主要包括以下几个方面：

（1）有限性。在一定的时间、空间、自然条件及社会经济条件下，当区域保持一定的稳定结构与功能时，环境所能容纳的物质量是有限的。无论从区域环境整体结构还是其功能来说，环境要保持稳定都必须遵从最小限制因子原则。因此，不论是整体环境单元还是单一环境要素，环境容量都是有限的，人类活动必须在环境容量阈值之内才能保持所处环境单元的稳定发展。

（2）客观性。环境容量作为一种自然系统净化、处理、容纳污染物的能力，同能量一样，是看不到、摸不着的，但确实又客观存在的。环境容量虽然受到自然过程与社会发展行为的约束，人类也可以通过优化环境系统的能量、物质及结构而提高容量，但不等于环境容量可以任意改变，特别是环境的自净能力，是环境系统自身演化过程而决定的一种能力，人类的利用活动只能基于这个基础上。

（3）稳定性。在一定的自然条件，一定的人类社会活动方式与规模，以及一定的经济技术水平和保持相对稳定的各部分结构、功能的前提下，环境单元作为一个独立的环境系统处于动态平衡之中，在其中发生的能量与物质的流动保持相对稳定的状态，环境容量是这种能量、物质流动中的一部分，必然具有相对的稳定性。

（4）变更性。自然条件，社会经济发展规模，人类对于环境所持观点的改变，一方面会影响污染物的产生与处理能力，另一方面会影响环境评价指标的确定。在这两方面共同的影响下，环境容量在"量"上就会产生新的变化。从总趋势看，总容量会趋于增大，但在各组成部分中，特别是环境自身的净化能力可能会随环境质量标准提高及目前环境破坏的实际情况将有所下降，人类自身处理污染物的能力随技术改进而增强。此消彼长，总趋势表现为增大。

（5）可控性。在自然领域中，各种生态环境因素的降解能力是有限的，但是人们可以通过增减能量、物质投入，改良环境系统结构提高其环境容量。在社会经济领域中人类可以通过对所使用的技术、设备、生产工艺进行优化改革，同时兴建污染处理设施来扩大整个社会的污染物净化能力，从而达到控制环境容量的目的。

（6）周期性和地域性。环境单元的容量是与环境中大气、水体、土地、生物、人类社会等各因素容量分不开的。各因素不仅在分布上有明显的地域差别，在时间上也有一定变化，尤其自然环境因素会随时间发生周期性变化，如地区主风向会随季节变化，河流有丰水期、枯水期，生物会随季节发生繁茂与凋萎的演替等。因此，与之紧密相关的环境容量同样存在地域性、周期性。

三、环境承载力概念

环境承载力这一概念是由承载力的概念派生而来的。承载力的概念最早来源于力学，是指物体在不产生任何破坏时的最大荷载。生态学最早将此概念转引到该学科领域内，指所有可用的输入能量用以维持所有基础结构和功能达到的状态，在这一条件下所能支持的总生物量被称为最大承载力。环境承载力概念的提出是人类对其自身发展过程中出现的环境问题所做出的反应。环境承载力是可持续发展的内涵之一，也是生态学的规律之一。

关于环境承载力定义，由于其本身的复杂性及影响因素的多样性，不同的学者从不同的角度给予了定义，包括从"容量"的角度、从"阈值"的角度以及从"能力"的角度等，但无论从哪个角度进行定义，各种定义都注重区域环境系统结构和功能的完整。本书采用中国大百科全书中从"阈值"的角度给予的定义。环境承载力是指在维持环境系统功能与结构不发生变化的前提下，整个地球生物圈或某一区域所能承受的人类作用在规模、强度和速度上的限值。地球的面积和空间是有限的，它的资源是有限的，显然，它的承载力也是有限的。因此，人类的活动必须保持在地球承载力的极限之内。

环境承载力既不是一个纯粹描述自然环境特征的量，又不是一个描述人类社会的量，它反映了人类与环境相互作用的界面特征，是研究环境与经济是否协调发展的一个重要判据。当今环境问题，大多是人类活动超过了环境承载力的极限所造成的。

四、环境承载力的主要特征

环境承载力是判断人类社会经济活动与环境是否协调的重要依据，王俭等认为环境承载力具有以下主要特征：① 客观性和主观性，客观性体现在一定时期、一定状态下的环境承载力是客观存在的，是可以衡量和评价的，它是该区域环境结构和功能的一种表征；主观性体现在人们用怎样的判断标准和量化方法去衡量它，也就是人们对环境承载力的评价分析具有主观性；② 区域性和时间性，环境承载力的区域性和时间性是指不同时期、不同区域的环境承载力是不同的，相应的评价指标的选取和量化评价方法也应有所不同；③ 动态性和可调控性，环境承载力的动态性和可调控性是指其大小是随着时间、空间和生产力水平的变化而变化的。人类可以通过改变经济增长方式、提高技术水平等手段来提高区域环境承载力，使其向有利于人类的方向发展。

五、环境承载力的组成及量化

根据环境承载力的定义和内涵，刘仁志等提出环境承载力至少由资源供给能力、环境纳污能力和生态服务能力组成。资源供给能力是指在维持环境系统不发生不利变化的前提下，一定时空范围内环境为人类活动提供自然资源的能力极限。环境纳污能力是指在维持环境系统不发生不利变化的前提下，一定时空范围的大气环境、水环境和土壤环境等为人类活动提供的消纳污染物的能力极限。生态服务能力是指一定时空范围的生态系统所能提供的生态调节、生态支持和生态文化等服务的极限，社会支持能力是指在一定时空范围内，人类社会所能提供的改善环境系统结构与功能、提高资源供给、环境纳污和生态服务等能力的支持极限。

环境承载力既包括来自自然的支持能力，也包括来自社会的支持能力。其中，社会支持能力通过对资源供给能力、环境纳污能力和生态服务能力的作用，加速自然演变进程，改变环境承载力的大小。资源供给、环境纳污和生态服务三者彼此相互影响，如水资源供给能力与水环境纳污能力密切相关。环境承载力各组成的复杂关系可以用图 2-16 示意。

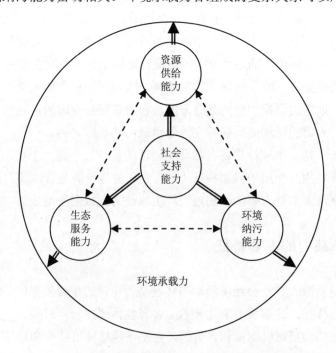

图 2-16　环境承载力示意图（刘仁志等，2009）

当前对环境承载力的研究，取得了较大进展和一定的成果，其中环境承载力的量化研究是环境承载力理论研究的深入，其方法有多种，现阶段用得较多的有指数评价法、承载率评价法、生态足迹法、资源差量法、系统动力学法、灰色系统分析法等。具体方法可以参考其他书籍。

复习思考题

1. 试述生态系统有哪些组成部分？有什么作用和地位？
2. 什么是食物链？自然生态系统主要有哪些类型的食物链？
3. 生态系统的能量流动的特征是什么？
4. 全球水循环的主要过程是什么？
5. 碳、氮、磷全球循环的主要途径是什么？
6. 什么是生态平衡？其特征是什么？
7. 环境容量、环境承载力的概念是什么？

参考文献

[1] 杨京平. 生态农业工程[M]. 北京：中国环境科学出版社，2009.

[2] 杨京平. 环境生态工程[M]. 北京：中国环境科学出版社，2011.

[3] Cunningham W P，Saigo B W. 环境科学：全球关注（上册）[M]. 戴树桂，主译. 北京：科学出版社，2004.

[4] Cunningham W P，Saigo B W. 环境科学：全球关注（下册）[M]. 戴树桂，主译. 北京：科学出版社，2004.

[5] Bush MB. 生态学——关于变化中的地球（第3版）[M]. 刘雪华，译. 北京：清华大学出版社，2007.

[6] 王麟生，戴立益. 可持续发展和环境保护[M]. 上海：华东师范大学出版社，2010.

[7] Odum E P，Barrent G W. 生态学基础（第五版）[M]. 陆健健，王伟，王天慧，等译. 北京：高等教育出版社，2009.

[8] 马光，等. 环境与可持续发展导论（第二版）[M]. 北京：科学出版社，2006.

[9] 尚玉昌. 普通生态学（第三版）[M]. 北京：北京大学出版社，2010.

[10] 戈峰. 现代生态学（第三版）[M]. 北京：科学出版社，2008.

[11] 常杰，葛莹. 生态学[M]. 北京：高等教育出版社，2010.

[12] 李萌堂. 地球环境概论[M]. 北京：气象出版社，2003.

[13] 杨京平. 环境生态学[M]. 北京：化学工业出版社，2006.

[14] 孙儒泳，李庆芬，牛翠娟，等. 基础生态学[M]. 北京：高等教育出版社，2002.

[15] 孙儒泳，李博，诸葛阳，等. 普通生态学[M]. 北京：高等教育出版社，1993.

[16] Cunningham W P, Cunningham M A. Environmental science: Aglobal concern (Eleven Editon) [M]. New York: McGraw-Hill, 2010.

[17] 周广胜, 周莉, 袁文平. 地球环境与生命过程[J]. 地球科学进展, 2004, 19 (5): 706-711.

[18] 赵其国. 土壤圈物质循环研究与土壤学的发展[J]. 土壤, 1991, 23 (1): 1-3.

[19] 李廷栋. 中国岩石圈的基本特征[J]. 地学前缘, 2010, 17 (3): 1-13.

[20] 刘秀明, 王世杰, 欧阳自远. 大气圈和水圈物质组成的演化及其作用的制约[J]. 第四纪研究, 2002, 22 (6): 568-577.

[21] 张耀辉. 生物多样性及生态平衡原理的探讨[J]. 农业环境保护, 1998, 17 (5): 235-236.

[22] 石垚, 王如松, 黄锦楼, 等. 中国陆地生态系统服务功能的时空变化分析[J]. 科学通报, 2012, 57 (9): 720-731.

[23] 郑华, 欧阳志云, 赵同谦, 等. 人类活动对生态系统服务功能的影响[J]. 自然资源学报, 2003, 18 (1).

[24] 马超群. 环境容量研究[D]. 西北大学, 2003.

[25] 张昌顺, 谢高地, 鲁春霞. 中国水环境容量紧缺度与区域功能的相互作用[J]. 资源科学, 2009, 31 (4): 559-565.

[26] 王俭, 孙铁珩, 李培军, 等. 环境承载力研究进展[J]. 应用生态学报, 2005, 16 (4): 768-772.

[27] 刘仁志, 汪诚文, 郝吉明, 等. 环境承载力量化模型研究[J]. 应用基础与工程科学学报, 2009, 17 (1): 49-61.

[28] 林婧, 董成森. 环境承载力研究的现状与发展[J]. 湖南农业科学: 下半月, 2012 (11): 36-38.

[29] 唐剑武, 叶文虎. 环境承载力的本质及其定量化初步研究[J]. 中国环境科学, 1998, 18 (3): 227-230.

[30] Bockheim J G, Gennadiyev A N. Soil-factorial models and earth-system science: A review [J]. Geoderma, 2010, 159 (3): 243-251.

[31] Kremen C. Managing ecosystem services: what do we need to know about their ecology? [J]. Ecology Letters, 2005, 8 (5): 468-479.

[32] Falkowski P, Scholes R J, Boyle E, et al. The global carbon cycle: a test of our knowledge of earth as a system[J]. Science, 2000, 290 (5490): 291-296.

[33] Oki T, Kanae S. Global hydrological cycles and world water resources[J]. Science, 2006, 313 (5790): 1068-1072.

[34] Gruber N, Galloway J N. An Earth-system perspective of the global nitrogen cycle[J]. Nature, 2008, 451 (7176): 293-296.

[35] Costanza R, d'Arge R, De Groot R, et al. The value of the world's ecosystem services and natural capital [J]. Nature, 1997, 387 (6630): 253-260.

第三章　人口、资源与环境问题

人口、资源、环境已成为当今世界人类普遍关注的三大问题，三者相互制约、相互影响。人是社会活动和经济发展的主体，资源是人类生存的基本条件，环境是作为人类活动的基本场所和各种资源的来源。当人类通过合理方式适度使用资源时，使社会走上可持续发展道路，促进经济的增长和社会的发展；反之则会造成资源的浪费和环境的污染。

第一节　人口增长

一、世界人口

（一）世界人口增长

人类自身生产是人类社会可持续发展的关键。1900—2000 年，世界人口增加 3.74 倍，20 世纪世界人口快速增长的重要原因是社会发展、生活条件改善以及医药的进步使死亡率大幅降低。1950—2000 年，世界人口平均寿命从 46 岁增至 65 岁。世界人口的增长见表 3-1。

表 3-1　世界人口的增长

年份	时代	人口数
公元前 100 万年	灵长类动物	12.5 万
公元前 30 万年	猿人	100 万
公元前 1 万年	旧石器时代	400 万
公元前 5000 年	新石器时代	500 万
公元前 1000 年	铜器时代	5000 万
公元前 500 年	春秋、希腊文化	1 亿
公元前 200 年	西汉	1.5 亿
公元元年	东汉、罗马文化	1.7 亿

年份	时代	人口数
公元 600 年	南北朝、拜占庭文化	2 亿
公元 1000 年	宋	2.65 亿
公元 1500 年	明、文艺复兴	4.25 亿
公元 1800 年	清、蒸汽机	9 亿
公元 1850 年	鸦片战争	12 亿
公元 1900 年		16.25 亿
公元 1950 年		25.16 亿
公元 1990 年	近现代史	53.33 亿
公元 2000 年		60.55 亿
公元 2010 年		69.09 亿

引自张镜湖《世界的资源与环境》。

（二）人口压力

随着人类的发展，人口数量急速增长已经给地球上的资源和环境带来了巨大的压力和负担，对人类的生存和环境保护造成了一定的威胁。2013 年 6 月联合国经济和社会事务部发布《世界人口展望：2012 年修订版》报告。报告指出，尽管世界人口增长近年来由于出生率大幅下降而在整体上呈显著放缓的趋势，但在一些发展中国家，尤其是在非洲地区，人口仍在快速增长。在未来 12 年中，全球人口预计从现在的 72 亿增加到 81 亿，2050 年达 96 亿。

很多人担心人口的过度增长将会导致资源耗竭和环境恶化，这将最终破坏赖以生存的生态环境支持系统。这些忧虑常导致在全球性范围内控制人口出生率的呼声高涨并最终引发控制或缩减人口数量的计划。一部分人认为，人类的智慧、技术可以最大限度地使用地球的承载能力。从这一观点来看，更多的人口并不是坏事，庞大的人口意味着更多的劳动力，更多的天才人物，更多的创造力。因此许多经济学家主张持续的经济发展和技术革新不但可以养活全球几十亿的人口，而且能使每个人生活富足，人类的生产力和智慧在危机出现之前就已经将危机化解。很多生态学家持反对的观点，认为人口增长是个致命的问题，必须根据资源承载力和环境容量控制人口的过度增长同时控制经济的过度增长。有些社会学家从社会公正性角度考虑，认为每个人都应该拥有足够的资源。暂时性的资源短缺仅仅是由贪婪、浪费和压迫造成的。导致环境恶化的根源是财产和权力的不公平分配，而非人口数量的增长，赋予妇女和少数民族权利并提高世界上最贫困人口的生活质量，是真正需要的。仅对人口增长的狭隘的聚焦只会酿成种族歧视和对穷人的偏见，而忽略了更深层系的社会因素和经济因素的力量。

汤姆斯·马尔萨斯主张人口过度增长是其他很多社会和环境问题的根源（图 3-1）。卡尔·马克思则认为压迫和剥削是贫穷和环境恶化的真正原因（图 3-2）。人口增长只是其他问题的反映和结果，而不是原因。

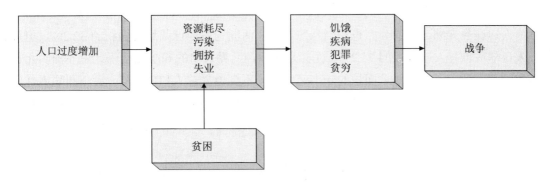

图 3-1 汤姆斯·马尔萨斯主张人口过度增长是其他很多社会和环境问题的根源

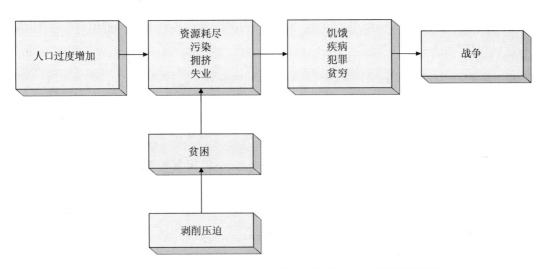

图 3-2 卡尔·马克思则认为压迫和剥削是贫穷和环境恶化的原因

马尔萨斯指出，人类人口数量将以指数或复合速率增长，而食品产量却保持稳定或者增长速度缓慢。他认为其结果是人口数量必将超过食物的可供给量，而陷入饥饿、高犯罪率和贫穷。根据马尔萨斯理论，唯一的稳定人口数量的方式是"实际的抑制"，注入疾病和饥荒导致人口死亡；或者是"预防性的抑制"，包括所有可能降低人口出生率的因素。在"预防性抑制"中，他提倡"精神抑制"，包括晚婚、独身直到一对夫妇能够供养起孩子。很多的社会学家和生物学家受到马尔萨斯理论的影响。例如，查尔斯·达尔文关于优胜劣汰、适者生存的理论就是阅读了马尔萨斯的文章后得出的。

（三）世界人口分布

由于世界各国自然环境和经济发展水平的差异，因而人口的地理分布是不平衡的。世界人口空间分布分为人口稠密地区、人口稀少地区和基本未被开发的无人口地区。据统计，地球上人口最稠密的地区约占陆地面积的 7%，那里却居住着世界 70%人口，而且世界 90%

以上的人口集中分布在 10%的土地上。

人口在各大洲之间的分布也相当悬殊。欧亚两洲约占地球陆地总面积的 32.2%，但两洲人口却占世界人口总数的 75.2%。尤其是亚洲，世界人口的 60%居住于此。非洲、北美洲和拉丁美洲约占世界陆地面积的一半而人口尚不到世界总人口的 1/4。大洋洲陆更是地广人稀。南极洲迄今尚无固定的居民。欧洲和亚洲人口密度最大，平均每平方千米都在 90 人以上，非洲、拉丁美洲和北美洲平均每平方千米在 20 人以下。大洋洲人口密度最小，平均每平方千米才 2.5 人。

世界人口按纬度、高度分布也存在明显差异：北半球的中纬度地带是世界人口集中分布区，世界上有近 80%的人口分布在北纬 20°～60°，南半球人口只占世界人口的 11%多；世界人口的垂直分布也不平衡,55%以上的人口居住在海拔 200 m 以下、不足陆地面积 28%的低平地区。由于生产力向沿海地区集中的倾向不断发展，人口也随之向沿海地带集中。世界人口分布如图 3-3 所示。

图 3-3　世界人口分布示意图

二、环境人口容量

（一）环境人口容量定义

地球上的资源储量和环境的承载能力都是有限的，因此，人口的增长必须与资源利用和环境保护相协调的前提下发展。联合国教科文组织曾对环境人口容量下了定义：一个国家或地区的环境人口容量，是在可预见到的时期内，利用本地资源及其他资源和智力、技术等条件，在保证符合社会文化准则的物质生活水平条件下，该国家或地区等持续供养的人口数量。简单地说，环境人口容量就是在保障生活水平条件下环境所能容纳的最大人口数。

上述这一定义，其实包含以下几层意思：

（1）环境人口容量，应指具体的时期，因为环境人口容量是时间的函数，具有不确定性；

（2）资源、科技水平是制约环境人口容量的重要因素；

（3）生活（包括物质和文化生活）水平也是制约环境人口容量的重要因素；

（4）如果研究某一国家或地区的环境人口容量，要以该国或地区所能利用的资源和技术为依据，而所能利用的资源和技术，不见得完全就是本地的，也可以是定义中所说的"其他"（如国外或地区以外的）资源和技术，这一点对地区环境人口容量的估计结果有较大的影响。

1972 年的联合国人类环境会议公布的报告认为，全球人口稳定在 110 亿或略多一些，可使地球上的人维持合理健康的生活。但是要养活这么多的人口，前提条件是需要将地球上任何资源都用于维持人类生活，再没有多余的能量用于例如汽车、空调、花园、森林或者宠物这些奢侈品上了。我们不得不舍弃所有的生存非必需品，以及给我们带来许多欢乐的事物，仅仅是为了填饱肚子。很显然，我们并非在为了使人口数量达到人类的环境容量而努力，而是为使人口数量维持在一个能够保证生活质量的最大人口修正值附近。这个折中的最大容量值成为文化环境容纳量。虽然可以统计一个单一全球文化环境容纳量，但是不同地区的文化环境容纳量却有非常显著的地域差异性，这是由于不同的国家有不同的社会期望和社会价值观。文化环境容纳量也将随着时间而发生改变，因为科技提高了农业产量，缓解了污染压力和开发出新能源，社会期望也在转变。

（二）影响环境人口容量的因素

人是社会性动物，人类的生活除了满足吃、喝等生理方面的需求以外，还有精神生活的需求。由于不同时期、不同地域人口的文化和生活消费水平并不相同，因此，确定具有什么样的消费水平，对环境人口容量会产生较大的影响。

环境人口容量受到许多因素的制约，其中资源、科技发展水平及人口的文化和生活消费水平，对环境人口容量的影响最大。资源是制约环境人口容量的首要因素，人类的生存在很大程度上取决于资源状况，资源越多，能供养的人口数量当然越多。科技水平的提高，必然带来人类获取和利用资源在手段、方法等方面的改变，从而带来环境人口容量的变化。比如在原始社会，人类几乎没有掌握多少科技知识，所能获取的资源也十分有限，因此环境人口容量很小。今天地球上的 70 多亿人口，在原始条件下是无论如何也不能想象的。

1. 资源是制约环境人口容量的重要因素

人类的生存离不开资源的支持。并且资源的储量、种类都直接影响人口容量。人类直接依赖资源有水源、食物、土地、能源等。如土地人口承载量就是在保持生态系统结构和功能不受破坏的前提下，土地为人口提供的食物、住所所能供养的最大人口数。正因为多种资源情况下计算的人口容量有所不同，所以在环境人口容量实际估算时，需要用多种资源综合考虑来决定环境人口容量，这种方式和木桶原理类似（以最短板决定容量）。

2. 科技发展水平

人类可利用的资源总量、种类以及资源利用效率与科学发展水平有密切关系，科技水平的提高，可使人类获得更多的资源。如在原始社会，人类几乎没有掌握多少科技知识，所能获得的资源也十分有限，因此人类环境容量较小；现今社会中，人类可以利用太阳能、风能、核能等资源，大大拓展了人类利用的资源种类；随着科学技术水平的发展，人类利用资源的效率也得到提升，在得到相同能量的前提下消耗更少的资源，如 IGCC（Integrated Gasification Combined Cycle）整体煤气化联合循环发电系统，是将煤气化技术和高效的联合循环相结合的先进动力系统。在目前技术水平下，IGCC 发电的净效率可达 43%～45%，今后可望达到更高。而污染物的排放量仅为常规燃煤电站的 1/10，脱硫效率可达 99%，二氧化硫在标准状态下排放 25 mg/m³ 左右，远低于排放标准 1 200 mg/m³，氮氧化物排放只有常规电站的 15%～20%，耗水只有常规电站的 1/3～1/2，在获得相同能量的前提下，减少了资源的消耗和污染物的排放。科学技术的提高，从而带来更多环境人口容量的提高。

3. 人口的文化和生活消费水平

根据美国心理学家马斯洛（Abrahan H.Maslow）在 1943 年提出了"需要层次理论"。马斯洛认为，人的需要可以归纳为五大类，即生理、安全、社交、尊重和自我实现等需要。

（1）生理需要是人类生存的最基本、最原始的本能需要，包括摄食、喝水、睡眠、求偶等需要。

（2）安全需要是生理需要的延伸，人在生理需要获得适当满足之后，就产生了安全的需要，包括生命和财产的安全不受侵害，身体健康有保障，生活条件安全稳定等方面的需要。

（3）社交需要是指感情与归属上的需要，包括人际交往、友谊、为群体和社会所接受和承认等。

（4）尊重需要包括自我尊重和受人尊重两种需要。前者包括自尊、自信、自豪等心理上的满足感；后者包括名誉、地位、不受歧视等满足感。

（5）自我实现需要这是最高层次的需要，是指人有发挥自己能力与实现自身的理想和价值的需要。在一些国家，由于发展水平有限，人们还在追求第一、第二层次的需求，在一些发达国家则向第四、第五层次发展需求。由于不同时期、不同地域人口的文化和生活消费水平并不相同，因此确定具有什么样的消费水平，对环境人口容量也会产生较大影响。

影响环境人口容量的因素还有很多，环境人口容量是在假定条件下得出的，假定的条件不同，估计的方法不同，结论也会不同。结合人类发展史来考察，每一个时期应该有相应的环境人口容量，这个容量意味着在当时科学技术水平条件下所能容纳的最大人口数，当然到目前为止人口数还从未到达过当时的人口容量，因为在问题出现之前，新的科学技术得到发展并扩大了人口容量；另外人类对自身与自然界的关系认识不断加深，能主动调节人口增长与环境的关系，世界人口将会得到有效的控制。但必须强调的是，乐观的态度并不表示忽视人口增长与环境的关系。

（三）世界人口增长带来的问题

1. 资源紧张

随着人口数量增长，人类可利用的自然资源正在加速耗竭，特别是水源、土地、森林、矿藏等人类生存必需的资源。由于人口增长，人们对粮食的需求量在日益增加，再加上工业、城市、交通占地不断增加和土地荒漠化、土地盐碱化等原因，人均可耕地面积不断减少。1975 年世界人均耕地面积仅 0.31hm^2，而到 21 世纪初只能保持 0.19hm^2。随着人口的膨胀和经济的发展，土地和粮食资源危机会更加明显；目前，约 50 个国家正承受着中度或重度的缺水压力。淡水需求矛盾日益突出，拥有世界人口 40%的 80 个国家和地区正面临着淡水资源危机，全球有 8.84 亿人无法获得安全的饮用水。联合国环境规划署的数据显示，到 2030 年，全球将有 47%的人口居住在用水高度紧张的地区。

2. 环境恶化

自然环境能通过生态系统中物质循环和能量循环而保持稳定。当外力作用超过环境自我承受和调节能力时，环境就会失衡甚至恶化。通常情况下，环境污染更多的是由人类活动，特别是社会经济活动引起的。在过去半个世纪中，来自矿物燃料燃烧的碳排放增加速度几乎是人口增长速度的两倍，矿物燃料使用的碳排放量约占世界碳排放量的 3/4。由此带来的全球大气污染和全球变暖问题近几年成为热点。

3. 社会问题

1950 年以来，世界劳动力人口增长了 15 亿多，超过创就业机会的增长速度。同时科技发展如机械化设备的投入和使用大大减少了劳动力的使用。当人口增长使劳动力需求供需失衡时，工资趋减，但是工作量却不会因为剩余劳动力而迅速改善，因为就业者将被迫延长劳动时间。劳动时间的增长，收入增长的限制，人均教育、医疗条件的减少都是社会潜在的不安定因素。

三、中国人口

（一）人口分布

2013 年 1 月 31 日，中国人口统计已达到 15.82 亿人。总人口性别比为 105（男）：100（女），约占世界总人口的 19%，相当于欧洲或非洲+澳洲+北美洲+中美洲的人口总数。中国每平方千米平均密度为 130 人，且分布很不均衡：东部沿海地区人口密集，每平方千米超过 400 人；中部地区每平方千米为 200 多人；而西部高原地区人口稀少，每平方千米不足 10 人。中国政府长期进行计划生育政策在一定程度上控制人口数量的盲目增长，大大削减了人口峰值。据估算 21 世纪上半叶，中国将迎来总人口、劳动年龄人口和老年人口高峰。今后十几年，人口惯性增长势头依然强劲，总人口每年仍将净增 800 万~1 000 万；劳动年龄人口数量庞大，就业形势更加严峻；出生人口性别比居高不下，给社会稳定带来隐患；流动迁移人口持续增加，对公共资源配置构成巨大挑战；贫困人口结构趋于多元。2020 年中国人口的增长率将降到 3‰，2026 年降到 1‰以下。2028 年人口规模将会被印度超过。同时需要指出的是，根据有关学者研究，我国的环境人口容量在 16 亿左右。

（二）人口红利

所谓"人口红利"，是指一个国家的劳动年龄人口占总人口比重较大，抚养率比较低，为经济发展创造了有利的人口条件，整个国家的经济呈高储蓄、高投资和高增长的局面。"红利"在很多情况下和"债务"是相对应的。中国经济能够较快发展的一个重要原因是中国在改革开放之后的 30 多年时间里比较好地利用了人口红利的优势。

人口红利的时期不是永久的，根据国内学者的研究表明："中国的人口红利在 20 世纪 90 年代已经开启，随着抚养比例的持续下降，到 2010 年左右降到最低水平，到 2030 年后人口红利将会关闭"。2013 年 1 月，国家统计局公布的数据显示，2012 年我国 15~59 岁劳动年龄人口在相当长时期里第一次出现了绝对下降，比上年减少 345 万人，这意味着人口红利趋于消失，导致未来中国经济要过一个"减速关"。

（三）中国人口问题

1. 人口与资源的矛盾加剧

中国是目前世界上人口最多的发展中国家。人口众多、资源相对不足、环境承载能力薄弱是中国现阶段的基本国情，相当长一段时间内难以改变，妥善地处理人口问题是中国实现经济发展、社会进步和可持续发展长期面临而必须解决的问题。

我国土地幅员辽阔，但其中将近一半难以被利用。全国绝大部分人口和经济活动都集中在将近一半的国土面积上,从人均耕地面积来看我国是属于世界人均可耕地面积最低的国家之一,人均可耕地面积不足世界的 1/3。随着人口增长和城市化的发展,城市和居民用地不断增加,可耕地总数和人均可耕地面积存在继续减少的趋势。2009 年 6 月 23 日国务院新闻办公室举行新闻发布会,国土资源部提出"保经济增长、保耕地红线"行动,坚持实行最严格的耕地保护制度,耕地保护的红线不能碰。对未来 15 年土地利用的目标和任务提出 6 项约束性指标和 9 大预期性指标。其核心是确保 1.2 亿 hm² 耕地红线——中国耕地保有量到 2010 年和 2020 年分别保持在 1.212 亿 hm² 和 1.203 亿 hm²,确保 1.04 亿 hm² 基本农田数量不减少,质量有提高。

水是人类赖以生存的最基本资源之一。没有水人类将无法进行生活和生产。我国北方绝大部分地区都面临着不同程度的缺水问题,北京、天津等大城市尤为严重。南方虽然水资源量较北方多,但是优质水、可用水量所占比例不高。我国人均淡水占有量仅为世界人均占有量的 1/4。由于缺水,工农业生产都受到较为严重的影响,人们不得不大量开采地下水,有些地区已出现地下水枯竭、地面下沉的迹象。2012 年 1 月 12 日,国务院印发《关于实行最严格水资源管理制度的意见》,并要求确立水资源开发利用控制红线,到 2030 年全国用水总量控制在 7 000 亿 m³ 以内;确立用水效率控制红线,到 2030 年用水效率达到或接近世界先进水平,万元工业增加值用水量(以 2000 年不变价计)降低到 40 m³ 以下,农田灌溉水有效利用系数提高到 0.6 以上;确立水功能区限制纳污红线,到 2030 年主要污染物入河湖总量控制在水功能区纳污能力范围之内,水功能区水质达标率提高到 95% 以上。

2. 人口老龄化

人口年龄结构是指各年龄组人口占总人口的比重,表明不同年龄的人口在总人口中分布状况和比例关系。通常把人口划分为三大年龄组以表示人口的年龄结构。0~14 岁为儿童少年组,该组人口占总人口比重叫做少年人口系数;15~64 岁为成年组,该组占总人口比重叫做成年人口系数;65 岁及以上为老年组,该组人口占总人口比重叫做老年人口系数。

中国人口结构性矛盾对社会稳定与和谐的影响日益显现。老年人口数量多、老龄化速度快、高龄趋势明显。从全国第六次人口普查的结果来看,中国 60 岁及以上的老年人口占总人口的 13.26%,其中 65 岁及以上人口占总人口的 8.87%。按照联合国认定的当 65 岁以上人口比例超过 7%或者 60 岁以上的人口比例超过 10%时为老年型人口社会的定义来看,中国目前已经完全进入了老龄化社会。再结合 2010 年中国人均 GDP 约 3 000 美元的事实说明,中国进入老龄化社会的时间比发达国家早了 10~15 年,这也间接地证明了人口红利确实加快了中国人口老龄化的进程。人口老龄化将导致抚养比不断提高,对社会保障体系和公共服务体系的压力加大,并影响到社会代际关系的和谐。农村社会养老保障制度不健全,青壮年人口大量流入城市,将使农村老龄化形势更为严峻。

3. 人口素质

人口素质是人口在质的方面的规定性，又称人口质量。它包含思想素质、文化素质、身体素质等。通常称之为德、智、体。思想素质是支配人们行为的意识状态，文化素质是人们认识和改造世界的能力，身体素质是人口质量的自然条件和基础。在一定的社会条件下，控制人口数量有助于提高人口素质，而提高人口素质反过来又会促进控制人口数量。

新中国成立以来特别是改革开放以后，我国的教育事业取得了巨大成就，九年义务教育基本普及，扫除了青壮年文盲，这是教育发展的重要里程碑；高等教育发展实现了历史性跨越，改革取得突破性进展，1999 年党中央、国务院决定大幅度扩大高等教育招生规模，我国高等教育规模在短短几年内发生了历史性变化，高等教育毛入学率由 20 世纪 90 年代初期的 3.5%迅速增长到 2009 年的 24.2%。从人口普查我国人口文化水平的变化可以看出，我国的文盲率已经从 1964 年的 33.6%下降到 2010 年的 4.1%，文盲已经基本消除，随着九年制义务教育的普及，在我国，每十万人拥有各种受教育程度人口中只接受初等教育的人口比重逐渐降低，由 1964 年的 81.5%下降到 2010 年的 30.2%，而接受中等教育和高等教育人口的比重逐年增加，分别由 17.3%、1.2%增长到 59.7%、10.1%，人口受教育程度已经明显提升。但与美国、日本等发达国家相比，我国人口受教育状况依然差距明显，高等教育所占比重还很低，劳动年龄人口人均受教育年限远远低于发达国家，根据第六次人口普查数据计算得出，2010 年我国劳动年龄人口受教育年限仅为 9 年，而在 2005 年，美国该指标已达到 13.6 年，日本为 12.9 年，均比我国高出 4 年左右。我国各次人口普查受教育程度情况，如表 3-2 所示。

表 3-2　我国各次人口普查受教育程度情况

时期	文盲率/%	初等教育比重/%	中等教育比重/%	高等教育比重/%
第二次人口普查（1964 年）	33.6	81.5	17.3	1.2
第三次人口普查（1982 年）	22.8	58.2	40.8	1.0
第四次人口普查（1990 年）	15.9	53.0	44.9	2.0
第五次人口普查（2000 年）	6.7	42.3	53.4	4.3
第六次人口普查（2010 年）	4.1	30.2	59.7	10.1

数据来源：1964 年、1982 年、1990 年数据引自《中国常用人口数据集》；2000 年、2010 年数据引自《2011 年中国统计年鉴》。

从人口身体素质，即人体健康角度来看，新中国成立以来我国人口死亡率迅速下降，除了三年自然灾害时期，死亡率陡然增高外，1962 年以后，死亡率整体上平稳下降。由于受到人口年龄结构的影响，进入 21 世纪以来，随着人口老龄化进程的加剧，老年人口增多，老年人口的死亡概率较其他年龄阶段的人口要大得多，因此从 2005 年开始，我国的人口死亡率又开始缓慢回升；从婴儿死亡率的变化情况来看，同样是由于第三次生育高峰的作用，在 1990 年第四次人口普查前后，出生人口数量大增，总体来讲新中国成立以后特别是改革开放以来，婴儿死亡率一直呈现出快速下降的趋势，从 1953 年的 107.6‰ 下降到 2010 年的 13.1‰。这主要得益于我国经济的发展、人们生活条件的不断提高，母婴营养状况大大改善；妇女受教育程度的提高，大力普及优生优育知识和提倡母乳喂养；另外，婴儿在医院出生的比重大大上升，母婴卫生保健服务和生存环境的改善也是造成婴儿死亡率降低的重要原因。我国各次人口普查人口素质情况，如表 3-3 所示。

表 3-3 我国各次人口普查人口素质情况

时期	死亡率/‰	婴儿死亡率/‰	平均预期寿命/岁	
			男	女
第一次人口普查（1953 年）	14.0	107.6	—	—
第二次人口普查（1964 年）	7.0	72.1	—	—
第三次人口普查（1982 年）	6.4	34.7	66.4	69.4
第四次人口普查（1990 年）	5.9	22.5	66.9	70.5
第五次人口普查（2000 年）	5.9	32.2	69.6	73.3
第六次人口普查（2010 年）	5.6	13.1	72.4	77.4

数据来源：1964 年、1982 年、1990 年数据引自《中国常用人口数据集》；2000 年、2010 年数据来自普查资料。

4．人口流动与城镇化

由于计划经济体制及其户籍制度的控制，新中国成立之后很长的一段时间内，流动人口一直保持在一个较低的水平上。改革开放以来是我国有史以来最为波澜壮阔的人口迁移流动时期。特别是人口流动呈现大规模的跨区域、长距离的特点，无论是流动人口的数量、流动的地域范围、流动持续的时间，都是空前的。人口流动和城镇化不仅改变了中国的人口分布、改变了劳动力配置格局同时也改变了中国的社会结构。人口的大规模流动已经成为影响中国经济社会发展最重要的人口现象之一。未来 30 年，我国还将有 3 亿左右农村劳动力需要转移出来进入城镇，将形成 5 亿城镇人口、5 亿流动迁移人口、5 亿农村人口"三分天下"的格局。实践证明，进城务工人员的流动为城市输送了大量劳动力，给城乡经济建设和社会发展作出了积极的重要贡献，但是农村人口的大量输出会造成农村劳动力的不足，对粮食产量有较大影响，同时大规模的流动人口涌入城市，由于管理体制不健全、管理经费不足，致使管理跟不上，也给城市管理、城市环境及社会增加了负担。

第二节　资源短缺

一、资源分类

资源是指在一定的技术经济条件下，现实或可预见的将来作为人类生产和生活所需要的一切物质的和非物质的要素，这是广义的资源概念。从这一概念不难看出，资源是动态的，它依赖于人的成就和行为而相应地扩大或缩小，不能同人类需要和能力相分离。随着社会发展和科技的进步，资源的种类和范围也将得到深化和扩大。资源的狭义概念是指自然资源。联合国环境规划署对自然资源的定义为："在一定的时间、地点下能够产生经济价值的，以提高人类当前和将来福祉的自然环境因素和条件的综合。"

从狭义资源的概念出发，人们根据自然资源的属性差异将资源分为可再生性资源和不可再生性资源。可再生性资源（renewable resources）指在短时期内可以再生，或是可以循环使用的自然资源，又称可更新资源。主要包括生物资源（可再生）、土地资源、水资源、气候资源等。后三者是可以循环再现和不断更新的资源。土地资源虽然归为可再生资源（是因为它可以循环使用），但其具有不可再生性，因为土地的数量是一定的。在这方面，比不可再生资源还要宝贵。不可再生资源（non-renewable resources）人类开发利用后，在相当长的时间内，不可能再生的自然资源叫不可再生资源。主要指自然界的各种矿物、岩石和化石燃料，例如煤、石油、天然气、金属矿产、非金属矿产等。这类资源是在地球长期演化历史过程中，在一定阶段、一定地区、一定条件下，经历漫长的地质时期形成的。与人类社会的发展相比，其形成非常缓慢，与其他资源相比，再生速度很慢，或几乎不能再生。人类对不可再生资源的开发和利用，只会消耗，而不可能保持其原有储量或再生。其中，一些资源可重新利用，如金、银、铜、铁、铅、锌、锰、硫等金属资源；另一些是不能重复利用的资源，如煤、石油、天然气等化石燃料，当它们作为能源利用而被燃烧后，尽管能量可以由一种形式转换为另一种形式，但作为原有的物质形态已不复存在，其形式已发生变化。资源的分类体系，见图3-4。

二、世界资源现状

由于人类过度开发和利用，有学者估计至2050年，人类将需要额外的1.3个地球才能提供足够的供可持续使用的资源。

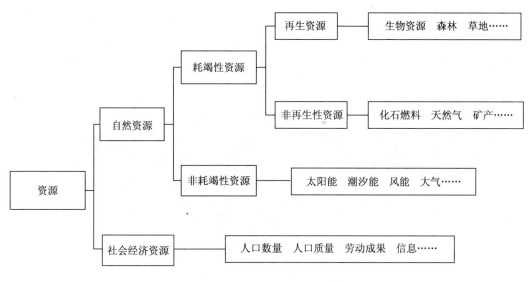

图 3-4　资源的分类体系（引自欧阳金芳《人口·资源与环境》）

（一）土地资源

地球陆地面积为 1.49 亿 km²。主要有农地、林地、草地和其他土地覆盖 4 种土地利用类型。许多不同土地，像苔原、冻原、湿地、沙漠、退化森林、城市地区、裸露石地、冰地和雪地，被归为其他土地类型，其中大约有 1/3 的土地贫瘠到完全没有植物覆盖的程度。虽然沙漠和其他贫瘠土地一般不适于人类利用，但它们在生态系统中却发挥着重要作用，它们保证生物的多样性。目前，仅有 4%的世界土地被正式以公园、野生动物保护区和自然保护区形式保护起来。在陆域面积中人类可利用的耕作土地 14.5 亿 hm²、牧场 34.2 亿 hm²、森林与林地 38.8 亿 hm²。由于人类活动而造成的土地退化全球大约 20 亿 hm²，相当于地球陆地总面积的 15%。

高速增长的人口，不断扩大的林业和农业，在世界范围引起土地利用的大变更。人类影响着世界的每一个角落，特别是控制着大部分具备温带气候和沃土的地区。在过去的10 000 余年中，成千上万亩森林、林地和草地变成了耕地或永久的牧场，过度利用、土地侵蚀、污染问题及其他恶化原因也使大量的土地变为荒漠和难以利用的沼泽、灌丛。由此带来生态系统破坏而引起生物多样性的损失更是令人担忧的。

（二）矿产资源

全球使用的 90%能源取自化石燃料，即煤炭、石油和天然气，80%以上工业原料取自金属和非金属矿产资源，这些资源都属于用一点少一点的耗竭性资源。目前地球上探明的可采石油储量仅可使用 45～50 年，世界石油消费见图 3-5，天然气储量总计为 180 亿 m³，可使用 50～60 年，煤炭可使用 200～300 年，主要金属和非金属矿产可使用几十年至百余年。按照目前的开采规模，到 2020 年，地球上的大多数矿产资源包括铜、铝、锡、锌、金、银等都将被开采完毕。

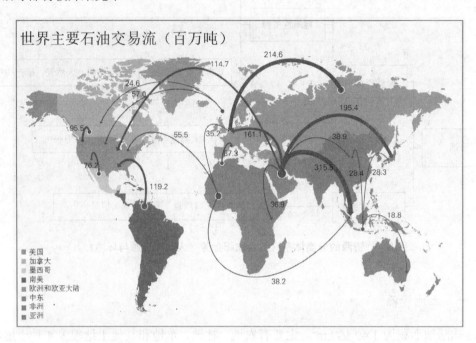

图 3-5　世界石油消费（图片来源：BP statistical review of world energy）

（三）海洋资源

海底包括了国际海底区域和部分国家管辖的陆架区（包括法律大陆架）。深海的战略地位根植于其广阔的空间和丰富的资源。

深海底资源包括：

（1）分布于水深 4 000～6 000 m 海底，富含铜、镍、钴、锰等金属的多金属结核。

（2）分布于海底山表面的富钴结壳和分布于大洋中脊和断裂活动带的热液多金属硫化物。

（3）生活于深海热液喷口区和海山区的生物群落，因其生存的特殊环境，其保护和利用已引起国际社会的高度重视。

（4）目前主要发现于大陆边缘的天然气水合物，其总量换算成甲烷气体为 $1.8 \times 10^{16} \sim 2.1 \times 10^{16}$ m³，大约相当于全世界煤、石油和天然气等总储量的两倍，被认为是一种潜力很大、可供 21 世纪开发的新型能源。

深海将成为 21 世纪多种自然资源的战略性开发基地，有关深海底资源的知识迅速发展，不但将显著地增加世界的资源基础，而且有可能为世界未来带来可观的经济收益。新发现的资源大多是在国家管辖范围之外的国际海底，其中一些比任何陆地矿床都更丰富。

为此，组织和管理国际海底区域勘探与开发活动的国际海底管理局正致力于有关规章的制订工作。但是由于陆地和海洋资源压力不断增大以及不断开采海洋沉淀物，导致海洋和海岸不断退化；由于向海洋排放的氮过多，海洋和海岸带都出现了富营养化。

（四）水资源

水覆盖着地球表面 70%以上的面积，总量达 15 亿 km^3。但是只有 2.5%为淡水，实际上可供利用的淡水仅占世界淡水总量的 0.3%。据联合国有关组织统计，全球有 12 亿人用水短缺。水已经超出生活资源的范围，而成为重要的战略资源。全球可利用水资源与人口分布对比见图 3-6。

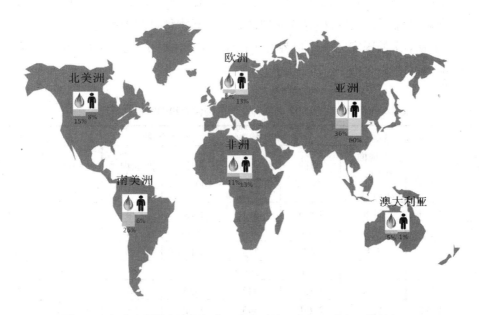

图 3-6 全球可利用水资源与人口分布对比（来源：联合国教科文组织）

（五）森林资源

森林在调节气候、控制降水、为野生动物提供食物和栖息地及净化空气方面发挥着重要作用，它们生产我们必需的原材料，如木材和纸浆等。根据《2005 年全球森林资源评估报告》，2005 年全球森林面积 39.52 亿 hm^2，占陆地面积的 30.3%，人均森林面积 0.62 hm^2，单位面积蓄积 110 m^3/hm^2。1990—2000 年，全球年均净减少森林面积 890 万 hm^2。2000—2005 年虽然全球人工林面积每年增加 280 万 hm^2，但是年均净减少森林面积 730 万 hm^2。根据报道，巴西拥有世界上最高的森林毁灭率，尽管它拥有目前为止面积最大的热带森林。砍伐森林和破坏草地对自然环境和野生动物产生了直接而明显的破坏影响，但是如果有足够的时间，自然植被会以惊人的速度复原。例如，19 世纪中叶，新英格兰的大部分森林由于农垦都消失了，而现在这一地区又重新为森林所覆盖了。1850 年，Vermont 的森林覆盖率仅有 35%，现在已经达到 80%。还有纽约，它目前的人口数量是 150 年前的 3 倍，但是它的森林覆盖率也是当时的 3 倍。当然，这不是说人类可以对自然环境胡作非为，而是给了我们修复自然的希望。

（六）生物资源

据美国国家科学基金会"生命之树"项目的统计，目前可能有 5 000 万～1 亿种生物生存在地球上。然而世界上每年至少有 5 万种生物物种灭绝，平均每天灭绝的物种达 140个。同时生物资源在地球上不是均匀分布的，生物多样性丰富的国家主要集中于部分热带、亚热带地区的少数国家，包括巴西、哥伦比亚、厄瓜多尔、秘鲁、澳大利亚、中国、印度等 12 个国家。中国高等植物和脊椎动物种数占全球物种数的 10%左右，是全球少数几个物种多样性最丰富的国家之一。世界有关国家生物物种及濒危物种数和国家保护区面积，见表 3-4。

表 3-4 世界有关国家生物物种及濒危物种数和国家保护区面积

国家	国家保护区面积		哺乳动物/种		鸟类/种		高等物种/种	
	面积/万 km²	占土地面积的比例/%（2004 年）	物种（2004 年）	濒危物种（2007 年）	物种（2004 年）	濒危物种（2007 年）	物种（2004 年）	濒危物种（2007 年）
中国	110.1	11.8	1 801	351	1 221	20	32 200	446
孟加拉国	0.1	0.5	735	89	604	24	5 000	12
印度	15.6	5.3	1 602	313	1 180	121	18 664	247
日本	5.2	14.3	763	190	592	41	5 565	12
美国	149.0	16.3	1 356	937	888	55	19 473	242
巴西	153.3	18.1	2 290	343	1 712	25	56 214	382
澳大利亚	74.5	9.7	1 227	568	851	74	15 638	55

资料来源：《2008 年世界发展指标》，世界银行数据库。

三、我国资源现状

我国资源总量虽然较多，但人均占有量少。人均淡水资源占有量仅为世界人均占有量的 1/4，人均耕地不到世界平均水平的 40%，人均森林面积仅为世界人均占有量的 1/5，45种主要矿产资源人均占有量不到世界平均水平的一半。过去几十年，由于我国长期沿用以追求增长速度、大量消耗资源为特征的粗放型线性发展模式，在由贫困落后逐步走向富强的同时，自然资源的消耗也在大幅度的上升。

（一）土地资源

据中华人民共和国国家统计局统计数据显示，2008 年，我国人口数量已经达到 13.3 亿，人均土地面积 0.72 hm^2，特别是人均耕地面积只有 0.09 hm^2。土地资源总体质量不高，有 60% 的耕地分布在山区、丘陵和高原地带。目前，我国水土流失、土地沙化、盐渍化和草场退化现象也比较严重，进一步降低了我国土地资源的总体质量。据环境状况公报统计，我国现有水土流失面积 356.92 万 km^2，占国土总面积的 37.2%。土地沙漠化面积约为 153 万 km^2，且有进一步扩大的趋势。土壤盐渍化面积为 99.1 万 km^2，受盐碱影响的耕地面积达 9.3 万 km^2。

我国土地资源有以下特点：

（1）土地类型多样。其中湿润、半湿润区土地面积占 52.6%；干旱、半干旱区土地面积占 47.4%。从地形高度看，从平均海拔 50 m 以下的东部平原，逐级上升到西部海拔 4 000 m 以上的青藏高原。

（2）山地面积大。山地（包括丘陵、高原）面积约 633.7 万 km^2，占土地总面积的 66%。全国 1/3 的人口，2/5 的耕地和 9/10 的有林地分布在山地。

（3）农用土地资源比重小。中国土地总面积很大，按现有技术经济条件，可以被农林牧渔各业和城乡建设利用的土地资源仅 627 万 km^2，占土地总面积的 65%。其他约 1/3 的土地，是难以被农业利用的沙漠、戈壁、冰川、石山、高寒荒漠等。在可被农业利用的土地中，耕地和林地所占比重相对较小。耕地约 1.35 亿 hm^2，占土地总面积的 14%；林地约 1.67 亿 hm^2，占 17%。

（4）后备耕地资源不足。据统计，在天然草地、蔬林地、灌木林地和海涂中，尚有适宜于开垦种植农作物、发展人工牧草和经济林木的土地约 3 530 万 hm^2，占全国土地总面积的 3.7%。

近二三十年来，由于人口大量增长和粗放的增长方式，使我国土地资源的退化状况愈趋严重。土地资源退化是指由于人类不合理的开发利用所造成的土地生产力衰减，主要类型包括：水土流失（或称土壤侵蚀）、土地沙漠化、草原退化、次生盐碱化和沼泽化以及土壤污染等。

1. 水土流失

我国是世界上水土流失最为严重的国家之一。据粗略估计，1949 年前后，全国水土流失面积约为 116 万 km^2，到 90 年代扩展到 180 万 km^2，约占我国土地总面积的 19%。目前每年新增流失面积 1 万多 km^2，年土壤流失量 50 多亿 t，其中入海泥沙量约 20 亿 t，年均损失粮食 30 亿 kg 左右。

我国水土流失最严重的区域是黄土高原和长江中上游，其次是北方石山区（如太行山区）、华南红壤丘陵山区和东北黑土区以及川、滇、藏接壤的横断山区。其中，黄土高原水土流失面积 43 万 km^2，占高原面积的 70%，年土壤流失量 23 亿 t，入黄河泥沙 16 亿 t。长江流域水土流失面积在 20 世纪 50 年代为 36 万 km^2，到 90 年代初已扩展到 74 万 km^2，占全流域总面积的 41%，年流失土壤达 22 亿多 t，通过三峡下泄泥沙近 6 亿 t。仅黄河、长江两流域一年流失氮、磷、钾 4 400 万 t，超过中国化肥一年的施用量。

我国耕地的土壤流失面积达 4 000 万 hm^2，占耕地总面积的 30%，年约流失土壤 10 亿 t，这部分耕地的土壤流失量每亩达 1.66 t，已超过临界标准。土壤侵蚀造成表土流失，使其肥力减退乃至丧失殆尽，完全失去生产力。如此将难以恢复和更新。仅 1957—1987 年，我国就因水土流失而减少 53.3 多万 hm^2 耕地，加重了耕地资源的危机。

目前，我国所有贫困县中，近 90%处于水土流失严重的区域。水土流失还造成下游河道、湖泊、水库、渠道的淤积，影响水利工程发挥作用，增加洪涝灾害对下游地区的威胁。1949 年以来，我国湖泊减少 500 多个。因水土流失而损失的水库库容累计达 200 亿 m^3 以上，水土流失已经成为我国生态环境恶化的最严重问题。

水土流失的成因，除了地质和水文等自然影响因素外，人口增长过快，耕地不足，导致毁林和陡坡开荒、森林过伐和草场过牧以及开矿、修路等大型基本建设缺乏水土保护措施是中国近二三十年水土流失加剧的主要原因。

2. 土地荒漠化

土地荒漠化是指干旱、半干旱及部分半湿润地区，由于人为不合理的经济活动，如过度垦殖，破坏了原本比较脆弱的生态平衡，使得原来并非荒漠的地区出现了类似荒漠景观的环境退化过程。

土地荒漠化是当前人类所面临的重大生态危机之一。根据联合国环境规划署的资料，全球受到荒漠和土地荒漠化影响的地区有 32 亿 hm^2，占全球陆地面积的 1/4，其中 55%分布在非洲，35%分布在亚洲，并以每年 600 万 hm^2 的速度增长。预计到 21 世纪初，全球将要损失的土地相当于现有耕地的 1/3。

我国是世界上荒漠及荒漠化土地分布较广的国家，已经荒漠化的土地面积 17.6 万 km^2，其中约 5 万 km^2 为近 50 年形成，另有潜在荒漠化危险的土地面积 15.8 万 km^2。据中国科学院兰州沙漠研究所的资料，我国 20 世纪 50—70 年代，土地荒漠化速度为每年增加 1 560 km^2；70—80 年代，每年增加 2 100 km^2；目前扩展到每年增加 2 460 km^2。速度之快，令人震惊。目前，我国约有 400 万 hm^2 农田处在荒漠化威胁之中。虽然有些局部地区的土地荒漠化得到遏制，但从总体上看，土地荒漠化仍在加速扩展和蔓延。若将其与沙漠和戈壁合计，则有 153.3 万 km^2，几乎占全国土地面积的 16%。

土地荒漠化是自然与人为因素相互作用的结果。干旱多风与疏松沙质的地表是荒漠化的自然因素；人类的强度开发与不合理利用土地，是近期土地荒漠化过程的直接原因。严重的荒漠化可以使土地生产力全部丧失，生态环境恶化，对农业生产造成严重的不利影响。

3. 土壤盐碱化

盐碱化通常是由于灌溉不当、用水过量等原因引起地下水位上升，造成土壤中的盐分积聚。主要发生在干旱、半干旱、半湿润气候区及受海水浸灌的海滨低地。我国盐渍土地总面积 9 913.3 万 hm^2，其中现代盐渍土壤 3 693.3 万 hm^2，潜在盐渍化土壤 1 733.3 万 hm^2；全国受盐碱化危害的耕地 933.3 万 hm^2，主要分布在新疆、河西走廊、柴达木盆地、河套平原、银川平原、黄淮海平原、东北平原西部以及滨海地区，其中西北内陆地区盐碱化耕地面积占当地耕地总面积的 15%。

在我国的盐碱耕地中，73% 属轻度盐碱化，对农业生产影响不严重；其余 27% 为中强度盐碱化，对农业生产影响较大。在耕地次生盐碱化的过程中，灌溉用水过多是主要成因之一。由于管理水平低，不少农区灌溉定额偏高，如新疆农区毛灌定额每亩为 1 000 m^3，既浪费了宝贵的水资源，又容易带来耕地次生盐碱化，不仅造成农作物减产，也会提高作为农区饮用水水源的地下水矿化度，危及居民与牲畜的健康。

4. 草地退化

粗放经营和放牧超过草地资源的承载力，加上鼠虫等自然灾害，会破坏草地的再生能力，产草量节节下降，这种退化现象在我国呈增长趋势，极大影响牧业生产。20 世纪 80 年代，中国草地严重退化面积占草地总面积的 1/3，还有 30% 的草场遭受鼠虫害破坏。目前，全国草地以每年 133.3 万 hm^2 的速度退化。近 20 年来，我国各类草地产草量下降 30%～50%，牧草质量也明显降低。

由于植被受到破坏，草地沙漠化与盐碱化随之增加，生态环境日趋恶化。全国草地不同程度沙化的面积占草地总面积的 50%，全国牧区至少有 300 万 hm^2 草地发生次生盐碱化。近些年，鼠虫危害严重的草地面积已近 3 333.3 万 hm^2。草地退化加重了鼠虫危害，后者的发展又加剧草地的沙化，形成一种恶性循环，对我国草地危害甚大。我国草地退化或半退化面积的上限为 2.52 亿 hm^2，占全国草地总面积的 66%。为稳健起见，取 50% 为适中的退化率估计值，则草地退化面积在 2 亿 hm^2 左右。

5. 土壤污染

土壤污染主要由工业"三废"和农药、化肥等造成。目前，中国有 20%～30% 的地表水不符合农田灌溉水质标准。污染导致农用水质下降，所涉及的农田面积约 333 万 hm^2。另外，城镇、工矿区附近农田上空二氧化硫及酸雨污染相当严重。受这两种污染影响，广东、广西两省（区）农作物减产面积分别占耕地面积的 10% 和 12.6%。由于大气粉尘、灌溉超标污水、施用污泥与垃圾、工业废渣堆放以及不合理施用农药、化肥等影响，我国农田土壤污染十分严重。目前，因工业"三废"污染的农田约 1 000 万 hm^2，较 20 世纪 80 年代初期增长了 2.5 倍。受农药和劣质化肥严重污染的农田有 1 600 万 hm^2。两者合计已近 2 600 万 hm²。包括农田土壤在内的农业环境污染，不仅降低了土地资源的质量，使农业生产遭受损失，并且通过污染农副产品而损害人体健康。

（二）矿产资源

我国矿产资源总量丰富、品种齐全，全国已发现了矿产 171 种，有查明资源储量的矿产 159 种（其中能源矿产 10 种，金属矿产 54 种，非金属矿产 92 种，水气矿产 3 种），矿产地 2 万多处，已探明的矿产资源总量约占世界的 12%，是世界上矿产资源总量丰富、矿种比较齐全的少数几个资源大国之一。但是我国人均矿产品占有量不足，仅为世界人均占有量的 58%，居世界第 53 位。而且我国大型和超大型矿床比重很小，45 种主要矿产资源人均占有量不足世界平均水平的一半。石油、天然气、铜、铝等重要矿产资源的人均储量最低，只占世界平均水平的 1/25。50 年后中国除了煤炭外，几乎所有的矿产资源都将出现严重短缺，其中 50% 左右的资源面临枯竭。

（三）水资源

中国是一个干旱缺水严重的国家。淡水资源总量为 28 000 亿 m³，占全球水资源的 6%，仅次于巴西、俄罗斯和加拿大，居世界第四位，但人均只有 2 300 m³，仅为世界平均水平的 1/4、美国的 1/5，在世界上名列 121 位，是全球 13 个人均水资源最贫乏的国家之一。扣除难以利用的洪水径流和散布在偏远地区的地下水资源后，我国现实可利用的淡水资源量则更少，仅为 11 000 亿 m³ 左右，人均可利用水资源量约为 900 m³，并且其分布极不均衡。到 20 世纪末，全国 600 多座城市中，已有 400 多个城市存在供水不足问题，其中比较严重的缺水城市达 110 个，全国城市缺水总量为 60 亿 m³。

我国缺水情况又分为水源性缺水和水质性缺水。水源性缺水，能够开采汇集后进行简单水处理后就能供人类使用的水资源，如：湖泊、水库、河流、泉水、地下水、雨水、雪水等，缺少上述水就叫做水源性缺水，如京津华北地区、西北地区、辽河流域、辽东半岛、胶东半岛等地区；水质性缺水，大量排放的废污水造成淡水资源受污染而短缺的现象。水质性缺水往往发生在丰水区，是沿海经济发达地区共同面临的难题。以珠江三角洲为例，尽管水量丰富，身在水乡，由于河道水体受污染、冬春枯水期又受咸潮影响，清洁水源严重不足。影响一个地区的水资源主要因素有降水量、地表水量、地下水量。

1. 降水量

2011 年，全国平均年降水量 582.3 mm，折合降水总量为 55 132.9 亿 m³，比常年值偏少 9.4%，比 2010 年减少 16.3%，是 1956 年以来年降水量最少的一年。从水资源分区看，松花江、辽河、海河、黄河、淮河、西北诸河 6 个水资源一级区（以下简称北方 6 区）年平均降水量为 322.3 mm，比常年值偏少 1.8%，比 2010 年减少 11.9%；长江（含太湖）、东南诸河、珠江、西南诸河 4 个水资源一级区（以下简称南方 4 区）年平均降水量为

1 043.5 mm，比常年值偏少 13.1%，比 2010 年减少 18.5%。从行政分区看，东部 11 个省级行政区（以下简称东部地区）平均降水量为 1 007.3 mm，比常年值偏少 8.9%；中部 8 个省级行政区（以下简称中部地区）平均降水量为 773.1 mm，比常年值偏少 15.6%；西部 12 个省级行政区（以下简称西部地区）平均降水量为 467.7 mm，比常年值偏少 6.8%。

2．地表水资源量

地表水资源量是指河流、湖泊、冰川等地表水体逐年更新的动态水量，即当地天然河川径流量。2011 年全国地表水资源量 22 213.6 亿 m³，折合年径流深 234.6 mm，比常年值偏少 16.8%，比 2010 年减少 25.5%。受降水减少影响，全国地表水资源量也是 1956 年以来最少的一年。北方 6 区地表水资源量为 4 022.4 亿 m³，折合年径流深 66.4 mm，比常年值偏少 8.2%，比 2010 年减少 20.9%；南方 4 区为 18 191.1 亿 m³，折合年径流深 533.0 mm，比常年值偏少 18.5%，比 2010 年减少 26.4%。东部地区地表水资源量为 4 450.0 亿 m³，折合年径流深 417.5 mm，比常年值偏少 14.2%；中部地区地表水资源量为 4 483.8 亿 m³，折合年径流深 268.8 mm，比常年值偏少 28.9%；西部地区地表水资源量为 13 279.8 亿 m³，折合年径流深 197.2 mm，比常年值偏少 12.7%。在 31 个省级行政区中，地表水资源量比常年值偏多的有 8 个省（自治区、直辖市），其中海南、江苏和陕西偏多 40%～60%；比常年值偏少的有 23 个省（自治区、直辖市），其中北京、河北和贵州偏少 40%～50%。

2011 年，从国境外流入我国境内的水量为 167.2 亿 m³，从我国流出国境的水量为 5 518.9 亿 m³，从我国流入国际边界河流的水量为 930.3 亿 m³。全国入海水量为 12 195.4 亿 m³，海河、辽河、黄河 3 个水资源一级区的入海水量占当地地表水资源量的 30%～45%，淮河区入海水量约占当地地表水资源量的 55%，珠江、长江和东南诸河区的入海水量占当地地表水资源量的 88%～95%。全国入海水量，见图 3-7。

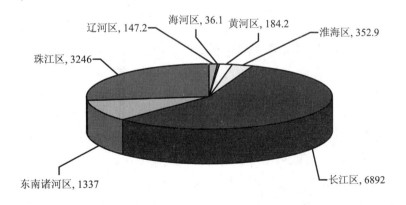

入海水量/亿 m³

图 3-7 全国入海水量

3. 地下水资源量

地下水资源量是指地下饱和含水层逐年更新的动态水量，即降水和地表水入渗对地下水的补给量。山丘区采用排泄量法计算，包括河川基流量、山前侧渗流出量、潜水蒸发量和地下水开采净消耗量，以总排泄量作为地下水资源量。平原区采用补给量法计算，包括降水入渗补给量、地表水体入渗补给量、山前侧渗补给量和井灌回归补给量，将总补给量扣除井灌回归补给量作为地下水资源量。在确定水资源分区或行政分区的地下水资源量时，扣除了山丘区与平原区之间的重复计算量。2011 年，全国矿化度小于等于 2g/L 的浅层地下水计算面积为 854 万 km^2，地下水资源量为 7 214.5 亿 m^3，比 1980—2000 年平均值偏少 10.6%。其中，平原区地下水资源量为 1 674.7 亿 m^3，山丘区地下水资源量为 5 842.2 亿 m^3，平原区与山丘区之间的地下水资源重复计算量为 302.4 亿 m^3。2011 年北方 6 区平原浅层地下水计算面积为 163 万 km^2，地下水总补给量为 1 444.4 亿 m^3，是我国北方地区的重要供水水源，见图 3-8。

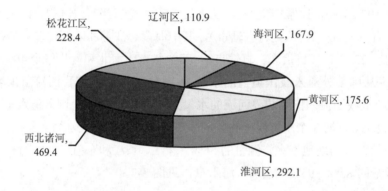

北方平原地下水总补给量/亿 m^3

图 3-8　北方各水资源一级区平原地下水总补给量

4. 水资源总量

水资源总量是指当地降水形成的地表和地下产水总量，即地表产流量与降水入渗补给地下水量之和。在计算中，既可由地表水资源量与地下水资源量相加，扣除两者之间的重复量求得；也可由地表水资源量加上地下水与地表水资源不重复量求得。2011 年全国水资源总量为 23 256.7 亿 m^3，比常年值偏少 16.1%，为 1956 年以来最少的一年。地下水与地表水资源不重复量为 1 043.1 亿 m^3，占地下水资源量的 14.5%（地下水资源量的 85.5%与地表水资源量重复）。全国水资源总量占降水总量 42.2%，平均单位面积产水量为 24.6 万 m^3/km^2。北方 6 区水资源总量 4 917.9 亿 m^3，比常年值偏少 6.5%，占全国的 21.2%；南方 4 区水资源总量为 18 338.8 亿 m³，比常年值偏少 18.3%，占全国的 78.8%。东部地区水资源总量为 4 830.1 亿 m³，比常年值偏少 12.6%，占全国的 20.8%；中部地区水资源总量 4 922.1 亿 m³，比常年值偏少 26.9%，占全国的 21.2%；西部地区水资源总量 13 504.5 亿 m³，比常年值偏少 12.6%，占全国的 58.0%。

中国目前有 16 个省（区、市）人均水资源量（不包括过境水）低于严重缺水线，有 6 个省、区（宁夏、河北、山东、河南、山西、江苏）人均水资源量低于 500 m³。中国水资源地区分布也很不平衡，长江流域及其以南地区，国土面积只占全国的 36.5%，其水资源量占全国的 81%；其以北地区，国土面积占全国的 63.5%，其水资源量仅占全国的 19%。中国水资源分布示意图，见图 3-9。

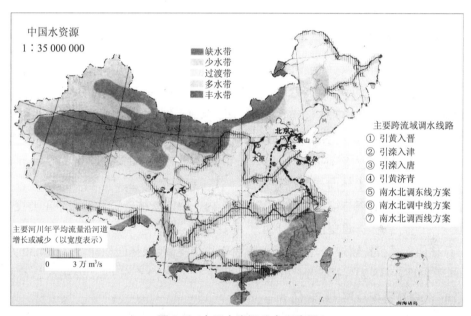

图 3-9　中国水资源分布示意图

5. 水资源承载力

目前关于水资源承载力（Water Resources Carrying Capacity，WRCC）的定义具有代表性的有两种：施雅风等认为水资源承载力是指某一地区的水资源，在一定社会和科学技术发展阶段，在不破坏社会和生态系统时，最大可承载的农业、工业、城市规模和人口水平，是一个随社会经济和科学技术水平发展变化的综合目标；惠泱河等认为水资源承载力是指在某一具体的历史发展阶段下，以可预见的技术、经济和社会发展水平为依据，以可持续发展为原则，以维护生态环境良性发展为条件，经过合理的优化配置后，水资源对该地区社会经济发展的最大支撑能力。

水资源承载力的计算需要构建承载力计算指标构建体系，一般由水文指标、社会经济指标、生态指标三大块指标构成并通过模型计算对各地区的水资源承载力进行计算。由于水资源承载力的计算不仅仅只考虑水资源，而且把经济和生态角度均予以考虑，所以在评价一个地区的水资源情况更具有代表性。有学者对我国水资源承载力进行综合评价研究得出以下结论：我国水资源分布不均，与人口分布和经济布局不相匹配。西南省区水资源承载潜力相对较大，而水资源开发程度较高的经济重心区域长江、珠江流域及东部沿海地区，却无水资源承载能力优势；华北平原、西北地区如新疆、宁夏、甘肃等地区水资源严重短缺，水资源超载严重，本地水资源利用已无太大潜力，华北地区北京、天津、河北、山西四省区的水资源承载力渐趋枯竭，尽管这部分区域水资源利用协调水平较高，但水资源绝对量短缺已成为社会经济发展的瓶颈，该地区应充分利用沿海地缘优势，加大对海水淡化与水循环利用工程投入，提高该地区水资源相对承载能力。

（四）森林资源

2004 年第七次全国森林资源清查开始，到 2008 年结束，历时 5 年。这次清查参与技术人员 2 万余人。全国森林面积 19 545.22 万 hm^2，森林覆盖率 20.36%。活立木总蓄积 149.13 亿 m^3，森林蓄积 137.21 亿 m^3。除港、澳、台地区外，全国林地面积 30 378.19 万 hm^2，森林面积 19 333.00 万 hm^2，活立木总蓄积 145.54 亿 m^3，森林蓄积 133.63 亿 m^3。天然林面积 11 969.25 万 hm^2，天然林蓄积 114.02 亿 m^3；人工林保存面积 6 168.84 万 hm^2，人工林蓄积 19.61 亿 m^3，人工林面积居世界首位。

第六次森林资源清查与第七次清查间隔五年内，中国森林资源呈现六个重要变化：两次清查间隔期内，森林资源变化有以下几个主要特点：

（1）森林面积蓄积持续增长，全国森林覆盖率稳步提高。森林面积净增 2 054.30 万 hm^2，全国森林覆盖率由 18.21% 提高到 20.36%，上升了 2.15 个百分点。活立木总蓄积净增 11.28 亿 m^3，森林蓄积净增 11.23 亿 m^3。

（2）天然林面积蓄积明显增加，天然林保护工程区增幅明显。天然林面积净增 393.05 万 hm^2，天然林蓄积净增 6.76 亿 m^3。天然林保护工程区的天然林面积净增量比第六次清查多 26.37%，天然林蓄积净增量是第六次清查的 2.23 倍。

（3）人工林面积蓄积快速增长，后备森林资源呈增加趋势。人工林面积净增 843.11 万 hm^2，人工林蓄积净增 4.47 亿 m^3。未成林造林地面积 1 046.18 万 hm^2，其中乔木树种面积 637.01 万 hm^2，比第六次清查增加 30.17%。

（4）林木蓄积生长量增幅较大，森林采伐逐步向人工林转移。林木蓄积年净生长量 5.72 亿 m^3，年采伐消耗量 3.79 亿 m^3，林木蓄积生长量继续大于消耗量，长消盈余进一步扩大。天然林采伐量下降，人工林采伐量上升，人工林采伐量占全国森林采伐量的 39.44%，上升 12.27%。

（5）森林质量有所提高，森林生态功能不断增强。乔木林每公顷蓄积量增加 1.15 m^3，每公顷年均生长量增加 0.30 m^3，混交林比例上升 9.17%。有林地中公益林所占比例上升

15.64 个百分点，达到 52.41%。随着森林总量的增加、森林结构的改善和质量的提高，森林生态功能进一步得到增强。中国林科院依据第七次全国森林资源清查结果和森林生态定位监测结果评估，全国森林植被总碳储量 78.11 亿 t。我国森林生态系统每年涵养水源量 4 947.66 亿 m^3，年固土量 70.35 亿 t，年保肥量 3.64 亿 t，年吸收大气污染物量 0.32 亿 t，年滞尘量 50.01 亿 t。仅固碳释氧、涵养水源、保育土壤、净化大气环境、积累营养物质及生物多样性保护等 6 项生态服务功能年价值达 10.01 万亿元。

（6）个体经营面积比例明显上升，集体林权制度改革成效显现。有林地中个体经营的面积比例上升 11.39 个百分点，达到 32.08%。个体经营的人工林、未成林造林地分别占全国的 59.21% 和 68.51%。作为经营主体的农户已经成为我国林业建设的骨干力量。

针对普查结果，总结出我国森林资源保护和发展依然面临着以下突出问题：

（1）森林资源总量不足。我国森林覆盖率只有全球平均水平的 2/3，排在世界第 139 位。人均森林面积 0.145 hm^2，不足世界人均占有量的 1/4；人均森林蓄积 10.151 m^3，只有世界人均占有量的 1/7。全国乔木林生态功能指数 0.54，生态功能好的仅占 11.31%，生态脆弱状况没有根本扭转。生态问题依然是制约我国可持续发展最突出的问题之一，生态产品依然是当今社会最短缺的产品之一，生态差距依然是我国与发达国家之间最主要的差距之一。

（2）森林资源质量不高。乔木林每公顷蓄积量 85.88 m^3，只有世界平均水平的 78%，平均胸径仅 13.3cm，人工乔木林每公顷蓄积量仅 49.01 m^3，龄组结构不尽合理，中幼龄林比例依然较大。森林可采资源少，木材供需矛盾加剧，森林资源的增长远不能满足经济社会发展对木材需求的增长。

（3）林地保护管理压力增加。清查间隔五年内林地转为非林地的面积虽比第六次清查有所减少，但依然有 831.73 万 hm^2，其中有林地转为非林地面积 377.00 万 hm^2，征占用林地有所增加，局部地区乱垦滥占林地问题严重。

（4）营造林难度越来越大。我国现有宜林地质量好的仅占 13%，质量差的占 52%；全国宜林地 60% 分布在内蒙古和西北地区。今后全国森林覆盖率每提高 1 个百分点，需要付出更大的代价。

（五）生物资源

中国的生物资源约 48 万种。其中高等植物 3 万余种、孢子植物 20 万种、昆虫 15 万种，其他动物 5 万余种。据初步统计，中国植物种数占世界总数的 11%。同时哺乳类、鸟类、爬行类和两栖类动物的拥有量也占世界总量的 10%。然而，我国生物种类正在加速减少和消亡。《联合国濒危野生动植物种国际贸易公约》列出的 740 种世界性濒危物种中，我国占 189 种，为总数的 1/4。

随着人口增长和环境污染，生物多样性正遭受着前所未有的挑战和危机。人口的快速增长、人们向自然环境索取的资源越来越多，是生物多样性面临威胁的根本原因。生物多样性面临威胁的原因主要包括以下 4 个方面：① 栖息地的破坏或丧失。② 掠夺式的开发和利用：乱砍滥伐，乱捕滥杀。③ 环境污染。④ 外来生物入侵。

物种的灭绝是一个自然过程，但目前人为的活动大大加快了物种灭绝的速度。物种一旦灭绝，便不可再生，生物多样性的消失，将造成农业、医药卫生保健、工业方面的根本危机，且造成生态环境的破坏，威胁人类自身的生存。

（六）海洋资源

中国拥有丰富的海洋资源。油气资源沉积盆地约 70 万 km^2，石油资源量估计为 240 亿 t 左右，天然气资源量估计为 14 万亿 m^3，还有大量的天然气水合物资源，即最有希望在 21 世纪成为油气替代能源的"可燃冰"。中国管辖海域内有海洋渔场 280 万 km^2，20 m 以内浅海面积 1 600 万 hm^2，海水可养殖面积 260 万 hm^2；已经养殖的面积 71 万 hm^2。浅海滩涂可养殖面积 242 万 hm^2，已经养殖的面积 55 万 hm^2。中国已经在国际海底区域获得 7.5 万 km^2 多金属结核矿区，多金属结核储量 5 亿多 t。

我国海洋资源虽然丰富，但开发利用的程度很低（我国陆地开发利用程度较高）。因此，海洋的开发利用潜力巨大，前景广阔。海水资源开发利用，是实现沿海地区水资源可持续利用的发展方向。展望未来，增强海水是宝贵资源的意识，制定海水资源开发利用政策、法规和发展规划，建设国家级海水资源开发利用综合示范区和产业化基地，强化海水资源开发利用装备研发和生产基础，培育中国具有自主知识产权的海水淡化、海水直接利用和海水资源综合利用技术、装备和产品体系，是推动中国海水资源开发利用朝阳产业的形成、发展，成为中国沿海地区的第二水源。

2011 年，国务院正式批复《浙江海洋经济发展示范区规划》，批准设立浙江舟山群岛新区，这也是我国第一个海洋经济示范区规划（图 3-10），标志着中国首个以海洋经济为主题的国家战略层面功能区正式成立。此举不仅意味着中国区域发展从陆域延伸到海洋，也标志着中国海洋大战略正式启动。

以此次海洋经济示范区为机会，浙江将打造"一核两翼三圈九区多岛"为空间布局的海洋经济大平台。宁波—舟山港海域、海岛及其依托城市是核心区；在产业布局上，以环杭州湾产业带为北翼，成为引领长三角海洋经济发展的重要平台，以温州台州沿海产业带为南翼，与福建海西经济区接轨；杭州、宁波、温州三大沿海都市圈通过增强现代都市服务功能和科技支撑功能，为产业升级服务。在此基础上形成九个沿海产业集聚区，并推进舟山、温州、台州等地诸多岛屿的开发和保护。

围绕海洋经济开发，浙江省将构建商品交易平台、海陆联动集疏运网络、金融和信息支撑系统"三位一体"的港航物流服务体系，突出我国在原油、矿石、煤炭、粮食等重要物资储运中的战略保障作用。同时扶持培育一批海洋战略性新兴产业，提升浙江整体产业层次。

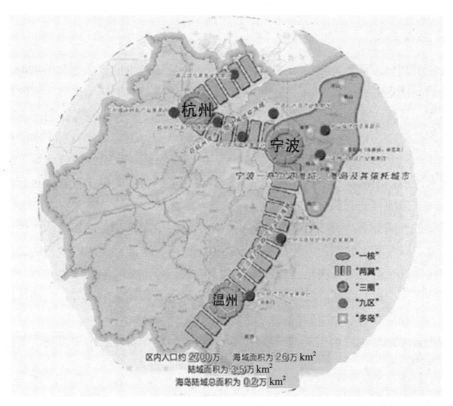

图 3-10　舟山海洋经济示范区"一核两翼三圈九区多岛"

第三节　环境污染

环境污染指自然的或人为的向环境中添加某种物质而超过环境的自净能力而产生危害的行为（或由于人为的因素，环境受到有害物质的污染，使生物的生长繁殖和人类的正常生活受到有害影响）。按环境要素分：水体污染、土壤污染、大气污染、固体废物污染。随着社会的高速发展，现代环境污染凸显出污染物量大、污染物质新、治理难等特点。

一、水体污染

水体是江河湖海、地下水、冰川等的总称，是被水覆盖地段的自然综合体。它不仅包括水，还包括水中溶解物质、悬浮物、底泥、水生生物等。排入水体的污染物质一旦超过了水体的自净能力，使水体恶化，达到影响水体原有用途的程度，可以称为水体污染。

（一）污染分类

从污染源划分，可分为点污染源和面污染源。环境污染物的来源称为污染源。点污染是指污染物质从集中的地点（如工业废水及生活污水的排放口）排入水体。它的特点是排污有规律性，其变化规律服从工业生产废水和城市生活污水的排放规律，它的量可以直接测定或者定量化，其影响可以直接评价。而面污染则是指污染物质来源于集水面积的地面上（或地下），如农田施用化肥和农药，灌排后常含有农药和化肥的成分，城市、矿山在雨季，雨水冲刷地面污物形成的地面径流等。面源污染的排放是以扩散方式进行的，时断时续，并与气象因素有联系。

从污染的性质划分，可分为物理性污染、化学性污染和生物性污染。物理性污染是指水的浑浊度、温度和水的颜色发生改变，水面漂浮油膜、泡沫以及水中含有的放射性物质增加等；化学性污染包括有机化合物和无机化合物的污染，如水中溶解氧减少，溶解盐类增加，水的硬度变大，酸碱度发生变化或水中含有某种有毒化学物质等；生物性污染是指水体中进入了细菌和污水微生物等。

我国地表水最常见的水污染是有机污染、重金属污染、富营养污染以及这些污染共存的复合性污染。

（二）有机污染

我国多数污染河流的特征都属于有机污染，表现为水体中 COD、BOD 浓度增高。例如，淮河全流域每年排放的工业废水和城市废水量约 $36\times10^8\,m^3$，带入的 COD 总量约为 150×10^4t。如此大量的有机污染物使淮河中的有机物含量严重超标，溶解氧含量则显著不足，甚至降低到零。对淮河 280 个断面的水质监测，发现淮河水质已经不能满足饮用水水源水质标准，其中约 45%的断面连灌溉水质标准都达不到。应该注意的是，受到有机污染的河流往往同时接纳大量悬浮物，它们中的相当一部分是有机物，排入水体后先是沉淀至河底形成沉积物。沉积物是水体的一个潜在污染源。近年来难降解合成有机物污染受到广泛注意，这是一种新的有机物污染。它们即使在十分低的含量下也可能对人体健康有直接危害，如致癌、致畸、致突变。

（三）富营养化

富营养化是指生物所需的氮、磷等营养物质大量进入湖泊、河口、海湾等缓流水体，引起藻类及其他浮游生物迅速繁殖，水体溶氧量下降，鱼类及其他生物大量死亡的现象。死亡的水生生物沉积到湖底，被微生物分解，消耗大量的溶解氧，使水体溶解氧含量急剧降低，水质恶化，以致影响到鱼类的生存，大大加速了水体的富营养化过程。

我国湖泊、水库和江河富营养化的发展趋势非常迅速。1978—1980 年大多数湖泊处于中营养状态，占调查面积的 91.8%，贫营养状态湖泊占 3.2%，富营养状态湖泊占 5.0%。

短短 10 年间，贫营养状态湖泊大多向中营养状态湖泊过渡，贫营养状态湖泊所占评价面积比例从 3.2%迅速降低到 0.53%，中营养状态湖泊向富营养状态过渡，富营养化湖泊所占评价面积比例从 5.0%剧增到 55.01%。

中国主要淡水湖泊都已呈现出富营养污染现象。其主要原因是它们接纳了各种污染源排放的污染物，使水体溶解氧降低、水质恶化。例如，滇池是著名的高原湖泊，原来是昆明市的饮用水水源，但同时也是污水的受纳体，监测资料表明，20 世纪 90 年代以来滇池水质已只能满足灌溉水质的要求。滇池内湖中水葫芦覆盖面积和生长厚度逐年增加，内湖外湖中都出现了蓝藻滋生的现象，原来的旖旎风光变成了一片污秽。

水体富营养化的危害主要表现在三个方面：

（1）富营养化造成水的透明度降低，阳光难以穿透水层，从而影响水中植物的光合作用和氧气的释放，同时浮游生物的大量繁殖，消耗了水中大量的氧，使水中溶解氧严重不足，而水面植物的光合作用，则可能造成局部溶解氧的过饱和。溶解氧过饱和以及水中溶解氧少，都对水生动物（主要是鱼类）有害，造成鱼类大量死亡。

（2）水体富营养化，常导致水生生态系统紊乱，水生生物种类减少，多样性受到破坏。昆明滇池水质在 20 世纪 50 年代处于贫营养状态，到 80 年代则处于富营养化状态，大型水生植物种数由 50 年代的 44 种降至 20 种，浮游植物属数由 87 属降至 45 属，土著鱼种数由 15 种降至 4 种；武汉汉江在 1992 年发生水华时，藻类种群的多样性指数也呈下降趋势。普遍的重富营养造成多种用水功能的严重损害，甚至完全丧失。武汉汉江下游因出现水华现象而导致汉川自来水厂被迫关闭，自来水厂的净化工序困难，反冲增加，制水成本增加。此外，由于藻类带有明显的鱼腥味，从而影响饮用水水质。而藻类产生的毒素则会危害人类和动物的健康。

（3）富营养化水体底层堆积的有机物质在厌氧条件下分解产生的有害气体，以及一些浮游生物产生的生物毒素（如石房蛤毒素）也会伤害水生动物。并且富营养化水中含有亚硝酸盐和硝酸盐，人畜长期饮用这些物质含量超过一定标准的水，会中毒致病等。

（四）重金属污染

重金属随废水排入水体后，大多将沉淀至水底，或与有机物螯合成毒性很强的金属有机物。通过食物链的富集作用使重金属进入人体，会和人体内的某些酶结合，抑制人体必需的蛋白质的合成，影响人体正常生理活动；或是抑制酶活性，影响人体内离子调节，改变蛋白质的结构，使蛋白质凝固、变形、失去活性；有些重金属还能影响神经系统，抑制和干扰神经系统功能。例如铅能硬气血红蛋白合成的障碍；汞可与蛋白质及酶系统中的巯基结合，抑制其功能，甚至使其失用于红细胞，影响红细胞膜稳定性，最后导致溶血；汞与体内蛋白结合后可由半抗原成为抗原，引起变态反应，引起肾病综合征。

由于重金属污染是属于"隐形"污染，而且是等到体内浓度累积到一定程度发病，不易被人察觉，或者等到发觉的时候体内累积的浓度已较高，造成后续的治疗较为困难。但近年来重金属污染事件不断被曝出，引起了人们的重视。

2009 年湖南武冈市企业污染造成儿童血铅超标的事件

2009 年 8 月，武冈市文坪镇一些村民的小孩在医院检查中发现血铅浓度超标，引发附近村民恐慌。污染事故发生后，武冈市安排市环保局对附近一家精炼锰厂进行环境污染监测，并邀请湖南省、邵阳市环境专家取样监测，最终确定这家企业就是污染源。当地政府组织检测的 1 958 名儿童中，有 1 354 人血铅疑似超标。作为污染源的武冈市精炼锰厂已被关闭，企业有关负责人已被刑事拘留或正被追捕，两名当地环保部门工作人员因失职而被立案调查。

2010 年福建紫金矿业溃坝事件

2010 年 7 月 3 日福建紫金矿业，紫金山铜矿湿法厂发生酮酸水泄漏事故，事故造成汀江部分水域严重的重金属污染，紫金矿业直至 12 日才发布公告，瞒报事故 9 天，致使当地居民无人敢用自来水。紫金矿业溃坝事件是一件性质十分恶劣的环境污染事件，福建省环境保护厅对此环境污染事件开出了最大一笔罚单：对紫金山金铜矿环境违法一案，重罚"紫金矿业"956.313 万元，并责令其采取治理措施，消除污染，直至治理完成。

（五）中国水质情况

1. 河流水质

2011 年，根据水利系统全国水资源质量监测站网的监测资料，采用《地表水环境质量标准》（GB 3838—2002），对全国 18.9 万 km 的河流水质状况进行了评价。全国全年 I 类水河长占评价河长的 4.6%，Ⅱ类水河长占 35.6%，Ⅲ类水河长占 24.0%，Ⅳ类水河长占 12.9%，Ⅴ类水河长占 5.7%，劣Ⅴ类水河长占 17.2%。从东部地区、中部地区、西部地区分布看，我国西部地区河流水质好于中部地区，中部地区好于东部地区，东部地区水质相对较差。

2. 湖泊水质

2011 年，全国 103 个主要湖泊的 2.7 万 km² 水面进行水质评价。全年水质为 I 类的水面占评价水面面积的 0.5%、Ⅱ类占 32.9%、Ⅲ类占 25.4%、Ⅳ类占 12.0%、Ⅴ类占 4.5%、劣Ⅴ类占 24.7%。对上述湖泊进行的营养化状况评价结果显示：中营养湖泊有 32 个，富营养湖泊有 71 个。在富营养化湖泊中，处于轻度富营养状态的湖泊有 42 个，占富营养湖泊总数的 59.2%；中度富营养湖泊 29 个，占富营养湖泊总数的 40.8%。水污染给渔业生产带来巨大的损失。严重的污染使鱼虾大量死亡;污染还干扰鱼类的洄游和繁殖,造成生长迟缓和畸形。鱼的产量和质量大大下降。还有许多水产品因污染而不能食用,许多优质鱼也濒临灭绝。污水还污染农田和农作物,使农业减产。污水对运输和工业生产的危害也很大,它严重腐蚀船只、桥梁、工业设备,降低工业产品的质量。水污染还造成其他环境条件的下降,影响人们的游览、娱乐和休养。中国主要河流有 50 000 km 长,根据联合国粮农组织的报告,80%的河流水质遭到破坏而不能再维持鱼类生存。我国地表水功能区划分,见表 3-5。

表 3-5 我国地表水功能区划分

类别	功能区
Ⅰ 类	主要适用于源头水、国家自然保护区
Ⅱ 类	主要适用于集中式生活饮用水地表水源地一级保护区、珍稀水生生物栖息地、鱼虾类产卵场、仔稚幼鱼的索饵场等
Ⅲ 类	主要适用于集中式生活饮用水地表水源地二级保护区、鱼虾类越冬场、洄游通道、水产养殖区等渔业水域及游泳区
Ⅳ 类	主要适用于一般工业用水区及人体非直接接触的娱乐用水区
Ⅴ 类	主要适用于农业用水区及一般景观要求水域

3. 湖水质状况

属城市内湖的北京昆明湖水质为Ⅱ类,处于中营养状态;杭州西湖水质为Ⅲ类,处于轻度富营养状态;济南大明湖水质为Ⅳ类,处于中度富营养状态。省界湖泊中,山东—江苏交界处的南四湖下级湖总体水质为Ⅲ类,上级湖总体水质为Ⅳ类。江苏—安徽交界处的石臼湖总体水质为Ⅳ类。安徽—湖北交界处的龙感湖总体水质为Ⅲ类。四川—云南交界处的泸沽湖总体水质为Ⅰ类。南四湖、石臼湖、龙感湖 3 个湖泊处于轻度富营养状态,泸沽湖处于中营养状态。

4. 水库水质

2011 年,全国 471 座主要水库进行了水质评价(图 3-11)。其中全年水质为Ⅰ类的水库 21 座,占评价水库总数的 4.5%;Ⅱ类水库 203 座,占 43.1%;Ⅲ类水库 158 座,占 33.5%;Ⅳ类水库 52 座,占 11.0%;Ⅴ类水库 16 座,占 3.4%;劣Ⅴ类水库 21 座,占 4.5%。在进行营养状况评价的 455 座水库中,中营养水库 324 座,富营养水库 131 座。在富营养水库中,处于轻度富营养状态的水库 110 座,占富营养水库总数的 84.0%;中度富营养水库 20 座,占富营养水库总数的 15.3%;重度富营养水库 1 座,占富营养水库总数的 0.7%。主要污染项目是总磷、总氮、高锰酸盐指数、化学需氧量、五日生化需氧量。

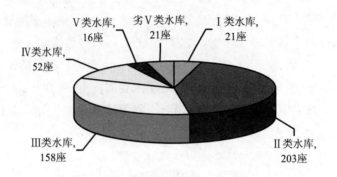

V类水库,
16座

劣V类水库,
21座

I类水库,
21座

IV类水库,
52座

III类水库,
158座

II类水库,
203座

图 3-11　全国 471 座主要水库水质评价情况

5. 水功能区水质达标状况

水功能区是指为满足人类对水资源合理开发、利用、节约和保护的需求，根据水资源的自然条件和开发利用现状，按照流域综合规划、水资源保护和经济社会发展要求，依其主导功能划定范围并执行相应水环境质量标准的水域。水功能区划目的是根据区划水域的自然属性，结合经济社会需求，协调水资源开发利用和保护、整体和局部的关系，确定该水域的功能及功能顺序。在水功能区划的基础上，核定水域纳污能力，提出限制排污总量意见，为水资源的开发利用和保护管理提供科学依据，实现水资源的可持续利用。

2011 年，全国评价水功能区 4 128 个。按水功能区水质目标评价，全年水功能区水质达标率为 46.4%，其中一级水功能区 1 496 个（不包括开发利用区），水质达标率 55.7%，二级水功能区 2 632 个，水质达标率 41.2%。

6. 集中式饮用水水源地水质状况

2011 年，全国评价了 634 个地表水集中式饮用水水源地。其中河流型饮用水水源地、湖泊型饮用水水源地、水库型饮用水水源地分别占评价水源地总数的 59.9%、3.2% 和 36.9%。按全年水质合格率统计，合格率在 80% 及以上的集中式饮用水水源地有 452 个，占评价水源地总数的 71.3%，其中合格率达 100% 的水源地有 352 个，占评价总数的 55.5%。全年水质均不合格的水源地有 31 个，占评价总数的 4.9%。

7. 地下水水质状况

地下水污染（ground water pollution）因地表以下地层复杂，地下水流动极其缓慢，因此，地下水污染具有过程缓慢、不易发现和难以治理的特点。地下水一旦受到污染，即使彻底消除其污染源，也得十几年，甚至几十年才能使水质复原。至于要进行人工的地下含水层的更新，问题就更复杂了。地下水污染情况分析，见图 3-12。

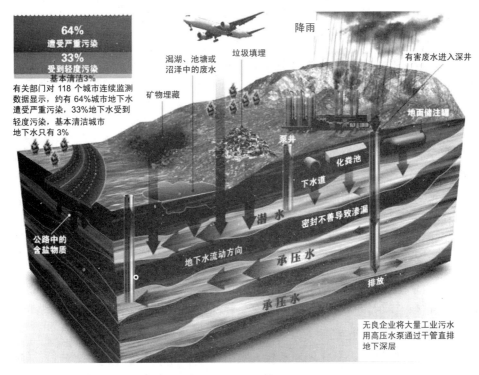

图 3-12 地下水污染情况分析（图片来源：环境影响评价论坛）

2012 年，全国 198 个地市级行政区开展了地下水水质监测，监测点总数为 4 929 个，其中国家级监测点 800 个。依据《地下水质量标准》（GB/T 14848—93），综合评价结果为水质呈优良级的监测点 580 个，占全部监测点的 11.8%；水质呈良好级的监测点 1 348 个，占 27.3%；水质呈较好级的监测点 176 个，占 3.6%；水质呈较差级的监测点 1 999 个，占 40.5%；水质呈极差级的监测点 826 个，占 16.8%。主要超标指标为铁、锰、氟化物、"三氮"（亚硝酸盐氮、硝酸盐氮和氨氮）、总硬度、溶解性总固体、硫酸盐、氯化物等，个别监测点存在重（类）金属超标现象。

二、土壤污染

土壤污染大致可分为无机污染物和有机污染物两大类。无机污染物主要包括酸、碱、重金属、盐类等。有机污染物主要包括有机农药、酚类、氰化物、石油及由城市污水、污泥及厩肥带来的有害微生物等。当土壤中含有害物质过多，超过土壤的自净能力，就会引起土壤的组成、结构和功能发生变化，微生物活动受到抑制，有害物质或其分解产物在土壤中逐渐积累通过"土壤→植物→人体"，或通过"土壤→水→人体"间接被人体吸收，达到危害人体健康的程度，就是土壤污染。

2014 年环境保护部和国土资源部发布了全国土壤污染状况调查公报，调查结果显示，全国土壤环境状况总体不容乐观，部分地区土壤污染较重，其中镉、汞、砷、铜等重金属污染问题突出。全国土壤总点位超标率为 16.1%。从污染分布情况来看，南方土壤污染重于北方；长江三角洲、珠江三角洲、东北老工业基地等地区污染问题较为突出；西南、中南地区土壤重金属超标范围较大。

（一）重金属污染

土壤重金属污染（heavy metal pollution of the soil）是指由于人类活动，土壤中的微量金属元素在土壤中的含量超过背景值，过量沉积而引起的含量过高，统称为土壤重金属污染。而从环境污染方面所讲的重金属，通常是指汞（Hg）、镉（Cd）、铅（Pb）、铬（Cr）、砷（As）等重金属。

进入土壤的重金属经过一系列的化学反应和物理与生物过程反应之后以不同的形式存在。例如在消化污泥中，与有机质相结合的金属占有很大的比例，仅有一小部分以硫化物、磷酸盐和氧化物而存在；熔炼厂的颗粒排放物含有金属氧化物；燃烧石油时，铅以溴代氯化物形式排出，但在大气和土壤中容易转化为硫酸铅形式。在不同的土壤条件下，包括土壤的重金属类型、土地利用方式（水田、旱地、果园、林地、草地等），土壤的物理化学性状（土壤的酸碱度、氧化还原条件、吸附作用、络合作用等）的影响，都能引起土壤中重金属元素存在形态的差异，从而影响重金属的转化和作物对重金属的吸收。

土壤重金属的污染来源主要来自：

（1）工业"三废"引起的重金属污染，金属矿产开发中选矿、冶炼工艺水平落后，矿区排污不规范，重金属随着自然的沉降、雨水的淋溶等途径进入土壤、河流或海洋，造成重金属污染。近年来研究发现，燃煤发电厂中燃烧烟气中的汞随大气迁移沉降在农田和海洋之中，通过生物富集作用对人类身体健康有很大危害。

（2）化肥农药的过度使用。化肥中品位较差的过磷酸钙和磷矿粉中含有微量的砷、镉重金属元素。含铅及有机汞的农药发挥作用的同时也为土壤重金属污染埋下了祸根，造成土壤的胶质结构改变，营养流失。饲料添加剂中也常含有高含量的铜和锌，使得有机肥料中的铜、锌随着肥料施入农田。

（3）生活垃圾污染。生活中电子垃圾的丢弃、焚烧、拆解过程中的烟气、拆解液会引起土壤和地下水的重金属污染。

重金属对植物的毒性研究相当多，作物受害程度和体内重金属含量并不与土壤中该元素总浓度相关，而与该元素在土壤中该金属形态的有效态含量有关。进入植物体内的金属离子可以与有机组分生成稳定性不同的配位化合物，稳定性大的金属有机物大部分被富集、浓缩于根部，向上输送困难，稳定性小的则反之。

我国土壤污染形势已十分严峻。中国水稻研究所与农业部稻米及制品质量监督检验测试中心 2010 年发布的《我国稻米质量安全现状及发展对策研究》称，我国 1/5 的耕地受到了重金属污染，其中镉污染的耕地涉及 11 个省 25 个地区。特别是长江以南地区，土壤中重金属本来底值就偏高，加之多年来大量工业"三废"排放，加剧了土壤重金属污染形成。

（二）持久性有机物污染

持久性有机污染物（Persistent Organic Pollutants，POPs）是指通过各种环境介质（大气、水、生物体等）能够长距离迁移并长期存在于环境，具有长期残留性、生物蓄积性、半挥发性和高毒性，对人类健康和环境具有严重危害的天然或人工合成的有机污染物质。

持久性有机污染物一般可以将其的性质简单概括如下：

（1）高毒性。POPs 物质在低浓度时也会对生物体造成伤害，例如，二噁英类物质中最毒者的毒性相当于氰化钾的 1 000 倍以上，每人每日能容忍的二噁英摄入量为每千克体重 1pg。POPs 物质还具有生物放大效应，POPs 也可以通过生物链逐渐积聚成高浓度，从而造成更大的危害。

（2）持久性。POPs 物质具有抗光解性、化学分解和生物降解性，例如，二噁英系列物质其在气相中的半衰期为 8～400 天，水相中为 166 天到 2119 年，在土壤和沉积物中约 17 年到 273 年。

（3）积聚性。POPs 具有高亲油性和高憎水性，其能在活的生物体的脂肪组织中进行生物积累，可通过食物链危害人类健康。

（4）流动性大。POPs 可以通过风和水流传播到很远的距离。POPs 物质一般是半挥发性物质，在室温下就能挥发进入大气层。因为这种性质 POPs 容易从比较暖和的地方迁移到比较冷的地方，像北极圈这种远离污染源的地方都发现了 POPs 污染。

我国土壤环境中的 POPs 来源，主要包括以下几个方面：

（1）由于时间较长或安全措施不当，导致原有堆放点、填埋点的 POPs 物质泄漏；

（2）生活、生产过程产生 POPs 或从事 POPs 相关的化工、农药生产企业的厂区或周边区域；

（3）一些长期施用有机氯农药的农田仍有较高浓度残余；

（4）工农业生产不断发展导致的新 POPs 问题（如石化、交通问题导致的多环芳烃问题，垃圾焚烧导致的二噁英问题等）。西安市曾调查过的 21 个饮水源采样数据中显示，其 DDT 检出率为 14.5%；太原市大气颗粒含量监测出已经存在 9 种以上的 PAHs，且平均质量浓度高达 190 ng/m^3，其中带有致癌性质的苯，质量浓度达到了 74.8 ng/m^3，这远高于目前国家大气监管相关采样数据技术标准规定的 10 ng/m^3，即高出 7 倍左右；在国内东南海南区域一带，海口呈现出的有机污染物总质量浓度也在逐年递增，这与美国环境保护局所发布的标准相差过大；此外，在国内蔬果、粮油、菜类市场中的农药喷洒平均超标率也曾显示为 22.25%、18.82%、6.7%，也就是说，种种迹象表明，持久性有机污染物对环境、人类饮食、生产贸易等造成的负面影响比较严重，需要迫切治理。

（三）农药污染

化学农药包括各种杀虫剂、杀菌剂、除草剂和植物生长剂等。农药作为农业生产的重要投入物对农业发展和人类粮食供给作出了巨大的贡献。有资料表明，世界范围内农药所避免和挽回的农业病、虫、草害损失占粮食产量的 1/3。然而长期大量地使用农药其污染及危害是极为严重的，农药对土壤、大气、水体的污染，对生态环境的影响与破坏已引起了世人的广泛关注。

研究表明，施用农药的80%～90%最终将进入土壤环境，其行为包括：被土壤胶粒及有机质吸附；被作物及杂草吸收；随地表水径流或向深层土壤淋溶；向大气扩散、光解；被土壤化学降解或微生物降解。其中土壤吸附是导致农药在土壤中残留污染的主要行为。吸附是指在土壤作用力下使农药聚集在土壤胶粒表面，使土壤颗粒与土壤溶液界面上的农药浓度大于土壤本体中农药浓度的现象。吸附会降低农药的活性，影响药效的发挥，同时也阻滞了农药在土壤中的迁移和挥发。

土壤的有机污染作为影响土壤环境的主要污染物已成为国际上关注的热点，有毒、有害的有机化合物在环境中不断积累，到一定时间或在一定条件下有可能给整个生态系统带来灾难性的后果，即所谓的"化学定时炸弹"。其他土壤有机污染物还包括氨基甲酸酯类、有机氮类杀虫剂和磺酰脲类除草剂，这些种类的农药毒性较低，但因使用范围扩大，其对土壤造成的污染亦不容忽视。环境中、土壤中农药的聚集，见图 3-13。

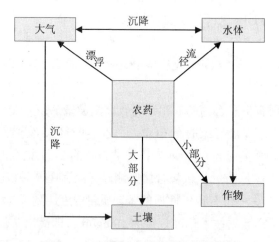

图 3-13　环境中、土壤中农药的聚集

我国土壤农药污染面积大，全球有机农药品有 1 300 余种，广用药 250 种，随着我国农药发展，农药使用量陡增。据统计，我国农药施用面积达到 2.8 亿 hm² 以上，年施用量50 万～60 万 t。由于农药利用率极低，只有 10%～20%被植物所吸附，50%～60%残留于土壤中。又由于我国农药结构单一，农药产品中杀虫剂占 70%，造成农药污染农田达到

87 万～107 万 hm^2。

土壤中的农药污染危害：

（1）土壤农药污染对农作物的潜在影响。主要是通过植物根系的吸收被转运到植物组织或收获的产品中，农药在植物体内残留影响植物的生长，进入收获品中则影响农产品的质量和使用价值。

（2）土壤农药污染对人畜健康的影响。当土壤中的残留农药被植物吸收通过农产品或者随着土壤表层饮用水进入人或动物体内，就会对人体的健康造成直接或间接的危害。影响人们的正常生活。

（3）土壤农药污染对土壤生物的影响。土壤生物主要包括细菌、真菌、原生动物和后生动物，它们是土壤性质及维持土壤生态系统平衡的关键。然而，大多数的农药对土壤生物都有一定的毒杀作用。农药影响土壤微生物的种群和种群数量，由于微生物数量的变化，土壤中的氨化作用、硝化作用、反硝化作用、呼吸作用以及有机质的分解、代谢和根瘤菌的固氮等过程受到不同程度的影响，使土壤生态系统的功能失调，系统中出现某些物质的积累或某些物质的匮乏，进一步影响到土壤生物的生长和代谢。

（4）土壤中农药污染对环境的影响。当土壤中的残留农药通过影响某种生物的数量从而影响了当地的生物链就会严重影响环境。比如农药通过稻穗使鸟类数量大减从而使田鼠数目剧增，并进一步影响当地植被物种，破坏环境。除此之外，土壤中的残留农药会破坏土壤的酸碱性从而改变土壤有机物质含量，使土地沙漠化，土壤可用面积减少，进一步影响环境。

（四）土壤修复

土壤修复是指利用物理、化学和生物的方法转移、吸收、降解和转化土壤中的污染物，使其浓度降低到可接受水平，或将有毒有害的污染物转化为无害的物质。从根本上说，污染土壤修复的技术原理可包括为：① 改变污染物在土壤中的存在形态或同土壤的结合方式，降低其在环境中的可迁移性与生物可利用性；② 降低土壤中有害物质的浓度。

我国土壤修复技术研究起步较晚，加之区域发展不均衡性，土壤类型多样性，污染场地特征变异性，污染类型复杂性，技术需求多样性等因素，目前主要以植物修复为主，已建立许多示范基地、示范区和试验区，并取得许多植物修复技术成果，以及修复植物资源化利用技术成果。

物理/化学修复技术中研究运用较多的是：① 固化—稳定化；② 淋洗；③ 化学氧化—还原；④ 土壤电动力学修复。目标是污染场地土壤的原位修复技术。联合修复技术中研究运用较多的是：① 微生物/动物—植物联合修复技术；② 化学/物化—生物联合修复技术；③ 物理—化学联合修复技术。目标是混合污染场地土壤修复技术。各种修复技术的特点及适用的污染类型，见表 3-6。

表 3-6　各种修复技术的特点及适用的污染类型

类型	修复技术	优　点	缺　点	适用类型
生物修复	植物修复	成本低、不改变土壤性质、没有二次污染	耗时长、污染程度不能超过修复植物的正常生长范围	重金属、有机物污染等
	原位生物修复	快速、安全、费用低	条件严格、不宜用于治理重金属污染	有机物污染
	异位生物修复	快速、安全、费用低	条件严格、不宜用于治理重金属污染	有机物污染
化学修复	原位化学淋洗	长效性、易操作、费用合理	治理深度受限，可能会造成二次污染	重金属、苯系物、石油、卤代烃、多氯联苯等
	异位化学淋洗	长效性、易操作、深度不受限	费用较高、淋洗液处理问题，二次污染	重金属、苯系物、石油、卤代烃、多氯联苯等
	溶剂浸提技术	效果好、长效性、易操作、治理深度不受限	费用高、需解决溶剂污染问题	多氯联苯等
	原位化学氧化	效果好、易操作、治理深度不受限	使用范围较窄、费用较高、可能存在氧化剂污染	多氯联苯等
	原位化学还原与还原脱氯	效果好、易操作、治理深度不受限	使用范围较窄、费用较高、可能存在氧化剂污染	有机物
物理修复	土壤性能改良	成本低、效果好	使用范围窄、稳定性差	重金属
	蒸汽浸提技术	效率较高	成本高、时间长	VOC
	固化修复技术	效果较好、时间短	成本高、处理后不能再农用	重金属等
	物理分离修复	设备简单、费用低、可持续处理	筛子可能被堵、扬尘污染、突然颗粒组成被破坏	重金属等
	玻璃化修复	效率较好	成本高，处理后不能再农用	有机物、重金属等
	热力学修复	效率较好	成本高，处理后不能再农用	有机物、重金属等
	热解吸修复	效率较好	成本高	有机物、重金属等
	电动力学修复	效率较好	成本高	有机物、重金属等，低渗透性土壤
	换土法	效率较好	成本高、污染土还需处理	有机物、重金属等

三、大气污染

在一定范围的大气中，出现了原来没有的微量物质，其数量和持续时间，都有可能对人、动物、植物及物品、材料产生不利影响和危害。当大气中污染物质的浓度达到有害程度，以致破坏生态系统和人类正常生存和发展的条件，对人或物造成危害的现象叫做大气污染。

（一）大气污染成因

大气污染源分为自然源和人工源。

自然源是源自与自然界的生命活动或其他自然现象的变化所产生的,如大气中的一些有机污染物如链状或环状烯烃是针叶树的叶或花向大气发散的一类碳氢化合物;火山爆发可向大气排放大量的颗粒物及含有硫气体化合物;森林火灾是大气中一氧化碳及二氧化碳的自然源。人为源是人类生活及生产活动产生的大量污染物,当前危害严重的大气污染物主要来自人为源,如工业生产中排放的含有烟尘、硫化物、氮氧化物的烟气;交通尾气中的 NO_x、SO_2、Pb 氧化物等。常见大气污染物,见表3-7。

表3-7 常见大气污染物

污染物	一次污染物	二次污染物
含硫化合物	SO_2、H_2S	SO_3、H_2SO_4、硫酸盐、硫酸酸雾
氮氧化物	NO、NH_3	NO_2、N_2O、硝酸酸雾
碳化合物	CO、CO_2	
卤素及其化合物	$C_1 \sim C_3$ 化合物、CH_4	醛、酮
氧化剂	F_2、HF、Cl_2、HCl、$CFCl_3$、CF_2Cl_2	O_3、自由基、过氧化物
颗粒物	煤尘、粉尘、重金属微粒、多环芳烃	气溶胶、酸雾

大气污染物分为一次污染物和二次污染物,共有100多种。从污染源排进大气后,直接污染空气的称一次污染物(primary pollutant),主要有二氧化硫、一氧化碳、氮氧化物、二氧化氮等。二次污染物(secondary pollutant)又称继发性污染物,是排入环境中的一次污染物在大气环境中经物理、化学或生物因素作用下发生变化或与环境中其他物质发生反应,转化而形成的与一次污染物物理、化学性状不同的新污染物。如二氧化硫在大气中被氧化成硫酸盐气溶胶,汽车排气中的一氧化氮、碳氢化合物等发生光化学反应生成的臭氧、过氧乙酰硝酸酯等。二次污染物的形成机制往往很复杂,二次污染物一般毒性较一次污染物强,其对生物和人体的危害也要更严重。

(二)大气污染特点

大气污染与水污染、土壤污染等相比具有以下特点:
(1)影响范围广,大气污染与当地的地形、气候特征有关,如平原地区的大气较山地地区更为容易扩散,因此平原地区的污染往往是浓度低、面积大,而如盆地、山地等地区大气污染则是浓度高。
(2)迁移性,由于大气沉降和迁移等因素,因此大气污染具有异地性,如工厂烟囱排放的烟气,其污染最严重的地区为烟气最大沉降量的地方而非烟囱所在地。
(3)由于大气的扩散和流通,因此大气污染更难以控制和治理。

(三)我国大气污染

当前我国东部沿海地区最主要的大气污染问题是雾霾。雾霾,雾和霾的统称。雾和霾的区别十分大。空气中的灰尘、硫酸、硝酸等颗粒物组成的气溶胶系统造成视觉障碍的叫霾。当水汽凝结加剧、空气湿度增大时，霾就会转化为雾。霾与雾的区别在于发生霾时相对湿度不大，而雾中的相对湿度是饱和的（如有大量凝结核存在时，相对湿度不一定达到100%就可能出现饱和）。雾霾天气是一种大气污染状态，雾霾是对大气中各种悬浮颗粒物含量超标的笼统表述，尤其是 PM$_{2.5}$（空气动力学当量直径小于等于 2.5 μm 的颗粒物）被认为是造成雾霾天气的"元凶"。雾霾的源头多种多样，比如汽车尾气、工业排放、建筑扬尘、垃圾焚烧，甚至火山喷发等，雾霾天气通常是多种污染源混合作用形成的。但各地区的雾霾天气中，不同污染源的作用程度各有差异。

2013 年，"雾霾"成为年度关键词。这年的 1 月，4 次雾霾过程笼罩 30 个省（区、市），在北京，仅有 5 天不是雾霾天。有报告显示，中国最大的 500 个城市中，只有不到 1% 的城市达到世界卫生组织推荐的空气质量标准，与此同时，世界上污染最严重的 10 个城市有 7 个在中国。北京雾霾贡献源分析，见图 3-14。

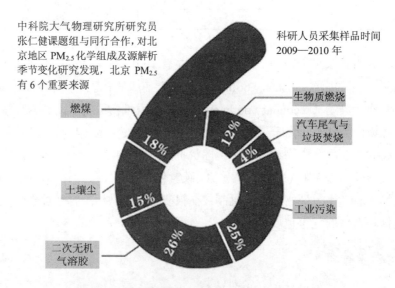

图 3-14　北京雾霾贡献源分析（图片来源：新华社）

四、固体废物污染

（一）固废定义及危害

我国《固体废物污染环境防治法》中定义了废物相关概念，固体废物是指在生产、生活和其他活动中产生的丧失原有利用价值或者虽未丧失利用价值但被抛弃或者放弃的固态、半固态和置于容器中的其他物品、物质以及法律、行政法规规定纳入固体废物管理的物品、物质。固体废物的环境影响在其产生和处置过程中均会发生，尤其是固体废物在集中堆放和处理处置过程中引起污染物的迁移，造成环境污染，包括重金属污染、有毒化学物质污染和生物污染等。

固体废物直接倾倒入江河、湖泊、海洋会严重污染水质，危害水生生物的生存，集中堆放和填埋的固体废物，经过雨水淋溶和渗透，其中含有的重金属元素和有机有害物质会向周围土壤、水体渗出、扩散，污染江河、湖泊和地下水；对于掩埋的固废，固废中含有的有害物质会改变周围土壤的性质和结构，对土壤微生物的活动产生影响，毒害土壤中的微生物，影响土壤的肥力。有害成分进入土壤还会影响植物生长，其中的重金属和有机有害物质还可能在植物组织中蓄积，通过食物链进入人体，危害人体健康；固体废物中的细微颗粒可扩散至大气，造成空气污染，采用焚烧法处理固体废物时，会产生多种有害物质如多环芳烃、二噁英等，都是毒性很大的化合物，对人体健康有严重威胁。

（二）我国固废污染

1. 工业固体废弃物污染

据估计，全国工业固体废弃物堆存占地面积达 $6.67 \times 10^4\ hm^2$，其中农田约 $6.67 \times 10^3\ hm^2$。大量未经处置的工业固体废弃物堆存在城市周围的工业区和河滩荒地上，有一些固体废弃物倾倒在江河、湖泊等水体中，破坏水环境水生态，危害饮水安全。乡镇企业工业固体废弃物的处置设施薄弱，部分矿山乡镇企业的尾矿废矿石冶炼渣石材加工废物等长期不能有效处置，露天堆积和存放，占用大量土地；部分制鞋、制革、制衣企业不规范处置边角料，造成十分严重的铬渣废物污染。中国铬化合物生产企业整体上看，企业规模小、厂点多、地点分散、技术落后、治污不达标，产生的铬渣乱排乱放，全国每年新排放铬渣约 $6 \times 10^5 t$，历年累计堆存铬渣近 $6 \times 10^6 t$，经过解毒处理或综合利用的不足17%。

2. 城市生活垃圾污染严重

据统计，中国城市生活垃圾历年存量达 $6 \times 10^9 t$，我国668座城市，2/3被垃圾环带包围。大量的垃圾产生对垃圾填埋场的填埋量提出了巨大的挑战，大部分城市的垃圾填埋场都在满负荷运行，直接后果是填埋场较设计年限提前 $3 \sim 5$ 年无法继续工作。对于越来越多的垃圾，垃圾减量、减容、回收利用是唯一出路，在减量方面，更好的生活习惯和消费习惯尽量减少生活垃圾的产生量；减容方面，西方国家广泛应用的垃圾处理方法就是焚烧。经过高温焚化后的垃圾虽然不会占用大量的土地，但它不仅投资惊人，并且会增加二次污染的风险。

3. 电子废物污染问题

随着生活水平提高，电子产品大量应用在人们生活生产中，但是在生产电子产品的过程中大量化学原料被使用，其中相当部分化学原料会对环境造成污染，如果废弃后不能加以处置，随意丢弃，简易填埋或无控制焚烧，将严重污染环境，导致人类神经系统和免疫系统类的疾病。同时，电子产品丢弃之后成为电子废物对环境的影响主要是：铅汞等重金属及塑料（填埋很难降解，焚烧则因为阻燃剂等的存在易生成二噁英等有毒有害物质），一般金属特殊污染物（如旧冰箱中的氟利昂，液晶显示器中的液晶）等几类物质。目前，我国电子废弃物处理技术及设备相对落后，很多电子废物的拆解靠人工来完成，几乎没有专门处理电子废弃物的机构，没有建立完善的电子固体废弃物管理制度，电子废物污染防治工作刚刚起步，还不能够有效处置大量电子固体废弃物，电子废弃物大量混在生活垃圾中或流入偏远地区造成严重的环境污染。更有甚者，还有部分国外电子垃圾以各种渠道进入中国，进一步加剧了电子废弃物污染。

4. 农村固体废物污染

农村固体废弃物呈不断增加的趋势，对农村环境构成很大威胁，如农村生活垃圾和农作物秸秆的任意堆放焚烧，占用了大量农村土地，造成了大气污染；农村农业禽畜养殖排放污物导致农村各种疾病的传播，还造成水源的污染；农业用塑料残膜更是对土地造成持续的影响，使土地贫瘠，甚至完全丧失耕种功能。据调查，每年中国畜禽养殖的粪便产生量高达 1.73×10^9t，但 80% 的规模化畜禽养殖场没有必要的污染治理设备和设施。因此，农村固体废弃物的处理也是急需解决的一个环境污染问题。

第四节 全球环境问题

全球环境问题，也称世界环境问题或地球环境问题。它是超越主权国国界和管辖范围的全球性环境污染和生态平衡破坏问题。在全球化的今天，每个国家引起的环境问题都有可能因为"蝴蝶效应"被放大至全球，因此全球环境需要每个国家关注。

一、全球气候变暖

由于人口的增加和人类生产活动的规模越来越大，向大气释放的二氧化碳（CO_2）、甲烷（CH_4）、一氧化二氮（N_2O）、氯氟碳化合物（$CFCl_3$）、四氯化碳（CCl_4）、一氧化碳（CO）等温室气体不断增加，导致大气的组成发生变化。大气质量受到影响，气候有逐渐变暖的趋势。由于全球气候变暖，将会对全球产生各种不同的影响，较高的温度可使极地冰川融化，海平面每 10 年将升高 6cm，因而将使一些海岸地区被淹没。全球变暖也可能影响到降雨和大气环流的变化，使气候反常，易造成旱涝灾害，这些都可能导致生态系统发生变化和破坏，全球气候变化将对人类生活产生一系列重大影响。温室效应成因解析，见图 3-15。

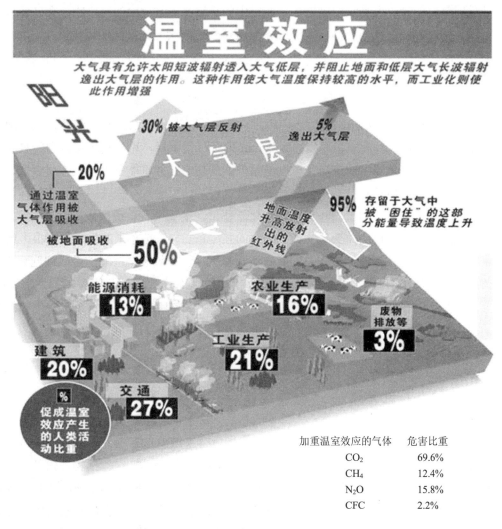

图 3-15 温室效应成因解析（图片来源：新华社）

　　全球气候变暖使大陆地区，尤其是中高纬度地区降水增加，非洲等一些地区降水减少。有些地区极端天气气候事件（厄尔尼诺、干旱、洪涝、雷暴、冰雹、风暴、高温天气和沙尘暴等）出现的频率与强度增加。随着全球气温的上升，海洋中蒸发的水蒸气量大幅度提高，加剧了变暖现象。而海洋总体热容量的减小又可抑制全球气候变暖。

　　全球气候变暖对农作物生长的影响有利有弊。其一，全球气温变化直接影响全球的水循环，使某些地区出现旱灾或洪灾，导致农作物减产，且温度过高也不利于种子生长。其二，降水量增加尤其在干旱地区会积极促进农作物生长。全球气候变暖伴随的二氧化碳含量升高也会促进农作物的光合作用，从而提高产量。

对于人类身体健康而言：全球气候变暖直接导致部分地区夏天出现超高温，心脏病及引发的各种呼吸系统疾病，每年都会夺去很多人的生命，其中又以新生儿和老人的危险性最大。全球气候变暖导致臭氧浓度增加，低空中的臭氧是非常危险的污染物，会破坏人的肺部组织，引发哮喘或其他肺病。全球气候变暖还会造成某些传染性疾病传播。

二、臭氧层的耗损与破坏

在离地球表面 10～50 km 的大气平流层中集中了地球上 90%的臭氧气体，在离地面 25 km 处臭氧浓度最大，形成了厚度约为 3 mm 的臭氧集中层，称为臭氧层。它能吸收太阳的紫外线，以保护地球上的生命免遭过量紫外线的伤害，并将能量贮存在上层大气，起到调节气候的作用。但臭氧层是一个很脆弱的大气层，如果进入一些破坏臭氧的气体如氟利昂、氟氯烃等物质，它们就会和臭氧发生化学作用，臭氧层就会遭到破坏。

臭氧层被破坏，将使地面受到紫外线辐射的强度增加，给地球上的生命带来很大的危害。研究表明，紫外线辐射能破坏生物蛋白质和基因物质脱氧核糖核酸，造成细胞死亡；使人类皮肤癌发病率增高；伤害眼睛，导致白内障而使眼睛失明；抑制植物如大豆、瓜类、蔬菜等的生长，并穿透 10 m 深的水层，杀死浮游生物和微生物，从而危及水中生物的食物链和自由氧的来源，影响生态平衡和水体的自净能力。最近的环境科学研究结果表明：臭氧层破坏也是全球气候变化的一个重要因素。

三、生物多样性减少

《生物多样性公约》指出，生物多样性"是指所有来源的形形色色的生物体，这些来源包括陆地、海洋和其他水生生态系统及其所构成的生态综合体；它包括物种内部、物种之间和生态系统的多样性。"在漫长的生物进化过程中会产生一些新的物种，同时，随着生态环境条件的变化，也会使一些物种消失。所以说，生物多样性是在不断变化的。近百年来，由于人口的急剧增加和人类对资源的不合理开发，加之环境污染等原因，地球上的各种生物及其生态系统受到了极大的冲击，生物多样性也受到了很大的损害。

有关学者估计，世界上每年至少有 5 万种生物物种灭绝，平均每天灭绝的物种达 140 个，估计到 21 世纪初，全世界野生生物的损失可达其总数的 15%～30%。在中国，由于人口增长和经济发展的压力，对生物资源的不合理利用和破坏，生物多样性所遭受的损失也非常严重，大约已有 200 个物种已经灭绝；估计约有 5 000 种植物在近年内已处于濒危状态，这些约占中国高等植物总数的 20%；大约还有 398 种脊椎动物也处在濒危状态，约占中国脊椎动物总数的 7.7%。因此，保护和拯救生物多样性以及这些生物赖以生存的生活条件，同样是摆在我们面前的重要任务。

四、酸雨蔓延

酸雨是指大气降水中酸碱度（pH 值）小于 5.6 的雨、雪或其他形式的降水。这是大气污染的一种表现。酸雨对人类环境的影响是多方面的。酸雨降落到河流、湖泊中，会妨碍水中鱼、虾的成长，以致鱼虾减少或绝迹；酸雨还导致土壤酸化，破坏土壤的营养，使土壤贫瘠化，危害植物的生长，造成作物减产，危害森林的生长。此外，酸雨还腐蚀建筑材料，有关资料说明，近十几年来，酸雨地区的一些古迹特别是石刻、石雕或铜塑像的损坏超过以往百年以上，甚至千年以上。世界目前已有三大酸雨区，我国华南酸雨区是其中之一。

五、森林锐减

在今天的地球上，我们的绿色屏障——森林正以平均每年 4 000 km^2 的速度消失。森林的减少使其涵养水源的功能受到破坏，造成了物种的减少和水土流失，对二氧化碳的吸收减少进而又加剧了温室效应。

造成森林锐减的主要原因有：为了利用木材，大量地砍伐森林；烧毁田地造成的原生林的消失；为放牧，确保大规模的农地而开拓森林；滑雪场等娱乐设施的开发；因酸性雨的树木干枯；全球变暖造成的森林干枯。

毁灭森林造成的另一个灾难性后果是河流退化，热带地区的河流中包含了世界上所有流动淡水的 2/3。在一个未受破坏的森林里，树根一丛丛交错起来形成"海绵效应"，因而这里的水都是清澈的，并且是流动的。当森林被破坏，薄薄的森林土壤裸露时，这些土壤就会很快地被侵蚀掉。淤泥会淤积在河床底部、填埋河口湾。在马来西亚，每年在未受到破坏的原始森林 1 km^2 大约会产生 100 m^3 的沉积物。而在已经砍伐过的森林里，同样一条河每年 1 km^2 的面积会带走 2 500 m^3 的冲积物。

六、土地荒漠化

全球陆地面积占 60%，其中沙漠和沙漠化面积占 29%。每年有 600 万 hm^2 的土地变成沙漠。经济损失每年 423 亿美元。全球共有干旱、半干旱土地 50 亿 hm^2，其中 33 亿 hm^2 遭到荒漠化威胁。致使每年有 600 万 hm^2 的农田、900 万 hm^2 的牧区失去生产力。人类文明的摇篮底格里斯河、幼发拉底河流域，由沃土变成荒漠。中国的黄河，水土流失亦十分严重。

全球范围土地沙漠化的范围也在逐步扩大。许多干旱的土地有着变化率很大的降雨量，还有长时间的干旱期。在干旱期，自然植被小时，土地几个月或几年都是裸露的。联合国环境规划署最近调查发现，大约一半的非洲土地明显比过去的半个世纪干旱，干旱和过度干旱的地区已经增加了 5 000 万 hm^2。而潮湿和半干旱的地区减少了相同数量的面积。根据在荷兰的国际土壤比照和信息中心的数据，墨西哥和中美洲出现中度、严重和非常严重的土地退化情况的百分率是很高的。

七、大气污染

大气污染的主要因子为悬浮颗粒物、一氧化碳、臭氧、二氧化碳、氮氧化物、铅等。大气污染导致每年有 30 万～70 万人因烟尘污染提前死亡，2 500 万的儿童患慢性喉炎，400 万～700 万的农村妇女儿童受害。

1997—1998 年发生了厄尔尼诺现象，为期几个月的冬季出现了罕见的干旱，厚厚的烟幕笼罩着东南亚的大部分地区。烟尘主要由印度尼西亚群岛的加里曼丹（婆罗洲）和苏门答腊岛上成千上万的森林起火引起的，烟尘弥漫了 8 个国家影响到 7 500 万人口，覆盖面积大于欧洲，当时该区域的空气质量比世界上任何一个工业地区都糟糕，许多城市的空气污染指数经常超过 800，这一数值是美国规定的危害人体健康的空气污染警戒水平的 2 倍。因此次事件估计大约有 2 000 万人因患哮喘、支气管炎、肺气肿、眼睛受刺激和心血管疾病而接受治疗，这还未计入那些付不起医疗费的病人。医疗费和庄稼的损失使得遭受灾害地区的国家损失了几十亿美元。

八、水污染

国际上造成水体污染的主要原因有：由生活污水所引起的河流污染及污浊；工业废水所引起的地下水、河流及海洋污染；废弃物、人类的排泄物向河流、海洋的排放；由船只的排水及漏油所引起的海洋污染；由包括降雨在内的大气污染物质所引起的污染；农药所引起的地下水、河流污染。

联合国发布的资料表明：目前全球有 11 亿人缺乏安全饮用水，每年有 500 多万人死于同水有关的疾病。据联合国环境规划署预计，如果人类不改变目前的消费方式，到 2025 年全球将有 50 亿人生活在用水难以完全满足的地区，其中 25 亿人将面临用水短缺。由于人们饮用了被污染的水，这正是人得病，甚至传染的主要起因之一。据有关报道，发展中国家中估计有半数人，不是由于饮用被污染的水或食物直接受感染，就是由于带菌生物（带病媒）如水中孳生的蚊子间接感染，而罹患与水和食品关联的疾病。这些疾病中最普遍且对人类健康状况造成影响最大的疾病是腹泻病、疟疾、血吸虫病、登革热、肠内寄生虫感染和河盲病（盘尾丝虫病）。联合国教科文组织发布的数据显示，大约 80% 的各类疾病是由质量低劣的饮用水造成的。

世界卫生组织统计，世界上许多国家正面临水污染和资源危机：每年有 300 万～400 万人死于和水污染有关的疾病。在发展中国家，各类疾病有 80% 是因为饮用了不卫生的水而传播的。初步调查表明，我国农村有 3 亿多人饮水不安全，其中约有 6 300 多万人饮用高氟水，200 万人饮用高砷水，3 800 多万人饮用苦咸水，1.9 亿人饮用水有害物质含量超标，血吸虫病地区约 1 100 多万人饮水不安全。统计显示，每年全世界有 12 亿人因饮用污染水而患病，1 500 万 5 岁以下儿童死于不洁水引发的疾病，而每年死于霍乱、痢疾和疟疾等因水污染引发的疾病的人数超过 500 万。全球每天有多达 6 000 名少年儿童因饮用水卫生状况恶劣而死亡。在发展中国家，每年约有 6 000 万人死于腹泻，其中大部分是儿童。

水质污染对人类健康的危害极大。污水中的致病微生物、病毒等可引起传染病的蔓延。水中的有毒物质可使人畜中毒，一些剧毒物质可在几分钟之内使水中的生物和饮水的人死亡，这种情况还算比较容易发现。最危险的是汞、镉、铬、铝等金属化合物的污染，它们进入人体后造成慢性中毒，一旦发现就无法遏止。据世界卫生组织（WHO）调查，世界上有 70% 的人喝不到安全卫生的饮用水。现在世界上每年有 1 500 万 5 岁以下的儿童死亡，死亡原因大多与饮水有关。据联合国统计，世界上每天有 2.5 万人由于饮用污染的水而得病或由于缺水而死亡。以下列举国际上影响面较为广的几个水污染案例：

水俣病事件：1950 年，在日本水俣湾附近的小渔村中，发现大批精神失常而自杀的猫和狗。1953 年，水俣镇发现了一个怪病人，开始时步态不稳，面部呆痴，进而是耳聋眼瞎，全身麻木，最后精神失常，一会儿酣睡，一会儿兴奋异常，身体弯弓，高叫而死。1956 年又有同样病症的女孩住院，引起当地熊本大学医院专家注意，开始调查研究。最后发现原来是当地一个化肥厂在生产氯乙烯和醋酸乙烯时，采用成本低的汞催化剂工艺，把大量含有有机汞的废水排入水俣湾，使鱼中毒，人和猫、狗吃了毒鱼生病而死。1972 年日本环境厅公布：水俣湾和新县阿贺野川下游有汞中毒者 283 人，其中 60 人死亡。

痛痛病事件：1955—1972 年，在日本富山县神通川流域两岸出现了一种怪病，患者中妇女比男士多，患上此病，则全身骨骼疼痛，不能行走，故取名为"痛痛病"。经调查，这是一种镉中毒事件，起因是附近的电镀厂、蓄电池制造厂及熔接工厂或因采矿工业含镉之废水未经适当处理而排出，污染了神通川水体，两岸居民利用河水灌溉农田，使稻米和饮用水含镉而中毒，1963—1979 年 3 月共有患者 130 人，其中死亡 81 人。

化工厂事件：1986 年位于莱茵河上游的瑞士一座叫做桑多兹的化工厂仓库失火，有 10t 杀虫剂和含有多种有毒化学物质的污水流入莱茵河，其影响达 500 多 km。

金矿事件：2000 年，罗马尼亚边境城镇奥拉迪亚一座金矿泄漏出氰化物废水，流到了南联盟境内。毒水流经之处，所有生物全都在极短时间内暴死。流经罗马尼亚、匈牙利和南联盟的欧洲大河之一蒂萨河及其支流内 80% 的鱼类完全灭绝，沿河地区进入紧急状态。这是自前苏联切尔诺贝利核电站事故以来欧洲最大的环境灾难。

九、海洋污染

人类活动使近海区的氮和磷增加 50%～200%；过量营养物导致沿海藻类大量生长；波罗的海、北海、黑海、东中国海等出现赤潮。海洋污染导致赤潮频繁发生，破坏了红树林、珊瑚礁、海草，使近海鱼虾锐减，渔业损失惨重。

另一类海洋污染主要是由于海洋作业造成的，如开采石油、海运事故等，此类海洋污染的特点是，污染源多、持续性强、扩散范围广、难以控制。海洋污染造成的海水浑浊严重影响海洋植物（浮游植物和海藻）的光合作用，从而影响海域的生产力，对鱼类也有危害。重金属和有毒有机化合物等有毒物质在海域中累积，并通过海洋生物的富集作用，对海洋动物和以此为食的其他动物造成毒害。石油污染在海洋表面形成面积广大的油膜，阻止空气中的氧气向海水中溶解，同时石油的分解也消耗水中的溶解氧，造成海水缺氧，对海洋生物产生危害，并祸及海鸟和人类。由于好氧有机物污染引起的赤潮（海水富营养化的结果），造成海水缺氧，导致海洋生物死亡。海洋污染还会破坏海滨旅游资源。因此，海洋污染已经引起国际社会越来越多的重视。由于海洋的特殊性，海洋污染与大气、陆地污染有很多不同。

十、危险性废物越境转移

危险性废物是指除放射性废物以外，具有化学活性或毒性、爆炸性、腐蚀性和其他对人类生存环境存在有害特性的废物。美国在《资源保护与回收法》中规定，所谓危险废物是指一种固体废物和几种固体的混合物，因其数量和浓度较高，可能造成或导致人类死亡。

据绿色和平组织的调查报告，当前，发达国家正以每年 5 000 万 t 的规模向发展中国家转运危险废物。从 20 世纪 80 年代到 90 年代初，发达国家已向非洲、加勒比、拉丁美洲、亚洲和南太平洋的发展中国家以及东欧国家转移了总量为 1.63 亿 t 的危险废物。据美国有关环保组织发表的报告，美国西部"回收"的电子零件中，有 55%～75%运到了包括中国、印度在内的亚洲国家。这些被转移的污染中，近海污染是其中之一。而在一些发展中国家，因法规相对不严、环境标准较低，危险废物的处置费用仅为美国的 1/10。巨额的差价使一些垃圾商唯利是图，把大批危险废物越境转移到发展中国家以从中牟取暴利。

最近几十年，垃圾和污染产业转移至中国的现象非常明显。比如 20 世纪 80 年代中期，中国拆船业发达但污染严重，好在 90 年代时开始限制这种产业发展。如今，随着中国环保意识的提高，发达国家主要转向东南亚国家进行产业和垃圾的输出。此外，相比于发达国家，大多数发展中国家自身环保意识和技术水平都比较低。在南印度的西海岸，不少工业废水和生活污水不经处理就排放到海中的现象比比皆是。

复习思考题

1. 什么是环境人口容量的定义？
2. 我国水量、水质分布特点以及水体污染主要有哪些原因？
3. 我国土壤污染的特点和污染方式有哪些？
4. 各种土壤污染修复的工程措施及其优缺点和适用范围是什么？
5. 我国大气污染的主要特征和特点及其成因是什么？
6. 气候变暖的成因及其带来的后果有哪些？

参考文献

[1] 杨京平. 生态农业工程[M]. 北京：中国环境科学出版社，2009.

[2] 杨京平. 环境生态工程[M]. 北京：中国环境科学出版社，2011.

[3] William P. Cunningham，Barbara Woodworth Saigo. 环境科学：全球关注（上册）[M]. 戴树桂，主译. 北京：科学出版社，2004.

[4] William P. Cunningham，Barbara Woodworth Saigo. 环境科学：全球关注（下册）[M]. 戴树桂，译. 北京：科学出版社，2004.

[5] Mark B. Bush. 生态学——关于变化中的地球（第3版）[M]. 刘雪华，译. 北京：清华大学出版社，2007.

[6] 王麟生，戴立益. 可持续发展和环境保护[M]. 上海：华东师范大学出版社，2010.

[7] 欧阳金芳，钱振勤，等. 人口·资源与环境[M]. 南京：东南大学出版社，2009.

[8] E.P.Odum. Gary W. Barrent. 生态学基础（第五版）[M]. 陆健健，王伟，等译. 北京：高等教育出版社，2009.

[9] 王敬国. 资源与环境概论[M]. 北京：中国农业大学出版社，2000.

[10] 尚玉昌. 普通生态学（第三版）[M]. 北京：北京大学出版社，2010.

[11] 戈峰. 现代生态学（第三版）[M]. 北京：科学出版社，2008.

[12] 中华人民共和国水利部. 2011年中国水资源公报[R]. 北京：中华人民共和国水利部，2011.

[13] 武玉. 中国人口综合素质的空间差异及影响因素分析[D]. 首都经济贸易大学，2013.

[14] 方嘉禾. 世界生物资源概况[J]. 植物遗传资源学报，2010，11（2）：121-126.

[15] 刘佳骏，董锁成，李泽红. 中国水资源承载力综合评价研究[J]. 自然资源学报，2011，26（2）：258-269.

[16] 张翔宇，陈景波. 浅谈全球水资源现状[J]. 科技致富向导，2014（5）：57.

[17] 黄俊，余刚，钱易. 我国的持久性有机污染物问题与研究对策[J]. 环境保护，2001（11）：3-6.

[18] 朱源，康慕谊. 森林资源生态学的理论体系研究[J]. 中国人口·资源与环境，2010（11）：112-117.

[19] 龙腾锐，姜文超，何强. 水资源承载力内涵的新认识[J]. 水利学报，2004（1）：38-45.

[20] 朱逢豪，李成，柳树成，等. 北京市$PM_{2.5}$的研究进展[J]. 环境科学与技术，2012（S2）：152-155.

第四章　农业环境资源与可持续发展

农业可持续发展一是指充分合理利用一切农业环境资源，协调农业资源承载力和经济发展的关系，提高资源转化率，使农业资源在时间和空间上优化配置达到农业资源永续利用；二是指合理管理和保护农业生产所需的自然资源，调整技术和机制变化方向，确保获得并持续地满足目前和今后人们对农业产品的需要。对于农民农村，可持续农业需保持稳定的农业生产增长，发展农村经济，增加农民收入，从而满足逐年增长的国民经济发展和人民生活的需要。

第一节　现代农业生产的环境问题

现代农业是传统农业发展后农业生产的新阶段，是以统筹城乡社会发展为基本前提，以科技进步为驱动力，以市场为导向的农业产业化、集约化、商品化的生产与经营，提高农产品的市场竞争力和农业整体效益的新型产业形式。在新的环境背景下，人口与经济发展的双重要求使得现代农业生产面临如何达到高产量、高品质、高效率的要求。农业生产的发展需要良好的发展环境，但是现代农业生产也面临着一系列的环境问题，例如农业环境资源问题和农业污染问题。

一、农业环境资源问题

农业环境资源是指可以直接或间接用于农业生产的各种物质和能量的统称。包括各种影响农业生产的要素，主要指农业生物（栽培植物、微生物、林木、养殖的畜禽、鱼类等）正常生长繁殖所需的各种环境要素的综合整体，包括水、土壤、空气、光照、温度等环境要素及其组合和匹配情况。农业环境资源问题是由于人类在生产过程中，不合理的利用方式所造成的农业环境质量下降和资源利用率降低的现象。农业环境资源问题主要包括农业土地资源、农业水资源、农业气候资源和农业生物资源的问题。

（一）农业土地资源

1. 农用土地资源的利用和土地生产潜力

土地是具有地理空间（经纬度、高程）的，以土壤为基础，与气候、地形地貌、水文地质条件、地球表面化学因素、自然生物群落之间相互作用所构成的自然综合体。土地资源是指在一定技术条件和一定时间内可以为人类利用的土地。在某些情况下，土地和土地资源可以同等看待，但是土地资源更多考虑经济活动和人类生存发展。农用土地资源主要指耕地、林地和草地等用于大农业生产的土地。

土地生产潜力，也称土地生产力，是指在一个地区，土地能生产人们可能利用的碳水化合物、能量和蛋白质的能力。对于耕地和粮食作物而言，土地生产力是指单位面积耕地生产粮食的能量或数量。

土地资源生产潜力指的是在一定条件下，土地资源的用途所要求的全部条件都能满足时所能达到的生产力。在不同的利用条件下，同一土地资源的生产潜力是不同的。土地资源生产潜力主要指其物质生产潜力，即植物生产潜力。基本含义是土地资源提供栽培植物（作物）生长场所时，温度、水分、养分等达到植物（作物）生长最适条件，无毒害、病虫害及其他自然灾害条件下，该植物（作物）所能收获的生产力叫做植物（作物）生产潜力；植物（作物）种类不同，土地资源的植物生产潜力也不同。

土地生产潜力决定土地承载能力，土地承载能力决定其供养不同生活水平的人口数量，所以引入生态占用或生态足迹的概念来表示不同生活水平的人群正常生活所需要的土地（生态）资源。

农用土地资源的质量受到各种条件的制约，特别是土壤污染严重影响了农业土地资源的生产潜力和经济价值。土壤污染指的是人类在生产和生活活动中产生的污染物、废弃物等直接或间接地通过大气、水体等进入土壤，使土壤中增加了本来不存在的有害物质（人工合成有机物，如农药等）或导致土壤性质改变，肥力下降，进而影响作物的生长、发育和农产品品质以及土地生产力。另外，土地利用方式不同也会改变土地资源质量，尤其是不合理及过分的土地资源利用会导致土壤退化（如水土流失、沙化、盐渍化、荒漠化等），从而导致土地资源人口承载力下降。

2. 我国土地资源

（1）我国土地资源利用概况。截至 2012 年底，全国共有农用地 64 646.56 万 hm^2，其中耕地 13 515.85 万 hm^2，林地 25 339.69 万 hm^2，牧草地 21 956.53 万 hm^2；建设用地 3 690.70 万 hm^2，其中城镇村及工矿用地 3 019.92 万 hm^2（表 4-1）。我国各种利用类型的土地资源有以下特点：

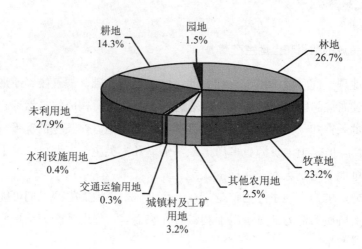

耕地 14.3%
园地 1.5%
林地 26.7%
未利用地 27.9%
水利设施用地 0.4%
交通运输用地 0.3%
城镇村及工矿用地 3.2%
其他农用地 2.5%
牧草地 23.2%

图 4-1　2012 年全国土地利用现状

（2013 中国国土资源公报）

① 土地资源绝对数量多，但人均占有量少。我国土地总面积 960×10^4 km^2，占世界陆地总面积的 6.4%，居世界第三位，我国人均土地面积 0.96 hm^2。第二次全国土地调查数据显示，全国人均耕地 0.101 hm^2，较 1996 年第一次调查时的人均耕地 0.106 hm^2 有所下降，不到世界人均水平的一半。

② 土地资源分布不平衡，且生产力的地域差异很大。我国土地类型多种多样，但是土地资源分布不平衡。我国 90% 以上的耕地和陆地水域分布于东南部；80% 以上的草地分布于西北干旱和半干旱地区。东部湿润、半湿润地区的生产力很高，其生物产量占全国的 90%，但面积只有全国土地面积的一半。

③ 我国土地资源质量较差。我国土地总体质量不高，全国大于 25° 陡坡耕地有 607 万 hm^2；有水源保证和灌溉设施的耕地面积占 40%；山地、丘陵、高原等占 66%，而平原仅 12%、盆地 19%。

④ 后备耕地资源不足。我国尚有适宜开垦种植农作物、发展人工牧草和经济林木的土地约占全国土地总面积的 3.7%，其中质量较好的占 8.9%，中等的占 22.5%，而近 70% 是质量差的三等地。

（2）我国土地资源开发利用中存在的主要问题：

① 盲目扩大耕地面积促使土地资源退化。对山坡地的刨垦使大面积的森林、草地毁坏，造成水土流失；围湖造田加快了湖泊沼泽化的进程，使湖泊面积不断缩小，地表径流调蓄困难，导致旱涝灾害频繁发生；盲目开发草原，使草场沙化。

② 非农业用地迅速扩大。伴随着中国城市化建设的加速推进，城市住房和非农业用地的需求也随之增加，大量的农业土地转化为城市用地，导致完全失去土地或部分失去土

地的农民大批量出现。按照《全国土地利用总体规划纲要》,2000—2030 年占用耕地将超过 363 万 hm^2。

③ 土壤污染。随着社会工业和经济的快速发展,大量的污染物通过大气、水和固体废弃物的形式进入土壤。2014 年 4 月 17 日环境保护部、国土资源部发布全国土壤污染状况调查公报,调查结果显示,全国土壤环境状况总体不容乐观,部分地区土壤污染较重,耕地土壤环境质量堪忧,工矿业废弃地土壤环境问题突出。全国土壤总的点位超标率为 16.1%,其中轻微、轻度、中度和重度污染位点比例分别为 11.2%、2.3%、1.5% 和 1.1%。从土地利用类型看,耕地、林地、草地土壤污染点位超标率分别为 19.4%、10.0%、10.4%。

(二)农业水资源

1. 农业水资源概况

农业水资源是可为农业生产使用的水资源,包括地表水、地下水和土壤水。其中,土壤水是可被旱地作物直接吸收利用的唯一水资源形式,地表水、地下水只有被转化为土壤水后才能被作物利用。经必要净化处理的废污水也是一种重要的农业用水水源。大气降水被植物截留的部分也可视作农业水资源,但因其量较小(仅占全年降雨量的 2.5% 左右)通常被忽略。

基本农业水资源主要包括降水和地表水。降水对农田是一种间断性的直接补给,也是农业水资源最基本的部分。地表水主要是河川湖泊径流。江河在其水文动态许可范围内可为沿程提供农业用水。地下水包括丘陵山区的泉水、基岩裂隙水、冲积平原地区的浅层地下水、南方喀斯特地区的岩溶水,是农业水资源的另一来源。开采地下水,综合调度水资源,应在一个丰枯水文周期内保持地下水的采补平衡。

根据 20 世纪 80 年代相关调查资料,中国每年经工程调蓄、提、引为工农业提供的 4 767 亿 m^3 水量中,农业用水占 88%,其中灌溉用水 4 001 亿 m^3,农村人畜用水 137 亿 m^3,牧业、林业用水 57 亿 m^3。可见农业用水中有 95% 用于农田灌溉。随着农业结构的调整,多种经营的开展,养殖业和农村工业、副业的发展,农业用水中种植业灌溉用水的比例有减少趋势。

2. 我国农业水资源主要问题

(1)我国水资源量多人均少,分布不均。我国水资源总量虽有 2.8 万亿 m^3,位居世界第六位,但人均拥有的水资源量仅为 2 200 m^3,仅为世界人均水平的 1/4,并被列为 13 个贫水国家之一。由于降雨的时空分布和年内分配的差异,水资源在地区上的分布极不均匀,北方水资源贫乏,南方水资源较丰富,南北相差悬殊。

(2)水土流失严重。由于自然条件的限制和长期人类活动的结果,水土流失面积约 $150 \times 10^4 \ km^2$,约占国土面积的 1/6,致使许多河含沙量大。

（3）水资源利用率低，污染严重。我国水资源利用率低下，水浪费现象严重。我国的农业水灌溉利用系数为 0.3～0.4，而发达国家达到 0.7～0.8。随着经济建设的高速发展，人口不断增加，特别是城市人口急剧膨胀，全国的污废水排放量快速增长。目前全国工业和城镇生活的废水、污水排放量每年达 $445×10^8$ m^3（未包括县以下乡镇企业排污量），其中 80%左右未经处理直接排入水域，引起大面积水体污染，造成水环境恶化。

（三）农业气候资源

1．农业气候资源概况

农业气候资源是指为农业生产提供物质和能量的气候资源。组成农业气候资源的光、热、水、气等要素的数量、组合及分配状况，在一定程度上决定了一个地区的农业生产类型、生产效率和农业生产潜力。

中国具有热带、亚热带和温带等多种类型的农业气候资源，东部季风地区水热资源丰富，雨热同季，适宜多种类型的农作物生长。

2．气候对农业资源的影响

影响中国农业生产的主要气候有：干旱、洪涝、低温、台风等。随着地球气候的异常和生态环境恶化，中国农业气象灾害呈进一步加重的趋势。20 世纪 50—60 年代，平均每年全国农作物受灾面积 2 600 万 hm^2，其中成灾面积 1 200 万 hm^2；70—80 年代，平均每年全国农作物受灾面积 3 933 万 hm^2，其中成灾面积 1 600 万 hm^2；90 年代以来，平均每年全国农作物受灾面积 5 120 万 hm^2，其中成灾面积 2 767 万 hm^2；2007—2011 年，平均每年全国农作物受灾面积 5 173 万 hm^2，其中成灾面积 3 053 万 hm^2。气候的变化对农业资源的影响呈现出越来越严重的现象。

（四）农业生物资源

1．我国农业生物资源概况

农业生物资源主要指可用于农、林、牧、副、渔等大农业生产的各种生物。中国幅员辽阔、生态环境复杂多样，蕴藏着极为丰富的物种资源，农业生物资源具有鲜明的特点。第一，资源总量大，资源结构不协调。我国的生物资源中，与生产、生活关系较密切的森林、草场和水产资源存在着资源总量大，但资源质量较低的现象。第二，生物生产力年际变化大，季节性明显。生物生产力随着水热条件变化而变化，年内表现出季节性，年际之间表现为丰歉年，这在草地资源表现最为明显。第三，区域分布不平衡。生物的生长受光、热、水、土、气等自然环境诸要素影响，其分布具有明显的区域性。第四，物种及遗传多样性受到威胁。由于近年来人口的快速增长与经济的高速发展，增大了对资源和生态环境的要求，构成了强大的压力，致使许多动物和植物严重濒危。

2. 我国生物资源利用中的主要问题

（1）森林资源利用中的问题。森林资源利用中面临着可开采资源日益减少、林分质量不断下降、森林资源利用率低等问题。由于过量采伐、重采轻育和森林盗伐严重使得可开采的资源逐渐减少。林分质量下降表现在用材林面积减少、成熟林比重下降以及针叶林比重下降。单一的经营结构、木材较低的综合利用率造成森林资源利用率低。

（2）草地资源开发利用中存在的主要问题。我国草原存在着不合理的开发和利用。首先表现在草畜不平衡，我国北方和西部地区畜多草少，大部分草地处于超载过牧状态，导致大面积草地退化；南方和东部农区草多畜少，相当部分草地未充分利用。其次草地畜牧业设施简陋，草地经营粗放，经济效益不高。草地基础设施落后，投入严重不足，缺少必要的棚圈和饮水设施。围栏起步晚，人工草地少，缺少必要的越冬干草贮备，抗灾能力很低，灾害损失严重。最后草场退化严重，目前全国约有 1/3 的草场退化，北方尤为严重。

（3）渔业资源利用中存在的问题。虽然我国已经发展成为水产品产量居世界首位的渔业大国，但渔业资源开发利用中仍存在很多问题。

① 水域污染，渔业生产环境恶化。随着我国工农业和水产养殖业的高速发展，水域污染问题日益突出。来自陆地的污染，如工厂排污、生活垃圾排放、农业用药以及海上船舶排污与海损事故等造成的污染，已导致沿海、河道、河口均已不同程度变成了"垃圾场""纳污池"。进而污染水域底质变劣，水体环境质量恶化，赤潮发生频率和规模不断扩大，传统的渔业产卵场、索饵场、育肥场生态环境不断遭到严重破坏，生物资源数量减少、种类减少，天然生物资源又由于其有限性和不可更新性而得不到有效补充。

② 过度捕捞，鱼类质量下降。渔业资源，特别是大中型湖泊、水库、河流和近海渔业资源因为盲目增船增网的掠夺式捕捞或因水体污染严重，质量明显下降。

二、农业环境污染问题

农业污染源包括化学肥料、化学农药、农膜、种植业废弃物、养殖业废弃物、农村生活垃圾等。随着工业污染逐渐得到控制，农业环境污染问题更加突出。化学肥料、化学农药、农膜等是重要的农业生产资料，在现代农业生产中发挥着重要的作用。但是，培育和推广高产水稻、小麦、玉米等作物品种对化肥、农药、灌溉的过度依赖，使得农业生产中化肥、农药和农膜大量使用，造成土壤、地表和地下水源有机无机污染、大气质量下降、土壤次生盐渍化等环境问题。来自种植业和养殖业废弃物以及生活垃圾的过量滋养物随着农业径流进入地表、地下水体，导致地表水的富营养化和地下水质量下降。

（一）施肥引起的污染

1. 施肥现状及水平

施肥不仅能提高土壤肥力，而且也是提高作物单位面积产量的重要措施。化肥是农业生产最基础而且是最重要的物质投入。据联合国粮农组织（FAO）统计，化肥在对农作物增产的总份额中占 40%～60%。中国能以占世界 7%的耕地养活了占世界 22%的人口，可以说化肥起到举足轻重的作用。从全国农用化肥用量来看，最大的特点是肥料用量加大，氮肥、磷肥、钾肥以及复合肥用量都有很大程度的增加。

化肥的使用量大，但是在中国化肥的利用率不高，当季氮肥利用率仅为 35%。据联合国粮食及农业组织的资料显示，1980—2002 年中国的化肥用量增长了 61%，而粮食产量只增加了 31%。肥料利用率偏低一直是中国农业施肥中存在的问题。越来越多的氮磷肥料残留在土壤中，引起环境污染。

2. 施肥引起的农业面源污染

肥料使用不当加剧了农业面源污染问题。据统计，我国 130 多个大中型湖泊已有 60 多个遭遇富营养化，由过量氮磷的迁移所致。研究表明，山东南四湖来自农田的氮、磷分别为 35%和 68%；巢湖分别为 33.1%和 40.3%，总磷、总氮平均高达 0.185 mg/L 和 2.76 mg/L，分别超标 6.4 倍和 8.2 倍。在农村水源污染中，城市污水和农业污染各占 50%，其中农业废弃物污染占 35%～40%，化肥污染占 10%～15%。山东寿光市每年从大棚蔬菜地中流失的氮素就高达 2.33 万 t，足以污染 23.3 亿 m^3 的地下水。化肥的使用与全球变暖不无关系，我国的化学氮肥量占世界的 1/4，农田中 N_2O（氧化亚氮）排放，对全球气候变暖产生了重大影响。

研究表明，饮用水和食品中过量的硝酸盐会导致高铁血蛋白症，并具有致癌作用，而我国许多地区地下水和饮用水硝酸盐已超标，这与化肥的使用有着很大的关系。在农产品生产过程中，尤其是蔬菜生产，过量地使用化学氮肥，产品中硝酸盐和亚硝酸盐严重超标。如浙江师范大学在金华市郊测定菠菜、萝卜中的硝酸盐分别高达 2 358 mg/kg 和 2 177 mg/kg，严重制约了安全农产品的生产，屡屡出现瓜果变味、甜瓜变咸瓜的现象。氮磷流失还会引起水体富营养化，引起赤潮频发。据统计，2001 年我国海域共发现赤潮 77 次，累计影响面积达 1.5 万余 hm^2，浙江省从 2007 年 4 月 11 日—5 月 19 日，短期内就发现赤潮 6 次，这一"海上幽灵"的频繁出现，已构成了对环境的威胁。另外，因化肥使用而造成的生态问题，也加速了物种消亡的进程。

（二）农药引起的污染

1. 农药使用现状及水平

农药是指在农业生产中，为保障、促进植物和农作物的成长，所施用的杀虫、杀菌、杀灭有害动物（或杂草）的一类药物统称，特指在农业上用于防治病虫以及调节植物生长、除草等药剂。我国是农药使用大国，其中有机磷农药使用量占全部农药量的 70%以上，并且广泛用于蔬菜、水果等作物。我国农药施用量已位居全球榜首。2004 年全国农药施用量达 138.6 万 t，2011 年全国农药的施用量达 173 万 t，是世界平均水平的 2.5 倍，全国 933.3 万 hm^2 耕地遭受不同程度的农药污染。

低效、高毒和水溶性农药生产量和使用量是我国农药品种结构不合理的主要标志。土壤、水体和大量农产品受到污染，并导致不少地区农田生态平衡失调，病害虫越治越严重，导致恶性循环。农田施用的农药除作物吸收外，部分飘浮在空气或残留在土壤中，随着降水和灌溉水再进入河流、水库，或随下渗水进入含水层，从而使土壤与水体受到普遍污染。蔬菜作为农药最主要的消费源，普遍存在农药过量使用的现象，随着种植面积的逐年增加，对环境造成的影响将日益严重。北京市环境监测站在对北京市部分市场农产品品质检测中发现，18%的农产品有害残留量超过国家规定标准。农药环境污染已成为全球关注的世界性公害之一。因此，安全、合理、有效地使用农药，不仅是农业获得稳产、高产的重要保障，也是减少环境污染、保护生态环境的重要途径。

2. 农药污染产生的危害

（1）造成环境污染。农药利用率一般为 10%，约 90%的残留在环境中，造成对环境的污染。过多施用的农药量超过土壤的保持能力时，就会流入周围的水中，形成农业面源污染、造成水体污染，继而破坏水环境。

（2）破坏生态平衡。大量使用农药，在杀死害虫的同时，也会杀死其他食害虫的益鸟、益兽，使食害虫的益鸟、益兽大大减少，从而破坏了生态平衡。加之经常使用农药，使害虫产生了抗药性，导致用药次数和用药量的增加，加大了对环境的污染和对生态的破坏，由此形成滥用农药的恶性循环。随排水或雨水进入水体的农药，毒害水中生物的繁殖和生长，使淡水渔业水域和海洋近岸水域的水质受到损坏，影响鱼卵胚胎发育，使孵化后的鱼苗生长缓慢或死亡，在成鱼体内积累，使之不能食用和导致繁殖衰退。

（3）对人类危害。大量散失的农药挥发到空气中，流入水体中，沉降聚集在土壤中，污染农畜渔果产品，并通过食物链的富集作用转移到人体，对人体产生危害。当人畜食用了含有残留农药的食物时，就会造成积累性中毒，致使人体免疫力降低，从而影响人体健康，甚至能导致生育力降低、致癌、致畸、致突变，使其他疾病的患病率及死亡率上升。

（4）浪费大量紧缺资源。如果能够把浪费掉的农药节省下来，就会缓解我国的能源紧缺状况。

（三）农业废弃物污染

1. 种植业废弃物的污染

种植业废弃物主要包括作物秸秆和菜田蔬菜的剩余物。从全国统计数据来看，农田废弃物所含的化学需氧量、总氮、总磷含量远高于畜禽养殖业的污染负荷，已成为重要的环境污染因素之一。

我国每年产生各类农作物秸秆约 6.5 亿 t，其中 40%未被有效利用，秸秆随处堆放或就地焚烧，严重污染了环境。种植业的有机废弃物中含有大量的有机质和氮、钾元素，丢弃、焚烧是一种浪费。秸秆焚烧会释放大量的颗粒物、一氧化碳、二氧化碳、氮氧化物、多环芳烃等化学污染物，不仅浪费资源，还污染大气环境。如果遇上地表辐射形成的低空稳定气象条件，烟气就会较长时间地遮天蔽日，使城市大气质量极度恶化。焚烧秸秆还会对土壤生态系统造成直接破坏，使土壤有机质质量明显下降，土壤微生物数量显著减少，久而久之必然造成土壤板结、肥力下降、土壤生态系统恶化和作物产量下降。堆放或推入河沟的秸秆在风化、雨淋与腐烂后，其中的有机物流入水体会对水体造成严重污染。在化肥价格日益增高的情况下，农户应充分利用现有条件堆沤有机肥，这样既能保护环境、节省开支，又能合理利用资源。

2. 养殖业废弃物污染

在畜牧业生产中，清洗、消毒所产生的污水数量大大超过畜禽粪便的排放量，这些污水中含有大量的有机质和消毒剂的化学成分，且可能含有病原微生物和寄生虫。据初步统计，目前我国每年畜禽养殖场排放的粪便和粪水总量超过 17 亿 t，再加上集约化生产的冲洗水，实际排放的污水总量还将远远超过这个数字。经测定，猪场污水中总固体物为 15～47 g/L；牛场污水沉淀物中 COD 为 14～32.8 g/L，BOD 为 4.2～5.2 g/L，总固体悬浮物 6 g/L。在 1 mL 牧场污水中有 83 万个大肠杆菌、69 万个肠球菌。同时，畜禽粪尿淋溶性极强，可以通过地表径流及土壤渗透污染地下水。畜禽粪便等直接挥发的气态物质在厌氧环境条件下分解产生还原性有害成分，以及代谢病原微生物的粉尘等，这些物质都能影响人畜生理功能。牧场恶臭除直接或间接危害人体健康外，还会引起家畜生产力降低，使牧场周围生态环境恶化。

近年来畜禽养殖业从农户的分散养殖转向集约化、工厂化养殖，使得畜禽类的污染面明显扩大。畜禽粪便污水通过地表径流污染地表水和地下水，使水体变黑发臭，导致水中的鱼类或其他生物的死亡。另外，饲喂饲料添加剂的鱼类粪便中含有未被消化吸收的铜、钾、锌、硫等微量矿物质，使水的矿物质含量升高，水质发生改变，对人体和其他饮水动物造成一定的生理影响。此外，动物粪便含有丰富的有机及无机营养物质，作为有机肥长期使用，将导致土壤的营养累积，使 N、P、Ca、Zn 等及其他微量元素在土壤中富集而产生危害。

第二节　环境污染与农业生产

农业环境污染是指由于现代工农业生产的发展，大量的工业废弃物和农用化学物质进入农田、空气和水体中，当其含量超过农业环境本身的自净能力时，就将导致农业环境质量下降，甚至破坏农业生态平衡，使农、畜产品产量下降、质量变差或受毒物污染，通过食物链影响人类健康。

一、水体污染与农业生产

（一）水体污染概述

1. 水体污染及污染源

水体污染是指排入水体的污染物在数量上超过了该物质在水体中的本底含量和自净能力即水体的环境容量，破坏了水体生态系统平衡，削弱了水体的功能及其在人类生活和生产中的作用，降低了水体的使用价值和功能的现象。水体污染的最主要的原因是工业废水的大量排放和农业上氮磷、农药的面源污染。

工厂排放的废水中含有各种有害的污染物质，大量的工业废水排入江河湖泊和地下水，可以造成严重的污染。工业废水是污染灌溉水污染物的最主要来源，特别是冶炼、机械、矿山、炼油、化工、造纸、皮革、印染、食品等工业，不仅排放的废水量大，而且所含的有毒成分十分复杂，这样的废水造成的污染对农业危害最大。灌溉水的污染除来自工业废水之外，城市的生活污水也是重要污染源之一。农业上大量施用农药和化肥（主要是氮肥），通过下渗或地表径流，也可以污染地下或地表水源。工业废渣中的有害物质，还会通过雨水冲刷，渗入浅层地下水或流入河流。工业废气中的各种污染物也会随降雨进入地面水体。

灌溉水中的污染物可分为无机污染物、致病微生物、植物营养素、耗氧有机污染物和重金属离子五类。有毒污染物是指对生物有明显的毒性，但这只是相对而言，并不意味着其他污染物无毒。污染物毒性的大小不仅取决于其数量的多少，也取决于其存在的形态。

2. 水体污染物迁移转化机理

水体中污染物的迁移转化分为有机物的迁移转化和重金属的迁移转化。有机物的迁移转化途径主要有五条：一是以气态挥发介入大气；二是通过微生物、化学或光化学作用等降解为无害物；三是溶解在水中；四是被水中悬浮颗粒物、沉积物吸附从水相转入底泥；五是水中有机污染物还可被水生生物富集，也可通过直接饮用或经由食物链的富集而归宿于人体。

水体中溶解态的重金属大部分以配合物形式存在，因为水体中存在多种无机和有机配位体。重要的无机配位体有 OH^-、Cl^-、CO_3^{2-}、F^- 等。有机配位体比较复杂，有动植物组织的天然降解产物，如氨基酸、糖、腐殖质等，由于工业废水和生活污水的排入使存在配位体更为复杂，如有机洗涤剂、农药和大分子环状化合物。配合作用的结果就是使原来不溶于水的金属化合物转化为可溶性的金属化合物。配合作用还可以改变金属对水生生物的营养可给性和毒性。重金属的形态转化都与氧化还原反应有直接关系。微生物在许多重要的氧化还原反应中起着催化作用。微生物参与的氧化还原反应还对水中营养物质、污染物质转化具有重要意义。

（二）水体污染对农业生产的影响

受污染的水从各种途径对农业生产产生影响，主要表现是：对农作物生育产生直接影响，使产量降低；污染物对土壤产生影响，间接影响农作物生育；对农产品品质产生影响，降低其食用价值，间接影响人畜健康。

1. 氮过量危害

作物生育必须吸收大量氮素，缺氮不能高产，但灌溉水中若含氮过多，可造成作物的营养失调，导致徒长、倒伏，抗逆性差，易发生病害，成熟不良等问题，从而使作物减产，品质恶化。

2. 有机物的危害

水中的有机污染物种类很多，它们的共同点是容易分解。污水中的有机物进入农田后，在旱地氧化条件下，有机物分解迅速，变成二氧化碳和其他无机形态；在水田，分解过程消耗大量氧气，且氧化物（如三价铁）、硫酸根、锰等被还原，嫌气分解过程中生成的氢、甲烷等气体及醋酸、丁酸等有机酸和醇类等中间产物中相当部分对水稻有毒害，同时因氧化还原电位的降低，生成的过量亚铁和硫化氢使水稻的养分吸收和体内代谢过程受抑制，导致减产。据估计，1 mg/L 化学耗氧量，能使水田氧化还原电位降低 6～7 mV，氧化还原电位过分降低，导致水稻的还原障碍，直接影响水稻的产量。各种有机污染的废水中，有机物引起的还原和氮素过量发生的农业问题，经常是联系在一起的。有机质在灌溉水中的指标，COD、BOD 均可表示，为测定方便，常用 COD 指标。一般认为，水田灌溉水中铵氮在 3～5 mg/L 以下，COD 在 5 mg/L 以下较为安全。

3. 油分的危害

各种矿物油和动植物油进入农田后，能引起土壤障碍和对植物的直接危害。在水田，油分漂浮在水面，水稻组织浸在油层中，油分渗入组织，使其呈半透明状态，因而体内水分代谢发生障碍，叶尖卷曲，数日后低位叶尖端变褐色，心叶黄白色，使植株枯萎。油分在土壤中残留，引起慢性障碍。石油不仅影响农作物的生长发育，还会被作物吸收残留的植物体内，使粮食、蔬菜变味，所谓"油味饭"就是使用炼油厂含石油质量浓度高，而未经处理的废水灌溉稻田的结果。

4. 盐分的危害

含盐量高的各种废水对作物的危害主要由高质量浓度的盐分所造成，其中氯化钠最为常见。高质量浓度的含盐污水危害水稻后，能在短时间内使全部叶子失水干枯致死；低质量浓度的含盐污水危害水稻时，首先表现叶色变浓，接着下部叶片枯萎，分蘖受到抑制。稻根在短时间高质量浓度盐害情况下，由于铁的沉淀，颜色变深；生长期受低质量浓度盐度时，稻根逐渐变成黑色且腐烂。

5. 酸碱危害

各种工业企业的排水，常含较强的酸性或碱性，如造纸厂的废水碱性很强，硫化物矿排水，水泥、水坝施工现场排水等均含大量的酸、碱。水稻受碱性危害时，叶色浓绿，地上部生长受抑制，引起缺锌症状，生育停滞，叶片出现枯状斑点。因铁、锰、铜等重金属溶解度大为降低，对于某些营养元素不足的土壤，导致营养缺乏症状发生。在酸过强情况下，水田土壤表面呈赤褐色，为铁、铝溶出的结果，在这种情况下，水稻吸收铁过多，会产生营养障碍，大量的活性铝对植物根的生育有抑制作用。

6. 重金属的危害

各种金属矿山、冶炼厂、电镀厂等的废水中，含有铜、锌、镉、镍等重金属或砷等其他元素，这些废水使农作物受害的事故较多，引起相当严重的公害问题，对人体健康有不良影响。一般重金属对作物的危害，表现症状相似。水稻表现症状主要可在根部观察到，一般均表现新根伸长受抑制，主根尖端发生枝根，根系呈带刺的铁丝网状。重金属质量浓度较高时，从成熟初期到中期，叶片迅速卷曲，表现青枯症状，受害严重的植株枯死。此外，也可见叶脉间黄、白化现象，特别是新叶叶脉间易见缺绿，至叶片展开时全叶呈黄绿色，尤以钴质量浓度较高时为显著。受重金属危害的植株至收获时影响更为严重，水稻产量与培养液质量浓度的关系，影响的强度次序是铜＞镍＞钴＞锌＞锰。

7. 酚、氰的危害

工业废水中的重要有害成分是酚。酚类化合物种类很多，引起重视的主要是挥发性的一元酚，特别是苯酚和甲酚。酚的来源比较广，焦化厂、城市煤气厂、炼油厂和石油化工厂等的排放废水含有大量的酚。高质量浓度的酚影响农作物生长发育，使其植株变矮，根系发黑，叶片狭小，叶色灰暗，阻碍植物对水分养分的吸收和光合作用的进行，产量大大降低，严重时庄稼干枯颗粒无收。高质量浓度的酚在植物体内积累，产品食味恶化，带酚味，品质下降，特别是蔬菜作物影响更大。由于苯酚对植物毒性小，影响生育程度需较高的质量浓度。据试验，玉米在灌溉水含苯酚 100 mg/L，番茄在 200 mg/L 以上，开始造成减产。

氰化物对动物有很强毒性，而高等植物对氰化物有一定同化能力，毒性相对弱。氰化物进入氮代谢系统后生成天冬氨酸，它是植物体内的正常代谢产物，所以在作物的生长早期可用含氰废水灌溉。而在后期灌溉，则有可能将氰化物转入人体，对人体造成危害。高质量浓度氰化物对植物表现不良影响，如用 100 mg/L 氰化钠灌溉油菜，出苗后三天死亡率达 85%，同样质量浓度水培菜豆幼苗，仅两天就引起失水死亡。氰化物对植物的毒性，主要由于氢氰酸是一种呼吸抑制剂。

二、大气污染与农业生产

（一）大气污染概述

1. 大气污染及污染源

在干洁的大气中，痕量气体的组成是微不足道的。但是在一定范围的大气中，出现了原来没有的微量物质，其数量和持续时间，都有可能对人、动物、植物及物品、材料产生不利影响和危害。当大气中污染物质的浓度达到有害程度时，以至破坏生态系统和人类正常生存和发展的条件，对人或物造成危害的现象叫做大气污染。

大气主要污染源有：

（1）工业企业。工业企业是大气污染的主要来源，也是大气卫生防护工作的重点之一。随着工业的迅速发展，大气污染物的种类和数量日益增多。由于工业企业的性质、规模、工艺过程、原料和产品种类等不同，其对大气污染的程度也不同。

（2）生活炉灶与采暖锅炉。在居住区里，随着人口的集中，大量的民用生活炉灶和采暖锅炉也需要耗用大量的煤炭，特别在冬季采暖时间，往往使受污染地区烟雾弥漫，这也是一种不容忽视的大气污染源。

（3）交通运输。近几十年来，由于交通运输事业的发展，城市行驶的汽车日益增多，火车、轮船、飞机等客货运输频繁，这些又给城市增加了新的大气污染源，其中具有重要意义的是汽车排出的废气。汽车污染大气的特点是排出的污染物距人们的呼吸带很近，能直接被人吸入。汽车内燃机排出的废气中主要含有一氧化碳、氮氧化物、烃类（碳氢化合物）、铅化合物等。

2. 大气污染物迁移转化机理

（1）气态大气污染物的迁移转化。气态大气污染物通常指常温常压下呈气态或蒸汽态存在的污染物，如 NO_x、SO_x、CO_x、CH_4 等。气态大气污染物多以扩散的方式迁移，部分能溶于水的气态污染物可以沉降的方式迁移。

气态大气污染物在大气中的扩散分为分子扩散和气团扩散两种。

通过分子扩散或气团扩散可以对气态大气污染物起到稀释及迁移运动的作用，这样一方面能够通过稀释作用降低其对大气的污染，另一方面也会扩大污染区域。例如，畜禽养殖场周围 SO_2、NH_3 等恶臭气体可以通过扩散作用迁移。

气态大气污染物在大气中的转化机理主要有光解、酸碱中和、氧化还原以及聚合反应等。大气中 SO_2 主要来自煤和石油的燃烧。SO_2 在大气中存在时间不长，约为 12 h，至多不过两天。大多是在空气中悬浮的铁、镁盐的催化下或在阳光的照射下，被 O_2 氧化成 SO_3，再转化成硫酸的酸雾，硫酸再与大气中的氨盐类反应生成硫酸盐。

（2）颗粒态大气污染物的迁移转化。大气实际上是由各种固体或液体微粒均匀分散在空气中形成的一个庞大的气溶胶体系，颗粒态大气污染物就是大气溶胶的胶粒，它主要包括公路两侧空气中的飘尘或发动机尾气中的铅、焚烧秸秆的烟气、工业烟尘。颗粒态大气污染物主要以沉降方式迁移，也有部分可以通过扩散方式迁移。

气态或颗粒态大气污染物进入大气这一动态体系，通过风力、气流、沉降等物理因素在大气圈以及水圈、生物圈和土壤圈等各个圈层进行扩散、沉降等迁移运动；在进行迁移的同时还在化学转化。

① 扩散。颗粒态大气污染物在大气中的扩散机理同气态大气污染物的扩散。

② 沉降。与水汽结合的气态大气污染物或颗粒态大气污染物由于受重力作用而迁移到其他圈层称为沉降。通过沉降可以减轻或消除大气污染，但也会使污染物向其他圈层迁移带来二次污染。

③ 化学转化。通过扩散和沉降等物理迁移过程，污染物在大气圈和其他圈层之间发生空间位移；而通过光解、酸碱中和、氧化还原以及聚合反应等去除污染，或成为更大毒性的二次污染物。

（二）大气污染对农业生产的影响

农作物容易受大气污染危害。首先是因为它们有庞大的叶面积，同空气接触并进行活跃的气体交换。其次，农作物不像高等动物那样具有循环系统，可以缓冲外界的影响，为细胞提供比较稳定的内环境。第三，农作物一般是固定不动的，不像动物可以避开污染。

大气污染物中对农作物影响较大的是二氧化硫、氟化物、臭氧和乙烯；氮氧化物也会伤害植物，但毒性较小；氯、氨和氯化氢等虽会对农作物产生毒害，但一般是由于事故性泄漏引起的，危害范围不大。

1. 二氧化硫对农作物的影响

二氧化硫是对农业危害最广泛的空气污染物。典型的二氧化硫伤害症状是出现在农作物叶片的叶脉间的伤斑，是由于漂白引起失绿，逐渐呈棕色坏死。伤斑的形状为不规则的点状、条状或块状坏死区，坏死区和健康组织之间的界限比较分明。

水稻受二氧化硫危害时，如二氧化硫浓度较高，则使水稻表现急性危害，叶片变成淡绿色或灰绿色，上面有小白斑，随后全叶变白，叶尖卷曲萎蔫，茎秆稻粒也变白，形成枯熟，甚至全株死亡。如浓度较低则表现慢性危害，叶片伤斑呈褐色条状，似擦伤状，叶尖褐色，但不卷曲，谷粒失去固有金黄色而略呈褐色。二氧化硫对水稻的危害，以幼穗形成期至无花期严重。小麦受二氧化硫危害后，叶片症状与水稻相似，典型症状是麦芒变成白色。因此白麦芒可以作为鉴定有微量二氧化硫存在的标志，是一种极好的自动报警材料。

果树受二氧化硫危害时，叶片多呈白色或褐色。梨树先是叶尖、叶绿或叶脉间褪绿，逐渐变成褐色，2～3 天后出现黑褐色斑点。葡萄在叶片的中央部分出现赤褐色斑。桃树则在叶脉间褪成灰白色或黄白色，并落叶。柑橘在叶脉间的中央部分出现黄褐色斑点，同时叶片皱褶。

2. 氟化物对农作物的影响

大气中的氟污染主要为氟化氢（HF）。它的排放量比二氧化硫小，影响范围也小些，一般只在污染源周围地区，但它对农作物的毒害很强，比二氧化硫还要大 10～100 倍。空气中氟化氢体积分数为 nl/L 级时，接触几个星期就可使敏感农作物受害。氟化氢能在生物体内积累。

氟化氢危害农作物的症状与二氧化硫不同：伤斑首先在嫩叶、幼芽上发生；叶上伤斑的部位主要是叶的尖端和边缘，而不是在叶脉；伤斑由油渍状发展至黄、白色，进而呈褐色斑块，在被害组织与正常组织交界处，呈现稍浓的褐色或近红色条带，有的农作物表现大量落叶。氟化氢对农作物的危害和二氧化硫一样，因品种、生长发育阶段和环境条件等各种因素而异，但是硫是农作物必需的大量元素，而氟不是农作物必需的营养元素，农作物受氟化物危害时，常在未表现症状的程度时，体内就积累较多氟化物，所以可从农作物的含氟量诊断农作物的氟污染情况。

3. 氯气对农作物的影响

大气中一般情况下氯气浓度很低，对农作物的毒性也不强，很少对农作物产生明显危害。只在化工厂、电化厂、制药厂、农药厂、玻璃厂、冶炼厂、自来水净化工厂等企业偶然事故时，才有多量氯气逸散，使农作物受急性危害。

氯气进入农作物组织后，与水作用生成次氯酸，它是强氧化剂，有较大破坏作用，其毒性虽不及氟化氢强烈，但较二氧化硫强 2～4 倍。氯气的急性危害症状与二氧化硫症状相似，伤斑主要在叶脉间出现，呈不规则的点状或块状，受伤组织与健康组织间无明显分界是其特点，同一叶上常常相间分布着不同程度的受害伤斑或失绿黄化，有时呈现一片模糊。

各种农作物对氯气的抗性不一，抗性弱的农作物有白菜、菠菜、韭菜、葱、番茄、菜豆、洋葱、冬瓜、向日葵、芝麻、大麦、枫杨；抗性中等的农作物有甘薯、水稻、棉花、玉米、高粱、西瓜、马铃薯、茄子、辣椒、女贞、板栗、石榴；抗性强的农作物有枇杷、山桃、无花果。农作物的不同叶片对氯气的敏感程度不同，与二氧化硫相似，以成熟的充分展开叶片最易受害，老叶次之，幼嫩叶不易受害，急性危害后，尖端的芽叶仍能继续生长，这与氟化物危害不同。

三、土壤污染与农业生产

（一）土壤污染概述

1. 土壤污染及污染源

农业生态系统中，土壤是连接生物与非生物、有机界与无机界的枢纽。当污染物通过水体、大气或直接向土壤中排放转移，并积累到一定程度超过土壤自净能力时，会导致土壤生态功能降低，进而对土壤动植物产生直接或潜在的危害，这种现象就称为土壤污染。土壤污染大致可分为无机污染物和有机污染物两大类。无机污染物主要包括酸、碱、重金属、盐类、放射性元素铯、锶的化合物、含砷、硒、氟的化合物等。有机污染物主要包括有机农药、酚类、氰化物、石油、合成洗涤剂、3,4-苯并芘以及由城市污水、污泥及厩肥带来的有害微生物等。土壤污染会引起土壤的组成、结构和功能发生变化，微生物活动受到抑制，有害物质或其分解产物在土壤中逐渐积累通过"土壤→植物→人体"，或通过"土壤→水→人体"间接被人体吸收，危害人体健康。

土壤污染主要来源于无机污染和有机污染。

（1）无机污染包括：

① 工业污水。用未经处理或未达到排放标准的工业废水灌溉农田是污染物进入土壤的主要途径，其后果是在灌溉渠系两侧形成污染带。属封闭式局限性污染。

② 酸雨及粉尘沉降。工业排放的 SO_2、NO_x 等有害气体在大气中发生反应而形成酸雨，以自然降水形式进入土壤，引起土壤酸化。冶金工业烟囱排放的金属氧化物粉尘，则在重力作用下以降尘形式进入土壤，形成以排污工厂为中心、半径为 2～3 km 范围的点状污染。

③ 尾气排放。汽油中添加的防爆剂四乙基铅随废气排出污染土壤，行车频率高的公路两侧常形成明显的铅污染带。

④ 堆积物。堆积场所土壤直接受到污染，自然条件下的二次扩散会形成更大范围的污染。

（2）有机污染包括：随着农业现代化，特别是农业化学水平的提高，大量化学肥料及农药散落到环境中，土壤遭受非点源污染的机会越来越多，其程度也越来越严重。在水土流失和风蚀作用等的影响下，污染面积不断地扩大。土壤有机污染物主要有酚、有机农药、油类、苯并芘类和洗涤剂类等。以上这些化学污染物主要是由污水、废气、固体废物、农药和化肥带进土壤并积累起来的。

① 污水排放。生活污水和工业废水中，含有氮、磷、钾等许多植物所需的养分，所以合理地使用污水灌溉农田，一般有增产效果。但污水中还含有重金属、酚、氰化物等许多有毒有害的物质，如果污水没有经过必要的处理而直接用于农田灌溉，会将污水中有毒有害的物质带至农田，污染土壤。例如冶炼、电镀、燃料、汞化物等工业废水能引起镉、汞、铬、铜等重金属污染；石油化工、肥料、农药等工业废水会引起酚、三氯乙醛、农药等有机物的污染。

② 废气。大气中的有害气体主要是工业中排出的有毒废气，它的污染面大，会对土壤造成严重污染。工业废气的污染大致分为两类：气体污染，如二氧化硫、氟化物、臭氧、氮氧化物、碳氢化合物等；气溶胶污染，如粉尘、烟尘等固体粒子及烟雾，雾气等液体粒子，它们通过沉降或降水进入土壤，造成污染。例如，有色金属冶炼厂排出的废气中含有铬、铅、铜、镉等重金属，对附近的土壤造成污染；生产磷肥、氟化物的工厂会对附近的土壤造成粉尘污染和氟污染。

③ 化肥。施用化肥是农业增产的重要措施，但不合理的使用，也会引起土壤污染。长期大量使用氮肥，会破坏土壤结构，造成土壤板结，生物学性质恶化，影响农作物的产量和质量。过量地使用硝态氮肥，会使饲料作物含有过多的硝酸盐，妨碍牲畜体内氧的输送，使其患病，严重的导致死亡。

④ 农药。农药能防治病、虫、草害，如果使用得当，可保证作物的增产，但它是一类危害性很大的土壤污染物，施用不当，会引起土壤污染。喷施于作物体上的农药（粉剂、水剂、乳液等），除部分被植物吸收或逸入大气外，约有一半散落于农田，这一部分农药与直接施用于田间的农药（如拌种消毒剂、地下害虫熏蒸剂和杀虫剂等）构成农田土壤中农药的基本来源。农作物从土壤中吸收农药，在根、茎、叶、果实和种子中积累，通过食物、饲料危害人体和牲畜的健康。此外，农药在杀虫、防病的同时，也使有益于农业的微生物、昆虫、鸟类遭到伤害，破坏了生态系统，使农作物遭受间接损失。

⑤ 固体污染。工业废物和城市垃圾是土壤的固体污染物。例如，各种农用塑料薄膜作为大棚、地膜覆盖物被广泛使用，如果管理、回收不善，大量残膜碎片散落田间，会造成农田"白色污染"。这样的固体污染物既不易蒸发、挥发，也不易被土壤微生物分解，

是一种长期滞留土壤的污染物。

2．土壤污染原理

进入土壤的污染物，因其类型和性质的不同而主要有固定、挥发、降解、流散和淋溶等不同去向。

重金属离子，主要是能使土壤无机和有机胶体发生稳定吸附的离子，包括与氧化物专性吸附和与胡敏素紧密结合的离子，以及土壤溶液化学平衡中产生的难溶性金属氢氧化物、碳酸盐和硫化物等，将大部分被固定在土壤中而难以排除；虽然一些化学反应能缓和其毒害作用，但仍是对土壤环境的潜在威胁。

化学农药的归宿，主要是通过气态挥发、化学降解、光化学降解和生物降解而最终从土壤中消失。挥发作用的强弱主要取决于自身的溶解度和蒸气压，以及土壤的温度、湿度和结构状况；大部分除草剂均能发生光化学降解，一部分农药（有机磷等）能在土壤中产生化学降解；使用的农药多为有机化合物，故也可产生生物降解。即土壤微生物在以农药中的碳素作能源的同时，就已破坏了农药的化学结构，导致脱烃、脱卤、水解和芳环烃基化等化学反应的发生而使农药降解。

土壤中的重金属和农药都可随地面径流或土壤侵蚀而部分流失，引起污染物的扩散；作物收获物中的重金属和农药残留物也会向外环境转移，即通过食物链进入家畜和人体等。施入土壤中过剩的氮肥，在土壤的氧化还原反应中分别形成 NO、NO_2 和 NH_3、N_2。前两者易于淋溶而污染地下水，后两者易于挥发而造成氮素损失并污染大气。

（二）土壤污染对农业生产的影响

1．重金属污染对作物的影响

农业环境的重金属污染不仅会直接影响作物的生长发育，而且有时还导致农产品污染，但不同的毒物各有侧重，有些（如砷）则兼而有之。铜、锌等重金属污染物在灌溉水或土壤达到一定浓度后，就要抑制作物的生长发育，使其降低产量。农业环境中的镉、汞等在一般含量水平下，不会直接危害作物的生长，但却很容易在作物体内及其可食部位残留。作物受害除了与土壤及灌溉水中重金属含量有关外，还受土壤本身的环境条件的影响，如土壤的 pH 值、土壤的氧化还原状态、土壤中存在的化学物质。土壤环境条件主要影响重金属在土壤中的存在形态。当重金属呈溶解状态时，就容易被作物吸收，作物就容易受害。

2．化学农药污染对作物的影响

农药直接施用于作物体后，其中一部分不可避免地要附着在作物植株的表面，有的还能渗透到植物表皮的蜡质层或组织内部。土壤中的农药有的也会被作物的根吸收，运转到植株体内的其他部位。

农药对作物所带来的危害有直接和间接作用。直接危害是指使用农药不当时，农药对作物产生的药害，农药对施药者引起的中毒，散布或飞散的农药对人和家畜引起的中毒及使有益昆虫、鱼贝类、野生动植物受害等。间接危害是指农药在作物体及农产品内残留，对土壤、水体和空气造成污染，由此引起粮、菜、水果、肉、蛋、奶、水产品等污染，最终危害人体健康。

第三节　农产品安全

一、环境污染与农产品安全

（一）农产品质量安全

1. 农产品质量安全基本内涵

农产品主要指来源农业系统的初级产品和次级产品，即在农业生产活动中获得的植物、动物、微生物及其产品。农产品安全通常指农产品质量安全，就是农产品的可靠性、使用性和内在价值，包括在生产、贮存、流通和使用过程中形成、残存的营养、危害及外在特征因子，既有等级、规格、品质等特性要求，也有对人、环境的危害等级水平的要求。按照《中华人民共和国农产品质量安全法》中的定义，农产品质量安全是指农产品质量符合保障人的健康、安全的要求。安全意味着在生产过程、贮藏和运输、加工和销售等各个环节，各种有毒有害物质都得到了控制，农产品质量都达到了安全标准要求，不会给消费者本人、后代和环境造成危害和损失。狭义的安全仅仅指对消费者本人的健康而言，而广义的安全还应包括对后代、环境等方面的影响。无公害食品、绿色食品和有机食品是按照有关标准及要求、采用特定方式生产出的质量安全的一类食用农产品。

2. 影响农产品质量安全的因素

影响农产品质量安全的因素包括内生性的和外生性的。前者是由遗传因素所决定的，不受栽培环境、管理措施变化的影响，例如有些农产品不用农药、不施化肥同样在果实中产生有毒有害物质；后者是由于环境污染、生产过程中有毒有害物质控制不当引起的，并最终附着或残留在农产品中。

（1）内生性的不安全因素是由动植物的遗传物质所决定的，可分为两类：①天然遗传物质，指的是未经现代生物技术改造的动植物，其基因的表达产物或转化产物对人类有毒有害。② 现代生物技术的产物，人为地为某种动植物导入其本身不具有的基因，给人们带来不安全感或产生新的有毒有害物质。

（2）外生性不安全因素分为两类：① 生物性不安全因素包括细菌（沙门菌、大肠杆菌、葡萄球菌类）、真菌（霉菌、黄曲霉菌类）、病毒（甲肝病毒、口蹄疫、禽流感类）、寄生虫（猪囊尾蚴病类），它们附着于各类农产品中，对人体产生危害。这类不安全因素具有急性、高危的特点。这类危害多数发生在各类食品中，是我国卫生管理的重点。② 化学不安全因素主要是由人类的农业活动带来的，包括农药残留、兽药残留、重金属、硝酸盐和亚硝酸盐，以及其他的化学物质（多氯联苯、苯并芘），是在农产品生产过程中的重要控制因素。化学不安全因素是造成农产品质量不安全的主要因素，它是农产品质量安全控制的重点。

3. 农产品安全性的特点

（1）隐蔽性。农产品是否安全，在大多数情况下人们难以通过感觉发现，也难以直接对农产品的安全性做出评价，必须借助仪器设备才能检测出来，并由专业人员进行安全性判断。不安全因素对人的危害在多数情况下不表现为急性的，而是表现为慢性的，在不觉察中影响人体的健康，往往容易被人们忽视。

（2）后果的严重性。由于农产品不安全因素的隐藏性特点，在日常生活中不容易引起人们注意，一旦发生往往会导致严重的后果。同时，随着现代交通工具的飞速发展和经济贸易的全球化，农产品的流通速度越来越快、物流量越来越大、物流范围越来越广，农产品一旦出现安全性问题，其影响面可能是全国性的，甚至是全世界性的，这种不良影响对企业来说是灭顶之灾。越是大宗农产品，越是大型企业，农产品的安全的危险性越高。

（3）依赖标志。这是由隐藏性决定的，在生产环境和投入品中的污染因素没有全部消除之前，对一般消费者而言，农产品是否安全只能借助标志来做出判断。标志只是一个有成本的符号，它是安全性的一种表现形式，也是生产者或销售者做出的具有法律意义的承诺。

（4）相对性。表现为农产品中的有毒有害物质的种类和含量、农产品安全评价标准以及安全对象的相对性。目前还找不到绝对不含有任何有毒有害物质的农产品，只是含量极少，目前技术水平检验不出来或者有毒有害物质含量水平对大部分人构不成可觉察或可检测出的危害。目前农产品的安全性标准是根据现在的科技水平和人类的认识水平而定的，随着科技进步和认识水平的提高，人们对有毒、有害物质的种类、危害程度和含量要求也会发生相应的变化。

（二）环境污染与农产品安全性

1. 大气污染对食品安全性的影响

影响农产品安全的大气污染物种类很多，主要有氟化物、重金属飘尘、酸雨等。大气污染物影响农产品安全的途径主要有以下几种：

（1）农作物生长发育的直接影响。在大气污染环境中生长的农作物，主要通过叶片的呼吸，吸收大气中的污染物，并通过体内的循环迁移到农作物的可食用部分，从而影响食品安全。比较典型的如大气氟化物的污染，大型铝厂、钢铁厂、氟化工厂、磷肥厂等排放的氟化物，使其在影响范围内的农作物氟含量增加，甚至超过安全临界水平，导致人群氟中毒。另外，重金属飘尘如铅、镉、砷、汞等，既可在农产品中积累，也可沉积在土壤表面，造成土壤污染。

（2）大气污染物造成的间接影响。大气污染物在土壤上的长时间沉积，可造成土壤污染，从而导致其上生长的农作物安全性受到影响，例如重金属飘尘，一些冶炼厂周围的农业土壤受重金属污染。有调查资料表明炼锌厂周围农田中土壤镉本底仅为 0.7 mg/kg，但炼锌厂废气污染后土壤镉的质量分数高达 6.2 mg/kg，超标近 20 倍，镉能在粮食、蔬菜中积累，日本富山的"骨痛病"元凶即为镉。

（3）酸雨的影响。酸雨是指 pH<5.6 的酸性降水，也是一种大气污染。酸雨对陆生生态系统和水生生态系统都会产生影响，继而影响农产品安全。酸雨导致土壤酸化，土壤中重金属元素转化为可溶性化合物使元素浓度升高，并通过淋溶转入江、河、湖、海和地下水，引起水体中重金属元素浓度增高，从而导致重金属在粮食、蔬菜及水生生物中积累，对农产品安全带来影响。

2. 水体污染对食品安全性的影响

水体污染对农产品安全的影响主要有三条途径：一是通过灌溉对农作物安全性产生影响，二是对水产品安全性产生的直接影响，三是农产品加工中的影响。

（1）水体污染对农作物安全性的影响。污染水体对农作物安全影响主要是通过灌溉这个途径，受污染的水灌溉农田，特别是采用污水灌溉，水质如果达不到农田灌溉水质标准，污染物超标就影响可食农作物的安全性。北方某污灌区用含高浓度石油废水灌溉水稻后，引起芳香烃在稻米中积累，不仅米饭有异味，居民使用后健康也受到极大影响。

（2）水体污染对水产品安全的影响。水产品是重要的农产品之一，水产品生产的基础就是地表水体，水体污染直接对水产品等食用安全产生影响。日本水俣湾由于含汞的工业废水污染，导致水体汞污染，汞通过食物链在鱼类等体内积累，居住在这里的人群长期食用高汞的鱼类和贝类，导致汞在人体内大量积累，出现中枢神经性疾病症状，即水俣病。

（3）农产品加工过程中水体污染的影响。农产品加工过程中，经常用到水。如果和农产品接触的加工水受到污染，那么就对加工的农产品的安全性产生影响。

二、我国的安全农产品

（一）无公害农产品

1. 无公害农产品的内涵

无公害农产品是指产地环境符合无公害农产品的生态环境质量，生产过程必须符合规定的农产品质量标准和规范，有毒有害物质残留量控制在安全质量允许范围内，安全质量指标符合《无公害农产品（食品）标准》的农、牧、渔产品（食用类，不包括深加工的食品）经专门机构认定，许可使用无公害农产品标志的产品。

广义的无公害农产品包括有机农产品、自然食品、生态食品、绿色食品、无污染食品等。这类产品生产过程中允许限量、限品种、限时间地使用人工合成的安全的化学农药、兽药、肥料、饲料添加剂等，它符合国家食品卫生标准，但比绿色食品标准要宽。无公害农产品的质量要求低于绿色食品和有机食品。

2. 无公害农产品的标志

无公害农产品标志图案主要有麦穗、对勾和无公害农产品字样组成，麦穗代表农产品，对勾表示合格，金色寓意成熟和丰收，绿色象征环保和安全（图4-2）。

图4-2 无公害农产品标志

3. 无公害农产品标准

无公害农产品标准是无公害农产品认证和质量监管的基础，其结构主要由环境质量、生产技术、产品质量标准三部分组成，其中产品标准、环境标准和生产资料使用准则为强制性国家及行业标准，生产操作规程为推荐性国家行业标准。

（1）产地环境标准。质量评价应从调查无公害农产品基地的环境条件（空气、灌溉水、土壤）入手，搜集评价所需信息，按国家或行业标准相关要求，选定评价因子、评价模型、评价标准，对基地环境质量状况进行综合评定，从而正确评价无公害农产品生产环境质量状况，为无公害农产品生产基地的有效开发提供环境质量依据。

（2）生产技术标准。无公害化生产是清洁生产的初级阶段，也是适合我国国情的主要生产方式，包括耕地净化、品种优质高抗、投入品无害化、栽培管理等关键技术和检测与加工等配套技术。只有严格执行关键技术规范，合理运用配套技术，才能生产出真正的无公害农产品。

（3）产品质量标准。符合相关的 8 项国家及行业标准：《无公害蔬菜安全要求》《无公害蔬菜产地环境要求》《无公害水果安全要求》《无公害水果产地环境要求》《无公害畜禽肉产品安全要求》《无公害畜禽肉产品产地环境要求》《无公害水产品安全要求》《无公害水产品产地环境要求》。

（二）绿色食品

1. 绿色食品的内涵

绿色食品是指在无污染的条件下种植、养殖，施有机肥料，不用高毒性、高残留农药，在标准环境、生产技术、卫生标准下加工生产，经权威机构认定并使用专门标志的安全、优质、营养类食品的统称。

2. 绿色食品的标志

绿色食品标志由特定的图形来表示。绿色食品标志（图 4-3），图形由三部分构成，上方的太阳、下方的叶片和中间的蓓蕾，象征自然生态。标志图形为正圆形，意为保护、安全。颜色为绿色，象征着生命、农业、环保。

图 4-3　绿色食品标志

AA 级绿色食品标志与字体为绿色，底色为白色；A 级绿色食品标志与字体为白色，底色为绿色。整个图形描绘了一幅明媚阳光照耀下的和谐生机，告诉人们绿色食品是出自纯净、良好生态环境的安全、无污染食品，能给人们带来蓬勃的生命力。绿色食品标志还提醒人们要保护环境和防止污染，通过改善人与环境的关系，创造自然界新的和谐。

3．绿色食品标准

绿色食品标准是由农业部发布的推荐农业行业标准（NY/T），是绿色食品生产企业必须遵照执行的标准。绿色食品标准以全程质量控制为核心，由以下 6 个部分构成：

（1）环境质量标准。绿色食品产地环境质量标准制定这项标准的目的：一是强调绿色食品必须产自良好的生态环境地域，以保证绿色食品最终产品的无污染、安全性；二是促进对绿色食品产地环境的保护和改善。绿色食品产地环境质量标准规定了产地的空气质量标准、农田灌溉水质标准、渔业水质标准、畜禽养殖用水标准和土壤环境质量标准的各项指标以及浓度限值、监测和评价方法。提出了绿色食品产地土壤肥力分级和土壤质量综合评价方法。

（2）生产技术标准。绿色食品生产技术标准是绿色食品标准体系的核心，它包括绿色食品生产资料使用准则和绿色食品生产技术操作规程两个部分。绿色食品生产资料使用准则是对生产绿色食品过程中物质投入的一个原则性规定，它包括生产绿色食品的农药、肥料、食品添加剂、饲料添加剂、兽药和水产养殖药的使用准则，对允许、限制和禁止使用的生产资料及其使用方法、使用剂量等做出了明确规定。绿色食品生产技术操作规程是以上述准则为依据，按作为种类、畜牧种类和不同农业区域的生产特性分别制定的，用于指导绿色食品生产活动，规范绿色食品生产技术的技术规定，包括农产品种植、畜禽饲养、水产养殖等技术操作规程。

（3）产品标准。绿色食品产品标准，此项标准是衡量绿色食品最终产品质量的指标尺度。其卫生品质要求高于国家现行标准，主要表现在对农药残留和重金属的检测项目种类多、指标严。而且，使用的主要原料必须是来自绿色食品产地的、按绿色食品生产技术操作规程生产出来的产品。

（4）包装标签标准。绿色食品包装标签标准规定了进行绿色食品产品包装时应遵循的原则，包装材料选用的范围、种类，包装上的标志内容等。要求产品包装从原料、产品制造、使用、回收和废弃的整个过程都应有利于食品安全和环境保护，包括包装材料的安全、牢固性，节省资源、能源，减少或避免废弃物产生，易回收循环利用，可降解等具体要求和内容。绿色食品产品标签，除要求符合国家《食品标签通用标准》外，还要求符合《中国绿色食品商标标志设计使用规范手册》规定。

（5）贮藏运输标准。绿色食品贮藏、运输标准。此项标准对绿色食品贮运的条件、方法、时间做出规定。以保证绿色食品在贮运过程中不遭受污染、不改变品质，并有利于环保、节能。

（6）其他相关标准。绿色食品其他相关标准。包括"绿色食品生产资料"认定标准、"绿色食品生产基地"认定标准等。

（三）有机食品

1. 有机食品的内涵

有机食品是指来自于有机农业生产体系，根据有机农业生产的规范生产加工，产品符合国际或国家有机食品要求和标准；并通过国家有机食品认证机构认证的一切农副产品及其加工品，包括粮食、食用油、菌类、蔬菜、水果、瓜果、干果、奶制品、禽畜产品、蜂蜜、水产品、调料等。

有机食品的主要特点来自于生态良好的有机农业生产体系。有机食品的生产和加工，不使用化学农药、化肥、化学防腐剂等合成物质，也不用基因工程生物及其产物，因此，有机食品是一类真正来自于自然、富营养、高品质和安全环保的生态食品。

2. 有机食品的标志

"中国有机产品标志"的主要图案（图4-4）由三部分组成，即外围的圆形、中间的种子图形及其周围的环形线条。标志外围的圆形似地球象征和谐、安全，圆形中的"中国有机产品"字样为中英文结合方式。既表示中国有机产品与世界同行，也有利于国内外消费者识别。标志中间类似于种子的图形代表生命萌发之际的勃勃生机，象征了有机产品是从种子开始的全过程认证，同时昭示出有机产品就如同刚刚萌发的种子，正在中国大地上茁壮成长。

图4-4　有机食品标志

种子图形周围圆润自如的线条象征环形道路，与种子图形合并构成汉字"中"，体现出有机产品植根中国，有机之路越走越宽广。同时，处于平面的环形又是英文字母"C"的变体，种子形状也是"O"的变形，意为"China Organic"。

绿色代表环保、健康，表示有机产品给人类的生态环境带来完美与协调。橘红色代表旺盛的生命力，表示有机产品对可持续发展的作用。

3．有机食品判断标准

（1）原料来自于有机农业生产体系或野生天然产品。

（2）有机食品在生产和加工过程中必须严格遵循有机食品生产、采集、加工、包装、贮藏、运输标准。

（3）有机食品生产和加工过程中必须建立严格的质量管理体系、生产过程控制体系和追踪体系，因此一般需要有转换期；这个转换过程一般需要 2～3 年时间，才能够被批准为有机食品。

（4）有机食品必须通过合法的有机食品认证机构的认证。

三、无公害安全农产品的生产环境

（一）建立无公害农产品生产基地

具体地说，无公害农产品基地在土壤、大气、水上必须符合无公害农产品产地环境标准，其中土壤主要是重金属指标，大气主要是硫化物、氮化物和氟化物等指标，水质主要是重金属、硝态氮、全盐量、氯化物等指标。无公害农产品产地环境评价是选择无公害农产品基地的标尺，只有通过其环境评价，才具有生产无公害农产品的条件和资格，这是前提条件。

1．基地环境质量要求

无公害农产品生产基地环境质量应符合相关国家无公害农产品产地质量标准（GB/T 18407）。目前国家已经颁布蔬菜、水果、禽肉、水产品产地环境要求、农业行业标准中也有一些农产品产地环境条件要求。

无公害农产品生产基地空气环境质量标准、灌溉水质标准以及土壤环境质量标准都需严格符合国家规定的质量标准。

2．基地调查监测与评价

（1）调查方法。以注重基地环境质量现状及污染控制措施，并兼顾外部环境对无公害农产品生产基地的影响为原则，通过查阅水文、气象、地质、卫生、环保、农业资料以及现场考察生态环境现状和外部污染对基地的影响等方式进行相关调查。

（2）调查内容。调查内容包括基地地理位置图、自然环境材料、社会经济资料、污染源情况、农业生产状况以及以往环境质量检测资料。

3．环境检测和评价

检测主要对象为灌溉水质、环境空气和土壤，监测项目采样和检测方法、评价标准应根据相关标准规定执行。获得评价所需的信息后，可对产地进行环境质量评价。

4．基地环境的优化选择

通过对无公害农产品基地的自然环境条件的调查、监测，对基地环境进行优化选择。

（二）无公害农产品生产过程管理

无公害农产品的农业生产过程控制主要是农用化学物质使用限量的控制及替代过程。重点生产环节是病虫害防治和肥料施用。病虫害防治要以不用或少用化学农药为原则，强调以预防为主，以生物防治为主。肥料施用强调以有机肥为主，以底肥为主，按土壤养分库动态平衡需求调节肥量和用肥品种。在生产过程中制定相应的无公害生产操作规范，建立相应的文档、备案待查。

1．无公害农产品生产肥料选择

（1）农家肥料。指含有大量生物物质、动植物残体、排泄物、生物废物等物质的肥料。包括堆肥、沤肥、厩肥、沼气肥、绿肥、作物秸秆、泥肥、饼肥等。

（2）商品肥料。商品有机肥料、腐殖酸类肥料、微生物肥料、半有机肥料（有机复合肥）、无机（矿质）肥、叶面肥料、微量元素肥料等。

（3）其他肥料。包括不含合成添加剂的食品、纺织工业的有机副产品、不含防腐剂的鱼渣、牛羊毛废料、骨粉、氨基酸残渣、骨胶废渣等。

2．无公害农产品生产病虫草害防治

"农药残留"几乎成为农产品污染的代名词，防治农药残留是农产品安全的关键问题。无公害农产品生产过程中，采用农业和综合防治措施，科学地使用农药、协调各种防治技术，把病虫害控制在经济允许水平之下。

（1）加强植物检疫。植物检疫是国家或地方政府为防治危害性有害生物随植物及其产品的人为引入和传播，以法律手段和行政措施实施的预防性措施。

（2）农业综合防治。农业综合防治是利用植物本身的抗性和栽培措施，控制病虫害的发生，包括选育优良的抗病、抗虫品种、育苗及栽培场所消毒、轮作、改进栽培措施、增加营养从而减少病害等措施。

（3）生物防治。生物防治是利用生物或其代谢产物来控制蔬菜病虫害的技术，具有副作用小、污染少、环保效果好而受到广泛重视，但成本稍高，技术相对复杂，包括利用天敌昆虫、利用昆虫病原微生物、利用农用抗生素和种植绿肥除草等技术。

（4）物理防治。通过物理措施防治病虫害，主要有诱杀害虫、高温杀虫灭菌和覆盖除草。

（5）化学防治。无公害农产品生产中允许使用一些高效、低毒、低残留的农药。在使用允许的化学农药时，切实按照国家农药安全使用标准和无公害食品相关标准，严格掌握用法、用量和安全间隔期。

（三）无公害农产品质量控制技术

无公害农产品最终体现在产品的无公害化。其产品可以是初级产品，也可能是加工产品，其收获、加工、包装、贮藏、运输等后续过程均应制定相应的技术规范和执行标准。

产品是否无公害要通过检测来确定。无公害农产品首先在营养品质上应是优质，营养品质检测可以依据相应检测机构的结果，而环境品质、卫生品质检测要在指定机构进行。

第四节　生态农业与农业可持续发展

一、生态农业概述

（一）生态农业的概念和特征

生态农业是按照生态学原理和经济学原理，运用现代科学技术成果和现代管理手段，以及传统农业的有效经验建立起来的，能获得较高的经济效益、生态效益和社会效益的高效现代化的农业。它把发展粮食与多种经济作物生产，发展大田种植与林、牧、副、渔业，发展大农业与第二、第三产业结合起来，利用传统农业精华和现代科技成果，通过人工设计生态工程、协调发展与环境之间、资源利用与保护之间的矛盾，形成生态上与经济上两个良性循环的农业生态工程体系。

生态农业的基本特征是保证农业和社会经济的可持续发展。生态农业的要求有：① 在保护生态环境的前提下发展农业生产，着力恢复农业的自然生态系统；② 把生物工程作为农业发展的关键性技术，通过运用基因工程、发酵工程、酶工程、微生物工程等生物技术手段，进行资源替代，在一定程度上克服"石油农业"对农业生态环境造成的影响，实现农业的可持续发展。生态农业具有以下特征：

（1）综合性。生态农业强调发挥农业生态系统的整体功能，以大农业为出发点，按"整体、协调、循环、再生"的原则，全面规划，调整和优化农业结构，使农、林、牧、副、渔各业和农村第一、第二、第三产业综合发展，并使各业之间互相支持，相得益彰，提高综合生产能力。

（2）多样性。生态农业针对我国地域辽阔，各地自然条件、资源基础、经济与社会发展水平差异较大的情况，充分吸收我国传统农业精华，结合现代科学技术，以多种生态模式、生态工程和丰富多彩的技术类型装备农业生产，使各区域都能扬长避短，充分发挥地区优势，各产业都根据社会需要与当地实际协调发展。

（3）高效性。生态农业通过物质循环和能量多层次综合利用和系列化深加工，实现经济增值，实行废弃物资源化利用，降低农业生产成本，提高效益，为农村大量剩余劳动力创造农业内部就业机会，保护农民从事农业的积极性。

（4）持续性。发展生态农业能够保护和改善生态环境，防治污染，维护生态平衡，提高农产品的安全性，变农业和农村经济的常规发展为持续发展，把环境建设同经济发展紧密结合起来，在最大限度地满足人们对农产品日益增长的需求的同时，提高生态系统的稳定性和持续性，增强农业发展后劲。

（二）生态农业发展原理

1. 生态农业的理论基础

生态系统中生物与环境之间存在着复杂的物质、能量交换关系。环境与生物之间，通过互相作用达到协同进化。生态农业实践涉及的相关原理主要有：整体性原理、边际效应原理、种群演替原理、自适性原理、地域性原理及限制因子原理等灵活应用，生态农业遵循这一系列原理，因时因地制宜，合理布局，立体间套作，用养结合，达到共生互利，实现社会、经济、环境的三统一效果。

在自然生态系统中生物与环境经过长期的相互作用，在生物与生物、生物与环境之间建立了相对稳定的结构，生态农业遵循生物共生优势原则、相生相克趋利避害原则和生物相生相养原则，并利用这些原理和原则优化稳定结构，完善整体功能，发挥其系统的综合效益。生态农业建设实践强调经济、生态、社会三大效益的协调提高，且认为经济效益是目的，生态效益是保障，社会效益是经济效益的外延，没有经济效益的生态农业是没有生命力的，而没有生态效益的经济效益是不可持续的。

2. 生态农业建设的主要内容

（1）调整和优化农业生产结构（农村产业结构），使其体现整体性、系统性、综合性和多层性，实现农业生产和生态良性循环。

（2）保护、合理利用与增殖自然资源，立足于全部土地和光、温、水等自然资源的合理开发利用。首先是增加绿色覆盖，保护森林、草原、湖泊、水库、海洋、农作物等自然资源。其次是控制水土流失，可采取生物、水利工程或耕作制度等。第三是保护土地资源，建立基本农田保护区。

（3）提高生物能的利用率和废弃物的循环转化率。使生物资源得以充分利用，使生态农业成为无废料的农业，实现经济效益与生态效益的统一。

（4）防治农业生态环境污染。良好的生态环境是生态农业的基础，生态农业的基本目标也是要遵循生态规律和经济规律，从解决制约农业的重大环境问题入手，找出突破口和关键工程项目，改变旧的生态环境，建立新的多功能高效的农业生产和生态良性循环系统，防治生态环境污染。

（5）加强农村能源建设，贯彻"因地制宜，多能互补，综合利用，讲求效益"的发展农村能源的方针，兴建沼气池，积极开发利用太阳能、风能、水能、植物能（沼气）等新能源和可再生能源。

（三）农业生态工程概述

1．农业生态工程内涵

农业生态工程，就是在一定的区域范围内因地制宜应用生态农业技术，将多种农业生物生产进一步组装为合理的农业生态系统。农业生态工程有效地运用生态系统中各生物种利用空间和资源的生物群落共生原理，多种生物相互协调和促进的功能原理以及物质和能量多层次多途径利用和转化的原理，从而建立能合理利用自然资源，保持生态稳定和持续高效功能的农业生态系统。

经过 20 世纪 90 年代的生态农业的大发展，我国已涌现一批典型的农业生态工程，促进了生态农业的发展。农业生态工程主要有三大类：区域性的农业生态工程、生产自净农业生态工程、庭院经济农业生态工程等。

2．农业生态工程类型

（1）区域性的农业生态工程。区域性的农业生态工程就是在一定的区域内，根据自然资源特点，运用生态规律将山、水、林、田、路进行全面规划，协调生产用地与庭院、房舍、草地、道路、林地等的比例及空间配置，把种植、养殖、培养、加工、营销连成一体，提高自然环境调节能力，从而取得较高的经济效益和生态效益。

区域性的农业生态工程在不同的地理条件下有不同的表现形式如：农、牧、渔农业生态工程，低洼地基塘农业生态工程，农、林、牧农业生态工程等。

① 农、牧、渔农业生态工程。在有农田和较大水面的平原地区，过去以种植业为主，可实行农、牧、渔农业生态工程。实行种植业、养殖业、加工业及生物能生产相结合，陆地生产与水体生产相结合，从而形成比较高的饲料和能源自给能力，比较高的物质、能量和资金转化效率及环境自净能力。

② 低洼地基塘农业生态工程。在以水面为主的低洼的湿地水网地区，过去以水产养殖业为主，可实行基塘式水陆结合农业生态工程。它是当地农民所建立的高效能的能量和物质转换系统，盛行于珠江三角洲和太湖流域。如桑基鱼塘、蔗基鱼塘、果基鱼塘等。

③ 农、林、牧农业生态工程。在水面较少的山区、高原和平原地区，过去以种植业为主，或以养殖业为主，可实行农林牧结合的农业生态系统工程。如利用不同生物共生互利的农业生态工程。"稻田养鱼鱼养稻，稻谷增产鱼丰收"的稻鱼共生生态工程，已逐渐为各地采用。鱼类在稻田中以浮游生物、杂草以及底栖动物为食物，鱼粪便是稻的肥料，使稻鱼双获丰收。

在黄淮海平原和西北黄土高原地区着力发展的农业生态工程模式。这些地区由于旱、涝、碱、沙、薄等灾害，影响到作物高产稳产，限制了畜牧业的发展，单独进行种植业或养殖业都难以获得较好的效益。建立农、林、牧生态系统，使农、林、牧结合，组成一个按比例发展的大农业体系，可以有效地扩大物质循环，提高能量转化效率，增进经济效益。

（2）生产自净农业生态工程。大型养殖场的废弃物（粪便、垫草等）不科学处理就会对周围环境造成严重污染。随着工农业的发展，污水处理及牲畜粪便的合理利用日益受到重视。由于工业式污水处理技术耗能高，在农村受到限制，因而使经济节能和具有广谱除污效能的技术特别是多级氧化塘和土地净化技术得到发展。通过污水灌溉、污水塘养鱼和种植水生植物、沼气发酵等，利用污水增加生产，净化环境，使有害废物变成了一种农业资源。

采用"立体"开发和"再循环"利用的农业。利用秸秆还田进行一级和二级转化，形成"秸秆—猪—沼气—田—秸秆"的生物循环利用技术，形成良性循环的格局。与此同时，将各种废弃有机物，包括生活污水、牲畜粪便工业污水通过"沼气"纽带，使其资源化、无害化、多用化，利用生物转化功能，转化成更高一级的生物产品，获得更多的经济效益，可发展无废料农业，减少以水体、土壤的污染，保护农业环境。

① 氧化塘工程。中国科学院水生生物研究所根据生态学原理，设计了几个串联的氧化塘，利用水域生态系统中菌、藻、水生植物、水生动物的多种功能，净化污水，并生产生物产品。水生植物在阳光下可放出氧气并富集重金属等有毒物质，细菌可分解毒物和有机质，为其他生物提供营养，鱼类通过吃食藻类，吸收水中的氮磷等营养元素，有利于防止水体富营养化。这种氧化塘处理污水技术已在渔业上得到应用。

② 沼气综合利用工程。以沼气发酵为枢纽，再经过微生物、植物、动物的生物作用，净化污水并生产生物产品的过程。

③ 多级生物净化工程。根据不同生物对污水的承受能力和利用能力，对污水进行多次净化，达到既净化污水又生产生物产品的目的。

二、可持续农业概述

（一）可持续农业概述

农业的可持续发展是人类社会、经济持续发展的基础，没有农业的持续发展，就不可能有人类社会、经济的持续发展。各国不同的国情，对农业的发展有不同的要求，但共同点都是要求合理开发利用资源和保护环境，促使农业和农村经济的可持续发展。

20 世纪 80 年代提出的可持续农业是一种旨在能使全球农业持续下去的新的农业发展理论和发展模式。1991 年联合国粮农组织在荷兰召开的"持续农业和农村发展"大会上，世界各国达成比较一致的看法，在共同发表的"登博斯宣言"中明确指出："可持续农业是采取某种使用、维护自然资源的基础方式，以及实行技术变革和机制性变革，以确保当代人类及其后代对农产品需求得到满足，这种可持续的发展维护土地、水、动植物遗传资源，是一种环境不退化、技术上应用适当、经济上能生存下去以及社会能够接受的农业"。

可持续农业强调的是人类自身发展与农业生态生产能力之间的协调，并且这种协调必须建立在持续性、发展性、公平性和共同性的可持续原则基础上。可持续农业的总目标是实现农业的可持续发展。

20 世纪以来，特别是第二次世界大战以后，发达国家率先将现代科技和现代工业武装农业，主要是机械、化肥、农药的投入以及农作物杂交优势的应用，显著提高劳动生产率和土地生产率。但是，现代农业的发展也带来一系列新问题：一是随着人口急剧增长，食品供需矛盾增大。全世界有相当一部分人口生活在贫困线以下。二是自然资源不足。例如森林面积减少、土地沙化、水土流失、草原超载、土地质量下降等。人口和环境、生态和资源、经济和社会的不平衡发展，不仅影响当代人的生存，也影响子孙后代的延续和发展。这就促使人们重新考虑农业、人口、资源、环境的关系，努力排除农业可持续发展的不利因素，探索未来农业发展的方向和策略。

农业可持续发展是当今世界农业的发展方向，但各国仍要根据自己的资源特点和农业发展阶段水平，确定本国农业持续发展的道路。我国在农业现代化进程中同样面临着许多新问题，诸如人多地少、人均资源相对短缺、水土流失、工业污染、环境破坏和土壤肥力下降等，有必要在现代农业中引入诸如保护资源、优化环境、重视效益和食品安全等先进思想和措施。1994 年，国务院发布《中国 21 世纪议程——21 世纪人口、环境与发展白皮书》，其中包括确立实施农业可持续发展的基本原则和措施。

农业可持续发展思想涵盖农村、农业经济和生态环境三大领域。中国农业持续发展的核心，是以当代科学技术进步为基础，以持续增长的生产率、持续提高与保持土壤肥力、持续协调农村生态环境以及持续利用与保护自然资源为目标，以高产、优质、高效和农村共同富裕为宗旨，采用传统经济农艺与现代科技结合，现代工业来武装，现代经营方式来管理，走农业集约化持续发展的道路。中国政府制定的生态农业发展，是一种高产、优质、高效农业，强调了农业的生产持续性、经济持续性和生态持续性的统一。

（二）我国可持续农业的路径选择

中国可持续农业系统的路径选择，其一是加强农村社会经济系统的能力建设，其二是创新相应的制度和组织，确保能力促进环境、资源系统实现良性循环。

1. 农业科技应用

农业科技应用是生产力提高最有力的推进器，也是农业和农村经济综合能力建设中见效最快的途径和方法，农业生产技术的完美结合使用是中国可持续农业的重要保证。特别是在现代技术的应用推广上。其主要包括高产优质技术、开发性技术、工厂化农业技术、农业加工技术，并创建新的"三位一体"的农业教育、科研及推广体系，增加对农业的科教投入。

2. 市场制度保障

（1）农地制度创新。在农业市场化进程中，农地制度安排的核心目标是要通过市场机制的作用实现土地要素的优化配置，从而实现土地的适度规模经营，提高综合生产力。

（2）创建农村合作组织。以各种角度和层次加强农民进入市场的组织化程度，以增强农民与市场、政府、企业的交易能力为目标。

（3）提高农民素质，完善市场体系的建设和交易能力，大力发展乡村非农产业，促进乡村工业的产业升级和合理布局等。

（4）转变政府职能，加强对农业的保护与扶持。

3. 环境资源的保护

（1）加强对环境资源技术的政府干预。在农村市场化进程中，技术进步的非对称性指在市场条件下，技术进步常常倾斜于经济生产过程和产品，而对于自然现象、环境保护则常常忽略。经济技术开发仅靠市场机理的作用就可以实现，而对于环境的技术开发应用该由政府干预加以足够的重视并予以完成。

（2）创建绿色国民账户。就环境资源而论，当前国民核算体系存在三方面问题：一是国民账户未能准确反映社会福利状况；二是在生产活动中所耗减或退化的自然资源均未以现实成本或自然财富折旧的形式加以统计；三是污染防治和环境改善的活动需要消耗投入，但在国民账户中表现为国民收入。要克服这些缺陷，有必要建立国民账户体系，提高分析基础的宏观、中观决策的准确性。

（3）加强农业的法制建设，加强环境意识的宣传。把环境可持续指标加入到地方干部考核指标中，改变以往单以增长论政绩的观念。

（4）遵循生态组织规律，实现生态环境层次管理。区域生态环境系统的结构是有层次的，包括空间上的水平层次和垂直层次，也包括进展层次和营养层次。因此，管理上要分层设计、层次管理。

一是建立专业化的生态环境保护单位从事生态环境保护和治理工作；二是以小流域为单位或县乡为单位成立环保公司，吸纳农村剩余劳动力；三是加强污水处理工程建设。

（5）扩大生态环境容量，提高资源更新率。一是停止开发天然林资源，实行退耕还林还草，恢复生态植被，扩大环境容量；二是通过科技创新，提高资源更新率；三是采取替代策略，如农村能源采用太阳能、风能、沼气替代木炭、秸秆，以节省森林资源。

（三）生态农业与农业可持续发展的关系

生态农业是实现农业可持续发展的基础和有效途径。可持续发展战略与生态农业的建设都是生态学、生态经济学和系统科学的理论为基础的。系统最基本的概念是立足于整体农业生态系统，是自然生态系统和社会经济系统共同组成的一个复合系统。"发展本身就是一个生态学问题，是人类社会和生态系统相互作用的结果"。所有生态系统无不受到人类活动和社会经济行为的巨大影响，同时，自然生态系统又是社会经济发展的基础。"自然界"已经不是"自然的自然"，而是属于人的自然，"社会的自然"。生态农业的内涵决定了农业可持续发展必须要发展生态农业。

中国生态农业与有中国特色的农业可持续发展的关系是相互依存，相互促进，互为因果的一种统一体，二者密不可分。可以说，没有生态农业，就没有我国农业可持续发展。

一是目标的一致性。中国生态农业与可持续农业暨农村发展的目标是一致的，中国生态农业面向 21 世纪，服务于农村建设三大任务：① 保证增加人民生活所需的农产品供应；② 到 21 世纪末，农民生活达到"小康"水平，并在今后的二三十年内达到中等发达国家人民生活水平；③ 保证未来人口增长的资源承受力。这与可持续农业与农村发展的三大基本目标——实现粮食安全、乡村地区就业与创收、根除贫困以及保护自然资源和环境的目标是一致的。

二是基本内涵的统一性。中国生态农业是遵循生态经济学原理，应用系统工程方法，充分运用传统农业精华和现代农业技术，实现生态和经济良性循环的高产、高效、持续发展的农业，它是在一种不影响子孙后代需要的前提下，充分满足当代人需求的发展途径，这与可持续农业与农村发展的思想内涵相统一，即重视农业与环境关系，以管理和保护自然资源为基础，调整技术和机构改革方向，从而确保目前几代和今后世世代代人的需要得到持续满足。

生态农业试点建设的实践证明，中国生态农业是解决我国农村环境问题、促进和保证农业可持续发展的有效途径，走生态农业的道路是我国农业可持续发展的必由之路。

复习思考题

1. 什么是现代农业？现代农业生产中所面临的具体问题是什么？
2. 什么是环境污染？环境污染对农业生产的影响有哪些？
3. 土壤污染来源以及对农业生产的影响是什么？
4. 农产品质量安全的内涵及其影响因素是什么？
5. 我国的安全农产品包括哪些？有什么区别？

6. 什么是生态农业？生态农业具有什么特征？

7. 什么是可持续农业？生态农业与可持续农业之间的关系是什么？

参考文献

[1] 阿日，古娜. 现代农业发展对策探讨[J]. 畜牧与饲料科学，2011（3）：68-70.

[2] 陈英旭，李文红，施积炎，等. 农业环境保护[M]. 北京：化学工业出版社，2006.

[3] 戴燕宁. 大气污染对农作物的影响[J]. 辽宁科技学院学报，2011，13（1）：15-17.

[4] 方静. 农业生态环境保护及其技术体系[M]. 北京：中国农业科学技术出版社，2012.

[5] 贺怡. 农业的可持续发展[J]. 湖南农机：学术版，2013（6）：158.

[6] 侯改萍. 谈谈化学农药[J]. 华章，2012（27）：299.

[7] 梅旭荣，刘荣乐. 中国农业环境[M]. 北京：科学出版社，2011.

[8] 李吉进. 环境友好型农业模式与技术[M]. 北京：化学工业出版社，2009.

[9] 李文祥，赵燕. 论生态农业与农业可持续发展的关系[J]. 经济问题探索，2001（8）：51-54.

[10] 夏妍，彭鹏，崔凤云，等. 农业生产对水体环境污染的影响及防治措施[J]. 环境科技，2009，22（A02）：94-95.

[11] 宋启道，方佳，李玉萍，等. 农业产地环境污染与农产品质量安全探讨[J]. 农业环境与发展，2008，25（2）：61-64.

[12] 王海燕，杜一新，梁碧元. 我国化肥使用现状与减轻农业面源污染的对策[J]. 现代农业科技，2007（20）：135-136.

[13] 杨春和，白晓龙，沃飞. 农业废弃物污染与防治对策[J]. 农业环境与发展，2008，25（5）：115-118.

[14] 杨洪强. 无公害农业[M]. 北京：气象出版社，2009.

[15] 易敏，刘桢，冯靖，等. 环境污染对农业生产的影响[J]. 中国环境管理干部学院学报，2010，20（3）：58-61.

[16] 张利平，夏军，胡志芳. 中国水资源状况与水资源安全问题分析[J]. 长江流域资源与环境，2009，18（2）：116-120.

[17] 张旭阳，李星敏，杜继稳. 农业气候资源区划研究综述[J]. 江西农业学报，2009，21（7）：120-122.

[18] 中华人民共和国国土资源部. 中国国土资源公告[R]. 2014-04.

第五章　城市环境与可持续发展

城市是生物圈中的一个基本功能单位，是一种特殊的以人为主体的生态系统。城市是指以非农业人口为居民主体，以空间与环境利用为基础，以聚集经济效益为特点，以人类社会进步为目的的一个集约人口、经济、科学技术和文化的空间地域综合体。高度密集的人口、建筑、财富和信息是城市的普遍特征。城市的产生和发展受到自然生态条件和经济技术发展水平的制约和影响。

第一节　城市环境

一、城市环境与城市生态系统

一般而言，城市包括了住宅区、工业区和商业区并且具备行政管辖功能。从广义上来说，城市又称城镇，是相对于乡村而言的，包括按国家行政建制设立的市镇。从狭义上来讲，城市是都市地区的主要单位，是经国务院批准设市建制的城市市区，包括设区市的市区和不设区市的市区。本书所称城市均指广义的城市。

城市存在于一定的自然环境中，并受到其影响。同时，城市作为一个以人为中心的自然、经济与社会的复合人工生态系统，也处于一定的社会经济环境的影响与制约中。

（一）城市环境

城市环境（Urban Environment）是指影响城市人类活动的各种自然或人工的外部条件。狭义的城市环境主要是指包括地形、地质、土壤、水文、气候、植被、动物、微生物等在内的自然环境。广义的城市环境除了自然环境以外还包括房屋、道路、管线、基础设施、不同类型的土地利用、废气、废水、废渣、噪声等人工环境；人口分布及动态、服务设施、娱乐设施、社会生活等社会环境；资源、市场条件、就业、收入水平、经济基础、技术条件等经济环境以及风景、风貌、建筑特色、文物古迹等美学环境。

1. 城市自然环境

城市自然环境是构成城市环境的基础，它为城市这一物质实体提供了一定的空间区域，是城市赖以生存的地域条件。自然环境不仅为城市居民生存提供所必需的条件，同时影响城市的分布、布局形式、城市结构、景观、用地选择以及经济活动。城市的自然环境包括多个要素，其中地质、地貌、气候、水文、土壤、植被等，对城市的形成与发展和城市居民的生活影响较大。

（1）城市地质因素。地质环境（Geological Environment）是指地球表面以下的坚硬地壳层，地质过程引起的变化是多方面的，既有地表结构的变化，又有岩石和其他矿物等物质成分的变化。地表结构的变化可以产生直观效果，而物质成分的变化则往往不易被察觉。

（2）城市气候因素。气候通常是指多年观测所得的与太阳辐射有关的空气温度、湿度、降水和风速等气象要素的综合，其特征是由太阳辐射、大气环流和城市下垫面的性质所决定的。

① 城市气象特征。由于城市造成的大气下垫面层的改变，以及城市与外界的温差所形成的热力差异，将促使某些气象要素的变化，而出现人为活动烙印的"城市气候"的特征。

城市是由道路、广场、建筑物、构筑物等不同的几何形体组成的凹凸不平的粗糙的下垫面。这种建筑密集、纵横交错的下垫面使地面风速减小，使城区的空气湍流增加，并影响了风向。城市里下垫面的建筑材料是沥青、混凝土、石子、砖瓦和金属等，坚硬密实不透水，使城区的蒸发减少，径流过程加速，空气湿度减小。城市下垫面建筑材料的物理性质与郊区植被的物理性质明显不同，热传导率及热容量比较大，导致城区气温的变化。

城市工业、交通及居民生活使用能源释放出大量的余热，使城市的人为热量占有一定比例，尤其是高纬寒冷地区的城市尤为明显，这是形成城市热岛效应的原因之一。

城市生产、交通与民用消耗大量资源，向大气排放大量污染物质，改变了大气的成分，形成雾障，影响城市空气透明度和辐射热能的收支，并为城市的云、雾、降水提供大量的凝结核。

② 城市气温。城市热岛效应是城市气候最明显的特征。用城市平均温度等值图可描述"城市热岛"现象，这反映了城市气温的水平分布状况。由"城市热岛"产生的局地气流对大气污染的影响是显著的、不可忽视的。

城市气温的垂直分布——逆温。在大气圈的对流层内，气温垂直变化的总趋势是随着海拔高度的增加，气温逐渐降低。事实上，在近地面的底层大气中，气温的垂直变化情况要复杂得多。城市上空如果形成逆温层，会加剧城市的大气污染。

③ 城市湿度与降水。城市人工排水系统发达，降水容易排泄，铺装地面比较干燥，又由于缺乏植被、蒸发量小，城市热岛效应气温又高，所以城市年平均相对湿度比郊区低。由于城市下垫面粗糙，有热岛效应气流容易扰动上升，而且城市尘粒多，水汽容易凝结，

城市工厂区又有一定量的人为水汽排空，因此，城市云量比郊区多，降水也比郊区多。

④ 城市的风。城市的风非常复杂，由于城市热岛效应，可形成城市热岛环流。同时又因城市特殊的下垫面，空气经过城市要比经过开阔平坦的农村更易产生一些湍流，但一般情况下，城市风速比郊区农村的风速小，风向不定。

（3）地形（地貌）因素。地貌是指地球表面形态，即地形。地表形态多种多样，根据绝对高度和相对高度等形态特征，大体上可分为山地和平原。由于城市须占有较大地域，且为了便于城市的建设和联系，多数城市都选择在平原、河谷地带或低丘山冈等地。

（4）水文因素。江河湖泊等水体，不仅是城市生产、生活的重要水源，而且在城市水运交通、排除雨水和污水、改善城市气候以及美化环境等方面都有着重要作用。同时它们也可能给城市带来不利影响，如洪水侵患、河岸冲刷和河床淤积等。因此，河流是影响城市环境的又一重要因素。

此外，另一城市用水的重要来源——地下水，它的存在形式、流向、含水层厚度、矿化度、硬度、水温、地下埋深以及动态变化等水文地质特征在开发地下水资源和安排城市建设项目时必须了解。

（5）城市绿地。城市绿地是构成城市环境的一个重要因子。它本身就是空间、大气、水、植物、土地等因素的复合体。在这些因素的综合作用下，城市绿地在保护环境、抵御灾害、改善城市面貌、提供休息游览场所等方面都积极地影响着人类的生存环境。

2．城市社会环境

城市社会环境是在城市自然环境基础上建立起来的，它是构成人类生活条件的各种因素（组分）的总和。这些因素数不胜数，主要包括各类房屋建筑、交通设施、供水设施、排水设施、垃圾清运设施、供电供热供气设施、通讯广播电视设施、仓储设施、文体设施、园林绿化设施和消防治安设施等。

影响城市环境的社会经济因素是人类活动的产物，反过来它又成为影响人类活动的制约因素，也是影响人类与其生存环境对立统一关系的决定性因素。社会经济因素包括很多方面，这里我们主要从城市的地理位置、城市人口、城市工业和城市基础设施等方面来讨论。

（1）城市地理位置。地理位置是地球上某一事物与其他事物的空间关系。由于地理位置的唯一对应性使得地理位置成为某一个地理事物的特殊性。正是由于任何事物具有各不相同、各有特点的地理位置，才使得各个事物具有不同的地理性或地域性。

地理位置是对城市建设和社会经济发展经常有影响的因素，它能加速或延缓城市的发展。城市与外界的经济联系是否密切，与外界是否有良好的经济协作和便利的交通联系，这些都直接关系着城市自身的建设。

优越的地理位置为城市各项建设提供许多有利条件，如位于交通便利地区的城市、可以充分发挥对外联系便利的优势，尤其是位于河网发达或沿海的城市，可以利用廉价的水运条件，减少各种物质运输的支出，有效地促进了城市的各项建设。这类城市往往具有交通枢纽的功能，因而城市内各项建设的安排还应围绕使枢纽作用充分发挥来展开。

（2）城市人口。城市人口规模是指城市的人口总数，是衡量城市规模的重要方面。它是城市规划的基础指标，是编制城市各项建设计划不可缺少的资料。它影响着城市用地大小、建筑类型、层数高低及其比例，直接关系着服务设施的组成和数量、交通运输量、交通工具的选择、道路的标准、市政设施的组成和标准、郊区规模和城市布局等一系列问题。

城市人口结构是指在城市人口整体中，具有不同自然的、社会经济的、地域的特征（或标志）的人口之间的比例关系，即各特征的人口数在城市人口总数中的百分比，也称人口构成。城市人口的劳动结构、职业结构、文化教育结构反映了城市社会、经济、文化发展的水平。

（3）城市工业。工业是城市的主要物质要素之一，是城市发展的主要因素。工业生产本身是一个庞大的物质和能量的转换过程，在这个转换过程中，既有按人类要求转换的有价值的产品，也有人类不需要的废弃物，也就是说，人类通过工业生产活动，一方面不断地以资源的形式从环境中获得物质和能量，为人类改造和利用环境提供物质和能量，积极地影响着城市环境，为人类造福；另一方面又把转换过程中的废弃物以"三废"的形式排之于环境。废弃物在环境中部分或全部积累，则导致环境质量的下降，严重影响人类的生存和健康。因此，从某种意义上说，存在着生产规模越大，生产功能越高，环境质量越低的可能性。我国大多数城市的环境容量接近或处于饱和状态，正是主要由于工业"三废"的累积所致。

城市工业的结构和布局与城市环境质量之间有直接联系。一定的城市工业结构与城市环境中排放的各种污染物的量将直接影响到城市环境质量。而城市工业的集聚有个适宜程度，城市工业区的大小有个合理规模。

（4）城市基础设施。城市基础设施是城市环境的重要组成部分，是城市生存和发展的重要基础条件。

① 城市工程性基础设施。包括道路交通设施、能源设施、供水和排水设施、环保设施等，为保证城市交通方便、能源充足、用水方便、信息流动、环境优美、安全舒适作出重要的贡献，是城市现代化水平和文明程度的重要标志，有明显的经济效益、社会效益和生态效益，在城市生态系统中发挥重要作用。

② 城市社会性基础设施。通常又称为城市公共设施，主要指商业、服务业、教育、科研、文化、体育、卫生保健等设施。城市公共设施的内容和规模，在一定程度上反映出城市的文化生活和物质生活水平，它的分布与组织直接影响到城市的布局结构以及城市生活的质量。

3．城市环境特征

城市环境与外界环境相比，具有以下特征：

（1）城市环境的高度人工化特征。由于城市是人口最集中、社会经济活动频繁的地方，所以也是人类对自然环境影响作用最强烈、自然环境变化最大的地方。除了大气环流、大的地貌类型基本保持原来的自然特征外，其余的自然因素，如地貌、土壤、气候、水文、植被、动物等都发生了不同程度的变化，而且这种变化通常是不可逆的。

（2）城市环境具有一定的空间形态。它呈现出一定的平面和立面特征，是城市环境各组成要素平面和立面的形式、风格和布局等有形的表现。

城市环境的空间形态，特别是城市的平面形态是城市的自然环境因素（如地面坡度、河湖水系、地质构造、小气候等）和社会经济环境因素（如人工建筑物的配置形式、道路网的形状、大型工厂和飞机场的位置等）综合作用的结果。

（3）城市环境具有一定的空间结构。它主要是指城市中各物质要素的空间位置关系特点，或者说城市环境中各物质要素在地理空间分布中所呈现出的地域分异特点，即城市环境的地域结构。在城市发展过程中，在各种因素的综合作用下，城市环境必然产生地域分异而形成各自的社会经济特色，如呈现出城市环境的用地空间结构，城市环境的绿化空间结构和城市环境的社会空间结构等。

（4）城市环境的地域层次性。城市环境是一个地域综合体，根据其呈现出的以不同活动为中心事物的物质环境的地域分异，可划分出与一定活动相联系的地域与环境，如居住环境（区）、工业环境（区）和商业环境（区）等，其下还可以分出具体的用地，充分体现出城市环境的地域层次性。城市环境的这种地域与环境之间存在着复杂的有机联系，共同构成城市环境整体。

由于城市环境人工化程度的不同，使得城市环境中各物质要素在地理空间分布中呈现出一种典型的地城分异，即可区分出三个典型的特征空间：建筑空间、道路广场空间和绿地空地空间。

（5）城市环境极易出现污染状态。较之自然环境，城市环境在组成及结构和影响因素上发生了很大的变化，如城市"热岛"的产生、地形的变迁、人工地而改变了自然土壤的结构与性能，不透水地面的增加、绿色植物和分解者的大量减少，在不大的空间里建立了大量的人类技术物质（建筑物、桥梁和其他设施等），集中了大量的人口、物质和能源，并产生了大量的污染物质等，所有这些使得城市环境的自我调节净化机能变差，极易出现环境污染，城市建成区变成了一个不完全的生态系统，给城市居民的生活和健康带来了极大的影响。

（二）城市生态系统

生态系统是生物与环境的综合体，是自然界一定空间的生物与环境之间相互作用、相互制约所构成的，具有一定结构和功能的统一整体。由此可见，城市生态系统是以人类为中心的自然因素和社会经济因素相结合的生态系统，是城市居民与城市环境之间相互作用、相互制约，具有一定结构和功能的统一整体。

城市生态系统被人为地改变了原来生态系统结构、物质循环及能量转化过程。这些改变是以人类活动为主导的。可见，城市生态系统是人类活动影响下的复合生态系统。人类活动的介入，使得城市原有的自然生态系统发生巨大变化，形成了城市特有的景观格局。

1. 城市生态系统结构

构成生态系统的各组成部分，各种生物的种类、数量和空间配置，在一定时期均处于相对稳定的状态，使生态系统能够保持有一个相对稳定的结构。对生态系统的结构特征，一般可从营养关系、空间关系和能流、物流的角度来讨论。

（1）城市生态系统的营养结构。生态系统各组成部分由营养关系联系起来构成的整体，称为生态系统的营养结构。

城市生态系统是人工构建的生态系统，这是在人类活动支配下，以人为核心的人类社会经济活动与自然生态系统的复合体，参见图 5-1。由此可见，只有利用生态学的原则和系统论的方法，根据各自然因素和人为社会经济因素构成的社会生态复合体来研究城市，才能解决城市环境问题，创造出有利于人类的美好环境。

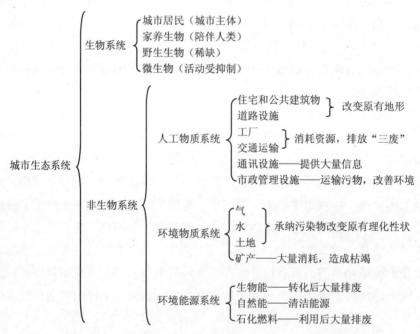

图 5-1　城市生态系统组成（引自《城市环境分析》，1999）

在城市生态系统中高营养级的存在量（如人类）远大于低营养级（如植物）的存在量，营养层次呈现倒金字塔结构。城市生态系统中，消费者生活所需要的大量能量和物质必须依靠其他生态系统（如农业生态系统、海洋生态系统等），人为地输入到城市生态系统中。同时，城市中人类生活所排泄的大量废物，也不能完全在本系统内分解，还需要人为地输送到其他生态系统（如农田、河流、海洋等），这也就构成了城市生态系统的营养结构，参见图5-2。

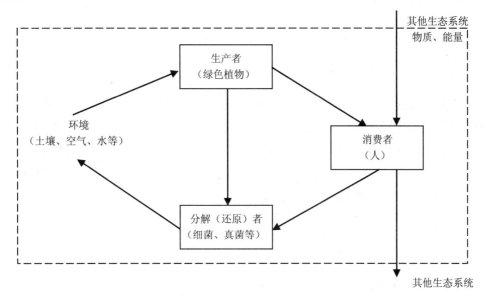

图 5-2　城市生态系统营养结构模式（引自《城市环境分析》，1999）

（2）城市生态系统的空间结构。对于自然生态系统来说，它的各组成部分由空间关系（水平关系、垂直关系）构成的整体，称为自然生态系统的空间结构。如在空间分布上，生物自上而下明显的成层现象就是自然生态系统空间结构的主要特征之一，如地上有乔木、灌木、草本、青苔，地下有浅根系、深根系及其根际微生物，对应地许多鸟类在树上营巢，许多兽类在地面筑窝，许多鼠类在地下掘洞。

而对于城市生态系统来说，人、人类活动及相应的环境在空间上的地域分异等构成了城市生态系统的空间结构，如城市用地结构、城市绿化空间结构和城市社会空间结构等。

（3）城市生态系统的网络结构。生态系统的网络结构是指生态系统各组成部分被物质流、能量流、信息流等各种关系联系起来的整体。城市生态系统是一个十分复杂的、多层次的网络结构。根据人类活动及能流、物流等特征，城市生态系统又可分为三个层次的子系统：

① 自然环境系统（生存）。只考虑人的生物性活动，人与其生存环境的气候、地貌、淡水、动物、植物、生活废物等构成的一个子系统。

② 经济系统（生产）。只考虑人的经济（生产、消费）活动，人与能源、原材料、工业生产、交通运输、商品贸易、工业废物等构成的一个子系统。

③ 社会系统（生活）。只考虑人的社会活动和文化生活，人与其生活的另一层环境，包括社会组织、政治活动、文化、教育、娱乐、服务等所构成的另一子系统。

这三个子系统的内部都有自己的能流、物流和信息流等，各层次子系统间又相互联系、相互作用，构成了不可分割的整体。

2. 城市生态系统功能

城市生态系统的结构与功能是统一的。结构是功能的基础，功能是结构的表现。城市生态系统是一个复杂的多功能体系，它的最基本的功能是组织社会生产、方便居民生活。生产功能主要由经济系统承担。在经济系统中，物质从分散向集中的高密度运转，能量从低质向高质的高强度的集聚，信息从无序向有序的连续积累，为社会提供丰富的物质和信息产品。生活功能主要由社会系统承担。在社会系统中，主要特征是呈现高密度的人口流动、高密集的社会活动和高强度的生活消费，以确保不断改善和提高人民的生活质量。城市生态系统的功能集中体现在城市系统内部及其与城市系统外部的物质循环、能量流动、自我调节、商品交换、交通运输、金融流通、人口流动、信息传递等运动过程中。

3. 城市生态系统健康

随着人们的环保意识逐渐清晰并强化，对城市生态系统的健康也越来越关注。目前，比较公认的生态系统健康概念是指一个生态系统具有稳定性和可持续性，即在时间上具有维持其组织结构、自我调节和对胁迫的恢复能力。然而城市生态系统不是一般的生态系统，它是受人类活动干扰最强烈的地区，它已经演化为一种高度人工化的自然、社会、经济的复合生态系统，不仅强调生态学意义上的结构合理、功能高效等，更要强调该系统对人类服务功能的维持能力，以及对居民健康的非损害性。因此，有研究者归纳总结城市生态系统健康是内部生产生活和周围环境之间的物质循环和能量流动未受到损害，关键生态组分和有机组织保存完整并无疾病，对长期或突发的自然或人为扰动能保持弹性和稳定性，整体功能表现出多样性、复杂性、活力和相应的生产率，其发展的理想状态是生态整合性。

4. 城市生态系统承载力

目前，国内外学者很少将城市生态系统承载力作为一个明确的概念提出。"承载力"一词来自生态学，最初应用于对自然生态系统中生物数量的研究，但其与生态学中种群承载力的意义差别很大。生态学中的承载力一般是指，承载基体所能维系的承载对象的数量阈值。例如，自然生态系统中，承载基体对应承载对象的数量是受食物链制约的，这种制约下的承载力相对稳定。而城市生态系统的承载对象是具有主观能动性的人，同时，承载基体是脆弱的人工生态系统。因此城市生态系统的承载力浮动性较大，基本不存在稳定的数量阈值。城市生态系统承载力的意义不单纯是能够供养多少人，而是能为城市居民的生活和经济活动等提供稳定的系统支持和服务功能。

城市生态系统承载力可以理解为，正常情况下，城市生态系统维系其自身健康、稳定发展的潜在能力。主要表现为城市生态系统对可能影响甚至破坏其健康状态的压力产生的防御能力，在压力消失后的恢复能力及为达到某一适宜目标的发展能力。也可理解为，生态系统的自我维持、自我调节能力，资源和环境子系统的供给能力及其可维持的社会经济活动强度和具有一定生活水平的人口数量。

第二节　城市发展与环境问题

一、城市发展

（一）城市发展的概念

1. 概念

城市规模和基础设施、公共产品的增加，以及城市经济结构、管理体制、社会事业、公共服务水平等整个经济社会变动过程，称作城市发展。城市发展的实质是城市的经济和社会的发展。

2. 城市发展质量

城市虽然是以商业活动为主的居民点，但公众对城市发展的满意度是城市发展的一个制约因素。一般认为，城市客观发展质量与公众主观满意度之间是密切关联。在我国的城市化进程中，一些地方政府过分热衷于城市发展的速度和规模，而对发展质量和品位不够重视。重表面轻实质的结果往往是城市发展问题的诱因。对政府而言，制定促进各项城市功能发展的政策，不仅仅是关注城市物质生产，同时要重视环境质量及获得更多公众支持。

3. 城市发展的环境质量维度

环境质量是城市发展质量测评指标体系维度之一，同时是主客观指标相结合的城市发展质量评价指标体系指定的城市功能之一。可见，环境质量是城市发展必须重视的问题。城市发展中的环境质量包括生活环境和污染治理两方面。其中，生活环境指的是人均公共绿地面积、建成区绿化覆盖率、空气质量优良率等；污染治理则包括生活污水处理率、生活垃圾无害化处理率、工业废水排放达标率、工业烟尘去除率等。

随着科技进步和生产力提高，物质财富空前丰富，但与此同时，人口剧增、环境污染、生态破坏等问题也日益突出。这些问题的出现严重阻碍社会、经济的高速发展，而且对城市居民生活、工作和身心健康造成恶劣影响。人类未来的生存与发展之道将是，注重城市质量系统的协调发展，实现可持续发展。城市发展质量系统中，人口、经济、环境等各子系统相互之间相互影响、制约和促进。这些子系统对城市发展而言具有同等重要性，不存在先发展谁先牺牲谁的问题。

（二）健康城市理念

1. 健康城市理念来源

健康城市（Healthy City）一词最早出现在国际论文"健康多伦多"中。论文认为，健康的城市可以为居住其中的人们提供享受自然环境与和谐社区的生活方式。这一认识将个人健康与地点、环境、城市机会等联系起来，在当时是极具革命性的。健康城市理念的提出，是为了提高人们对城市建设的认识，动员市民与地方政府和社会机构合作，以此形成有效的环境支持和健康服务。1986 年，国际号召"健康城市运动"。该运动首先得到发达国家如加拿大、美国、澳大利亚部分城市的响应。以加拿大多伦多为例。该市制定了健康城市发展规划，针对污染的减少与环境的净化采取有力措施，重视为民众提供清洁水源和健康食物等。十年后，发展中国家也加入健康城市规划的运动中。在我国，健康城市项目的实施始于 21 世纪。

2. 健康城市内涵

健康意味着人的身心良好，处于较好的劳动效能状态，包括躯体健康、心理健康、心灵健康、社会健康、智力健康、道德健康等。世界卫生组织（World Health Organization，WHO）在其宪章中开宗明义地界定了健康的内涵："健康不仅仅是没有疾病或体质强健，而且还是生理、心理和社会幸福的完满状态。"显然，健康概念涵盖了生物、心理和社会三个向度的意义。因此，判断一个人的身体、心理和精神是否健康，除了个体特征和医学因素外，还要参照相关个体所处的社会环境和社会标准。

在对健康界定内涵的基础上，WHO 同时给出健康城市的内涵："一个不断创造和改善城市的自然环境、社会环境，拓展其社区资源，以使人们相互支持，能够充分进行生活活动和发展个人潜能的城市。"后来在实践中对健康城市的含义进行了补充，指出健康城市是一个循序渐进的过程而非致力达到的目的。其存在基于人们对健康的清晰认识和努力改善。可见，健康城市重视改善自然和社会环境，将得到更好的物质与获得良好的环境体验同等看待。健康城市模型，见图 5-3。

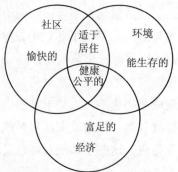

图 5-3　健康城市模型（引自：Hancock T. 1993）

3. 健康城市与可持续发展

（1）健康城市是可持续发展在城市规划层面的实践途径。全球健康城市运动引发城市规划的一系列转变。现代城市规划中健康理念的应用是相关领域专家的讨论热点。

无疑地，健康城市对现代城市规划设计有要求。例如，健康城市对土地规划要求是，在该过程中应优先提供社会基础设施用地和居民休闲娱乐设施用地等。同时，优先考虑废物回收、循环利用。再如，健康城市对交通规划要求是，建立清洁且低噪声的交通系统。健康城市要求首先建设良好的步行环境，同时鼓励将就业、购物、居住等集中节点上以响应低碳交通。

可见，可持续发展所关注的方面与健康城市的初衷是完全一致的。当健康城市理念应用于城市规划，可持续发展便得到实践。

（2）可持续发展是健康城市运动的重要理论基础。可持续发展战略源于对人类发展与生存环境关系的关注。无节制的经济发展对环境有严重影响，环境恶化反作用并制约经济发展。人类开始思考生存环境对经济发展的支持能力，思索如何实现将有限的资源合理分配。基于以上认识基础和人类所面临的一系列发展、环境危机，可持续发展战略诞生。该战略直面三大危机，即发展、环境与安全。

而健康城市运动关注的是：贫困问题、环境威胁和安全危机。贫困问题的根源在于无法得到足够的教育资源。被贫困问题困扰的居民在获取健康支持和护理服务等方面是弱势群体，对自己的生活质量无力改善。可见，可持续发展战略对发展危机的重视，同样是对健康改善所需物质基础的重视。

可持续发展战略所关注的环境问题对健康城市有直接影响，因为环境资源是城市居民生活质量改善的基础，而且会通过对发展的限制二次作用于健康问题。过去和未来，环境资源的不平等（全球环境资源不均等分配、诸多资源的不同程度退化）几乎等同于健康方面的不平等，例如能够便捷获取洁净的水资源的人群无疑在健康方面拥有优先权。

安全危机对健康的影响是明显而常见的。以城市规划为例。从城市规划与设计的角度来说，有些安全问题需要在城市规划、设计阶段以及后期管理、经营中解决。在中国城市中，有毒气体泄漏、地下工程塌方、房屋塌裂等事故时有发生，引发的一系列安全问题直接威胁城市居民健康。再如，预防犯罪是可持续发展关注的一个安全问题。犯罪率同时是WHO健康城市指标中的一项内容。

总之，可持续发展和健康有着广泛而深刻的联系，对健康城市运动的发展有着至关重要的作用。

二、城市环境的主要问题

城市是工业化和经济社会发展的产物，人类社会进步的标志。然而城市又是环境问题最突出集中的地方。当今世界上的城市，普遍地出现了包括环境污染在内的"城市综合征"。我国的环境问题也首先在城市突出地表现出来。城市环境污染问题正在成为制约城市发展的一个重要障碍，许多城市的环境污染已相当严重。为此，如何更有效地控制我国城市环境污染，改善城市环境质量，使城市社会经济得以持续、稳定、协调的发展，已成为一个迫在眉睫的问题。

（一）城市大气环境污染

我国城市大气污染是以总悬浮颗粒物和二氧化硫为主要污染物的煤烟型污染。少数特大城市属煤烟与汽车尾气污染并重类型。几乎所有的城市都存在着烟尘污染问题，全国二氧化硫排放量的不断增加，已形成了南方大面积的酸雨区。大气污染源主要划分为工业污染源、生活污染源和交通污染源三类。全国城市大气污染主要有以下特点：

（1）北方城市的污染程度重于南方城市，尤以冬季最为明显。

（2）大城市大气污染发展趋势有所减缓，中小城市污染恶化趋势甚于大城市。

（3）在大气污染中，总悬浮颗粒物是中国城市空气中的主要污染物，60% 的城市其浓度年平均值超过国家二级标准；二氧化硫浓度年平均值超过国家二级标准的城市占统计城市的 28.4%，南北城市差异不大；氮氧化物在南北方城市都呈上升趋势，尤其是广州、上海、北京等城市，氮氧化物在冬季已成为首位污染物，表明我国一些特大城市大气污染开始转型。

（二）城市水环境污染

我国城市水环境质量从城市主要江河水系的监测结果看，一级支流污染普遍，二、三级支流污染较为严重。主要污染问题仍表现在江河沿岸大、中城市排污口附近，岸边污染带和城市附近的地表水普遍受到污染的问题没有得到缓解。此外，城市地下水污染逐年加重。

我国城市水环境污染主要有以下特点：

（1）城市地表水污染变化总趋势是污染加剧程度得到抑制，但仍有日趋严重的可能。城市河流的污染程度是北方重于南方。

（2）城市饮用水水源地监测结果表明，一半以上的水源地受到不同程度的污染，主要污染物是细菌、化学需氧量、氨氮等。

（3）城市地下水污染中，"三氮"和硬度指标呈加重趋势。多数城市地下水受到污染、水井水质超过饮用水水质标准的逐渐增加。

（4）各主要水系干流水质虽基本良好，但各自都有一些严重污染的江段。各水系的环境条件不同，污染程度差异较大。

（三）城市固体废弃物污染

我国虽然对固废控制做出了一定的努力，但由于历年积累量很大，且不断有新的固体废弃物（固废）产生，目前处理量和综合利用率依然很低，致使固废对环境的影响越来越大。固体废弃物污染会进一步引发大气污染、水体污染等问题，需要引起社会关注。

城市固体废弃物，如工业废渣，人类生活垃圾和粪便对环境影响甚大。据有关部门统计，工业废渣量约为城市固废排放量的 3/4，另有数量巨大的生活垃圾，许多城市的生活垃圾的增长速度甚至高于工业废渣的增长。同时，城市垃圾无害化处理甚少。多数城市固废目前都是露天堆放，卫生填埋的方式，占用着大量土地。

（四）城市其他环境问题

1. 噪声污染

通常情况下，噪声是指一切不需要并被人类所讨厌的声音。40 dB 是正常的环境声音，在此以上便是有害的噪声，它影响人的睡眠和休息，干扰工作，妨碍谈话，使听力受损害，甚至引起心血管系统、神经系统、消化系统等方面的疾病。

2. 光污染

广义的光污染包括一些可能对人的视觉环境和身体健康产生不良影响的发光事物，包括生活中常见的书本纸张、墙面涂料的反光甚至是路边彩色广告的"光芒"亦可算在此列。光污染所包含的范围之广由此可见一斑。

在城市日常生活中，人们常见的光污染的状况多为由镜面建筑反光所导致的行人和司机的眩晕感，以及夜晚不合理灯光给人体造成的不适。因此，我们应该提倡在城市建筑物建造时，尽量少用镜面墙体，避免对人的视觉干扰。

3. 热岛现象

城市下垫面是一个人造的下垫面，人为的建筑物面积占绝对优势，植被相对较少；城市上空污染物质多，产生了保温作用，增加了大气逆辐射；市区风速较弱，热量的水平输送少；同时城市下垫面的热容量也较大，这些因素共同作用使城市内部的气温常比其他地方高，而出现热岛现象。

4. 人口密集，绿地不足

人口密集是城市尤其是一些大城市、特大城市较普遍的现象。随着经济的发展，农村人口大量向城市转移，促成城市化的加速。而相对应的，绿地面积增加有限，联合国规定的城市人均绿地标准为 $50\sim60\ m^2$，目前达到或超过这一标准的城市为数不多。我国规定的人均绿地标准是 $7\sim11\ m^2$。我国重要城市的人均绿地面积平均值为 $4.2\ m^2$，与联合国标准相差甚远。

5. 城市人口问题

城市化是一个地区的人口在城镇和城市相对集中的过程。城市化也意味着城镇用地扩展，城市文化、城市生活方式和价值观在农村地域的扩散过程。持续的经济增长和经济发展是在一定的人口、资源和环境条件下实现的。人类人口发展的历史表明，人口数量在按指数增长，人口倍增的时间在缩短。尤其是发展中国家，人口增长率偏高，经济增长速度慢。城市化较突出的问题是城市人口过快的增长问题。

城市的人口问题具体包括城市人口职业结构、文化结构、服务结构的转变，城市产业结构的转变，城市土地及地域空间的变化等。城市化造成了城市资源的紧缺，也一定程度上加剧了城市环境污染，所以也是城市环境问题之一。

第三节　生态城市及城市可持续发展

一、生态城市

（一）生态城市思想演进

在工业革命以前，国内外人口、产业的集聚形成了城市，但没有出现城市化现象。当时的城市规模受限于农业生产力和运输业。城市规模和人口数量是由农产品剩余量决定的。除少数规模很大的城市外，多数城市是小型而具备"田园"特色的。这种城市发展比较缓慢，而且对自然环境的影响较小，城市环境问题自然也不突出。这种城市自发地考虑生态平衡、合理聚落、规划建设和尊重自然。

18世纪的工业革命给予人类控制自然空前的力量，城市发展发生根本变化。城市迅速扩张代替了自发生态思想指导的建城活动。人类自身的需求及经济发展，建设了高度物质文明的城市，却付出了高昂的环境代价。资源枯竭、环境污染、人口拥挤、社会异化等问题充分暴露。人们开始反思之前的冒进行为，逐渐转向生态觉醒，对拥有良好生态环境表现出强烈愿望。这种生态觉醒意识始于"二战"后城市重建。

20世纪60年代，保护自然生态的思想在工业发达国家崛起。人类发出"回到自然界""文化、绿野和传统建筑"等号召。这一时期的城市建设思想体现出早期生态自觉。20世纪80年代，国际社会开始研究和讨论"未来城市"。"未来城市"关注节能、高效、低污染，认为"可持续发展"才是未来人类聚居模式。"生态城市"是这一讨论中引人关注的一个概念。在接下了的十几年中，国内外陆续召开关于生态城市的讨论。其中，1997年德国莱比锡召开的"国际城市生态学术研讨会"表明人类价值取向发生了根本性变化，这标志着人类正迈入"生态城市时代"。由此可见，生态城市思想的演进过程经历了"生态自发→生态失落→生态觉醒→生态自觉"四个阶段。这种思想变迁反映了生态学发展、生态的价值对人类生存和发展的重要性，同时表明未来城市建设离不开生态学。

（二）生态城市的概念

生态城市（Ecological City）最早是在联合国教科文组织发起的"人与生物圈（MAB）"计划中研究提出。生态城市的概念一经提出就在全球引发广泛关注。随着城市物质文明的发展和可持续发展观的提出，生态城市的内涵在不断充实和完善。

生态城市是经济高效、社会和谐、环境优美的人类的聚集居住地。不同的学者，给出不同的理解。前苏联生态学家 Yanitsky 认为，生态城市是按照生态学原理建立的社会、经济、自然等协调发展，物质、能量、信息高效利用，生态良好循环，技术与自然充分融合，人的创造力、社会生产力量最大限度得到发挥与发展，居民的身心健康与环境质量得到最大限度的保护的人类聚居地。他认为生态城市是一种理想城市模式。美国生态学家 Richard Register 则认为生态城市是生态健全的城市。所谓生态健全指的是低污、节能、紧凑、充满活力，人与自然和谐相处的聚居地。这些学者都是用描述性的语言概括生态城市内涵。中国学者黄光宇则从科学技术的层面补充了生态城市含义。他认为生态城市是根据生态学原理，综合研究城市生态系统中人与城市的关系，并应用生态工程、环境工程、系统工程等现代科学与技术手段协调现代城市经济系统与生物群体的关系，保护与合理利用自然资源与能源，提高资源再生能力和综合利用水平，提高城市生态系统的自我调节、修复、维持和发展的能力。另外，美国学者 Roseland 从"可持续""健康"等角度剖析生态城市的概念。他认为生态城市包含了可持续发展、健康社区、社区经济开发、先进技术、生物区域主义、土著人世界观、社会生态等方面的内容。

（三）城市环境问题的生态学实质

城市生态环境问题的产生是人类社会活动与自然环境、资源关系失调的结果。

一般认为，城市问题可以用流、网、序概括，如表5-1所示。流指的是资源开发利用的问题。城市是靠物质流、能量流、人口流维系的。流有输入和输出，并且有连续性。如果这些"流"的输入输出失衡或运行过程中断，会产生各种各样的环境问题。网指的是生态系统结构布局问题。包括产业或产品结构、工业布局、土地利用格局、城市管理格局等的失调问题。序指的是复合生态系统的问题。城市生态系统失去和谐性就会出现"乱序"的问题。一个和谐的城市，必须具备良好的生产、生活和调节缓冲功能。该城市具有持续而稳定的生态系统。城市居民可以通过合理的经营、管理和控制防止系统失调。

生态城市是城市可持续发展的方向，并且使城市经济、社会与生态复合系统全方位地趋向于结构合理、组织优化、运行高效的均衡的演化过程。但生态城市的可持续发展并非要求各个系统同时最优化，而是要求整体最优。生态城市的发展强调各子系统之间的相互融合能力，各要素的平衡和协调。所谓平衡和协调，指的是城市的开发与生产活动强度不超过城市生态系统的支持能力。因此，生态城市的发展本质是，不破坏城市生态系统的整体协调性，利用先进的生产力通过创新手段实现城市发展。

表 5-1　城市问题的生态学实质

问题	实质	目标	方法
资源利用效率低（流受阻）	过程问题	高效率	生态工程
系统关系不协调（网不健全）	结构问题	和谐关系	生态规划
自我调节能力低下（序不完善）	功能问题	强大生命力	生态管理

二、城市可持续发展

（一）城市可持续发展定义与内涵

1. 城市可持续发展定义

可持续发展（Sustainable Development）是人类共同追求的目标，不少学者从不同的角度对可持续发展提出了自己的定义，其中挪威前首相 Gro Harlem Brundtland 提出的可持续发展概念得到最广泛的接受和认可。她将地球和全人类视为一个整体，认为："所谓可持续发展是指既满足当代人的需要，又不损害后代人满足需要能力的发展。"或"在不危及后代人需求的前提下，寻求满足当代人需求的发展途径"。这种观点的可持续发展定义含有以下三层意思：

（1）全面满足人的需求。实现经济长期、稳定、高效的增长，是为了满足人类的生存需求。然而前提是将人口控制在适度规模，使之既满足发展对劳动力的需要，又不对需求产生压力。

（2）消除资源环境极限。在满足人类生存发展需求时，资源与环境的承载能力存在一个极限问题。可持续发展观认为极限可以消除，为此，必须发现和发掘更多非再生资源，提高可再生资源在生产力中的比例。同时，节约资源，积极治理和保护生态环境。

（3）同代及代际平等共享。可持续发展要求同代人之间和各代人之间实现平等公平分配资源。良好生态环境的平等与公平共享，其必要条件是建立与资源的持续供给相适应的发展规模与速度，其充分条件是建立相适应的政策和法律体系，强调社会公正和公众参与。

2. 城市环境可持续发展内涵

可持续发展的内涵是发展与限制相互协调的思想，即保护环境与促进发展之间存在辩证统一关系。可持续城市是具有保持和改善城市生态系统服务能力，并能够为其居民提供可持续福利的城市。

根据城市学理论，城市发展是城市增长和城市结构变革最终导致的量变与质变。而城市可持续发展强调的不仅仅是量变与质变的过程，更注重城市发展在时空上的高度统一，其核心是以"环境保护和资源可持续利用"为基础，以城市发展"高效益、高质量、高效率运行"为标志的人口、经济、环境协调发展，最终达到城市发展的可持续。由此可见，可持续性是贯穿于城市发展每一个层面的最佳状态，因而城市可持续发展是城市发展的最高境界，同时也是城市发展的过程。

（1）城市环境可持续发展内涵。从目前最普遍的可持续发展观点来看，城市人居环境可持续发展，应该是指城市的人工聚居环境、自然生态环境和社会经济环境协调、持续的发展。即在一定的时空尺度上，以适度的人口、高素质的劳动力、"以人为本"的人类聚居条件、"人与自然相协调"的生态环境、无污染或少污染的环境质量、高投入的环境建设资金、可持续利用的资源及其合理消费、稳定安全的社会环境，取得资源的合理利用、生态环境的有效保护，优化城市人居环境，促进城市化，从而既满足当代城市人类聚居的需求，又不影响未来城市人类聚居发展需求。具体而言，城市环境可持续发展包括下面几层含义：

① 城市住区可持续发展。住宅与居住环境是城市居民聚居生活的重要场所，是城市人居环境的微观层面，因此，城市住区可持续发展是城市人居环境可持续发展的核心内容。城市住区的可持续发展，就是关注城市居民住房与居住环境问题，突出政府的推动、导向作用，把住宅开发与居住环境建立在可持续发展的基础上。城市住区可持续发展思想具体表现在住宅功能的人性化、住区环境美化方面。住宅功能由"有房可住"的生存功能，向实用型、舒适型、健康型、美观型发展。生态型住区的空间布局提倡"开放空间优先"观念，把住宅建设密度控制在30%以下，小区的绿地率不得少于35%。建筑设计应根据城市大环境及其区位确定主题定位，在园林设计、建筑造型、社区服务等方面突出特色。住区还有充足的日照、清新的空气、良好的通风、洁净的水面，一改目前住区商业、居住、工业多功能混杂的状况。

② 城市基础设施可持续发展。基础设施是城市各种经济、社会、物质实体的支撑系统和承载体，城市人居系统结构的可持续性是与城市基础设施的容量密切相关。城市基础设施具有生产性，这在城市经济性基础设施上表现尤为突出；城市社会性基础设施能够保证和推动人的全面发展和社会的进步；城市环境性基础设施主要是改善城市生态环境质量，保证城市社会经济发展有牢靠的自然基础，上述三大类城市基础设施即经济性、社会性、环境性基础设施各自的主要功能特征分别是促进经济发展、推动社会进步、维护生态平衡，但每一类设施的建设具有综合效益，包括经济、社会、生态的效益，因此，完善的城市基础设施建设能够推进城市人居环境可持续发展。

③ 城市生态环境可持续发展。从战略角度来看，城市生态环境可持续发展是城市人

居环境可持续发展的基础和前提条件。当代，人作为城市生态系统的主体，城市社会经济活动的中心，是推动社会经济发展的动力，但同时又干预、耗损和破坏自然生物圈的物质循环和能量流动的规律。因此，城市生态环境可持续发展涉及人类的社会经济活动、自然生态和环境保护，以及它们彼此之间互相影响、互相制约、互相适应、互相促进的协调发展关系。

④ 社会经济可持续发展。城市人居环境可持续发展的最终目标就是要不断满足城市人类聚居需求和愿望，因此，社会的可持续性是城市人居环境可持续发展的目的，要实现社会的可持续发展，首先，人们要建立可持续发展思想，提高人类整体素质，认识到自己对自然、社会和子孙后代所负有的责任，自觉地保护环境、建设环境。其次，城市人口聚集给城市发展带来负面效应，人口密度越大，对有限的环境资源所产生的压力越大，使人和环境的关系更为紧张，故还必须把城市人口控制在可持续发展水平上。

因此，城市聚居环境建设、自然生态环境和社会经济发展是一个不可分割的整体。因为如果没有人的发展，就没有经济的发展，而没有生态环境的适宜条件，则没有生物，也就没有人。在生态环境遭受破坏的世界里，是不可能有福利和财富可言的。同时，在城市人工环境建设中，人工构筑物的生产过程，必然大量向自然环境索取资源，自然生态环境中的各种生物要素和非生物要素就为人工构筑物生产提供各种资源，包括人类消费资料、工业原材料及能源，因此，要使城市人居环境可持续发展就要坚持社会经济发展、人工环境建设与生态环境保护相协调，促进城市经济效益、社会效益、生态效益的统一。

（2）城市人居环境可持续发展特性。城市环境各子系统相互联系、相互作用，共同组成一个有机整体。各子系统的可持续发展决定了城市环境可持续发展系统的可持续性，并具有以下基本特性：

① 整体性与层次性。人居环境的构成具有系统性与层次性，层次意识和系统思想是人居环境可持续发展的重要特征。城市人居环境的层次与系统结构具有自身的特征，根据城市的特点，向下深入到"家庭"层次，向上延展到"区域"层次。城市人居环境可持续发展就需要将人口、资源、环境与发展作为一个整体来研究，研究它们之间的层次结构功能、相互作用的机理，预测其发展变化，拟定调控和管理对策。

② 动态性与过程性。系统不仅指作为状态而存在，而且有时间性程序，系统有其产生、发展和消亡的自身运动，这就是系统的动态性和过程性。"持续发展"本身也说明是一种过程，城市的持续发展不仅表现为物质空间、社会经济结构、文化传统的延续和发展，更重要的是必须赋予"限制"因素，在不超越资源和环境承载能力的条件下，才能获得持续性。过程性要求城市人居环境建设要在城市发展的不同阶段采取不同的发展战略和空间模式，而对资源和环境的利用既要高效率，又不能超越其容量范围，城市人居环境可持续发展应是渐进的弹性推动。

③ 开放性与阶段性。城市人居环境系统是一个耗散结构，该结构是指在非平衡状态下，系统通过与外界"三流"交换，吸取负熵，而形成新的、稳定的、充满活力的结构，

从这一概念来看，城市人居环境系统必须是一个开放系统。耗散结构有一个从混沌到有序的过程，在图 5-4 中，可看出城市人居环境可持续发展的三个阶段和相应的发展水平。

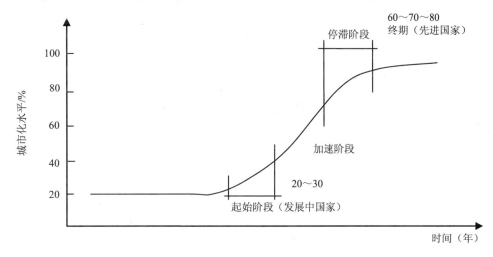

图 5-4　城市人居环境可持续发展三个阶段（引自成文利，2003）

在城市人居环境发展初期，城市人居环境处于非平衡状态，表现为混沌和无序，如城市土地扩张、人口激增、交通混乱、住房紧张、环境恶化等；在加速阶段，以上现象更为明显，此时第二产业处于主导地位；当"三流"交换达到某一特定阈值时，城市人居环境系统则转变为在空间和功能上均稳定的有序状态，即停滞阶段，表现为城市用地不再扩张，人口趋于平衡，第三产业处于主导地位，该阶段也被称为城市人居环境可持续发展的饱和点。

（二）可持续发展理念在城市交通运输业中的运用

1. 交通运输的可持续发展

交通运输是城市社会、经济活动的命脉。交通运输的可持续发展，对于促进城市健康发展具有重要意义。然而伴随着城市化进程，我国城市交通出现环境污染、拥挤、资源占比过大等问题。城市交通发展的目的是方便和改善城市居民的生活。因此，城市交通可持续发展应以与城市可持续发展保持一致，在为居民提供安全、高效、选择性好的出行条件的同时，又要最大限度减少对环境的污染和破坏，做到真正地提高居民生活质量。

2. 发展可持续交通运输应遵循的原则

（1）资源利用最优化原则。交通运输对资源的依赖性很强，其基础设施需要大量土地资源，其运行需要消耗能源。我国人均资源占有量本来就很低，因此要实现交通的可持续发展，首先应考虑资源节约。

（2）环境友好原则。交通运输是城市大气污染、噪声污染的主要源头之一。可持续的交通运输业发展应该遵循"等量前提下的污染负荷最小、环境损失最低"的环境友好原则，即提倡绿色交通。

（3）成本最小化原则。不同的交通运输方式，运行成本不同。发展可持续交通，不仅仅要计算交通运输业的直接成本，还要考虑由于道路拥堵、环境污染、生态破坏等间接成本。可持续的交通发展模式应该是社会总成本最小化的。

（4）系统最优原则。不同的交通运输方式各有优劣长短，具有不同的适用范围。综合交通运输体系的构建是一个系统工程，须兼顾社会、经济、环境效益。可持续的交通运输应运用"系统最优原则"，对地铁、公路、水运、管道等各种运输方式进行合理配置和优化，充分发挥它们各自的优势。

3. 可持续的城市交通运输发展战略

可持续的交通发展战略不仅要具有长期有效的手段，还应为下一代的发展留有足够的余地，保证同代之间和代际之间的公平性。以下是实现手段的长期有效性所要考虑的问题。

（1）引导城市居民选择适当的交通方式。在过去，面对小汽车进入家庭的现象，人们只考虑购买力的问题。今天，我们必须考虑城市交通的可持续发展情况。例如，如果一个大城市的主要交通工具为公共汽车，而且完善地建立了保证快速公交高效运行的措施，那么就可以适当约束城市居民购买私家车。目前已经有部分学者在进行"汽车产业与城市交通的协调发展问题"和"单双号限行措施与交通需求管理"等研究。这为相关政策的制定与实施提供了理论依据。

（2）交通需求管理。城市化势必带来交通需求的不断增加。城市交通逐渐从便利的提供者转变为便利和困扰的矛盾体。通过交通需求管理来缓解交通拥挤逐渐受到重视。

交通需求管理是指通过调整用地布局、用地开发、客货运时空布局和人们出行观念、行为，来达到减轻城市交通拥挤的一系列管理措施。总而言之，交通需求管理是一种调控城市出行需求、提高交通系统运行效率的对策。目前，我国普遍使用的交通需求管理手段有错时上班、分期度假、征收拥挤费、限时通行、禁止某种方向行车（如路口禁止左转）等。

（3）交通基础设施的投资政策。交通运输业是一个国家和地区经济强盛的基础产业。交通基础设施建设作为交通运输业发展的一项重要内容，其发展程度直接决定其他各产业发展的物质基础、交易效率和投资环境等。交通基础设施建设规模对宏观经济发展将产生重大影响。其规模过大会造成经济积累率偏高，影响整个经济系统的正常运行；而基础设施建设不足会引发更为严重的城市交通问题，进一步引发投资环境恶化，同样会制约经济发展。因此，城市交通可持续发展依赖于政府制定出有效的交通基础设施投资政策。

复习思考题

1. 城市生态系统与自然生态系统有什么区别？

2. 据你对周围居民的消费行为和生活习惯的了解,讨论人类活动对城市生态系统有哪些影响？

3. 你认为城市可持续发展的内容有哪些？

4. 如果城市饮用水安全继续恶化,在未来 3～5 年内,哪些问题会更加突出？例如,用水成本和人们的用水意识会有哪些改变？

5. 城市发展战略中的环境考虑应该有哪些方面？

6. 生态城市和健康城市的区别与相同点有哪些方面？

参考文献

[1] 吴良镛. 建筑、城市、人居环境[M]. 石家庄：河北教育出版社，2003.

[2] 刘耀林，等. 城市环境分析[M]. 武汉：武汉测绘科技大学出版社，1999.

[3] 戴天兴. 城市环境生态学[M]. 北京：中国建材工业出版社，2002.

[4] 金岚，等. 环境生态学[M]. 北京：高等教育出版社，1992.

[5] 刘云国，李小明，等. 环境生态学导论[M]. 长沙：湖南大学出版社，2000.

[6] 刘义杰. 环境生态学概论[M]. 哈尔滨：黑龙江人民出版社，2001.

[7] 杨京平，刘宗岸. 环境生态工程[M]. 北京：中国环境科学出版社，2011.

[8] 沈清基. 城市人居环境的特点与城市生态规划的要义[J]. 规划师，2001，6（17）：14-17.

[9] 成文利. 城市人居环境可持续发展理论与评价研究[D]. 武汉理工大学，2003.

[10] 吴良镛. 发展模式转型与人居环境科学探索（第一部分）[J]. 中国建设教育，2008（9）：4-5.

[11] 吴良镛. 发展模式转型与人居环境科学探索（第二部分）[J]. 中国建设教育，2008（10）：3-6.

[12] 吴良镛. 发展模式转型与人居环境科学探索（第三部分）[J]. 中国建设教育，2008（11）：8-9.

[13] 李伯华，刘沛林. 乡村人居环境：人居环境科学研究的新领域[J]. 资源开发与市场，2010，26（6）：524-527.

[14] 傅伯杰，等. 黄土丘陵区土地利用结构对土壤养分分布的影响[J]. 科学通报，1998，43（22）：2444-2447.

[15] 殷乾亮. 城市居住环境景观生态设计探析[J]. 林业经济问题，2010，30（1）：79-83.

[16] 徐栋，等. 受污染城市湖泊景观化人工湿地处理系统的设计[J]. 中国给水排水，2006，22（12）：40-44.

[17] 邓智联，唐嘉. 浅谈绿色通道景观生态工程规划设计[J]. 西部交通科技，2007（1）：71-74.

[18] 赵羿，李月辉. 实用景观生态学[M]. 北京：科学出版社，2001.

[19] 阎伍玖. 环境地理学[M]. 北京：中国环境科学出版社，2003.

[20] 左红英，杨忠直. 城市废弃物的分类与回收再利用[J]. 生产力研究，2006（8）：115-116.

[21] Hancock T. Health Human Development and the Community Ecosystem Three Ecological Models[J]. Health Promotion International，1993，8（1）：41-47.

第六章　工业生态化与清洁生产

随着工业化的发展，进入自然生态系统的废物及污染物质越来越多，既造成了环境的污染，又对人类的自身安全产生了严重影响。与此同时，工业化的快速发展，对资源的消耗超出了生态系统的恢复能力，也进一步破坏了全球的生态平衡，带来的日益恶化的全球环境问题。治理生产过程中所排放出来的废气、废水和固体废弃物，以减少环境污染，保护生态环境，这种污染治理、环境保护的战略称之为"末端治理"。末端治理虽然能够在某种程度上减轻部分环境污染，但是没有从根本上结束环境恶化的趋势，因此必须寻求系统综合化的治理与保护手段。工业生产的生态化、清洁生产、循环经济的模式成为工业生产环境保护的重要手段和可持续发展途径。

第一节　工业生态系统

一、工业生态系统概述

（一）工业生态系统的概念

工业生态系统是依据生态学、经济学、技术科学以及系统科学的基本原理与方法来经营和管理工业经济活动，并以节约资源、保护生态环境和提高物质综合利用为特征的现代工业发展模式，是由社会、经济、环境三个子系统复合而成的有机整体。同自然生态系统一样，工业系统是物质、能量和信息流动的特定分布，而且完整的工业系统有赖于由生物圈提供的资源和服务，这些是工业系统不可或缺的。众所周知，在生态系统中，一种生物产生的"废物"是其他生物的营养来源，所有的物质得以充分利用，形成封闭循环。工业生态系统相当于由工业子系统组成的整体网络，这些工业子系统分别涉及不同的地域、行业或原料。发展完善的工业生态不只是把某个特定工厂或工业部门的废物减至最少，而且还要能将产出的废物总量减至最少。工业生态系统是一个类比的概念，不能按字面的意义来理解它。几十年来，人类获得了自然生态系统循环方面的大量知识，但将这些研究成果运用到分析工业领域生态系统的研究还刚刚开始。

（二）工业生态系统组成部分及其营养关系

对于工业生态系统，我们可以按生态学基本原则对其成员进行划分，如表6-1所示。

表6-1　工业生态系统与自然生态系统的组成部分对比（引自邓南圣，2005）

组成	自然生态系统	工业生态系统
生产者	利用太阳能或其他化学能将无机物转化成有机物，或把太阳能转化成为化学能，供自身生长发育需要的同时，为其他生物种群（包括人类）提供食物和能源，如绿色植物、单细胞藻类等	初级：利用基本环境要素（空气、水、土壤、岩石、矿物质等自然资源）生产出初级产品，如采矿厂、冶炼厂、电热厂等
		高级：初级产品的深度加工和高级产品生产，如化工、肥料生产、服装和食品加工、机械、电子产品等
消费者	利用生产者提供的有机物和能源，供自身生长发育，同时也进行有机物的次级生产，并产生代谢物，供分解者利用，如动物（草食、肉食）、人类	不直接生产"物质化"产品，但利用生产者提供的产品，供自身运行发展，同时产生生产力和服务功能，如行政、商业、金融业、娱乐及服务业等
分解者	把动、植物排泄物、残体分解成简单化合物，再生以供生产者利用，如分解性微生物、细菌、真菌及微型动物等	把工业企业生产的副产品和"废物"进行处置、转化、再利用，如废物回收公司、资源再生公司等

按生态学或进化论观点，生态系统内部组成之间是优胜劣汰、适者生存的竞争关系，但同时又有协作和共生关系。对于工业系统而言，工业生态学家们普遍强调协作和共生关系，尤其在原料和能量流动的网络共享和废物利用方面，主张各工业企业应给予废物资源化增值及产品生产与市场营销以同等重要的地位。从实现高效物质和能量循环流动的角度看，这些组成部分显得格外重要。因此，资源回收再生公司或环境技术公司在工业生态系统中是必不可少的。

自然生态系统各组成部分之间建立的营养关系是一种网状关系，由此构成了生态系统的营养结构。工业系统有其特定的物质、能量流动和信息交换规律，与自然生态系统不同，工业系统各企业和部门之间物质的供应是一种线性开放系统。它们的"食物链"关系呈线性状态，各企业或工业部门之间的相互联系很小。如何借鉴自然生态系统物质与能量流动的规律与方式，发掘工业系统中物质与能量流动的规律，从而在工业系统内实现物质的封闭循环，这正是工业生态学要解决的问题。

（三）工业生态系统特点

1. 工业生态系统的特点

（1）物质循环和能量流动。工业生态系统把经济活动组织成"资源—产品—再生资源"

物质反复循环流动过程，实现物质闭路循环和能量多级利用。一个企业产生的废物经过处理总可以找到合适的去处，即工业生态系统通过建立"生产者—消费者—分解者"的"工业链"，形成互利共生网络，使物质循环和能量流动畅通，物质和能量充分利用。整个工业生态系统基本上不产生或只产生很少的废物，实现工业废物"零排放"或"低排放"。

（2）企业动态演化。工业生态系统"工业群落"中的任何企业都有一个"生存期"，每个企业都必须服从"适者生存"的优胜劣汰进化法则。企业在工业生态系统中生存时间的长短取决于企业自身的生存能力，同社会环境下的适应性以及社会的各种限制因素的综合作用。在市场经济体制下，企业可以通过购买或出让排污权自由进入或退出工业生态系统。当企业的经济实力、生产技术水平、治污工艺水平等处于落后状态时，在总量控制目标下，将按"逆行演替"退出工业生态系统；反之，当一个企业的经济实力、生产技术水平、治污工艺水平等处于先进状态时，它可以通过购买排污权按照"顺行演替"进入该工业生态系统。

（3）工业生态系统的脆弱性。在工业生态系统中，任何一个企业的运营情况都会直接或间接干扰与其联系的企业，如果一个企业的废物是另一个企业的原料的主要来源，当提供该原料的企业因为不定因素而影响生产，无法提供足够的，或满足质量标准的废物作为原料时，接收该废物为原料的企业也将面临瘫痪。这种情况主要是因为企业间联系渠道的单一性导致工业生态系统的脆弱性。所以，工业生态系统要维持稳定，企业应当随时寻找更多的原料来源以及用其他厂家废物作为原料被利用的可能性，并保证这种可能性能够变为现实并能持续运行。

（4）工业生态系统的双重性。工业生态系统的双重性是指工业生态系统不仅受到生态学规律的影响，同时还受到经济规律的制约。任何企业若不能满足生态学规律和经济规律中任何一项都是无法生存的。市场调节对工业生态系统中的企业的成败以及整个工业生态系统起着决定性的作用。因此，企业应该运用当代环境伦理道德观使企业保证整个工业生态系统的生态效益的前提下追求经济利益，而不能仅仅只为了追求企业自身的经济效益而损害了系统的整体利益。

二、工业生态系统的进化

当将地球生命进化的知识运用到工业体系发展的变化过程时，把工业体系看做同生物圈一样，认为工业体系的发展也经历了一个漫长的进化史。在生命的开始阶段，可以选择的资源是无穷无尽的，但有机生物的数量相对较少，在这个时期，生命进化过程中物质流动相互独立地进行，他们的存在对可利用资源产生的影响几乎可以忽略不计。资源的存量足够大，可以看做是无限的；环境容量足够大，废料也可以无限地产生。生命因此可以长期保障其发展的条件。漫长时间内连续的"创造"，先是无氧发酵，然后是有氧发酵，然后是光合作用，工业社会的发展历程可以从中获得启发。

地球生命的最初阶段与现代经济运行方式之间的类比给人以非常强烈的印象。事实上目前的工业体系，与其说是一个真正的"体系"，倒不如说是一些相互不发生关系的线性物质流的叠加。简单地说，其运行方式就是开采资源和抛弃废料，这是产生环境问题的根源。工业生态学理论的主要探索者之一，波拉登·阿伦比（Braden Allenby）提出将这种运行方式命名为一级生态系统，可以用图 6-1 表明。

图 6-1　一级生态系统中线性的物料流动

（引自：Graedel T.E and Allenby B R. Industrial Ecology，1995）

在随后的进化过程中，资源变得有限了。在这种情况下，有生命的有机物随之变得非常地互相依赖并组成了复杂的相互作用的网络系统，正如今天在生物群落中所见到的那样。不同（种群）组成部分之间的，也就是说，二级生态系统（图 6-2）内部的物质循环变得极为重要，资源和废料的进出量则受到资源数量与环境能接受废料能力的制约。

图 6-2　二级生态系统中准循环性的物料流动

（引自：Graedel T.E and Allenby B R. Industrial Ecology，1995）

与一级生态系统相比，二级生态系统对资源的利用虽然已经达到相当高的效率，但也仍然不能长期维持下去，因为物质、能量流动都是单向的，资源减少，而废料不可避免地不断增加。

为了真正转变成为可持续的形态，生物生态系统进化成以完全循环的方式运行。在这种形态下，不可能区分资源与废料，因为，对一个有机体来说是废料，但对另一个有机体来说是资源。对于系统来说，只有太阳能来自外部，波拉登·阿伦比建议将其称为三级生态系统。在这样的一个生态系统之内，众多的循环借助太阳能既以独立的方式，也以互联的方式进行物质交换。这种循环过程在时间和空间上的差异相当大。理想的工业社会（包括基础设施和农业），应尽可能接近三级生态系统（图 6-3）。

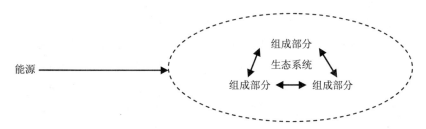

图 6-3　三级生态系统中循环性物料流动

（引自：Graedel T.E and Allenby B R. Industrial Ecology，1995）

在工业生产中采取的是产品系统管理，是指与产品生产、使用和用后处理相关的全过程，包括原材料采掘、原材料生产、产品制造、产品使用和产品用后处理。整个系统的物质和能源、产品和副产品加入大的循环中，对生态环境不构成威胁，可实现工业生态化，实现可持续发展目标。

目前，理想工业生态系统模式，如图 6-4 所示，与二级生态系统模式相近。对生态环境构成威胁较小，但该管理手段也无法完全满足可持续发展模式的要求。现代生态工业新模式应向三级生态系统模式靠近。对生态环境不构成威胁，可实现工业生态化，实现可持续发展目标。

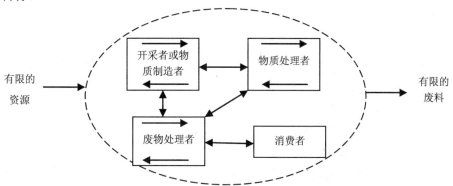

图 6-4　理想工业生态系统的模式（引自于秀娟，2003）

人类活动，特别是工业革命以来的发展活动，在很大程度上属于一级生态系统的范畴。产品的使用寿命常常极短，往往仅使用几星期，甚至几天。部分原材料仅使用一次以后便被扔掉，散落于周围环境中。使用的许多产品是消耗性的，如润滑剂、溶剂、油漆、杀虫剂、肥料甚至轮胎，废物再循环利用微乎其微。而且，消费后废弃物再利用的方式，往往也是污染活动，是消耗性的，其对环境的真正效益远不是一目了然。

将生态学概念运用到工业体系最重要的贡献在于工业生态学所提倡的全面的、一体化的观念，它比上述观念更为重要。而特别重要的是，从对生态运行调节机制的认识中获得知识，即从近 50 年来由理论生态学发展起来的充满了控制论语汇的学问中获得知识。从长远来说，对生物和工业生态系统的调节机制的知识可能演化成一种像长期以来用于优化工业生产体系各个不同组成部分的科技知识一样的战略理论。

工业体系是建立在生物圈所提供的资源和服务的基础上的，在生物圈这个大的生态系统中进行着演替与更新。概括起来工业生态系统的进化分成三个主要阶段：

（1）第一阶段。工业系统的发展也会经历一个漫长的进化史，工业体系起初，与其说是一个真正的"体系"，不如说是一些相互不发生关系的线性物质流的叠加。简单、粗放、大量地开采资源和抛弃废料，是日后产生各种环境问题的根源。工业生态学理论主要的探索者之一，勃拉登•阿伦比提出将这种运行方式命名为一级生态系统。无限的资源→工业生态系统→无限的废物。只为满足产品符合用户的需求，同时企业又能获得最大的利润，产品的功能性和经济性平衡、最优的性价比，而忽视资源的成本，对污染物采取末端治理的思想，客观上导致了全球性资源短缺和生态恶化。

（2）第二阶段。随着工业系统的发展，资源和废料的进出量必然受到资源数量与环境接受废料能力的制约，增加内部的物质循环就变得很重要。二级工业生态系统就是采用过程控制的思想，企业改进生产工艺和技术，采用节能环保型生产设备实施清洁生产，从被动的末端治理转向积极的污染预防，最大限度地减少生产过程的资源消耗和废物排放。与一级工业生态系统相比，二级工业生态系统对资源的利用已经达到了较高的效率。但是这个环境管理方式也仅仅关注生产过程，物质、能量的流动都是单向的，没有考虑产品的使用及以后的回收，不可避免的资源减少、废物增多，无法满足可持续发展模式的要求长期地维持下去。

（3）第三阶段。企业与企业、行业与行业之间协调配合、统一规划，形成生态工业链或生态工业网，对一个企业或行业来说是废物，但对另一个企业或行业来说则可能是资源。采取产品系统管理，包括原材料采掘、原材料生产、产品制造、产品使用和产品用后处理的全过程，整个系统的物质和能源、产品和副产品都加入到大循环中，不对生态环境构成威胁，实现工业生态化和可持续发展。

工业生态系统很难达到像自然生态系统那样的完全循环，只能"模仿"自然生态系统的运行和进化规律，逐步优化和完善自身，尽量减少从自然界索取资源和能源、尽量减少废物的排放，最终真正成为一个与自然界和谐共存的子系统。

自然界经过近亿年的演化过程才产生了完全循环所需的全部要素，而我们的工业体系正在艰难地和部分地从一级工业生态系统向二级工业生态系统过渡，只是半循环的，而这还是由于资源稀少（如土地、水等），各种各样的污染和立法的或经济的因素所促成的。工业生态学的主旨就是促使现代工业体系向三级生态系统转换，并从四个方向努力：重新利用废料作资源；封闭物质循环系统、尽量减少使用消耗性材料；工业产品与经济活动的非物质化；能源的脱碳。

三、工业生态系统与自然生态系统的异同

（一）工业生态系统与自然生态系统的相似性

1. 两者都包括物质循环和能量流动

工业生态系统也存在着物质、能量和信息的流动与储存，依据工业系统中物质、能量、信息流动的规律和各成员之间在类别、规模、方位上是否相匹配，在各企业部门之间构筑生态产业链，横向进行产品供应、副产品交换，纵向连接第二、第三产业。

2. 两者均有存在的"内在动力"

自然生态系统中的各个物种的存在目的主要是为了自己的生存和繁衍，工业生态系统中各个企业存在的主要目的在于降低成本，提高竞争力获得最大利润，更好更有利地占领市场。企业会将回收与循环利用副产品及废物发生的费用，以及购买新原料和简单处置废物发生的费用之间权衡。各类产业或企业间具有产业潜在关联度仅仅是基础，市场价格链是推行工业生态系统循环的控制条件。绿色消费链是推行工业生态系统循环的充分条件，是把工业生态系统各成员连接起来的内在动力。但绿色消费链只是为工业生态系统形成和发展提供了可能性，真正促使系统各成员连接在一起的是能给各参与者带来一定的利润的生态系统产业链，这些利润能够维持其生存或发展。

3. 两者的演化过程都是动态的

自然生态系统经历一个由原生演替或者次生演替逐渐到达顶级状态的过程。工业生态系统中的企业也存在发展进化的过程，工业生态系统各成员通过相互间的合作与竞争实现共同进化，通过系统各成员或子系统之间协同作用，使互相依存的各子系统交互运动、自我调节、协同进化，最后导致新的有序的结构，工业生态系统一直处在变化之中，是一个动态结构，这种连续的变化，可以称之为工业生态系统的动态演替。相对稳定的工业生态系统演替取决于政治、经济、文化、技术以及自身组织的结果，一旦干扰强过系统的抵抗力就发生不可逆变化。

4. 两者都有一个"关键种"

自然生态系统中，群落或群落中物种之间的相互作用强度是不同的，只有少数几个"关键"物种对系统的结构、功能及动态起到决定性作用。在工业生态系统中，也存在类似的"关键"物种——"关键种企业"。它们使用和传输的物质最多、能量流动的规模最为庞大，能为该工业生态系统其他成员提供关键性的利润。"关键种"企业在工业生态系统中有着

举足轻重的地位，它拥有特殊的能力和资源，包括有形资源、无形资源、特殊的管理技能等，工业生态系统中的主导企业往往决定着整个企业生态系统的形成与完善，影响生态系统功能的发挥，居于生态产业链中心地位，例如卡伦堡生态工业园的发电厂和广西贵港生态工业园的糖厂的"关键种企业""废物多"，能耗高，横向链长，纵向联结着第二、第三产业，带动和牵制着其他企业、行业的发展，是园区内的链核，具有不可替代的作用。

5. 两者的系统成员间都存在共生关系

自然生态系统内的共生关系指不同物种以不同的相互获益关系生活在一起，形成对双方或一方有利的生存方式。工业共生是指不同企业之间的合作，通过这种合作，共同提高企业的生存及获利能力。同时，实现对资源的节约和对环境的保护。根据生态学中的共生理论，共生能够产生"剩余"，不产生共生"剩余"的系统是不可能增值和发展的。企业之间的共生也能产生"剩余"，也能产生 1+1>2 的效果，这表现在共生企业竞争力的增强。

（二）工业生态系统与自然生态系统的区别

自然生态系统和工业生态系统虽然有众多的类似之处，但是工业生态系统是一个以人为主体的复合生态系统，它与自然生态系统之间体现出许多差异。

1. 工业生态系统是一个以人为主体的社会经济系统

自然生态系统是没有人参与的，不具有目的性。工业生态系统是一个由强烈自我意识的人为主体组成的社会经济系统，在工业生态系统中人们可以预测未来，然后采取行动，共同创造未来。在自然界的生态系统中，由于特殊物种的入侵或生态环境恶化，超出了生态系统的自调节能力，使得生态系统逐渐走向衰退。工业生态系统则不同，由于该系统是人工社会经济系统，生态系统中各要素包括生态因子也都在人的控制之内，所以，当生态环境恶化之后，可以人为地对其进行改善，使工业生态系统改善。例如政府为了使全社会的经济、环境、社会效益最大化，可以再发展循环经济的全过程。

2. 工业生态系统中环境变化的周期短

从影响生物进化和群落演替的角度来看，自然环境的变化是缓慢的。由于工业生态系统中的主要物种企业受自然环境的影响较小，而受社会环境的影响较多。随着科技的发展，自然环境对企业经营成效的影响随之逐渐减弱。造成工业生态系统重大差别主要是工业生态系统所处的不同于简单生物体的环境——人造环境。当环境发生变化时，企业往往能够较为迅速地做出反应，尽量调节自身的结构，以适应环境的变化。有实力的企业还能对环境产生影响。由于构造企业环境的人的生命的有限性和人的活动的有目的性，注定了企业环境变化的周期必然远远短于自然环境变化的周期。

3．工业生态系统受双重规律制约

自然生态系统只受到生态规律的约束。工业生态系统不但受自然规律的控制，更受社会经济规律的制约。人类通过社会、经济、技术力量干预物质、能量、技术的输入和产品的输出的生活过程，在进行物质生产的同时，也进行着经济再生产过程，不仅要有较高的物质生产量，而且也要有较高的经济效益。因此工业生态系统实际上是一个工业生态经济系统，体现着自然再生产与经济再生产交织的特性。一个工业生态系统内的企业不仅要考虑到原材料是不是使用了其他厂家的废物而对环境有利，还必须要考虑到生产的产品是否能销售得出去以及销售的价格从而对企业的生存与发展有利。一个生态学上合理而经济学上不合理的工业生态系统是无法生存的，一个稳定运行的工业生态系统必然具有经济学原理和生态学原理相结合的完美性。为此，人的主动性在提高工业生态系统运行效率方面应发挥积极作用，企业必须在保证整个工业生态系统的生态效率的前提下追求经济效益。

4．工业生态系统的生态容量

企业自身与环境共同创造生物的生态容量是由自然环境所确定，而工业生态系统的生态容量可以由企业自身与环境共同创造。由于人能改造环境，可以创造人工材料替代自然材料，对材料进行复用来减少对天然材料的消耗；也可以不断推出新产品来创造新的消费。从而不断扩展生态容量。工业生态系统正是在这种不断逼近和扩展瓶颈的过程中波浪式前进，实现持续发展。

5．工业生态系统的物质流和价值流

它们互为反向食物链一般是由低级生物到高级生物呈现出金字塔的形状，传递的能量逐渐减少，生物数量也逐渐减少。工业生态系统中物质流和价值流互为反向，即物质流由商品生产者流向消费者，而价值流由商品消费者流向生产者。工业生态系统的价值链，来自人类自身的需求。其传导质为价值流沿价值链传导，见图6-5。

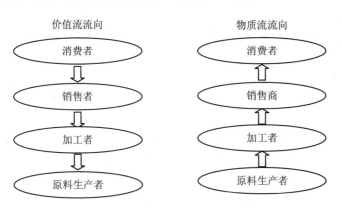

图 6-5　工业生态系统中的价值流和物质流流向（引自：夏训峰，2006）

6. 工业生态系统地域性不明显

自然生态系统具有明显的地域性，工业生态系统与自然生态系统不同，不是每个地区都存在着特定完整的"上、中、下游""产业生态链"，它要求充分利用企业生态资源进行区域分工产生集结性规模经济效应。虚拟型园区可以省去一般建园所需的昂贵的购地费用，避免建立复杂的园区系统和进行艰难的工厂迁址工作，具有很大的灵活性。它利用现代信息技术，通过园区信息系统，首先在计算机上建立成员间的物、能交换联系，然后再在现实中加以实施，这样园区内企业可以和园区外企业发生联系。

7. 生态位经常发生变动

生物能够很好地被动适应其所处的环境，而产业组织则主动设法决定自己的生存环境。由此也决定了工业生态系统中企业生态位和自然生态系统中物种的生态位的稳定性的差异。生物的生态位是比较稳定的，而企业生态位则经常发生变动。

8. 工业生态系统的稳定性、复杂性差

自然界中极少有生物消费者仅仅以一种生物为食，食物网的复杂性决定了一个生态系统的稳定性。人们为了获得高的生产率，往往工业生态系统内的物种种类大大减少，食物链简化、层次减少，致使系统的自我稳定性明显降低，容易遭受不良因素的破坏。任何一个企业生产经营状况都会干扰与其相互联系的企业。企业间联系渠道的单一性，导致工业生态系统的脆弱性。工业生态系统要维持稳定，企业就要随时寻找自己的原料被利用的可能性以及用其他厂家废料作为原料的可能性，并保证这种可能性变成现实且能持续运行。

9. 物质和能量大量输入的开放系统

自然生态系统中生产者生产的有机物质全部留在系统内，许多化学元素在系统内循环平衡，是一个自给自足的系统。而工业生态系统是人类干预下的开放生态系统，目的是为了更多地获取工业产品以满足人类的需要，由于工业产品的输出，使原先在系统循环的营养物质离开了系统，为了维持工业生态系统的养分平衡，提高系统的生产力。工业生态系统就必须从系统外投入较多的辅助能，人类必须保护与增值自然资源，保护与改造环境，工业生态系统要维持稳定有序，需要外部生态系统输入物质和能量。工业生态系统和自然生态系统的差异见表 6-2。

表 6-2　工业生态系统与自然生态系统的差异（引自：夏训峰，2006）

项目	生态工业系统	自然生态系统
主体	人为主体的社会经济系统	生物为主体的自然系统
与环境的关系	不仅能适应环境，而且能主动改造其生态环境，企业受自然环境的影响较少，而受社会环境的影响较多	仅能适应环境，不能主动改造其生态环境，主要受自然环境的影响较多

项目	生态工业系统	自然生态系统
生态容量	企业的生态容量可以由企业自身与环境共同创造	生物的生态容量是由自然环境所确定
生态链	价值流沿价值链传导，物质流和价值流两种互为反向的流	能量流沿食物链传导，传递的能量逐渐减少
资源的利用地域	跨地区利用企业生态资源	具有很强的群落地域性
生态仪	主动选择和竞争行为所决定的，且经常发生变动	被动的自然选择的结果，相对来说是比较稳定的

四、工业生态系统的类型及特征

（一）工业生态系统类型

按照规模及结构组成把工业生态系统分为三种类型：联合式工业生态系统、核心式工业生态系统、独立式工业生态系统。工业生态系统的类型划分如图 6-6 所示。

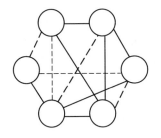 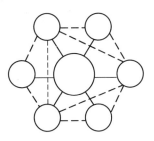 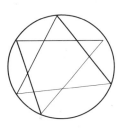

联合式工业生态系统　　　　核心式工业生态系统　　　　独立式工业生态系统

图 6-6　工业生态系统的类型划分（引自芮加利，2009）

图 6-6 中，每一个圆圈代表一个企业，但圆圈大小不代表企业的大小。每一条线代表不同类型企业之间产生的交易联系，实线代表已经存在的交易，虚线代表可能存在的交易。从形式上说，上述三种类型的工业生态系统，联合式和核心式工业生态系统是工业生态园区（企业群），或者说是生态学意义上的"企业联盟"，而独立式工业生态系统指的是一个独立经济核算的，目前还没有与其他企业在废物利用方面加以"结盟"，但其企业内间存在着废物利用的循环结构的企业。

（二）三种类型的工业生态系统的特征分析

1. 联合式工业生态系统

如前所述，联合式工业生态系统是一种由若干个企业有机组成的生态战略联盟，即所有的合作都是在双方协商的基础上达成的：不同企业之间本着互惠互利的原则，以交易方式利用对方生产过程中的废料或者副产品而紧密联系在一起。各方的每一笔交易都形成一个工业生态学上的链条，工业生态系统中的这种链条同自然生态系统中捕食和被捕食的食物链条十分相像。应该注意到，每个企业引发或者接收的工业链条的数量是不等的，有的仅与该系统中一个企业存在合作关系，有的同时与该系统中多家企业存在物质流或能量流上的交易，众多独立的企业因错综复杂的工业链接关系交织在成一张"食物网"，形成了"联合式"网状的结构模式。

第一个特点联合式工业生态系统，是没有哪一个企业在系统中间起着主导作用，哪个企业处于服从的地位，各个企业作为同一个工业生态系统的要素在"企业权"方面是相互平等的，都有各自独立的法人地位。作为系统内各要素的诸多企业共同控制共生关系的演化，每个企业所提供的共生资源具有相当程度的不可替代性和不可模仿性，是一种对称式共生。

第二个特点是系统内各要素企业都是独立核算的，各企业的经济地位也是平等的。它们通过股权参与、契约联结的方式建立起合作伙伴关系，相互依赖、相互依存、相互承诺，具有战略性、平等性、长期合作性。

第三个特点是系统要素间建立生态工业链的动因是市场机制。这是联合式工业生态系统得以产生和运行的前提。对于任何一个企业来讲，追求经济利润都是最基本的目标。系统中每个交易关系的形成都是因为对于缔结契约的双方都具有很好的商业意义，即可以获得经济上的双赢。

2. 核心式工业生态系统

核心式工业生态系统在形式上与联合式工业生态系统具有一定程度的相似性，是由若干个废物流上存在交易关系的企业组成。

核心式工业生态系统和联合式工业生态系统最大的区别是在核心式工业生态系统内部，存在一个核心企业，其规模在所有企业中最大，并且在系统中起着主导作用。两种工业生态系统区别之二是，这类工业系统的形成往往是由一个实力很强的企业通过吸引其他可以合作的共生企业而形成的工业生态学体系。很大程度上是在政府规划指导下形成而不仅仅是市场经济的产物。区别之三是，核心式工业生态系统的管理模式类似于"家族式"管理，而非单纯受制于市场机制。各共生企业一般无权决定是否拓展共生业务或中断与其他企业的共生关系。这种合作关系是依据核心公司的发展战略或决策而定的，很多情况下主要并不是以某个下属企业的盈利为目的，而是以核心企业乃至于整个系统的总体盈利为目的。该核心企业具有更强的不可替代性和不可模仿性，控制着系统内企业间共生关系的演化，属于非对称共生类型。

3. 独立式工业生态系统

所谓独立式工业生态系统是指一个企业内部进行的废物循环。就工业生态系统的复杂性来说，是工业生态系统的三种类型中较简单的一种，是工业生态学在微观的企业层面上的循环经济实施单元。

一提到工业生态系统，通常给人们的感觉是一定应该有若干个企业的组合，似乎只有几个企业之间的废物利用才能称得上"工业生态系统"。实际上，这种常识性地对于工业生态系统概念的理解是存在误区的。循环经济理论中主张的"废物循环"并非有什么类型上的或者企业数量上的限制。20 世纪 90 年代初，联合国环境规划署就提出了倡议，要在企业内实施清洁生产（Cleaner Production，CP）。

企业内部清洁生产的主要目标是在企业生产过程中尽量考虑所需的原材料和能量的来源与去向，在所有的工艺流程中，尽量增加内部物料和能源的再循环。在产品的发明和设计（源头）材料的选取（生态特征）生产过程（环保工艺）及产品服务（消费后可再利用）的整个生命周期中充分展现工业生态学的主要特征。

五、工业生态系统建设内容

（一）生态效率

工业生态系统研究的核心问题之一是，如何应用系统核心理论和方法提高工业生态系统生态效率。生态效率是指在提供有价格竞争优势的、满足人类需求和保证生活质量的产品和服务的同时，逐步降低产品和服务生命周期的生态影响和资源强度。生态效率是一个技术与管理概念，关注最大限度提高能源和物料投入，以降低单位产品的资源消耗和污染物排放，实现物质和能源利用效率的最大化和废物产量的最小化，并提高效率、降低费用和增强竞争力。其主要研究内容是物质集成和能量集成。

（二）支撑技术体系

工业生态系统的健康有序发展，除了要培育好成熟、完善的市场机制外，还需要一系列的绿色技术体系来支撑。绿色技术主要包括预防污染的减废或无废工艺技术和绿色产品技术，同时包括必要的治理污染的末端技术，主要有：

（1）清洁生产和生命周期分析技术。这是绿色技术体系的核心，清洁生产技术包括清洁生产和清洁产品，不仅要实现生产过程的无污染或少污染，而且生产出来的产品在使用和最终报废处理过程中不会对环境造成损害。对工业生态系统内各企业的产品及其生产过程进行生命周期分析，包括从原料、工艺、产品到消费回收等工业生态全过程的环境影响分析。研究如何应用有限的、不确定的数据，方便地做出客观的生命周期评价，以及工业生态过程的物质和能量平衡、工业生态指标体系的建立等。

（2）废物资源化技术。研究和开发废物资源化工艺，进行环境友好的工艺替代，如原料、催化剂的无害化技术、产品可降解技术、材料生产中的"非物质化"技术等。

（3）污染治理技术。即传统意义上的环境工程技术，其特点是不改变生产系统或工艺程序，只在生产过程的末端通过净化废物实现污染控制。

（4）再循环和重复利用技术。这是工业生态系统重要的技术载体，包括资源重复利用技术、能源综合利用技术、废物回收综合利用技术、产品替代技术等。如进行水的重复利用技术研究，尽量减少对水的需求和最大限度减少进入水处理系统和生态系统的废水量。同时研究能源替代和物质回收技术，围绕企业废物和副产品开发重复利用的新工艺使工业生态系统提高交换废物与材料的能力，主要是研究如何把废物变成可用于其他企业（或用途）的转化和分离技术。

（5）信息管理和决策支持技术。工业生态系统的建立和完善需要大量的信息支持，如企业的生产、经营状况、市场信息、新的可利用的清洁生产工艺等。为此，应利用互联网技术，将这些信息有序地组织并建立一个信息管理系统，在此基础上进一步建立工业生态系统仿真和决策支持，对系统内不同成员间的物流和能流组合进行研究，对整个系统的生态技术做出估计，并进行环境经济多目标规划。

（6）制度创新技术。研究可促进生态工业系统的创新制度，即如何在市场规则、财务制度、法律法规方面做出相应的调整，可以使生态工业思想贯穿于整个生产（生活）过程。

（三）工业生态系统规划

工业生态系统规划主要内容包括系统成员构成、系统集成、非物质化和生态工业链（网）设计四个方面，见图 6-7。

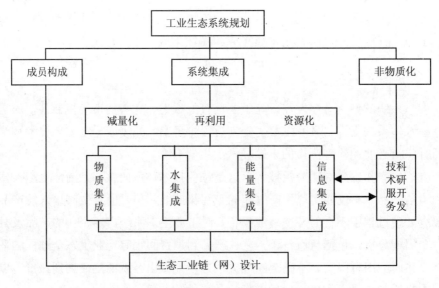

图 6-7　工业生态系统框架设计示意图（引自陶阳，2009）

1．成员构成

系统成员构成即工业生态系统中行业（企业）组成，是构成生态工业链网络的物质基础。对于一个全新规划的工业生态系统，须根据当地区域资源、产业等特色，结合相关规划、政策及市场供求等方面寻找和确定工业系统一个或几个核心行业（企业），并围绕核心行业（企业）派生出一系列以物质或能量交换为纽带的企业，从而构建园区的工业生态系统。

按照在整个工业生态系统中所起的作用，比照自然生态系统，生态工业系统成员可划分为三类，即资源生产（生产者）、加工生产（消费者）和还原生产（分解者）。

（1）生产者包括物质生产者和技术生产者。物质生产者指利用基本原料生产直接消费品或生产初级产品供给其他厂家作为原料的企业。而技术生产者，不以可见的物质产品为目标，通过对园区各企业提供无形的技术支持，更加丰富和完善企业和整个生态链。如：化纤原材料生产、农业种植养殖业等。

（2）消费者不直接生产"物质化"产品，但利用生产者提供的产品，供自身运行发展，同时产生生产力和服务功能等，如加工工业、商业及服务业等。

（3）分解者把工业企业产生的副产品和"废物"进行处置、转化、再利用等，如废水处理系统、废物回收与资源化系统等。

2．系统集成

系统集成是建立工业生态系统的关键。在生态工业园区的系统集成中，以减量化、再利用、资源化为原则，通过在企业、园区等不同层次的物质集成、水集成、能量集成和信息集成，以及园区产业的非物质化方向发展，达到园区内物质和能量最大程度利用和对环境最小影响化。

（1）物质集成是工业生态系统的核心。物质集成主要是按照园区总体产业规划，确定成员间的上下游关系，同时根据物质供需方的需求，运用各种策略和工具对物质流动的路线、能量和组成进行调整，构建原料、产品、副产品与废物的生态工业链网，实现资源回收利用或梯级利用，最大限度地降低对物质资源的消耗。

物质集成可从三个层次来体现生态工业的思想：在企业内部，实施"3R"原则，推行清洁生产；在企业之间，通过企业之间物资交换、副产品与废物作为潜在的原料相互交换利用，建立共生耦合关系；在园区层次上，充分利用物质需求信息，形成辐射区域与相应的虚拟生态工业链，使园区在整个经济循环中发挥链接作用，拓展物质循环空间，实现更大范围的经济与环境的协调发展。

（2）水系统集成是物质集成的特例。在生态工业园区，水系统集成主要通过企业、园区两个层次上实现：在企业层次，主要通过清洁生产，直接回用，提高水循环率，达到减耗减排目的；在园区层次，污水资源化利用和集中处理回用，同时调整产业结构，从根本上减少水资源消耗与废水量。

（3）能源集成基于对整个系统的能量供求关系进行分析，从全局观点出发，进行能量的有效匹配，达到合理利用能量目标，并对环境造成的影响最小。能源集成不仅要求各企业采用节能技术工艺减少能耗，寻求各自的能源使用实现效率最大化，且园区要根据不同行业、产品、工艺的用能质量需求，规划和设计能源梯级利用流程，实行能量品位逐级利用、集中供热，优化用能结构，提高能源利用效率。

（4）信息集成是园区内各企业之间有效的物质循环和能量集成，必须以了解彼此供求信息为前提，同时生态工业园的建设是一个逐步发展和完善的过程，其中需要大量的信息支持。信息集成指利用先进的信息技术对生态工业园区的各种信息进行系统整理，建立完善的信息数据库、计算机网络和电子商务系统，并进行有效的集成，充分发挥信息在园区运行、与外界交流、管理和长远发展规划中的多种重要作用，以促进园区内物质循环、能量有效利用、环境与生态协调，向成熟的工业生态系统迈进。

3．非物质化设计

生态工业园区的工业生态系统建设是一项综合性、整体性的系统工程，涉及多层次、多方面建设，需要有关管理部门有效协调组织、政策支持以及生态工业技术与服务支持，以保障工业生态系统稳定发展。其中生态工业技术与服务支持是工业生态系统非物质化设计最重要的部分。

生态工业园区通常采取与有关院校、科研单位进行技术合作，创建园区生态工业孵化器等形式，为生态工业园区建设提供技术与服务支持。

4．生态工业链（网）设计

生态工业链（网）是模拟自然生态系统的食物链、食物网原理，依据工业系统中物质、能量、信息流动的规律和各成员之间的类别、规模、方位上是否相匹配，在各企业部门之间构筑生态工业链，实现物质、能量和信息的交换，完善资源利用和物质循环，建立工业生态系统。

生态工业链（网）是生态工业园区的骨架，是园区工业生态系统的表现形式。具体包括物质循环生态工业链、能量梯级利用生态工业链、水循环利用生态工业链和信息链。园区的生态工业链（网）通常以图形的方式表达出来，从图中可直接看出各企业之间是如何进行物质、能量和信息的流动，也可以看出各企业在整个工业生态系统所扮演的不同角色。

在生态工业链（网）设计时，应注意以下几点：①构筑生态工业链的各企业，内部要实现清洁生产，所生产的产品是生态（绿色）产品；②园区内成员之间的类别、规模、方位上要相匹配；③生态工业链的长短依据技术经济分析而定；④具有灵活的弹性，当园区内任何一个企业生产状况的变化，如废料构成、性质改变时，与其相联系的企业能及时调整，保证整个系统的平衡。

第二节 清洁生产

一、清洁生产的产生和发展

（一）清洁生产的产生

人们解决工业污染的方法是随着人类赖以生存和发展的自然环境的日益恶化和人们对工业污染原因及本质问题认识的加深而不断向前发展的。人类以往的解决方法大约经历了三个阶段。

第一阶段："先污染，后治理"阶段。早期环境污染问题主要表现为局部的工业污染，从工业革命至 20 世纪 40 年代，人类对自然资源与能源的合理利用缺乏认识，对工业污染控制技术缺乏了解，由此引起的工业废气、废水和废渣主要靠自然环境的自身稀释和自净能力进行降解，只有当工业污染形成较大危害，才着手进行治理。在很多情况下，"先污染，后治理"变成了"先污染，无治理"。

第二阶段："末端治理"阶段。20 世纪 60 年代，工业化国家认识到稀释排放造成的危害，纷纷采取"末端治理"技术控制污染。所谓"末端治理"是指对工业污染物产生后集中在尾部实施的物理、化学、生物方法治理。末端治理强调减少污染物的排放量，但未能认识到可以在污染物排放之前削减其产生量，通常只是污染物在不同环境介质中的转移，容易造成二次污染，因此它不能彻底解决环境污染问题。同时"末端治理"技术需要巨大的投资和运营成本，也给社会和企业带来了沉重的负担。

第三阶段："污染预防，全程控制"阶段。进入 20 世纪 70 年代，经济发展加速，环境问题日益严峻。人们逐渐认识到末端治理是治标不治本的方法，彻底的解决方法必须是"将综合预防的环境策略持续地应用于生产和生活中，以便减少对人类和环境的风险性"，这就是清洁生产的思想。这种解决方法彻底改变了以大量消耗资源、粗放经营的传统生产模式，是使工业生产逐渐走上可持续发展道路的有效措施。

（二）清洁生产的发展

清洁生产起源于 20 世纪 60 年代美国化工行业的污染预防审计，"清洁生产"的概念是 1976 年欧共体在巴黎举行的"无废工艺和无废生产"国际研讨会上被提出的，会议确定了在生产全过程和工艺改革中减少废物产生这一重要观点。1984 年，美国提出了包括污染源削减和废物回收利用的"废物最小化"理论，强调了减少废物的产生和回收利用废物。直到 1989 年，在可持续发展的指导下，联合国环境规划署明确提出了清洁生产的概念。

清洁生产发展至今，已经不仅仅局限于企业内部生产过程改进，循环经济和生态工业对清洁生产进行了扩展，实现了两次飞跃。

清洁生产最为重要之处是消除生产过程中的污染排放量的做法，替代原先要求企业污染达标排放的做法，这是生产设计和环境管理理念的质的飞跃。清洁生产的原意是通过企业生产工艺的设计，削减或消除污染产生量，其基本对象是生产过程。然而在现实中，往往只有大而全的企业才有可能将清洁生产发挥到淋漓尽致的水平。这种做法显然不符合企业生产专门的发展方向。为了既合乎企业生产专门化的要求，又将清洁生产的作用充分发挥出来，客观上要求开展企业间的合作，即把清洁生产从企业内部拓展到企业之间。我们可以把这个必然要发生的提升，视为清洁生产理念的第一次飞跃。此时，清洁生产是从企业内部和企业之间两个层面上展开的，完全在企业内封闭运行，不与其他企业相联系的做法，便成为清洁生产的一个特例。这个变化为工业生态学的发展展现了必要性；而清洁生产从企业走向企业群，走向生态工业园区，则是清洁生产实现飞跃的标志，也是工业生态学获得成功的标志。

人们提出了消除或尽可能减少生产中的污染产生量的思路后发现，消除被消费后的废旧产品的污染，也是很重要的问题，于是，清洁生产又从生产领域拓展到消费领域，强调从产品的生产到消费到最终的处置全过程——产品全生命周期的清洁生产。我们可以把这个必然要发生的提升，视为清洁生产理念的第二次飞跃。此时，清洁生产是在企业内、企业间和企业社会间三个层面上展开的。这个迟早要发生的变化，为循环经济的发展提供了机会；而清洁生产从工业园区走向社会，则是清洁生产再次飞跃的标志，也是循环经济获得成功的标志。综上所述，清洁生产、生态工业和循环经济是一组具有内在逻辑关系的理论创新。其中，清洁生产是基础，生态学和循环经济是对清洁生产内容的两次扩展，也是实现清洁生产目标的新的方法和途径。

（三）清洁生产的意义

据美国环境保护局（EPA）统计，美国用于空气、水和土壤等环境介质污染控制总费用（包括投资和运行费），1972 年为 260 亿美元（占 GNP 的 1%），1987 年猛增至 850 亿美元，20 世纪 80 年代末达到 1 200 亿美元（占 GNP 的 2.8%）。即使如此之高的经济代价仍未能达到预期的污染控制目标，末端处理在经济上已不堪重负。发达国家通过治理污染的实践，逐步认识到只依靠治理排污口（末端）的污染无法从根本上解决工业污染问题，必须"预防为主"，将污染物消除在生产过程之中，实行控制工业生产全过程。20 世纪 70 年代末期以来，不少发达国家的政府和各大企业集团（公司）都纷纷研究开发和采用清洁工艺，开辟污染预防的新途径，把推行清洁生产作为经济和环境协调发展的一项战略措施。

（1）清洁生产体现的是预防为主的环境战略。传统的末端治理与生产过程相脱节，先污染，再治理，这已被发达国家证明是不可行的；清洁生产要求从产品设计开始，到选择原料、工艺路线和设备，以及废物利用、运行管理的各个环节，通过不断地加强管理和改进技术，提高资源利用率，减少乃至消除污染物的产生，体现了预防为主的思想。

（2）清洁生产体现的是集约型的增长方式。清洁生产要求改变以牺牲环境为代价的、传统的、粗放型的经济发展模式，走内涵发展道路。要实现这一目标，企业必须大力调整产品结构，革新生产工艺，优化生产过程，提高技术装备水平，进行科学管理，提高员工素质，从而减少单位产品的原料、能源等各项消耗，节约大量的资源；同时，减少生产过程中单位产品的废物流的负荷及污染物的负荷，使得相应的末端治理费用降低。合理、高效配置资源，最大限度地提高资源利用率。

（3）清洁生产体现了环境效益与经济效益的统一。传统的末端治理，投入多、运行成本高、治理难度大，只有环境效益，没有经济效益；清洁生产的最终结果是企业管理水平、生产工艺技术水平得到提高，产品的产量和质量也会得到相应的提高，资源得到充分利用，环境从根本上得到改善。清洁生产与传统的末端治理的最大不同是找到了环境效益与经济效益相统一的结合点，能够调动企业防治工业污染的积极性。

二、清洁生产基本理论

（一）清洁生产的概念内涵

1996 年，UNEP（联合国环境规划署）将清洁生产的概念重新定义为：清洁生产意味着对生产过程、产品和服务持续运用整体预防的环境战略以增加生态效率并减轻人类和环境的风险。清洁生产是关于产品生产过程的一种新的、创造性的思维方式。对于生产过程，它意味着充分利用原料和能源，消除有毒物料，在各种废物排出前，尽量减少其毒性和数量。对于产品，它意味着减少从原材料选取到产品使用后最终处理处置整个生命周期过程对人体健康和环境构成的影响；对于服务，则意味着将环境的考虑纳入设计和所提供的服务中。根据这一清洁生产的概念，其基本要素可描述如图 6-8 所示。

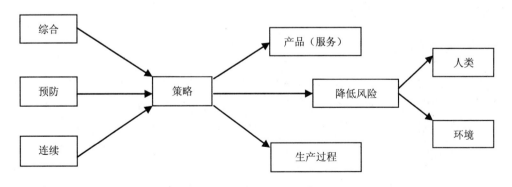

图 6-8 清洁生产基本要素（引自石芝灵，2005）

中国《清洁生产促进法》中关于清洁生产的定义："清洁生产，是指不断采取改进设计、使用清洁的能源和原料、采用先进的工艺技术与设备、改善管理、综合利用等措施，从源头削减污染，提高资源利用效率，减少或者避免生产、服务和产品使用过程中污染物的产生和排放，以减轻或者消除对人类健康和环境的危害。"清洁生产具有广义内涵，不仅适用于工业过程，同样适用于农业、建筑业、服务业等行业。清洁生产概念包含四层含义：① 清洁生产的目标是节省能源、降低原材料消耗，减少污染物的产生量和排放量；② 清洁生产的基本手段是改进工艺技术、强化企业管理，最大限度地提高资源、能源的利用水平和改变产品体系，更新设计观念，争取废物最少排放及将环境因素纳入服务中去；清洁生产的方法是排污审计，即通过审计发现排污部位、排污原因，并筛选消除或减少污染物的措施及产品生命周期分析；③ 清洁生产包含了两个全过程控制：生产全过程和产品整个生命周期全过程；④ 清洁生产谋求达到两个目标：通过资源的综合利用、短缺资源的代用、二次资源的再利用以及节能、节料、节水，合理利用自然资源，减缓资源的耗竭；减少废料和污染物的生成和排放，促进工业产品在生产、消费过程中与环境相容，降低整个工业活动对人类和环境的风险，使经济效益、社会效益和环境效益统一，保证国民经济的持续发展。清洁生产着眼的不是消除污染引起的后果，而是消除造成污染的根源。

清洁生产不仅致力于减少污染，也致力于提高效益；不仅涉及生产领域，也涉及整个的管理活动，从这个意义上讲，清洁生产也可称为清洁管理。具体来说：① 清洁生产是应用于企业的一种环境策略，不仅是一种技术，更是一种意识或思想。② 清洁生产要求企业对自然资源和能源的利用要尽量做到合理。③ 清洁生产可使企业获得尽可能大的经济效益、环境效益和社会效益。

（二）清洁生产的主要内容

1. 清洁及高效的能源和原材料利用

清洁利用矿物燃料，加速以节能为重点的技术进步和技术改造，提高能源和原材料的利用效率。

2. 清洁的生产过程

采用少废、无废的生产工艺技术和高效生产设备；尽量少用、不用有毒有害的原料；减少生产过程中的各种危险因素和有毒有害的中间产品；组织物料的再循环；优化生产组织和实施科学的生产管理；进行必要的污染治理，实现清洁、高效的利用和生产。

3. 清洁的产品

产品应具有合理的使用功能和使用寿命；产品本身在使用过程中，对人体健康和生态环境不产生或少产生不良影响和危害；产品失去使用功能后，应易于回收、再生和复用等。清洁生产要求两个"全过程"控制：

一是产品的生命周期全过程控制。即从原材料加工、提炼到产品产出、产品使用直到报废处置的各个环节采取必要的措施，实现产品整个生命周期资源和能源消耗的最小化。

二是生产的全过程控制。即从产品开发、规划、设计、建设、生产到运营管理的全过程，采取措施，提高效率，防止生态破坏和污染的发生。

清洁生产的最大特点是持续不断地改进。清洁生产是一个相对的、动态的概念，所谓清洁的工艺技术、生产过程和清洁产品是和现有的工艺和产品相比较而言的。推行清洁生产，本身是一个不断完善的过程，随着社会经济发展和科学技术的进步，需要适时地提出新的目标，争取达到更高的水平。

三、清洁生产审核

清洁生产审核是对企业现在的和计划进行的生产和服务实行预防污染的分析和评估程序，是企业实行清洁生产的重要前提，在实施预防污染分析和评估的过程中，制定并实施减少能源、水和原材料使用，消除或减少产品、生产和服务过程中有毒物质的使用，减少各种废物排放及其毒性的方案。企业的清洁生产审核是一种对污染来源、废物产生原因及其整体解决方案的系统化的分析和实施过程，其目的是通过实行污染预防分析和评估，寻找尽可能高效率利用资源（如原辅材料、能源、水等），减少或消除废物的产生和排放的方法。清洁生产审核是企业实行清洁生产的重要前提，也是其关键和核心。持续的清洁生产审核活动会不断产生各种清洁生产方案，有利于企业在生产和服务过程中逐步地实施，从而实现环境绩效的持续改进。

（一）清洁生产审核内容及目标

清洁生产审核的主要内容如下：

（1）产品在使用中或废弃的处置中是否有毒、有污染，对有毒、有污染的产品尽可能选择替代品，尽可能使产品及其生产过程无毒、无污染。

（2）使用的原辅材料是否有毒、有害，是否难以转化为产品，产品产生的"三废"是否难以回收利用，能否选用无毒、无害、无污染或少污染的原辅材料等。

（3）产品的生产过程、工艺设备是否陈旧落后，工艺技术水平、过程控制自动化程度、生产效率的高低以及与国内外先进水平的差距，找出主要原因进行工艺技术改造，优化工艺操作。

（4）组织管理情况，对组织的工艺、设备、材料消耗、生产调度、环境管理等方面进行分析，找出因管理不善而造成的物耗高、能耗高、排污多的原因与责任，从而拟定加强管理的措施与制度，提出解决办法。

（5）对需投资改造的清洁生产方案进行技术、环境、经济的可行性分析，以选择技术可行、环境和经济效益最佳的方案，予以实施。

通过清洁生产审核，达到如下目标：

（1）核对有关单元操作、原材料、产品、用水、能源和废物的资料；

（2）确定废物的来源、数量以及类型，确定废物削减的目标，制定经济有效削减废物产生的对策；

（3）提高企业对由削减废弃物获得效益的认识和知识；

（4）判定企业效率低的瓶颈部位和管理不善的地方；

（5）提高企业经济效益和产品与服务质量。

（二）清洁生产审核的原则

清洁生产审核是指对企业产品生产或提供服务全过程的重点或优先环节、工序产生的污染进行定量监测，找出高物耗、高能耗、高污染的原因，然后有的放矢地提出对策、制订方案，减少和防止污染物的产生。清洁生产审核思路可用一句话概括，即判明废物产生的部位，分析废物产生的原因，提出方案以减少或消除废物。图 6-9 表述了该审核思路。

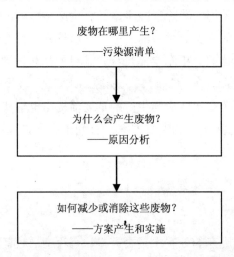

图 6-9 清洁生产审核思路（引自于秀娟，2003）

废物在哪里产生？通过现场调查和物料平衡找出废物的产生部位并确定产生量。为什么会产生废物？这要求分析产品生产过程（图 6-10）的每一个环节。如何减少或消除这些废物？针对每一个废物产生原因，设计相应的清洁生产方案，包括无/低费方案和中高费方案，方案可以是一个、几个甚至几十个，通过实施这些清洁生产方案来消除这些废物产生的原因，从而达到减少废物产生的目的。审核思路中提出要分析污染物产生的原因和提出预防或减少污染产生的方案，为此需要分析生产过程中污染物产生的主要途径，这也是清洁生产与末端治理的重要区别之一。

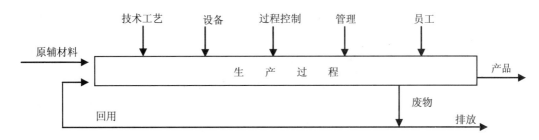

图 6-10　生产过程图示（引自于秀娟，2003）

从图 6-10 所示的生产过程可以看出，一个生产和服务过程可抽象成 8 个方面，即原辅材料和能源、技术工艺、设备、过程控制、管理、员工等 6 个方面的输入，得出产品和废物的输出。不得不产生的废物，要优先采用回收和循环使用措施，剩余部分才向外界环境排放。从清洁生产的角度看，废物产生的原因跟这 8 个方面都可能相关，这 8 个方面中的某几个方面直接导致废物的产生。

（三）清洁生产审核程序

基于我国清洁生产审核示范项目的经验，并根据国外有关废物最小化评价和废物排放审核方法与实施的经验，国家清洁生产中心开发了我国的清洁生产审核程序，包括 7 个阶段、35 个步骤。

（1）筹划和组织，主要是进行宣传、发动和准备工作。

（2）预评估，主要是了解企业所有生产过程，选择审核重点和设置清洁生产目标。

（3）评估，主要是针对预评估阶段确定的审核重点进行详细的废弃物产生原因分析。

（4）方案的产生与筛选，主要是针对废弃物产生原因，产生相应的方案并进行筛选。

（5）可行性分析，主要是对上一阶段筛选出的中高费用清洁生产方案进行可行性分析，从而确定出可实施的清洁生产方案。

（6）方案实施，主要是实施方案并分析、跟踪、验证方案的实施效果。

（7）持续清洁生产，主要是制订计划、措施，在企业中持续推行清洁生产，最后编制企业清洁生产审核报告。

四、清洁生产的方法与途径

清洁生产是环境与生产的综合，清洁生产必然要在熟知环境方面的知识和特定生产工艺、产品特性等专业知识的基础上才能实施，清洁生产的实施首先要技术上可行，还要有双"E"（economy 和 ecology），及经济效益和生态效益。因此，在策划实施清洁生产时，必须掌握环境法规和专业知识及该产品的性能、消费情况、生产工艺及原料等内容。由于产品的性能、用途、生产工艺千差万别，在对某一特定的产品实施清洁生产时，要具体情况具体分析，对于产品的清洁生产并没有固定的具体方法，但可根据清洁生产的思路和以往实施清洁生产的经验并结合产品生命周期概念总结为以下几个途径。

产品的生命周期包括原料采掘、运输、生产、流通和消费几个阶段，因此清洁生产可从原材料选择、生产过程、产品设计和运输流通几个方面考虑。其中，生产过程包括工艺和设备、物料循环；产品设计包括产品的性能优化、产品消费过程中及消费后对环境的影响；运输与流通则可归结到操作和管理方面。具体分述如下：

（1）原材料的选择。原材料是生产发展必不可少的物质基础，在很多情况下往往有多种材料可满足某项生产需求，因此对于原材料进行选择取用。从清洁生产的角度出发，对原材料的选择应考虑经济和环境的双重效益，即尽量选择成本低，对环境和人体健康无毒害作用且可再生的资源。

对原材料的选择应遵守以下几个原则：① 原材料易得，价格低；② 对其开采不会影响其他重要行业的发展和生态平衡；③ 在生产或成品的消费过程中，产生的能耗少、废弃物少，或者产生的废弃物易降解、易处理；④ 质量优良，即有效物质含量高，如果原材料的杂质含量高，必然会导致运输成本和安全生产所需的能耗增高，而且在生产过程中产生的废弃物量也会增加；⑤ 易于回收利用。

（2）生产过程控制。生产过程主要包括工艺、设备。生产过程控制应尽量采用先进的生产工艺和设备，生产工艺和设备的改进往往可以大幅降低能耗、物耗和废弃物产量，从而获得巨大的经济效益和环境效益。在生产过程中要注意寻找物耗和能耗的关键所在，分析其原因，研究和改进工艺和设备以解决问题，应重视研究和开发。为了达到清洁生产的目的，应注重生产过程控制。

（3）产品设计。产品的设计应该能够充分利用资源、能源，提高产品的性能并有利于回收利用。提高资源能源利用率可降低产品的生产成本，对于商家是获得经济效益，而对于环境则是可缓解资源能源短缺状况，促进可持续发展进程。

产品的性能不仅仅包括产品本身的使用价值，更有"环保"的含义在内。目前，人们越来越关注环境问题，而且随着生活水平的提高，人们对产品的要求也越来越高，"绿色"产品备受欢迎，因此在产品设计过程中要考虑产品对环境的影响。一次性产品给人们带来了方便，但在使用后对环境造成的危害是不可忽视的，而且也造成了资源的巨大浪费，另外，商家为了追求经济效益，希望多产多销，这必然会对资源和环境造成压力。如果能够对废旧产品进行有效的回收利用可在很大程度上改善这一现象，且对提高经济效益也不无益处。因此在产品设计时要考虑回收利用。

（4）操作管理。任何一种生产都离不开操作和管理，合理的操作程序可有效节约资源和能源并产生较少的废弃物，管理对于清洁生产更为重要。在科技发达的今天，可应用信息来加强管理，通过对资源的合理配置及产品的调度和市场销售情况来确定增加或减少何种产品的生产、最佳调度路线、产品或原材料的储存等管理策略，还可以应用先进的监测仪器或监督制度来杜绝跑、冒、滴、漏等低水平的浪费现象，减少资源消耗，降低生产成本，促进环保进程。

（5）物料、能源的回用。物料、能源的回用是工业生态学的一个重要研究方向。人口的增长和人类向高水平生活质量发展的要求使得单纯依靠资源的投入来实现增产成为空谈，除了改资源投入型生产为科技投入型生产这一途径外，物料、能源的回收利用更成为实现人类可持续发展的一个绝佳选择。

根据回收利用的形式可分为内部循环和区域循环。内部循环是指在产品生产过程中任一环节产生的能量或废弃物用于生产同一产品；区域循环则是根据产品特性、地理位置等因素与相关的企业建立合理的工业生态系统。

内部循环包括生产过程中或消费后产生的能量或废弃物的回用，如废旧产品的分解、拆散、再循环和维修再利用等。但一种产品整个生命周期过程中产生的废弃物往往不能为自身利用，却能用于另一种产品，这种关系恰似自然生态系统中的物质和能量的代谢循环。为了能够充分利用能源和资源，人们仿照生态原理提出了生态工业系统的概念。在这个系统中，企业间通过相互利用各自的产品或废弃物来实现资源及能量的最大利用。

比较有影响力的生态园区是丹麦的卡伦堡共生系统。在这个体系中，各企业以减少费用、进行废弃物管理及合理利用淡水资源等方面为共同目的建立协作关系，并实现了硫酸、石膏、生物制药等废弃物的转化，以及蒸汽、热水的相互依存、共同利用的格局。

（6）必要的末端治理。清洁生产只是一个相对的概念，从现在的科学技术水平来看，即使从以上几个方面实施了清洁生产，也难以实现零排放，在生产过程中产生废弃物几乎是不可避免的，因此为了更好地保护环境，在很多情况下还需要进行末端处理。

末端处理是作为最后的把关手段，有必要但不能作为主导。主要处理手段有内部循环利用、外部循环利用、物理化学或生物化学处理、堆放焚烧、填埋等，以循环利用为最佳处理手段，其次为堆放、焚烧和填埋，堆放、焚烧和填埋时要合理处置，防止渗漏，不可对大气、地下水及其他资源造成污染。

在末端处理要注意以下事项：首先是清、污分流，即按照废弃物对环境的危害程度分开处理，以降低处理成本；其次是尽量回收利用废弃物中或处理过程产生的有效资源和能量。

需要说明的是，末端处理是在经过清洁生产之后，也就是在减少了废弃物产量的基础上进行的，与清洁生产并不冲突，随着科技的发展，废弃物的产量可能降低至零，此时，末端处理将不再"必要"。

五、安徽阜阳化工总厂清洁生产实例

该项目由中国和加拿大合作完成，化肥清洁生产计划开始于对阜阳化工总厂的考察，后来该厂被确认为示范工厂。化肥厂的关键特征是：通过加强管理和提高效率增加其在市场上的竞争力，同时能更好地达到其排放要求。

（1）工艺流程图。工艺流程图是找出清洁生产解决办法的关键，包括所有主要的工艺设备（压力容器、反应器、清洗塔、冷却器、泵等）和工艺流体。利用来自于工艺流程图的技术信息，使系统地评估从每个装置的环境排放物（废水、废气和固体废弃物）成为可能。在此基础上，准备一份详细的污染物排放清单，指出污染源（设备号）、性质（流体号）、排放点、组成和排放频率（如连续或间歇排污、维修期间等）。

（2）采样和流量测量。从合成氨/尿素生产工艺中找出环境排放物污染，并选择将包含在采样计划中的主要流体。

采样点选择是基于工艺流程图进行的，包括在源头的采样（工艺设备）和下水道管网的各个点的采样。除了采样，在各个采样点也进行了流量测量。在实验室或利用便携式仪器对样品进行了分析。

（3）水和物料平衡。清洁生产审核第三阶段是水平衡和污染负荷分析。此阶段清洁生产审核找出将做清洁生产解决办法的重点区域、污染物产生的重点生产工艺，找出清洁生产解决办法。

针对阜阳化工总厂的情况，上述清洁生产审核找出了 2 个重点生产工序和 7 股流体，这 7 股流体包含了排放到大气或下水道的氨污染负荷总量的 60%以上。

氨流失到大气和下水道导致环境污染问题，而且作为工厂生产的最终产品，氨流失也意味着工厂收入的损失。通过清洁生产审核，估计从审核中确定的重点区域流失到下水道的氨价值数百万元人民币。因此应在两个重点生产工序和 7 股优先流体中找到清洁生产方案。

（4）清洁生产方案清单找出了造成 60%氨流失的 7 股流体之后，返回到工艺流程图，研究循环和/或回收这些流体的可能性。为了评估这些清洁生产解决办法的技术可行性，中国和加拿大双方的工程师使用了计算机工艺模拟程序。研究和实施的清洁生产解决办法列于表 6-3。

表 6-3　阜阳化工总厂中加清洁生产合作项目实施的清洁生产措施清单

（引自于秀娟 2003）

编号	流体描述	清洁生产措施	目标	费用
1	母液槽气体中氨的排放	收集废气，送到洗气塔	减少废气排放，提高职业健康，从气体中回收氨	低费
2	包装工序中气体的排放	通风，手机废气，送到洗气塔	减少废气排放，提高职业健康，从气体中回收氨	低费
3	清洗液	在其他工艺中循环	禁止排入下水道	低费
4	综合塔排放液	在其他工艺中循环	禁止排入下水道	低费
5	精炼排放液	在其他工艺中循环	禁止排入下水道	低费
6	等压吸收塔排放液	在其他工艺中循环	禁止排入下水道	中费
7	脱硫工序中的硫泡沫	安装新设备回收硫，提取和循环利用稀氨水	变硫废物为可销售的产品，减少氨排入大气中，阻止氨排入下水道	中费
8	在包装工序中收集的被污染了的气体中的氨冷凝液	在其进入下水道前，手工收集冷凝液后送去回收	阻止排入下水道，回收和重新利用氨	无费

这些清洁生产解决办法都是为了解决确定的氨流失到环境的污染源（占氨总损失的60%以上）。另外，阜阳化工总厂在工厂各生产工序中找出并实施了6个无费低费方案。① 消除贮存区的化肥包装袋的破损。此措施减少了大量的氨通过雨水对环境的污染，从废物中增加了收入。② 在电厂新建了一个沉淀池，以移走从烟囱喷淋液中的固体悬浮物。此措施通过外卖沉淀的固体作为各种建筑材料而增加收入。③ 最大限度回收油以循环和重新利用。增加了新设备，以回收工艺气通过压缩工艺的油。④ 阻止从贮槽和滤布的铜液泄漏。此措施在消除水环境污染的同时，节省了化学品的费用。⑤ 环境美化，清除了垃圾场，代之以一个花园。⑥ 通过回收水中的油，最大限度地减少水中油的排放。

（5）清洁生产方案的实施。中国和加拿大清洁生产合作项目为2个中费方案的实施提供财政支持，这两个方案是表6-8所列的第6和第7个方案。

这两个清洁生产方案的实施按下述步骤进行：技术小组确定工程和设备规格；中方技术小组估算设备、土建、结构和电器费用；设备的制造准备和提出招标文件；选标和购买设备；阜阳化工总厂做土建、结构和电气工作；阜阳化工总厂做设备安装。

（6）完成及效益评估。表6-3中第1～6项清洁生产方案未进行评估。事实上，它们的目标都是在源头上削减污染物的产生。这些清洁生产解决办法实施后的效益如下：

① 减少氨排入环境中（大气或水）：4 500 t/a；
② 估计从流失的氨回收的收入：300 万元/a。

表6-3所列第7项清洁生产方案的潜在效益如下：

① 减少氨排入环境中（大气或水）：250 t/a；
② 估计流失的氨回收和销售硫黄的收入：40 万元/a。

另外还可以通过改善工艺来实现清洁生产。如安徽阜阳酿酒总厂用浓发酵减少水和能量的消耗并削减排污量。而中策北京啤酒有限公司则通过添加合适设备来减少污染、节省原材料。审核前与同行业企业比较，该公司吨酒耗水高，啤酒损失大，吨酒排放废水COD高，使用硅藻土过滤机过滤啤酒，造成啤酒的严重损失和硅藻土的大量消耗，而且硅藻土过滤机需经常更换板纸，硅藻土的使用量大，生产旺季过滤能力不足尤为突出。经过清洁现场审核，最后需选用在现有过滤机前增设酵母离心机的方案，解决了水耗高、污染重、劳动力消耗大的问题。

第三节 生态工业园

一、生态工业园的概念及发展历程

自然界存在着各种形态的自然生态系统，也存在着各种形态的人工生态系统。处于动态平衡的生态系统物质循环和能量流动比较顺畅，因此对环境的危害较少。在工业生产实践中，人们逐渐寻找用于工业的人工生态系统——工业生态系统进入实践阶段，生态工业园是目前工业生态学理论实践的主要载体。

1992 年，美国 Indigo 发展研究所的欧内斯特·洛（Ernerst Lowe）教授首先提出生态工业园（Eco-Industrial Parks，EIPs）概念，认为它是以工业生态学为理论基础，强调人类的工业活动应当模仿自然生态系统，使工业系统和谐地纳入自然生态系统物资循环和能量流动的大系统中。

1995 年，Cote 和 Kall 从 EIP 的运作目标角度将 EIP 定义为："EIP 是一个工业系统，涵盖自然和经济资源，并减少生产、物质、能量、风险和处理的成本与责任，改善运作效率、质量、工人的健康和公共形象，而且它还提供由废物的利用和销售获利的机会。"

1996 年 10 月，美国可持续发展委员会组织开展的生态工业园区特别工作会议上，两种不同的观点引起了人们的讨论，一种认为生态工业园区是一个市场共同体，园区各企业之间以及与周围社区之间应彼此合作，高效利用资源（包含原料、公共设施、信息、水等公共资源），从而促进发展社会经济和改善环境质量的"双赢"，并配置给市场共同体和周围社区更有效、更公平的人力资源；另一种观点则认为 EIP 是一种先前计划好的能量物质相互交换的工业体系，旨在最大限度地减少原材料和能源的消耗，减少废物的产生，并积极建立一个良好的社会、经济和生态相互关系。两种观点之间的区别在于，前者注重在社会层面上，后者则强调物流（包括原材料和能源）。

2001 年，在亚洲开发银行出版物中描述如下：生态工业园是生产者和服务者共同生活在一个拥有公共基础设施的空间内，他们之间通过合作管理、开发资源和保护环境来创造更高的环境、经济和社会效益。通过协同合作，该社区所产生的整体效益将远高于各个企业独立生产所获得的效益之和。

2003 年国家环保总局从生态保护和社会生产的视角对园区进行了阐述，将生态工业示范园区定义为：根据清洁生产的要求、生态工业学原理、循环经济理论等设计的一种新型工业园区，通过物质流、能量流和信息流等传递方式把不同企业连接起来，将一家企业的副产品或废弃物作为另一家企业的能源或原料所利用，试图模拟自然生态系统，在产业链系统中建立"生产者—消费者—分解者"循环模式，寻求物质和能量的多级循环利用和废物的最小化生成。

尽管各国学者对生态工业园给出了众多的定义，但其共同的实质均强调环境成本的削减和内部成员的合作；强调经济、环境和社会功能的协调和共进，且后者是生态工业园成员合作的动力源。目前比较认可、完善的定义为：生态工业园区是依据循环经济理论和工业生态学原理而设计成的一种新型工业组织形态；通过正确模拟自然生态系统来设计工业园区的物流和能流，并基于生态系统承载能力、具有高效的经济过程及和谐的生态功能的网络型进化型工业；是生态工业的聚集场所，它由若干企业、自然生态和居民区共同构成，彼此合作并与地方社区协调发展的一个区域性系统。它的目标是通过两个或两个以上的生产体系或环节之间的系统耦合使物质和能量得到多级利用、高效产出或持续利用；通过废物交换、循环利用、清洁生产等手段最终实现园区的污染"零排放"。其主要特征是自然和经济资源的高效益转换、减少环境污染，具备高水平的环境质量、现代化的基础设施作为支持系统和具备高效的园区管理系统等。

表6-4　中国生态工业园的发展

时间	EIP 发展	宏观背景
1984		国家在沿海城市开始设立经济技术开发区，作为经济体制改革和对外开放的"试验田"，外向型经济的"集中高地"，至今已有 54 个国家级开发区
1992		国家开始设立高新技术产业开发区，旨在加速高新技术成果的产业化，至今有 54 个国家级高新区
2000	浙江衢州在下属 4 个工业园区开展生态工业园区规划探索	国家 2000 年环保目标"一控双达标"基本实现。其后，开始探索从经济社会发展源头保护环境的手段以及探讨结构性污染与区域性污染的解决方法
2001	广西贵港和广东南海被环保部门批准为生态工业建设示范园区	
2002		《清洁生产促进法》出台，清洁生产的推行和实施走入法制化轨道
2003	《国家生态工业示范园区申报、命名和管理规定（试行）》发布；《生态工业示范园区规划指南（试行）》发布；包头铝业、鲁北化工和长沙黄兴开发区等被环保部门批准为生态工业建设示范园区	国务院部署开展对全国各类开发区的清理整顿工作。到 2006 年 12 月，全国各类开发区由 6 866 个核减至 1 568 个，规划面积由 3 186 万 km² 压缩至 9 949 km²
2004	抚顺矿业、贵阳开磷和大连开发区被环保部门批准为生态工业建设示范园区；江苏等省市启动省级生态工业示范园区建设工作	
2005	曹妃甸、柴达木、天津开发区等 13 家园区列入第一批循环经济国家试点；郑州上街和包头钢铁被环保部门批准为生态工业建设示范园区	《国务院关于加快发展循环经济的若干意见》颁布，提出按循环经济模式规划、建设、改造工业园区
2006	行业类、综合类和静脉产业类生态工业园区标准（试行）发布；福州、昆山等 6 家园区被环保部门批准为生态工业建设示范园区，其中青岛新天地是迄今唯一的静脉类园区	温家宝在第六次全国环境保护大会上提出，环保工作要加快实现三个转变：一是从重经济增长轻环境保护转变为保护环境与经济增长并重……
2007	《国家生态工业示范园区管理办法（试行）》发布，修订了"建设规划和技术报告编制指南"，制定了"国家生态工业示范园区建设考核验收规则"和"国家生态工业示范园区建设绩效评估规则"；上海莘庄、青岛高新和扬州开发区被环保部门批准为生态工业建设示范园区；宁东能源化工基地等 20 家重化工集聚区列入了第二批循环经济国家试点	

时间	EIP 发展	宏观背景
2008	上海金桥和南京开发区等4家园区被环保部门批准为生态工业建设示范园区；天津开发区、苏州工业园区和苏州高新区被环保部门命名为国家生态工业示范园区；江苏省等出台省级生态工业示范园区管理办法	《循环经济促进法》出台，规定"……国家鼓励各类产业园区的企业进行废物交换利用、能量梯级利用、土地集约利用、水的分类利用和循环使用，共同使用基础设施和其他有关设施……"
2009	综合类生态工业园区标准发布；"关于在国家生态工业示范园区中加强发展低碳经济的通知"发布；北京、广州和萧山3家开发区被环保部门批准为生态工业建设示范园区	
2010	上海张江、南昌高新和宁波开发区被环保部门批准为生态工业建设示范园区；无锡新区、烟台开发区和潍坊滨海开发区被环保部门命名为国家生态工业示范园区	

摘自中国生态工业园区的发展（2000—2010年）. 石磊，王震。

二、生态工业园的特征

生态工业园综合地运用了工业生态学和循环经济理论，把经济增长建立在环境保护的基础上，体现了人和自然和谐相处的思想，是未来经济可持续发展的一种重要模式。工业园区通过模拟自然系统建立工业系统中"生产者—消费者—分解者"的循环途径，建立工业生态系统内的生产者、消费者和废料处理者的"食物链"和"食物网"即工业生态链，实现物质闭路循环和能量多级利用，尽可能达到物质能量的最大利用和对外废物的零排放，使一个地区的总体资源增值，使人们在各种社会经济活动中所耗费的生活劳动和物化劳动获得较大的经济成果的同时，保持生态系统的动态平衡，它具备以下一些具体特征：

（1）紧密围绕当地的自然条件、行业优势和区位优势，进行生态工业示范园区的设计和运行，注重与周边社区、工业园区、环境的协调发展。

（2）不同企业间形成相互利用副产品、废物及能量和废水的梯级利用的工业生态链（网），进而形成工业生态体系，实现资源利用的最大化和废物排放的最小化。

（3）现代化的管理手段、政策手段以及新技术，如园内的基础设施、资源和信息共享，资源回用、再生、梯级利用，环境监测和可持续交通技术等，实现经济、环境的可持续发展。

（4）有明确的核心企业，整个园区围绕一个或几个核心企业运行。

（5）通过对园区环境基础设施的建设、运行，企业、园区和整个社区的环境状况得到持续改善。清洁高效的环境基础设施作为支持系统，为生态工业园的物质流、信息流、价值流和人力资源流创造必要的条件，使之在运行过程中，减少经济损耗和对生态环境的污染。支持系统包括：道路交通系统，信息传输系统，物资和能源的供给系统，商业、金融、生活等服务系统，各类废弃物处理系统，各类防灾系统等。对生态工业园生产和生活中产生的各种污染和废弃物，都能按照自己的特点给予充分的处理和处置，为废物的利用和销售提供机会。

（6）生态工业园应具备高效的园区管理体系，对园区内的各个方面，如人口、资源、社会服务、就业、治安、防灾、城镇建设、环境整治等实施高效率的管理，促进工业园区的健康运行。

三、生态工业园区的类型

纵观国内外的生态工业园，它们并没有一个统一的模式，而是因地制宜，各具特色，但可从产业结构、原始基础、区域位置等不同的角度对生态工业园区进行分类。

（一）产业结构分类

生态工业园区可以分为联合型和综合型两类。

联合型生态工业园区是以某一大型的联合企业为主体的生态工业园区，典型的如美国的杜邦模式、贵港国家生态工业园区等。对于冶金、石油、化工、酿酒、食品等不同行业的大企业集团，非常适合建设联合型的生态工业园区。

综合型生态工业园区内各企业之间的工业共生关系更加多样化。与联合型生态工业园区相比，综合型生态工业园区需要更多地考虑不同利益主体之间的协调与合作。例如，丹麦的卡伦堡工业园区是综合型生态工业园区的典型。目前，大量传统的工业园区适合朝综合型生态工业园区的方向发展。

（二）按原始基础分类

生态工业园区可以分为改造型和全新规划型。

改造型生态工业园区是园区已经存在大量的工业企业通过适当的技术改造，在区域内建立废物和能量交换系统，提高园区内资源的相互利用和废物综合利用水平。丹麦卡伦堡工业园区也是改造型园区的典型。

该类型园区具备初步不同规模的副产品或废物的交换、能量和废水的梯级利用，但水平不高，需要技术改造，其建设重点：①加强入园项目规划管理，对区内现存企业的物质流、能量流及信息流进行重新集成，建立企业间物质运动和循环利用的渠道和机制；②建立园区企业孵化器，在不断完善生态工业链基础上，形成一个稳固的生态工业网，通过采用高新技术对传统工艺进行改造和开发科技含量高的新产品，形成新的经济增长点，提高生态工业园的经济实力；③实施清洁生产审计和 ISO 14000 环境管理体系，进一步提高生态工业网络中各个环节的质量。

全新规划型生态工业园区是在规划和设计基础上，从无到有进行建设，主要吸引那些具有"绿色制造技术"的企业入园，并创建一些基础设施，使得这些企业间可以进行物质、能量的交换，南海生态工业园区就属于这一类型。

这类园区，工业生产基本属于空白或刚刚起步，其建设重点是抓好园区整体规划，按照生态工业园区的要求，从一开始就进行高标准、高水平的规划，设计出主要工业链，并在此基础上筛选和提出最初的入园公约项目（包括工业项目、基础设施、服务设施等），并制定项目入园指南。此外，还要制定相应的鼓励政策和管理措施，设计相应的支撑体系。

（三）按区域位置分类

生态工业园区可以分为实体型和虚拟型。

实体型生态工业园区的成员要求在地理位置上聚集于同一地区，可以通过管道等设施进行成员之间的物质和能量的交换。

虚拟型生态工业园区不一定要求其成员在同一地区，它是利用现代信息技术，通过园区的数学模型和数据库建立成员之间的物质、能量交换关系，然后再在现实中选择适当的企业组成生态工业链、网。虚拟型生态工业园可以省去建园所需的昂贵的购地费用，避免进行困难的工厂迁移工作，并具有很大的灵活性。缺点是需要承担较贵的运输费用，中国的南海生态工业园区是虚拟型园区的典型。

四、生态工业园实例

（一）国外生态工业园区的实践进展

1. 丹麦的卡伦堡生态工业园

卡伦堡工业园被认为是世界上最早也是最著名的生态工业园。卡伦堡是丹麦一个仅有2万居民的工业小城市，位于北海海滨，距哥本哈根以西100 km左右。20世纪60年代初，这里的火力发电厂和炼油厂已经开始了工业生态方面的探索。开始并未有意发展成工业生态体系，而六家公司缓慢但非常有效地拓展，最终形成了目前这种有益于环境的共生关系。截止到2000年，卡伦堡工业园已有6家大型企业和十余家小型企业，它们通过"废物"联系在一起，形成了一个举世瞩目的工业共生系统（图6-11）。

卡伦堡工业共生系统的6个核心参与者为：

阿斯内斯（Asnaes）火力发电厂，丹麦最大的燃煤火力发电厂，具有年发电1 500 kW的能力。

斯塔托伊尔（Statoil），是丹麦最大的炼油厂，具有年加工320万 t原油的能力。

济普洛克（Gyproc）石膏墙板厂，具有年加工1 400万 m^{2}石膏板墙的能力。

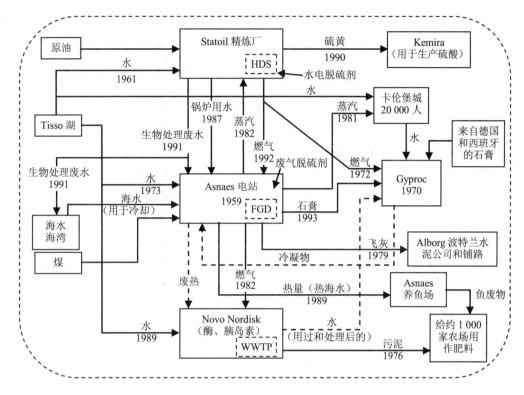

图 6-11 卡伦堡工业共生体系的主要产业构成

（引自劳爱乐[美], 耿勇, 工业生态学和生态工业园, 2003）

诺沃诺迪斯克（Novo Nordisk），一所国际性制药公司，年销售收入 20 亿美元，公司生产医药和工业用酶，是丹麦最大的制药公司。

A-B Bioteknisk Jodrens，一个土壤修复公司（20 世纪 90 年代末期的一个新公司）。

卡伦堡市区，为 2 万居民供热，并为家庭和企业提供蒸汽和水。

卡伦堡工业共生系统内的企业之间的合作是以能源、水和物资的流动为纽带联系在一起的，它们的共生关系体现在以下方面：

（1）在能源和水的流动方面。阿斯内斯火力发电厂工作的热效率约为 40%，像所有其他烧煤的电厂一样，产生的大部分能量进入了烟囱。同时另一家耗能大户斯塔托伊尔（Statoil）精炼厂的大部分气体也都燃烧掉了，于是从 20 世纪 70 年代早期开始，采取了一系列举措。

济普洛克石膏墙板厂看到斯塔托伊尔的燃烧火焰，认识到这些燃烧的气体是潜在的低成本染料源，通过谈判，斯塔托伊尔炼油厂同意供应多余的气体给济普洛克石膏墙板厂。

阿斯内斯发电厂从 1981 年开始用其新型供热系统为卡伦堡市供应蒸汽，其后又供应给诺沃诺迪斯克制药厂和斯塔托伊尔炼油厂，同时也向市里的某些地区供热，这一举措取代了约 3 500 个燃油炉，大大减少了空气污染源。

阿斯内斯电厂使用附近海湾内的盐水满足其冷却需要，这样做减少了对蒂索湖（Tisso）淡水的需求，其副产品为热的盐水，其中一小部分又可供给渔场的 57 个池塘。

（2）物流方面。诺沃诺迪斯克制药厂的工艺废料和渔场水处理装置中的淤泥用作附近农场的化肥，这是整个卡伦堡交换网的一大部分，总计每年 100 万 t；

一个水泥厂使用电厂的脱硫飞尘，阿斯内斯电厂将其烟道气中的 SO_2 与碳酸钙反应制得硫酸钙（石膏），再卖给济普洛克石膏板墙厂，能达到其需求量的 2/3；

精炼厂的脱硫装置生产纯液态硫，再用卡车运到硫酸制造商 Kemira 处；

诺沃诺迪斯克的胰岛素生产中的剩余酵母被送到农场做猪饲料；

1999 年加入合作的 A-B Bioteknisk Jodrens 使用民用下水道淤泥生物修复营养剂来分解受污土壤的污染物，这是城市废水的另一条物流的有效再利用。

这个循环网络为相关公司节约了成本，减少了对该地区空气、水和陆地的污染。应该说，卡伦堡工业园在实际上已基本形成了一种"工业共生体系"，在这一体系中体现了其环境和经济优势：减少资源消耗，减少造成温室效应的气体排放和污染，使废料得到了重新利用。正是因为有了卡伦堡的启示，生态工业园区的概念才慢慢地清晰起来。

2. 美国

美国是当前世界上最为积极投身于生态工业园区规划和建设的国家。在美国环境保护局（EPA）和可持续发展总统委员会（PCSD）的支持下，美国的生态工业园区项目逐渐建立。1993 年美国已有 20 个城市的市政当局与大公司合作规划建立生态工业园区，1994 年美国可持续发展总统委员会（PCSD）计划进行 4 个生态工业园示范点建设，分别为：马里兰州的费尔菲尔德（Fairfield）、弗吉尼亚州的查尔斯角港口（Port of Cape Charles）、得克萨斯州的布朗斯维尔（Brownsville）和田纳西州的查塔诺加（Chattanooga）。据有关调查研究，截至 2004 年美国共有 34 个生态工业园区项目，其中 6 个正在运行，5 个处于规划阶段，7 个处于计划或考虑阶段，其余 16 个项目被延迟或未按生态工业规划建设。美国部分生态工业园区项目具体情况，见表 6-5。

表 6-5 美国的部分生态工业园区项目（引自管玲飞，2006）

生态工业园区名称	所在位置	主要特征
费尔菲尔德生态工业园区	马里兰州费尔菲尔德	现有工业区的转型，共生，废料再利用，环境技术
布朗斯威尔生态工业园区	德州布朗斯威尔	虚拟生态工业园区，区域废物交换
查尔斯岬可持续科技区	弗吉尼亚州查尔斯岬	可持续技术，自然地海岸特色
查塔努加生态工业园区	田纳西州查塔努加	老工业区改造，环境技术，绿色区域
乔克托生态工业园区	俄克拉何马州乔克托	地区特定资源开发，废物资源化技术
文斯生态工业园区	马萨诸塞州	绿色建筑，生态之星组织
红山生态工业园区	密西西比州	构筑食品、农业多产业生态网络

俄克拉何马州的 Choctaw 生态工业园区，它是一个典型的全新规划型园区（图
6-12）。

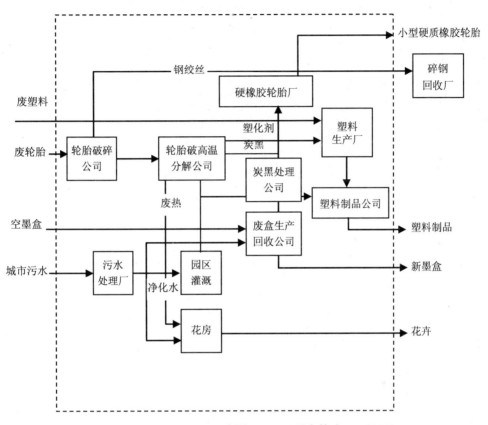

图 6-12 Choctaw EIP 示意图，USA（引自管玲飞，2006）

图 6-12 中的 Choctaw 生态工业园区是采用高温分解技术将废轮胎资源化可得到炭黑、
塑化剂和废热等产品，进一步可以衍生出不同的产品链；采用"绿色的"废物资源化技术
构造出系统核心工业生态链，进一步扩展成工业生态网。

3. 加拿大

1992 年加拿大在 Burnside 工业园启动"生态系统与工业园区"项目，走产学研合作
道路，对 Burnside 工业园进行生态化改造，并进行生态工业园区生态特征和规律研究。1995
年在多伦多 Portland 工业区开展生态工业园区的建设项目，之后其他工业园区也逐步开展
向生态工业园区转型项目。且加拿大政府对国内 40 个工业园区进行研究，其中 9 个园区
被认为有很大的生态工业园发展潜力。具体见表 6-6。

表 6-6　加拿大 9 个具有发展潜力的生态工业园区项目（引自管玲飞，2006）

园区所在地	骨干企业
不列颠哥伦比亚省温哥华	火电发电厂，纸浆厂，包装厂，工业园
萨斯喀彻温省堡	化学品，动力生产，苯乙烯，PVC，生物燃料
安大略省苏圣玛丽	动力生产，钢铁厂，纸浆，胶合板，工业园
安大略省楠蒂科克	供热站，炼油厂，钢铁厂，水泥厂，工业园
安大略省康沃尔	能源，纸浆厂，化学品，食品，电子设备，塑料，混凝土构件
魁北克省贝肯考特	热电联产电厂，化学品，镁，铝
魁北克省蒙特利尔东	热电联产电厂，石化产品，精炼厂，压缩空气，石膏板，金属精炼，沥青
新不伦瑞克省圣约翰市	发电厂，纸浆厂，炼油厂，啤酒厂，制糖厂，工业园
新斯科舍省图佩尔角	发电站，纸浆与造纸，构件厂，炼油厂

4. 日本

日本是循环经济立法很全面的国家，以建立一个资源"循环型社会"为目标。目前已颁布了 7 项相关法律，集中体现了循环经济的"3R"原则。虽在日本生态工业园的概念使用较少，但据估计约有 60 个项目在运行和开发（包括那些仍在计划和考虑阶段的项目）；主要为生态工业园区、生态城镇、生态工业群落和零排放努力项目等 3 种类型，其中目前较为典型的有 EBARA 公司的藤泽生态工业园、山梨市 Kokubo 生态工业园、川崎生态城、太平洋水泥公司等项目。

5. 其他国家和地区

（1）法国作为欧洲环境合作伙伴组织的发起机构之一，法国的 Oree 正致力于它的 PALME 计划，该计划旨在为生态工业园区的建立提供技术支持和规范。PALME 是一个园区的生态标志，主要强调对园区的环境管理而不是各产业之间的相互合作和相互作用。

（2）德国早在 1986 年制定《废物管理法》时，把避免废物产生作为废物管理的首选目标；1996 年公布《循环经济和废物管理法》，把资源闭路利用的循环经济思想，从包装问题推广到所有的生产部门；循环经济实践对世界产生了很大的影响。此外，与泰国、印度等国合作进行生态工业项目研究建设。目前正在规划建设的莱茵河—卡内河区域生态工业项目，将设区域性可持续性工业生态系统。

（3）英国于 1996 年规划建设 Londonderry 生态工业园区，此外英国经济和社会研究委员会建立了"可持续发展和本地经济：生态工业园的作用"项目研究基金，于 2002 年开始，为期两年，主要从两个方面进行研究：一方面是经济地理学和区域经济学的理论研究，侧重于诚信和共生；另一方面是从理论概念和政策执行出发，研究建立和发展生态工业园区的实际问题。

（4）荷兰于 1996 年开始规划建设鹿特丹港生态工业园区，该工业园包括 85 家大中型企业，将建成以石油工业和石油化工工业及其支持行业为主的生态工业园区。此外 Den Bosch、Moerdijk 生态工业园区等项目进展较顺利。

（5）澳大利亚目前生态工业园区主要有布里斯班 Synergy 工业园区和 Shenton 可持续发展园区。布里斯班 Synergy 工业园区是澳大利亚的第一个生态工业园区：该园区于 1998 年正式开始实施，基于当地发展食品加工业的优势，园区以促进生产食品、饮料、药品等产业集聚为目的，集中建设仓贮、能源供应、污水处理及相关生产生活服务等基础设施，从而减少建设和操作成本，形成园区整体规模经济效益。

（6）泰国工业园主管部门对现有 29 个工业园进行生态化改造，并与德国技术合作组织（GTE）计划将邦浦工业园、北方工业园、马塔浦工业园、东海岸工业园 4 个工业园建成生态工业园区，作为示范项目；此外，还有亚洲银行资助的 Sanmut Prakarn 省 CPIE 项目。

（7）菲律宾积极进行多项生态工业园项目计划，例如以建立一个副产品交换和资源循环系统为目标的 PRIME 项目，目前该项目主要参与有 Laguna 国际工业园、轻工业科技园、Carmelray 工业园、LIMA 高科技工业园、Laguna 高科技工业园等；以及清洁城市中心计划项目。

（8）印度的 Narida 工业区的工业生态网络建设项目，及科技交流与分析研究所对 Haoro 铸造厂、Tirupur 纺织工业中心、Tamii Nadu 制革业、造纸与制糖业的联合体等 4 个不同工业系统进行工业代谢研究。

（9）新加坡于 1998 年开始规划建设 Jurong Island 生态工业园项目，将 Jurong Island 石油化工工业园区进行生态化改造。

（二）国内生态工业园区的实践进展

我国的生态工业园区建设起步较晚，自 1999 年开始启动生态工业示范园区建设试点工作，建立了第一个贵港国家生态工业（制糖）示范园区。但在国家高层领导的重视和推动下，生态工业思想的影响逐步扩大，全国各地生态工业园区建设项目开展迅速，生态工业园区成为继经济技术开发区、高新技术开发区之后的第三代工业园区发展模式。

2001 年 4 月清华大学化工科学与技术研究院成立了过程工程与生态工业研究中心，在国家自然科学资金项目等支持下，率先开展了生态工业研究工作，主要内容包括工业生态系统规划、物质和能量集成、废物资源化、生态工业园区建设规划等。2001 年 12 月中国生态经济学会成立了生态工业经济与技术委员会。据不完全统计，中国环境科学研究院、北京化工大学、大连理工大学、南京大学等研究机构相继开展了生态工业园区相关课题研究。

2002 年国家环保总局正式确认广西贵港生态工业（制糖）园区和广东南海生态工业园区为国家生态工业示范园区，并予以挂牌昭示；随后通过了包头国家生态工业（铝业）示范园区、黄兴国家生态工业示范园区、鲁北国家生态工业示范园区等建设规划论证；截至

2005 年 12 月底共批准建设 15 个国家生态工业园区。国内部分生态工业园区及其特征见表 6-7。

表 6-7　国内的部分生态工业园区（引自刘敏，2009）

生态工业园区	主要特征
贵港国家生态工业（制糖）示范园区	制糖产业生态工业系统
南海国家生态工业示范园区	虚实结合、全新规划，高新技术环保产业为主导
包头国家生态工业（铝业）示范园区	"铝电联营"生态工业系统
黄兴国家生态工业示范园区	高新技术产业主导，零排放工业试点
山东鲁北国家生态工业示范园区	石膏制硫酸联产水泥，海水一水多用技术
天津经济技术开发区国家生态工业示范园区	开发区生态改造，发展静脉产业
苏州高新区国家生态工业示范园区	"绿色高新区"、ISO 14000 环境管理体系、清洁生产审核
四川沱牌酿酒生态工业园区	酿酒生态工业系统

贵港国家生态工业（制糖）示范园区（图 6-13）。

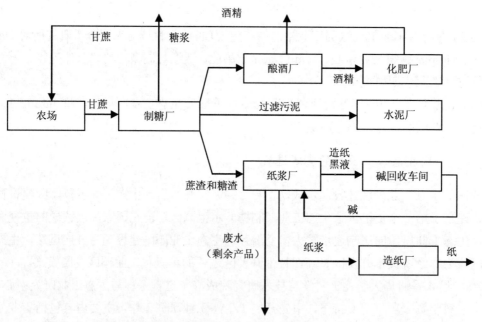

图 6-13　中国贵港集团工业生态园（引自管玲飞，2006）

广西贵港国家生态工业（制糖）示范园区是我国第一个试点。该园区以贵糖（集团）股份有限公司为核心，以蔗田系统、制糖系统、酒精系统、造纸系统、热电联产系统、环境综合处理系统为框架建设生态工业示范园区。园区各系统之间通过中间产品和废弃物的相互交换而相互衔接，形成一个较完整和闭合的生态工业网络。

近几年来，贵港市通过逐步制定出台财政政策、税收政策、招商投资政策、发展甘蔗生产扶持政策、土地税费优惠政策、排污费返还政策等一系列的配套政策和措施，并在现有的生态工业雏形的基础上，通过 12 个重点优化项目的建设充分高效地利用上游生产过程产生的废弃物进行物质集成、能源集成以及水系统集成，实现甘蔗制糖、蔗渣造纸、废糖蜜制酒精的传统产品向高附加值的精制糖、低聚果糖、有机糖、CMC、酵母精等产品结构的战略性调整，增强园区市场竞争力与抗风险能力。

第四节　循环经济及相关模式

一、循环经济

（一）循环经济的概念

自 18 世纪第一次工业革命开始，至今短短 300 多年时间，我们创造了远远大于过去 5000 年的历史上所取得的经济、文化、政治成就，但也造成了前所未有的速度消耗着地球的资源，同时给我们留下雾霾的天空，污染的河流等。在世界经济进入信息化时代的 21 世纪初期，仍处于发展阶段的国家，依旧采用高开采、低利用、高排放为特征的传统经济发展方式，是造成当代资源匮乏与环境问题的根源，而未来发展则面临着巨大的资源能源约束，传统增长方式难以为继。

所以，有人提出未来应建立一种以物质闭循环、流动为特征的发展模式，即循环经济。其是把清洁生产和废弃物的综合利用融为一体的经济，本质上是一种生态经济。它按照自然生态系统物质循环和能量流动规律重构经济系统，使经济系统和谐地纳入自然生态系统的物质循环的过程中，建立起一种新形态的经济。在生产、流通和消费等过程中进行的减量化、再利用、资源化，它的目标是实现污染的低排放甚至零排放，通过大幅度提高资源利用率获得经济效益和环境效益，将环境保护由末端治理变为源头控制，实现社会、经济与环境的可持续发展。循环经济体现了人类对于人与自然关系认识的深化和对传统的高消耗工业发展模式的扬弃。

循环经济是一种新的生产方式：按照"物质代谢"和"共生关系"，组合相关企业形成产业生态群落，延长产业链。从物质流动方向看来，循环经济和传统经济有本质的区别。传统经济属于单行流动即"资源—产品—废弃物"，高强度地开发物质和能源，粗放和一次性地利用资源，漠视废水、废气、废渣大量排入环境，造成自然资源的短缺和匮乏，严重破坏自然生态。循环经济是反复循环流动，即"资源—产品—再生资源"，采用"低开采、高利用、低排放"的方式，强调可持续、主张生态平衡，是追求经济效益和生态效益的集约型经济发展模式。

（二）循环经济的内涵

循环经济涉及经济、社会、生态三个方面的和谐统一，追求的是人地和谐、共同发展的发展观。目前，循环经济研究在宏观、中观、微观三个层面上，由于语境不同，又有大、中、小三种尺度的循环之分。

1. 小尺度循环（部门层面）

以一个企业或者一个农村家庭为单位实现了清洁生产，使所有的资源、能源都得到有效的利用，最终目标达到无害排放或污染零排放。这就是"小尺度循环"。根据循环经济的理念，推行清洁生产（图 6-14），从原料的开采—生产制造—消费使用—废弃物处理的全过程来评估产品对环境的影响程度。这是循环经济的一个重要组成部分，是"3R"原则中 Reduce（减量化）的一个具体体现，减少产品和服务中物料和能源的使用量，实现污染物排放的最小量化。要求企业做到：（A）减少产品和服务的物料使用量；（B）减少产品和服务的能源使用量；（C）减少有毒物质的排放；（D）加强物质的循环使用能力；（E）最大限度可持续地利用可再生资源；（F）提高产品的耐用性；（G）提高产品与服务的强度。

图 6-14　清洁生产产品生命周期示意图（引自初丽霞，2003）

2. 中尺度循环（区域层面）

按照工业生态学的原理，通过企业间的物质集成、能量集成和信息集成，形成企业间的工业代谢和共生关系，建立生态工业园区。生态工业园区是生态工业的实践，是包含若干工业企业，也包含农业、居民区等的一个区域系统。它通过工业园区内物质流和能量流的正确设计，模拟自然生态系统，形成企业间共生网络。在生态工业园区内的各企业内部实现清洁生产，做到废物源减少，而在各企业之间实现废物、能量和信息的交换，以达到尽可能完善的资源利用和物质循环以及能量的高效利用，使得区域对外界的废物排放趋于零，达到对环境的友好。生态工业园追求的是系统内各生产过程从原料、中间产物、废物到产品的物质循环，达到资源、能源、投资的最优利用。在这一模式中，没有了废物的概念，每一个生产过程产生的废物都变成下一生产过程的原料，所有的物质都得到了循环往复的利用。这是建立在多个企业或产业的相互关联、互动发展基础上的。

3. 大尺度循环（社会层面）

建立起与发展循环经济相适应的"循环型经济社会"。简单地说，所谓"循环型经济社会"是指限制自然资源消耗、环境负担最小化的社会。它可以最大限度地减少对资源过度消耗的依赖，保证对废物的正确处理和资源的回收利用，保障国家的环境安全，使经济社会走向持续、健康发展的道路。要使循环经济得到发展，光靠企业的努力是不够的，还需要政府的支持和推动，更需要提高广大社会公众的参与意识和参与能力。通过废旧物资的再生利用，实现消费过程中和消费过程后物质和能量的循环。

循环经济最终追求的是"大尺度循环"。即在整个的社会经济领域，使工业、农业、城市、农村都达到循环，甚至在工业、农业、生态之间也存在着交叉点、链接点，在交点上交叉起来充分利用，这就是大循环。如果整个社会物流过程中都实现了这个目标，那就是我们最终要建立的循环型经济社会。

因此，循环经济作为一种全新的经济发展模式，其内涵非常深刻。当今国际社会世界各国都在努力实施可持续发展战略，探寻经济发展、环境保护和社会进步共赢的道路，所以循环经济的发展模式将成为全球的必然选择。

（二）循环经济的特征

1. 循环经济本质上是一种生态经济

循环经济是相对于传统单向线性经济而言的一种新的经济发展模式，是将人类社会的各项经济活动与自然环境的各种资源要素视为一个密不可分的整体，在经济发展中加以统一考虑，要求以环境友好的方式利用自然资源和环境容量，在经济活动中实现废弃物的生态化转向，把传统经济活动的"资源—产品—废弃物污染"单向流动的线性程式，改变为"资源—产品—再生资源"的反馈式流程，形成物质资源的闭环流动。因此，循环经济是以环境资源的节约利用为基本目标，倡导所有的物质和能源，都要在不断进行的经济循环中得到合理和持久的利用，通过对环境资源实行低开采、高利用、污染的低排放，把经济活动对自然环境的影响降低到尽可能小的程度，实现经济增长和改善环境质量的协调一致发展。

2. 循环经济强调资源的持久性和集约化使用

循环经济强调通过提高产品的使用寿命，而非物质的大量消耗来促进经济的发展。所谓产品的持久性使用，是指通过延长产品的使用寿命来降低资源利用的速度。如果将产品的使用寿命延长1倍，资源利用就相应地减少了一半，同时所产生的废弃物也减少一半。所谓集约化使用，是指使产品的利用达到规模效应，从而减少分散使用导致的资源浪费。

3. 循环经济需要以现代技术发展为支撑

循环经济的目的是要达到资源的可持续利用，使有限的地球资源可以生产出更多的产品，因此，必须以信息技术、生物技术等高新技术为支撑，采用环境无害化技术或环境友好技术合理地利用资源和能源，减少污染排放量，更多地回收废物和产品，并以环境可接受的方式处置残余的废弃物。环境无害化技术主要包括预防污染的少废或无废的工艺技术和产品技术，同时也包括治理污染的末端控制技术。

（三）循环经济的原则

循环经济的基本原则是循环经济运行过程中，生产经营者应当恪守的基本准则，反映出循环经济的基本要求和运行方式。循环经济主要具有三大基本原则，即：减量化原则、再利用原则、资源化原则，并被简称为"3R 原则"。

（1）减量化原则（Reduce）要求用较少的资源投入来达到既定的生产目的或消费目的，在经济活动的源头注意节约资源和减少污染。在生产中，减量化原则常常表现为要求产品体积小型化和产品重量轻型化。此外，要求产品包装追求简单朴实而不是豪华浪费，从而达到减少废弃物排放的目的。减量化优先级最高，是从源头控制废弃物产生量，是最彻底有效的管理方法；在不得不产生废弃物时，则应尽量减少其产生量；接下来是在可行的情况下再利用或再循环。

（2）再利用原则（Reuse）指产品及其包装能够以初始的形式被多次或反复使用。再利用原则属于实现循环经济的过程性方法，要求生产经营者对其产品和包装承担回收利用的义务，通过对物品多次或多种方式的使用，使其能够不断回到经济循环活动中，从而尽可能地延长产品和包装物的资源利用时间，提高其资源利用率，避免过早地转化为废弃物，以节约资源消耗。再利用原则的实施，应当具备以下两项要求：①对同类产品及其零配件、包装物实行兼容性、配套化生产，以便于同类产品相互利用、再三使用，延长使用期限。当产品更新换代或增加生产时，相关的零配件和包装物并不淘汰，可为新产品继续使用。②建立规范的废旧物品回收利用机制，采取鼓励与惩罚相结合的制度安排，建立生产经营者的回收利用制度。由生产经营者主导回收利用，可以鼓励、引导消费者将自己不再需要的物品返回市场体系，再安全地参加到新的经济循环之中。

（3）资源化原则（Recycle）要求生产出的物品在完成其使用功能后，能重新变成可以利用的资源而不是无用的垃圾。很显然，通过再使用和再循环原则的实施，反过来强化了减量化原则的实施。资源化的途径有两种：一是原级资源化，即将消费者遗弃的废弃物资源化后形成与原来相同的新产品，这种资源化途径由于其生产过程所涉及的原料及生产工艺物耗和能耗均较低而具有良好的环境、经济效益；二是次级资源化，这是一种将废弃物用来生产与其性质不同的其他产品原料的资源化途径。在此资源化过程中，由于事实上已形成了生产原料的生态化（或生态化工业），因而其物质在不同领域的流动过程中只有资源而不存在废物的概念，不仅可实现资源充分共享的目的，同时可实现环境污染负效益为节省资源、较少污染的正效益的"双赢"效果。一般原级资源化在形成产品过程中可减少20%～90%的原生材料使用量，而次级资源化则可减少25%。

　　循环经济的"3R"使资源以最低的投入，达到最高效率的使用和最大限度的循环利用，实现污染物排放的最小化，使经济活动与自然生态系统的物质循环规律相吻合，从而实现人类活动的生态化转向。

二、循环经济的发展模式

（一）以德国为代表的双元回收系统（DSD）模式

　　德国在发展循环经济方面所形成的理念，以及独具特色的发展模式，尤其是"双元回收系统（DSD）"，已经被广为认同，并不断推广。

　　德国负责包装废弃物收集和处理的双元回收系统模式是循环经济实践和运行的典型模式。德国的双元回收系统（DSD）公司在德国工业联盟（BDI）和德国工商企业协会（DIHT）支持下由 95 家零售、日用品生产和标志生产的公司发起，它接受企业的委托，组织回收者对废弃物进行分类，然后分送到相应的资源再利用厂家进行循环利用，能直接回收的则送返制造商，目前共有 1.6 万家企业加入了 DSD 系统。德国自 1991 年开始对包装物进行分类，在需要回收的包装物上打上绿点标记（图 6-15），有此标志的商品，表示它的包装可以回收，也就是要求消费者把它放入盛包装物的分类垃圾箱，然后由 DSD 系统回收企业进行处理。政府只规定回收利用的任务指标，其他一切均按市场机制运行。DSD 系统是一个非营利组织，其运作的资金来源于向生产厂家授予"绿点标志"时收取的注册费，这些注册费全部用于包装废弃物的管理。对没有"绿点"标志的包装，则交由零售商回收处理。DSD 系统公司的回收流程如图 6-16 所示。

图 6-15　德国的绿点标志（引自周宏春，2005）

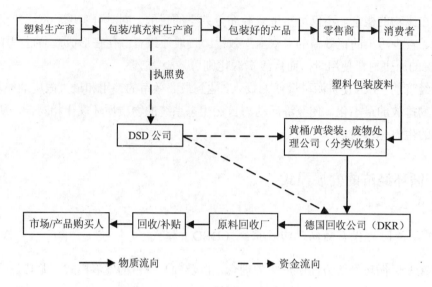

图 6-16　德国 DSD 公司回收流程（引自周宏春，2005）

　　DSD 系统有两种运作模式，即街头回收系统（Kerbside system）和上交式回收系统（Bring system），前者是最基本的模式。街头回收系统模式的具体做法是用黄色袋子或回收箱回收轻型包装材料，如铝、铁皮、塑料、纸箱及软饮料包装。居民小区内往往放一些公用分类垃圾箱，免费回收居民不同颜色的玻璃瓶（绿色、无色和棕色）、废纸和纸壳箱等。黄袋子在德国十分普遍，因为它是实现街头回收系统最简便易行的方式。无论是废弃物回收公司还是居民都乐于接受这种回收方式。上交式回收系统模式的具体做法是消费者必须将所有用过的包装物直接交到当地回收站。事实上，两种模式混合使用的效果更好，既达到满足废弃物分类的要求，又为当地政府和居民提供便捷的服务。需要指出的是，在一般家庭和公寓，人们还习惯于把垃圾倒在棕色的有机垃圾箱和绿色的无机垃圾箱中。由于使用自家向废弃物回收公司租用的垃圾箱需要付费，而街边的公共分类垃圾箱和黄袋子则是免费的，这就刺激了消费者支持"绿点"包装的回收，特别是分类回收的发展。

　　废弃物回收公司把回收来的废包装交给一批废弃物再循环利用承包商，由他们的企业负责进行处理。这些承包商既不是包装废弃物的产生者，也不是在 DSD 系统支持下成立起来的专门公司，他们只是一般企业，向 DSD 系统公司承包对包装废弃物的再循环处理。

　　DSD 系统公司的宗旨是避免和减少包装废弃物，并体现在绿点标志的注册收费标准上。自 1994 年 10 月 1 日起，他们把包装的总重量、使用材料的种类以及体积和占地面积相关的附加费作为核定注册费的依据。例如，对于每千克玻璃、铁皮、铝和塑料的收费标准分别是 0.15 马克、0.56 马克、1.50 马克和 2.95 马克。此外，参股的企业并不从绿点注册费中获得任何利润。DSD 系统公司成立后，已经形成了一套自我运营的运行机制。随着新的回收利用技术的引进，包装废弃物分类、处理和循环再利用的工作效率得到相对的提高。

（二）以美国为代表的循环消费模式

美国是一个环保主义流行的国家，不仅重视废旧物品的处理和加工利用，使其成为再生资源，而且十分重视循环消费。所谓循环消费是指当你认为某件消费品没有使用价值想扔掉时，应先想象它对其他人是否还有使用价值，如果有，就让他人再消费，直到对任何人都没有价值时，才将其作为垃圾进行回收处理，从而使一个消费品经历多个消费过程。由于循环消费观念的普及和循环消费社会机制的发展，循环消费已成为美国经济和社会生活中的一个重要组成部分，经济效益和社会效益并不亚于以废品、垃圾处理和加工为中心的资源再生工作。美国开展循环消费的途径很多，主要形式有庭院甩卖、旧货交易、商业网站或政府支持的网站进行的旧货买卖等。

在美国，一到周末，报纸和网站就会刊登大量的庭院甩卖分类广告，许多路口的树干上也会出现彩色小条，说明庭院甩卖的地点以及主要出售哪类物品等，人们把自己用过但对别人还有用的任何商品用一种最简单的方式，传到下一个消费者手中，继续发挥作用。庭院甩卖的物品包括衣服、鞋帽、玩具、家具、餐具、修理工具、音像制品和书籍等各种日用品，都摊放在房前的草坪上甩卖，被甩卖的90%以上都是旧货，但也有卖者用不着的新物品。目前，自己办庭院甩卖或开车去逛别人家的庭院甩卖，已成为不少美国居民周末消遣的一种方式，循环经济的理念已深入人心。

遍布全国的、由慈善机构所办的节俭商店（旧货店）是美国循环消费的另一个重要途径。这些节俭商店接受捐物和低价出售旧货，所得的收入主要用于社会救济，例如，有1 900多家节俭商店的友善实业公司就是一家将收入用于残疾人事业的慈善机构。节俭商店里出售的各种日用品，几乎都是居民捐赠的旧货。节俭商店将旧货清洗、消毒和整理，使其符合卫生和安全标准后，才能放在商店里出售。节俭商店也为捐赠的居民提供减税证明。与节俭商店发挥相同作用的还有教会义卖，即居民将旧物捐赠给教会，由教会的志愿者进行象征性收费的义卖，所得收入同样用于慈善事业。

庭院甩卖和节俭商店的交易受地域和时间的限制，随着网络时代的到来，这种有地域和时间限制的旧货交易已经长上了"翅膀"，不仅地域范围扩大到了全国，交易时间也变得更加灵活，人们可以随时进行交易。这就是旧货拍卖网站电子港湾（eBay）在美国一出现就立刻火爆，并成为美国网民访问量最大的网站之一的原因。在这个网站上，什么东西都可以买卖，但成交的物品绝大多数都是二手货，月交易额近3亿美元，2002年盈利达4.4亿美元。此外，在其他的商业网站中也提供旧货交易服务，如世界最大的零售网站——亚马孙网站就提供旧书交易服务。除商业网站外，政府为鼓励循环消费也开办了免费供企业和居民进行旧货交易的网站。例如，加利福尼亚州政府就开办了加州迈克斯物资交换网站。加州的部分市、县政府也开办了类似的网站。

（三）以日本为代表的立法推进模式

日本是目前世界上循环经济立法最完善的国家，也是国际上较早建立循环经济法律体系的发达国家之一。为了建立循环型社会，日本立法机构在 2000 年前后自上而下颁布了 6 项新的重要法规。这些法律可以分为三个层次：一是基本法，即《循环型社会形成推进基本法》；二是综合性法律，包括《废弃物管理与公共清洁法》和《资源有效利用促进法》；三是专项法，包括《容器包装再生利用法》《家电再生利用法》《建筑材料再生利用法》《食品再生利用法》《汽车再生利用法》及《绿色采购法》，从而构成了日本循环社会的法律法规体系，如表 6-12 所示。这些法律法规集中体现了"三个要素和一个目标"，即减少废弃物、旧物品再利用、资源再利用以及最终实现建立循环型社会的目标。

表 6-8　日本循环经济法律法规体系（引自李岩，2010）

法律层次	法律法规名称	制定时间
基本法 （1 项）	《循环型社会形成推进基本法》	2000 年 6 月公布，2001 年 1 月生效
综合性法律 （2 项）	《废弃物管理与公共清洁法》	1970 年公布，分别于 1976 年、1983 年、1987 年、1991 年、1992 年、1993 年、1994 年、1995 年、1997 年、1998 年、1999 年、2000 年修订
	《资源有效利用促进法》	1991 年公布，分别于 1993 年、1999 年、2000 年修订，于 2001 年 4 月生效实施
专项法 （6 项）	《容器包装再生利用法》	1995 年公布，分别于 1997 年、1998 年、1999 年、2000 年修订，1999 年部分实施，2000 年 4 月全面实施
	《家电再生利用法》	1998 年公布，分别于 1999 年、2000 年修订，2001 年 4 月全面实施
	《建筑材料再生利用法》	2001 年公布，2002 年开始实施
	《食品再生利用法》	2000 年公布，2001 年 4 月实施
	《汽车再生利用法》	2002 年公布，2002 年 4 月部分实施，2005 年 1 月全部实施
	《绿色采购法》	2000 年公布，2001 年 4 月实施

《循环型社会形成推进基本法》制定的目的是遵循《环境基本法》的基本理念，确立建立循环型社会的基本原则；在明确国家、地方公共团体、事业者及国民职责的前提下，制定形成循环型社会的基本计划，并以此为基础，规定关于形成循环型社会应当实施的基本政策；确保国民现在和将来都过上健康、文明的生活。该法的内容主要包括六个方面：一是界定了循环型社会的内涵，即"循环型社会"是指限制自然资源消耗、环境负担最小化的社会；二是对那些没有考虑到价值而被称为"垃圾"的物质，定义为"可循环资源"并促进其回收；三是"优先处理"顺序为：垃圾减量→回用→回收→热利用→安全处理；四是明确了不同主体的责任，鼓励每个人为建立循环型社会做出努力；五是政府制定"促

进循环型社会建设的基本规则"；六是明确了建立循环型社会的政府促进举措。

《废弃物管理与公共清洁法》中虽然没有提到固体废弃物，但主要是针对固体废弃物的。该法在一定程度上执行了"污染者付费原则"（PPP），明确规定了排放工业垃圾的企业责任。

《资源有效利用促进法》制定的目的是用较少的原料和能源投入来达到既定的生产目的或消费目的，进而从经济活动的源头就注意节约资源和减少污染。该法规定：企业必须减少垃圾产生，将零部件作为原材料在生产、分配以及消费的各个阶段加以回收利用。该法提出了五个方面的具体措施，即通过节约生产资源和延长使用寿命减少垃圾产生量、回收利用零部件、企业回收利用旧的产品并使之再循环、使用后产品加贴选择性收集标签、减少副产品和其他循环措施。

《容器包装再生利用法》制定的主要目的是减少容器与包装类垃圾，促进其回收，并把减量和回收作为重要任务来抓。容器与包装回收体系涉及的不同主体承担不同责任：消费者是零散垃圾排放者，应通过适当使用容器与包装来减少垃圾的产生；企业（包括生产者和使用者）应承担回收责任，企业也可以将责任委托给指定的接收单位。

《家电再生利用法》制定的目的是促进电视机、冰箱、洗衣机及空调等家用电器的回收。该法涉及的不同主体承担不同责任：制造商和进口商必须强制回收它们生产的家用电器，并负责安排适当的存放场所，并循环使用回收电器的零部件；零售商必须在规定的条件下收集废旧电器，并将收集的电器运送给生产商或指定接收单位；消费者必须参与回收利用工作，如将废旧电器运送给零售商、支付回收费用等。

《建筑材料再生利用法》制定的目的是促进建筑物的选择性拆迁和建筑废物的分类回收。该法的主要内容包括：强制分类回收拆迁建筑物的建材碎片等；发包和承包协议程序；拆迁公司到管理处注册；制定回收计划促进回收，要求合作使用再循环材料。

《食品再生利用法》制定的目的是减少在生产、烹饪、分送和消费过程中产生的食品垃圾，并通过转化为饲料或肥料的方式减少最终处置量。该法规定了企业、消费者和政府（包括地方当局）的责任和义务。食品生产、分送企业以及餐饮业有预防垃圾产生和回收垃圾的义务；消费者除预防垃圾产生外，还有义务使用再循环产品（作为饲料或肥料）；政府负责制定促进产品再循环措施。

《汽车再生利用法》制定的目的是促进报废车的再生利用和合理处理。该法规定了汽车相关方分别应承担的责任和义务：汽车制造商需对粉碎机处理后的残渣回收、再生资源化；汽车销售商、汽车修理企业需回收、交付废旧汽车；汽车所有者要交付最终处置费用，在使用后要将报废汽车交给回收企业。

《绿色采购法》制定的目的是促进国家机构和地方当局积极购买对环境友好的再循环产品，同时最大限度地提供绿色采购信息。该法指定的环境友好产品的类型有低污染办公车、再生打印纸、节能型复印机等。

（四）以丹麦为代表的生态工业园模式

丹麦的卡伦堡生态工业园区在本章第三节进行了详细的介绍，这里不再赘述。经过数十年的发展，丹麦卡伦堡生态工业园已成为世界上最为经典的生态工业园，园内各企业之间通过利用彼此的余热、净化后的废水废气以及硫、硫化钙等副产品作为原材料等，不仅减少了废物产生量和处理的费用，还产生了很好的经济效益，实现了经济发展、社会效益、生态效益共赢的良好局面。

到目前为止，卡伦堡生态工业园实现了地下水 210 万 m^3/a、地表水 120 万 m^3/a 和总计 330 万 m^3/a 的节水能力，占地区水资源量的 1/5 左右，占其原用水量的 1/3 左右，亦即以原来 2/3 左右的水耗支持了现在还在增长的经济发展，成绩显著；形成了 2 万 t/a 的石油节约能力，减少了 CO_2 和 SO_2 的排放；形成了 20 万 t/a 的生石膏节约能力，环境效益十分显著。总体看来，卡伦堡生态工业园通过贯彻落实循环经济思想，实现了废弃物的循环利用，有效缓解了工业发展对大气、水和土地资源的污染；在能源生产过程中提高了其综合利用效率。

复习思考题

1. 请解释下列词汇：
   3R 原则；物质减量化；LCA；清洁生产；工业生态园区。
2. 什么是工业生态学？何为工业生态系统？论述工业生态系统是如何演进的？
3. 清洁生产的理论依据是什么？清洁生产审核的概念、基本思路和工作步骤。
4. 什么是生命周期和生命周期影响评价？请具体说明生命周期评价的基本原则和总体框架，生命周期报告包括哪几部分？
5. 什么是循环经济？它的内涵是什么？从三个层面上说明循环经济框架，并举出相应的成功案例。
6. 什么是生态工业园？简述生态工业园区的特点，它有哪些特征和类型？
7. 应用工业生态学理论，结合实例论述如何建设生态工业，实现现代工业的生态化转向？
8. 学校食堂就像一个生产单元，其在制作饭菜的过程中会用到各种食物原料和燃料，从而制作出供消费者食用的产品（餐食），并最终出售给消费者食用。这其中就包含有废物减量和回收利用等方面的机会。请根据污染预防的原则和方法对该过程作出分析评价，指出其中的清洁生产机会和途径。
9. 固体废弃物常被定义为"放错地方的资源"。请调查你家里的日常垃圾组成，这些将被扔掉的物品有无潜在的利用价值？回收这些废旧物品的难点在哪里？你自己生活过程中产生的废弃物有哪些是可以回收利用的？

10. 你家附近的洗衣店在洗衣过程中要消耗大量的水和能源，并把你衣服上的脏物转移到洗涤水中，最后进入市政污水管网。请分析这其中的环境问题和关键的环境压力因素。

参考文献

[1]　于秀娟. 工业与生态[M]. 北京：化学工业出版社，2003.

[2]　陆钟武. 工业生态学基础[M]. 北京：科学出版社，2009.

[3]　李素芹. 工业生态学[M]. 北京：冶金工业出版社，2007.

[4]　劳爱乐[美]，耿勇. 工业生态学和工业园[M]. 北京：化学工业出版社，2003.

[5]　芮加利. 工业生态与环境规划[D]. 大连理工大学，2009：18-23.

[6]　夏训峰，海热提·涂尔逊，乔琦. 工业生态系统与自然生态系统比较研究[J]. 环境科学与技术，2006，4.

[7]　J. Korhone. Four Ecosystem Principles for an Industrial Ecosystem [J]. Cleaner Production，2001（3）：253-259.

[8]　汤慧兰，孙德生. 工业生态系统及其建设[J]. 中国环保产业，2003（2）：14-16.

[9]　李同升，韦亚权. 工业生态学研究现状与展望[J]. 生态学报，2005（25）：869-877.

[10]　张萌，胡军. 工业生态系统稳定性研究综述[J]. 东北林业大学学报，2007，35（6）：77-80.

[11]　王子彦. 对工业生态系统及其特性的哲学理解[J]. 环境保护，2002（2）：43-45.

[12]　纪智明. "生态系统的稳定性"的教学案例及反思[J]. 科学教育，2006（12）：25-26.

[13]　秦颖，武春友，武春光. 生态工业共生网络运作中存在的问题及其柔性化研究[J]. 软科学，2004（2）：38-41.

[14]　芮加利，王子彦. 工业生态系统的类型及稳定性分析[J]. 环境保护与循环经济，2009，29（5）：49-51.

[15]　唐晓兰. 建设项目清洁生产评价方法研究及应用[D]. 西北大学，2004：4-8.

[16]　石芝玲. 清洁生产理论基础分析[J]. 城市环境与城市生态，2004（3）.

[17]　杨再鹏，孙杰，徐怡珊. 清洁生产与循环经济[J]. 化工环保，2005（2）.

[18]　段宁. 清洁生产、生态工业和循环经济[J]. 环境科学研究，2001，14（6）：1-5.

[19]　钱易. 清洁生产与循环经济——概念、方法和案例[M]. 北京：清华大学出版社，2006.

[20]　熊文强，等. 绿色环保与清洁生产概论[M]. 北京：化学工业出版社，2002.

[21]　王毅. 清洁生产在中国[J]. 云南环境科学，2004.

[22]　张育红. 中国推行清洁生产的现状与对策研究[J]. 污染防治技术，2006（3）：23-26.

[23]　郭显峰，张新力，方平. 清洁生产审核指南[M]. 北京：中国环境科学出版社，2007：12-15.

[24]　清洁生产促进法. 中华人民共和国主席令第七十二号.

[25]　周筝. 国内外清洁生产进展现状综述[J]. 能源与环境，2007（4）：19-22.

[26]　张天柱. 中国清洁生产政策制定的形式背景[J]. 化工环保，2000，20（3）：47-51.

[27]　石磊，钱易. 清洁生产的回顾与展望——世界及中国推行清洁生产的进程[J]. 中国人口·资源与环境，2002，12（2）：121-124.

[28] 张凯，崔兆杰. 清洁生产理论与方法[M]. 北京：科学出版社，2005，3（1）：7.

[29] 朱国伟. 环境外部性的经济分析[D]. 南京农业大学，2003：16.

[30] 何劲. 关于企业清洁生产研究的文献综述[J]. 科技进步与对策，2006，6：178-180.

[31] 王兆华，武春友，王国红. 生态工业园中两种共生模式比较研究[J]. 软科学，2001，10.

[32] 覃林. 工业生态园的理论与实证研究[D]. 重庆大学，2005：14-18.

[33] 管玲飞. 生态工业园区的工业生态系统构建——以绍兴滨海生态工业示范区为例[D]. 浙江大学，2006：21-24.

[34] 搞成康. 我国生态工业园的理论体系及实证研究[D]. 东北师范大学，2003：8-10.

[35] 肖焰恒，陈艳. 生态工业理论及其模式实现途径探讨[J]. 中国人口·资源与环境，2001（3）.

[36] 王瑞贤. 国家生态工业示范园区建设的新进展[J]. 环境保护，2003，5（3）：35-38.

[37] 薛东峰，罗宏，周哲. 海南生态工业园区的生态规划[J]. 环境科学学报，2003，23（2）：285-288.

[38] 鲁成秀，尚金城. 生态工业园规划建设的理论与方法初探[J]. 经济地理，2004，24（3）：399-402.

[39] 邱德胜，钟书华. 生态工业园区理论研究述评[J]. 科技管理研究，2005，（2）：176-178.

[40] 段宁，邓华. 我国生态工业园区稳定性的调研报告[R]. 环境保护，2005，12：66-69.

[41] 乔琦，夏训峰. 生态工业园区规划理论与方法研究[M]. 北京：新华出版社，2006.

[42] 王宇露，黄中伟. 企业共生模型及其稳定性分析[J]. 上海电机学院学报，2007，10（1）：58-62.

[43] 王立红，循环经济，可持续发展战略的实施途径[M]. 北京：中国环境科学出版社，2005.

[44] 吴季松. 科学发展观与中国循环经济战略[M]. 北京：新华出版社，2006.

[45] 崔兆杰，张凯. 循环经济理论与方法[M]. 北京：科学出版社，2008.

[46] 初丽霞. 循环经济发展模式及其政策措施研究[D]. 山东师范大学，2003：9-12.

[47] 李伟. 我国循环经济的发展模式研究[D]. 西北大学，2009：47-52.

[48] 奘旦立. 清洁生产与循环经济[M]. 北京：化学工业出版社，2005：91-92.

[49] 张坤. 循环经济理论与实践[M]. 北京：中国环境科学出版社，2003.

[50] 唐敏康，等. 循环经济与环境保护[J]. 安全与健康，2002，7：15-18.

[51] 志能. 何谓循环经济[J]. 西南造纸，2001，3：37.

[52] 国家环境保护总局科技标准司. 循环经济和生态工业规划汇编[M]. 北京：化学工业出版社，2004.

[53] 夏频，杨虎涛. 重读稳定经济：循环经济热的冷思考[J]. 中国人口·资源与环境，2007，17（3）：20-23.

[54] 蓝庆新. 来自丹麦卡伦堡循环经济工业园的启示[J]. 环境经济杂志，2006，28：60-63.

[55] 孔令丞，谢家平. 循环经济推进战略研究在中国[M]. 北京：中国时代经济出版社，2008.

第七章　海洋环境与可持续发展

第一节　海洋环境

一、海洋概述

地球总表面积约 $5.1 \times 10^8 \text{ km}^2$，其中近 71% 为海洋，从太空中遥看地球，是一个美丽的"蓝色星球"。海洋储水量约为 $13.7 \times 10^8 \text{ km}^3$，占地球总水量的 77.2%。海洋不仅能够调节陆地气候、为人类提供航道，而且蕴藏着丰富的资源，是人类赖以生存的重要环境资源。当前，人类对海洋的开发利用越来越受到重视，在不久的将来，海洋将成为人类获取蛋白质、工业原料和能源的重要场所。

地球上的海洋相互连通，构成统一的世界大洋。地表海陆在南北两个半球分布很不均匀，在北半球，海洋占总表面积的 61%，而在南半球 81% 的面积为海洋所覆盖。若以（经度 0°，38°N）与（经度 180°，47°S）为两极，把地球分为两个半球，海陆面积的对比达到最大程度，分别称为陆半球（集中全球陆地的 81%）和水半球（集中全球海洋的 63%）。

海洋的平均深度达 3 795 m，最深处位于太平洋马里亚纳海沟（Mariana Trench），深达 11 034 m，其也是现知地球最深点。根据海洋要素特点和形态特征可以大体分为：洋、海、海湾、海峡。

洋（ocean）一般远离大陆，面积广阔，约占海洋总面积的 90.3%，是海洋的主体部分。其深度一般大于 2 000 m。海洋要素如盐度、温度等几乎不受大陆影响。大洋具有独立的潮汐系统和强大的洋流系统，其沉积物多为海相沉积。根据地理位置可以将世界大洋划分为四大洋：太平洋、大西洋、印度洋和北冰洋。前三个大洋的南部相互连通，水团和环流结构独具特点而被海洋学者统称为南大洋（或南冰洋）。

海（sea）是洋边缘与陆地毗邻交错的部分，隶属于大洋。根据国际水道测量局的材料，全世界共有 54 个海，其面积约占世界海洋的 9.7%。相对于大洋，海离陆地较近，深度较浅（一般在 2 000 m 以内）。

海湾（bay）是洋或海伸入大陆且深度逐渐变浅的水域，与洋或海的分界线一般为入口处海角的连线或入口处的等深线，海湾与毗邻的海洋沟通自由，两者的海洋环境状况相似，但海湾的相对潮差较大。海湾是海陆相互作用剧烈的区域，受人为因素影响相对较大，因此，海湾是海洋环境研究的重要区域。

海峡（strait）是两侧被陆地或岛屿封闭的相对狭长的水域，是沟通海洋的狭长水道，潮流流速大。受到不同环球水团和环流的影响，海峡往往呈现出复杂的海洋状况。

根据地形特征，可将海洋大致分为大陆边缘、大洋盆地和洋中脊三个部分。大陆边缘是大陆与大洋之间的过渡带，由大陆架、大陆坡和大陆基组成如图 7-1 所示。大洋盆地是海洋的主体，约占整个海洋总面积的 45%，其主要部分为水深 4 000～5 000 m 的开阔水域，称为深海盆地，其中平坦部分为深海平原，深海平原中突出的地方被称为海底山。在大洋盆地中，比较开阔的高差不大的隆起地区被称为海底高地（或海底高原），若呈长条状分布则为海岭。洋中脊是呈线状分布的、具有全球规模的海底隆起。海洋环境与地形。

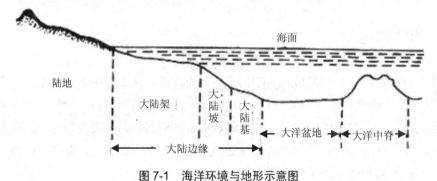

图 7-1　海洋环境与地形示意图

二、海洋环境问题

海洋环境是指影响人类生存和发展的海洋各种因素的总和，包括自然的海洋因素及经人工改造的海洋因素。《海洋科技名词》将海洋环境定义为："地球上海和洋的总水域，按照海洋环境的区域性可分为河口、海湾、近海、外海和大洋等，按照海洋环境要素可分为海水、沉积物、海洋生物和海面上的空气等。"

海洋是全球生命支持系统的一个重要的基本组成部分，是实现人类可持续发展的宝贵财富。海洋生态系统的服务功能主要包括（图 7-2）：初级生产物、营养物质循环、物种多样性维持、食品生产、原料生产、氧气生产、提供基因库资源、气候调节、废弃物处理、生物控制、干扰调节、休闲娱乐、文化价值、科研价值等。

20 世纪工业革命以来，随着社会生产力的迅速发展，人类活动与海洋环境之间的联系越发紧密。人类在向海洋无度索取各种资源的同时也将大量废液废物排入海洋，导致一系列海洋环境问题，不但危害了海洋生态环境的可持续发展，同时也造成了人类自身利益的严重损害。

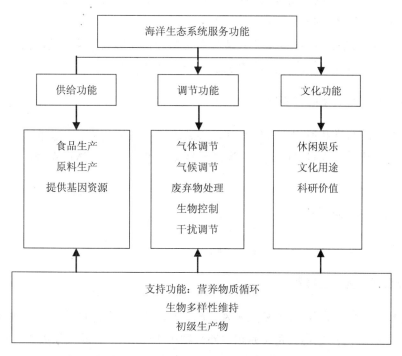

图 7-2 海洋生态系统服务功能（引自石洪华等，2010）

影响海洋环境的人类活动主要有：① 滩涂围垦；② 污染排放，人类对海洋的污染主要为工业、农业及生活污水的排放，船舶污染，石油开发污染以及大气污染物的干、湿沉降；③ 海洋资源的利用；④ 水利工程及各种海上工程的建设。如今，海洋环境问题主要有以下几个方面。

1. 严重的海洋环境污染

随着工农业生产的迅速发展，人们直接或间接排入海洋的污染物大大超出了海洋的自净能力，从而导致海洋环境污染。

海洋环境污染特点：

（1）多源性污染：海洋系统的开放性，导致陆地上的污水通过沟渠进入河流湖泊最终均输入海洋，使得海洋成为地球上污染物最大的"汇"。

（2）污染难控制：海水多样的运动形式，导致入海污染物的扩散和运输难以预测，增加了现场控制难度。

（3）扩散范围广：世界大洋的连通性导致了污染物具有扩散的全球性。例如，科学家在南极冰盖和深达 3 km 的深海中均发现了陆地施用的农药 DDT 和多氯联苯等持久性有机污染物。

（4）危害严重、持续性强：海洋生态系统是地球上最庞大的生态系统，其组成、结构与功能的复杂性导致污染损害的复杂性和严重性。特别是污染物的生物积累、生物浓缩和生物放大效应，使得致害强度大得惊人。

（5）污染治理的风险性：海洋环境是多系统耦合相互影响、反馈的，污染处理的任一环节都可能引发多级连锁反应，因此增加了污染治理的风险。

2. 海洋生境破坏、生态平衡失调

一些不合理的海洋和海岸工程的兴建，导致了海洋生境的消失和损害。破坏的生境也直接或间接地导致了生物资源的衰退，海洋生物多样性的下降，造成海洋生态平衡失调和海洋荒漠化。

3. 海洋资源日益紧缺

人类掠夺性开发致使许多资源存量急剧下降。

4. 海洋自然灾害日益频繁严重

海洋自然灾害包括海洋水文灾害（风暴潮、巨浪等），海洋地质灾害（海啸、海岸侵蚀、海底滑坡等），海洋生物灾害（赤潮、外来物种入侵等），海洋气象灾害（台风、飓风、海雾等）。由于人为的干扰、生态环境的失调，致使海洋灾害呈现发生频繁、破坏等级增强的趋势。

三、海洋环境因素

影响海洋生态环境的因素很多，有来自海洋环境外部的因素，也有来自海洋环境内部的因素。其中，海区气候、海水系统、海洋中的生物，以及与之相关的各种因子，共同组成了一个相互影响、相互联系、相互制约的复杂生态系统。

（一）海水因素

海水是海洋环境的主要环境要素，许多物理化学、生物过程都发生在海水之中，海水的物理性质对这些过程起着至关重要的作用。纯水是海水的主要成分，同时，海水是溶解了许多无机盐、有机物质和气体并含有多种悬浮物的混合液体，因而其理化性质与纯水有许多差异。

（1）盐度：盐度是海水含盐量的一个数值，是指每千克海水中溶解固体物的总克数。海水是含百余种盐类的复杂混合溶液，每千克海水中约有 35g 是溶解于海中的各种盐。海水中的盐度与蒸发、降水、江河入海径流以及海水的流动有关。

（2）海水热力学性质：海水热力学性质指海水热容、比热容、绝对温度、热导率、比蒸发潜热等。

（3）海水力学性质：包括海水的黏滞性、渗透压、表面张力等。海水黏性系数随海水盐度增高而增高，随温度升高而迅速减小。海水的渗透压随海水盐度增高而增大，其对海洋生物有着很大的影响。海水与淡水之间的渗透压，大约相当于 250 m 水位差的压力，因而被视为一种潜在的能源。海水表面张力随温度的升高而减小，随盐度的增加而增大。海水表面张力对水面毛细波的形成起着重要作用，对海洋漂浮生物，特别是对海洋表面漂浮生物影响巨大。

（4）海水密度和海水压力：海水密度是单位体积的海水质量，用符号 ρ 表示（kg/m^3）。其倒数 $\alpha = 1/\rho$ 为海水比容（m^3/kg）。海水流体静压是影响海洋生物生命活动的重要环境因素之一。海水深度每增加 10 m，压力增加 1 个大气压（101.325 kPa）。

（5）海水透明度与水色：海水成分较为复杂，含有各种可溶性物质、悬浮物质、浮游生物等对光存在吸收和散射的物质，致使光只能穿透海水有限的距离。海水透明度是指在船上的背阴侧用一直径 30cm 的白色圆盘（透明度盘），垂直放入水中，直到恰好看不见时的深度。海水水色是由水中溶解物质及悬浮物的散射和反射光线所决定的。将透明度盘提升至透明度的一半深度处，俯视透明度上的颜色与水色计对比以确定海水颜色。

（6）海冰：海冰是由海水冻结而成的，是高纬度海区特有的海洋环境现象。海水凝结时大部分盐分将被排到冰外，而增大了冰下海水的密度，促进了冰下海水的对流并进一步降低冰点，同时海冰浮于水上，阻碍海水热量散失从而减缓海水继续降温。海冰可分为浮冰型和固定冰型（包括冰川、冰架、沿岸冰、冰脚和搁浅冰）。结冰增加了海水垂直对流混合层深度，从而交换上下层水的溶解氧及营养盐，有利于生物的繁殖，极地结冰海域往往有丰富的渔业资源。融冰时，表层温暖低盐的水与下层高盐冷水之间形成密度跃层，反而会阻碍上下层水的交换，甚至出现"死水"效应。海冰对海洋航运存在一定的影响，众所周知的"泰坦尼克号"即是在大西洋撞上冰山而沉没的。

（二）太阳辐射

太阳辐射是海洋生产力的主要能量来源，深刻影响着海洋潮流运动、物质循环、能量流动等生态过程。太阳辐射直接改变着海水温度，从而影响海水运动和海洋生物的生命活动，影响着海洋生态系统的物质循环。光照影响着海洋植物的光合作用。分布在不同深度的海洋植物也表现出对光（光强和光质）的适应。光照也直接影响着海洋动物的体色、垂直分布和昼夜垂直迁移。

入射到海洋表面的太阳光，一部分被反射回空中，一部分折射入海。进入海洋后的光能，在传播过程中，因海水的散射和吸收作用而随着海洋深度迅速衰减。根据光照强度可以将海洋环境垂直划分为三层：真光层、弱光层、无光层。真光层光照能量能够充分满足植物的生长和繁殖需要，光合作用的能量超过呼吸作用的消耗。在浑浊的近岸水域，真光层的深度只有几米，而在大洋水域，真光层的深度可达 15 m。弱光层光照较弱，植物不能有效地生长繁殖。该层深度在 80~100 m 向下延伸至 200 m 或更深。无光层即从弱光层到海底的区域，这层内没有生物学意义的光照，所以植物不能生长。

（三）海区气候

海洋与大气之间有着密切的关系，存在物质能量的交换和影响。一方面海洋存储的能量以潜热和感热交换的形式输送给大气，影响着大气的运动。另一方面大气通过风向海洋提供动量，改变洋流，重新分配海洋中的热量。此外，海洋与大气存在物质交换（大气沉降作用及海洋中物质挥发、溅溢）。

海区气候是指海区多年常见的和异常的天气状况及其变异。气候变化对海洋环境的影响是多尺度、全方位、多层次的。主要体现在：① 影响海水吸收 CO_2 的能力。随着全球变暖，海洋表层溶解 CO_2 的能力将下降，降低了海洋碳汇的效能。② 影响海冰及海平面。全球变暖，将融化海冰，导致海平面的上升。同时也需要注意到，海冰的融化也会对气候变化产生反馈作用。③ 影响着极端天气事件发生的频率和强度。④ 气候改变全球水量分配，从而改变入海径流状况，改变着区域海洋环境。

（四）海洋运动

连通的全球海洋作为物质运输的重要载体，其海水是处于无休止地运动中的。

波浪是海水波动的一种形式。从海面到海洋内部都存在着波动。海水波动是海水在外力作用下，水质点离开其平衡位置作周期性运动，并以波形向外传播。波浪主要可分为风浪和涌浪。风浪是直接由当地风产生的，风在水面吹起波浪，波浪出现后又改变波面附近气流流场。风浪中会同时出现许多高低长短不等的波，波高和波长等瞬息万变，参差不齐。涌浪是由其他海域传来的波浪或由于当地的风力急剧减小、风向改变或风平息后的波浪。涌浪波面平缓，两端对称，波长、周期大，规律性显著。

潮汐现象也是一种水体波动，是指海水在天体（主要是月球和太阳）引潮力作用下，产生的周期性运动，通常把海面垂直方向的涨落称为潮汐，在水平方向的涨退称为潮流。

风暴潮是海上巨大的自然灾害，由强烈的大气扰动（如台风、气压骤变等）引起的海面异常升高现象。风暴潮形成需要有强劲而持久的向岸或离岸大风；有利于形成风暴潮的海岸地形和广阔的海域；并与天文大潮重合叠加。风暴潮会造成大量的人口死亡、疫病流行、生态环境的破坏和巨大经济损失，因而检测预报风暴潮以减少损失显得尤为重要。

海流是海水大规模、相对稳定的非周期性流动。"大规模"指海流的空间尺度大，具有数百、数千千米甚至全球范围的流动；"相对稳定"是指在较长时间上的，持续上月甚至多年，内流矢量分布格局大体一致的海水运动。"海洋环流"是海流的一种集合，通常是指大洋或某一研究海域中海流的总体结构。海流大体可分为潮流、风海流、地转流、垂直流及湍流。海流对环境有很大的影响：海流冲刷将侵蚀海岸线；海流将改变部分水域中营养物质、溶解氧量；海流能重新分配海水能量，带来气候变化，有时会造成气候异常。

（五）海洋生物

海洋是生命的摇篮，地球上的生命起源于海洋，大约在 38 亿年前海洋就出现了最原始的细胞。海洋也是巨大的基因库，预计地球上有超过 100 万的物种生活于海洋中（包括海洋微生物、海洋植物及海洋动物）。广阔的海洋形成了多种不同的生境，在海洋的每个角落都有适应相应环境条件的生物，可大体根据它们的生态习性分为水层生物和底栖生物，水层生物有包括漂浮生物、浮游生物和游泳生物。

漂浮生物（neuston）是指生活在海水表面膜和海水最表层的生物，它们一般具有特殊的形状和结构，利用海水表面张力，生活在相对稳定的海水表面。

浮游生物（plankton）指运动能力较弱，不能做自主定向运动，只能随水流而被动地漂浮营生的生物，其包括浮游植物（phytoplankton）和浮游动物（zooplankton）。

游泳生物（necton，nekton）是一类具有发达运动器官、游泳能力强的大型动物，包括鱼类、游泳甲壳类、游泳头足类、海洋爬行类、海洋哺乳类以及海洋鸟类等多个动物门类。

底栖生物（benthos）是指生活于海洋沉积物底内、底表以及以海底生物体或非生物体为依托而栖息的生物生态类群，其包括底栖植物和底栖动物两类。

四、海洋生态环境

海洋是一个巨大的生态系统，包括众多不同特点的生态系统，每个生态系统都占据一定的空间，包括生物和非生物两部分，通过能量流动、物质循环和信息交换，构成具有一定结构和功能的统一体。

（一）潮间带海洋生态环境

潮间带是位于大潮的高、低潮位之间的地带，是海洋与陆地间的过渡地带。潮间带交替暴露在空气与海水中，温度、盐度变化剧烈，冲刷作用明显。根据底质状况可以分为岩岸潮间带、沙滩和泥滩潮间带及其混合过渡底质潮间带。

滨海湿地、盐沼的沼泽林孕育了丰富的动植物种类，具有重要的生态服务功能。既有强大的物质生产能力，同时又能净化空气调节大气组分，调控区域水分。

红树林（mangrove）是热带亚热带海岸泥滩上的常绿灌木和小乔木群落，以红树（如秋茄、红海榄等）为主体，与其伴生的动物和其他植物共同组成的集合体。红树植物是为数不多的能耐受海水盐的一类挺水陆生植物，全世界已记录有 24 科 30 属 82 种，我国有 21 科 25 属 37 种。红树林是最富生物多样性、生产力最高的海洋生态系统之一。红树林是抵御风暴潮、海浪对海岸冲击的天然屏障，可以起到护滩作用；同时红树林及其根系能截留、累积沉积物，也起到促淤保滩的功能。红树林可以从水体和沉积物中大量吸收各种营养元素,对缓解水体富营养化有积极意义。红树林为许多生物提供了一个稳定的栖息环境和生活空间;同时为生物提供丰富的饵料,从而形成并维持了一个食物链复杂的高生产力系统。此外,红树林的树干、叶子等具有多种用途,其本身的经济意义也是不可忽视的。

(二)河口海洋生态环境

河口(estuary)是海水与淡水交汇混合的部分封闭的沿岸海湾。河口湾根据水循环和分层现象分为高度分层、深度分层及完全混合三大类型。

河口受潮汐及河水影响强烈,使得河口区域盐度、温度变化较大。河水冲刷下,河口水体中有大量悬浮颗粒,混浊度较高。同时水流交汇加上风浪混合作用,使得河口表层水体溶解氧含量较高,但是由于河水和底质中的有机物含量高,有机物分解明显,因而河口区河水和底质中溶解氧含量较低。分解的有机质产生大量营养盐使得河口生产力水平较高。河口环境较为恶劣,其中生物种类较少,多为广温性、广盐性和耐低氧性的生物。

河口与养殖业和航运业关系密切,同时河口也极易受到人类活动的干扰,人类活动产生各种污水破坏着河口的生态环境。

(三)海湾海洋生态环境

按照《联合国海洋法公约》的规定,海湾(bay)是明显水曲,其凹入程度和曲口宽度的比例,使其有被陆地环抱的水域,而不仅为海岸的弯曲;其面积不小于横越曲口所划的直线作为直径的半圆形的面积,是海洋的边缘部分。

海湾水文要素(水温、盐度、透明度等)的结构变化受到太阳辐射、沿岸流的消长、气象因子、陆地及外海水流的影响。湾口较开阔的海湾水文特征与湾外海洋一致,生物特征大体也与相邻的海洋相一致。大量营养物质跟随河流进入海湾,使得海湾适宜生物生活,然而受到大陆影响,海湾环境条件变化较剧烈,动植物组成相对较为简单,因而海湾通常有某些生物大量发展并占优势,从而有较高生产力。湾口小的海湾与外海水体交换受阻,因而水文特征受大陆影响显著。

海湾是海岸带重要的组成部分,由于受到大陆的影响,其海流、海浪较为缓和,比较适合人类开发利用。多数海湾都存在港口、码头、近海油气田、捕捞、养殖、旅游等人类活动。海湾水交换能力较弱,污染物不易扩散,同时受到入海河流和排污口的影响,污染输入量大,因而海湾易被污染。

(四)浅海海区生态环境

浅海海区(neritic zone)是指海岸带海水深度不超过 200 m 的潜水区,包括从潮间带下限至大陆架边缘内侧的水体和海底。浅海区受大陆影响较大,具有季节性和突然性变化特点。由于大陆径流、上升流等,使得浅海区中营养物质丰富,初级生产力水平高,生物资源丰富。

海草场（seagrass bed）是由沿岸海区营底栖生活的海生显花植物和草栖动物所组成的海底场所。海草场内生物种类繁多，是海洋生产力最高的区域之一。海草场为多种生物提供直接或间接的食物来源及栖息地，是促进生态系统营养循环的重要场所。海草可以调节水中的悬浮物、溶解氧、重金属和营养盐的含量，改善水体透明度和水质。海草的根系可以抵御风暴的破坏，起到稳定软底质的作用，防止海岸线侵蚀、对底栖生物起到庇护作用。

珊瑚礁（coral reef）是腔肠动物珊瑚虫在其生命活动过程中分泌的大量石灰质经过时代不断交替堆积而成的独特的生态群落。珊瑚礁生物群落是海洋环境中物种最丰富，多样性最高的生物群落，几乎所有海洋生物的门类都有其代表生活在珊瑚礁各种复杂的气息空间内，并拥有着多样的生活方式。目前，全球的珊瑚礁约 $60 \times 10^4 \ km^2$，主要分布于20°等温线以内的热带和部分亚热带水域。绝大多数造礁珊瑚需要清洁水质和水流畅通的环境。由人类活动而被破坏的珊瑚礁的量日增，保护生态环境维持珊瑚礁生态系统迫在眉睫。

（五）大洋海区生态环境

大洋海区是指大陆以外深度较大、面积较广的区域。大洋海区受大陆直接影响较少，其环境相对稳定。热液口（hydrothermal vent）和冷渗口（cold seep）是海洋中独特的生态环境。1977年，美国科学家在加拉帕戈斯群岛附近2 500 m深处洋中脊的火山口周围首次发现热液口，其附近水温比周围高出约200℃，且 H_2S 含量高，O_2 含量低。在墨西哥湾佛罗里达3 270 m的海底发现含高浓度硫化物和甲烷的超盐水从海底渗出，因水温低而被称为冷渗口。

1979年科学家在大洋深海底发现海底热液区（黑烟囱—海底火山口）。科学家们就发现了一个同我们陆地已知生态系统截然不同的生物群落——热液生态系统。

在火山口的周边，有着许多的海虾，通体白色，没有视力，称之为盲虾。此外我国的科学家还在火山口发现了高等动物——热液鱼。鱼的样子像是放大了的蝌蚪，近似三角形的头，尾巴长而且细约为60 cm的身长，却只有不到0.5 kg的体重。全身为灰黑色，没有鳞片。有着坚硬的刚毛。

这是一种怎样的食物链及生态系统呢？科学家们发现在盲虾的身体表面有若干个小黑点，它们是种特殊的细菌，爱好硫这种食物，因此称为嗜硫细菌，其作用就是将有毒物质硫化物在盲虾体内通过生化转化形成能量。这种嗜硫细菌是一种寄生虫，盲虾其实是它的寄主。它们饿了就吃身体表面的嗜硫细菌，细菌会迅速繁殖，盲虾边吃，这种嗜硫细菌在其身上边生长，从不会断粮。热液鱼的出现形成了完整的食物链及生态系统，数量稀少的鱼取食盲虾，它们死后尸体又被细菌分解。

热液口和冷渗口中的生物群落主要依靠化能合成作用合成有机物，其中90%以上的生物组成是该类生境所特有的。热液口和冷渗口的生物利用 H_2S 合成有机物，与现代生物圈以光合作用合成有机物的过程完全不同。一些科学家认为，热液口环境类似于前寒武纪早期生命环境，因此提出地球生命起源研究新方向。研究热液口环境与生物组成及其适应机制具有重要的生态学意义。

第二节　海洋资源

海洋中一切可以为人类所利用的物质和能量称为海洋资源。海洋资源可分为生物资源、非生物资源和空间资源三大类。海洋生物资源主要是海洋中有经济价值、科研价值的动物和植物。非生物资源包括海水化学资源、海底矿产资源和海洋动力资源。海洋空间资源包括具有开发利用价值的海面、上空和水下的广阔空间。此外，海洋资源还包括海洋生态环境资源和滨海旅游资源。

一、海洋生物资源

海洋是生物多样性的宝库，海洋生物资源具有现实及潜在的价值，是人类生存与可持续发展的重要物质基础和实现条件之一。海洋生物资源包括海洋微生物（包括古菌、真细菌、真核生物和病毒）、海洋植物、海洋无脊椎动物和海洋脊椎动物。海洋生物是人类重要的食物来源，同时也提供了重要的医药和工业原材料。海洋巨大的基因库也为科研提供了样本。海洋生物资源通过生物个体或种群的繁殖、发育、生长和新老替代不断更新，种群也不断获得补充，并通过一定的自我调节能力达到数量上的相对稳定。整个地球每年生产的生物总量相当于 1.5×10^{10}t 有机碳，而海洋生物就占了 87%。已知海洋生物资源蕴藏量约 3.4×10^{10}t，有约 20 万种海洋生物。

（一）海洋食品

虽然人类在陆地上安居，但却同样是海洋食物网中的最高环节，消耗着大量的海洋鱼类、无脊椎动物和藻类。海洋生物已经成为世界上许多国家动物蛋白的重要来源之一。总的来看，海洋的动物蛋白占人类所消耗动物蛋白的 20%左右。增加海洋蛋白比重，改善人类膳食结构，仍是一些国家发展海洋生物技术的基本出发点。据估计，全世界到 2025 年，对海产品需求量将增至现在产量的 6～7 倍。值得注意的是，目前水产品的加工率，发达国家为 70%，我国仅为 30%（折合原料计）。根据渔业发展总的态势，我国加工业在今后一段时期内，主要任务应以高新技术来充分挖掘水产品的利用价值，提高水产品的利用率，提高渔获物的加工率，在资源充分利用的前提下，使水产品加工向以食品为主的系列化、多样化、高值综合利用的多功能化方向发展。此外，鱼虾贝藻生活在特定的海水环境中，其食物链与生物圈同陆生动植物相比有很大差异，并保持着特有的进化方式，在营养、风味、质地、保健功能等方面也具有诸多特异性。这些特异性在开发未来军用食品、太空食品方面也将发挥其独特而重要的作用。今后我国食用海洋生物资源研究开发重点发展的领域应是：海洋生物食用新资源的发现与开发，食用海洋生物新资源安全性评价，海洋水产生物资源高质化利用，及海洋水产品深加工利用。

（二）海洋药物

海洋生物资源不仅是人类巨大的蛋白质源泉，而且是生物活性物质的宝库。海洋是一个生物多样性，也是化合物多样性的世界。20 世纪 60 年代以来，已从海洋生物中分离得到 15 000 余种结构明确的化合物，其中近一半具有各种生物活性。在抗病毒、抗肿瘤、消炎、抗心血管疾病等方面显示了广阔的药用前景。特殊的海洋环境也造就了海洋生物基因的特殊性，其特殊的药用基因资源与海洋活性物质一样，也是开发海洋药物的巨大宝库。海洋生物活性代谢产物是由基因（如直链肽等）或基因簇（绝大多数次级代谢产物）编码、调控和表达的，获得这些基因即预示着可获得这些化合物。近年来，海洋生物基因资源的研究进展迅速，已成功地克隆与表达了某些海洋生物功能基因，但仅限于分子量适中的直链肽、酶等蛋白质类物质，大量的具有开发前景的海洋生物活性物质的功能基因尚未被克隆和表达。海洋生物基因组学的研究，特别是海洋药用基因资源的研究对海洋药物研究与开发的推动作用将是无法估量的。

（三）海洋生物材料

海洋生物材料是十几年来被人类重视开发的新天然材料资源，具有来源丰富、无毒安全、生物可降解等优点。海洋生物材料，如甲壳质和褐藻胶等在药物缓释胶囊中的研究受到广泛重视。海洋生物材料的开发研究能为未来产业及经济发展提供驱动力。

（四）海洋生物能源物质

全球面临着严重的能源短缺和环境污染问题，开发和利用可再生、无污染的生物能源是未来能源领域的重要发展方向。海藻生物量巨大，通过光合作用，源源不断地将太阳能转化为生物能。利用海藻生产生物能源极有可能成为一种新的能源替代品。

二、海洋矿产资源及油气资源

海洋矿产资源是海洋中产出矿物原料的总称。海底矿产资源按其产出区域可划分为滨海砂矿资源、海底矿产资源和大洋矿产资源。海底矿产资源的种类繁多，并且随着生产力的发展，可利用矿产种类也将产生变化。

我国有丰富的海洋矿产资源。我国海洋能理论蕴藏量达 6.3 亿 kW，近海大陆架海区含油气盆地面积近 7 万 km^2，共有沿海地区大中型新生带沉积盆地 16 个，海洋石油资源量约 240 亿 t，占全国石油资源量的 20%；天然气资源量约为 14 100 亿 m^3，占全国天然气资源量的 33%。并且我国大陆架浅海区广泛分布有铜、煤、硫、磷等矿，滨海砂矿资源总量为 6 796 亿～6 840 亿 m²，已探明的种类达 60 种以上，世界滨海砂矿的种类在我国几乎都有蕴藏。

（一）海底矿产资源的特点

（1）有限性。海底矿产是经历了漫长的地质变化过程而形成的，是难以再生的有限资源。

（2）分布的局限性。矿产资源的分布是不均匀的，有着较大地域差异。例如，海洋油气资源主要蕴藏在沿海大陆架，锰结核主要分布于赤道附近的太平洋。

（3）海洋矿产资源的伴生性。矿产资源往往相伴存在。例如海底多金属软泥中有铁、锰、锌、铅、铜、银、金等多种伴生元素。

（4）开发投资高，技术难度大。海洋矿产资源大多深藏于海水之下，对于勘探和开采的技术要求高，经济投入多。

滨海矿砂是在滨海地带和浅海中在河流和海洋的共同作用下是重矿物碎屑聚集而形成的次生富集矿床。海底矿砂具有分布广泛、种类多、储量大、工业品位要求低、开采方便、选矿简易、投资小等优点，在现有的海底矿产资源开发中，产值仅次于海底石油，与此同时，海底矿砂也是一种重要的海洋生态环境要素，为许多海洋生物提供生活空间，对于维持海区生态平衡具有重要意义。

（二）海洋主要矿产资源

1. 海底热液矿床（submarine hydrothermal mineral）

海底热液矿床是指由海底热液成矿作用或海底热液喷泉形成的多金属软泥和块状硫化物矿床。它一般位于 2 000～3 000 m 水深的大洋中脊区，是一种重要的海底金属矿床资源，由于这种热液矿中含有金、银、铂、铜、锡等多种金属，所以又被称为"海底金银矿"。由于它的埋藏水深相对较浅，且热液喷口周围存在独特的生物群落，已逐渐引起各国的广泛关注。

2. 海底多金属结核（polymentallic nodule）

海底多金属结核即锰结核（manganese nodule）是深海的一种标志性矿产。分布于 80% 的深海盆地表面或浅层，分布的典型水深为 5 000 m。它是一种铁、锰氧化物的集合体，含有锰、铁、镍、钴、铜等 20 余种元素，颜色常为黑色或褐黑色。世界各大洋底储藏的多金属结核约有 3 万亿 t。其中，锰的产量可供世界用 1.8 万年，镍可用 2.5 万年，具有很高的经济价值。

3．海底富钴结壳（cobalt-rich crust）

海底富钴结壳是裸露生长于洋底硬质基岩（玄武岩或其他火山碎屑岩等）之上的多金属壳状沉积物。它是一种多金属矿物原料，成分与多金属结核相近，含钴、镍、锰、铁、铜、铂等，并含有其他有色金属、贵金属以及稀有元素和稀土元素。它一般分布在水体较浅的 800～3 000 m 的洋底的海山和洋中脊上，富钴结壳一般全部暴露在沉积物表面，属于暴露性海底矿物。据估计，一个海山的一个矿点钴的产量就可达每年全球钴需求量的 25%。

4．海底磷钙石

海底磷钙石属海洋自生矿物，是从海水中析出的一种化学沉积。主要呈结核状、鱼子状，少数呈泥土状。磷钙石并不是分布在整个海洋中，而是主要分布在大陆边缘的大陆坡上部、大陆架外部等部位，一般以水深 200～500 m 的海底处为多，常与泥沙等沉积物混在一起。

5．海底煤矿（undersea coal mine）

海底煤矿指埋藏于海底岩层中的煤矿。目前开采海底煤矿的条件尚不成熟，但海域煤炭资源无疑是一种潜在资源。

石油和天然气是有机物在缺氧的地层深处和一定温度、压力环境下，通过石油菌、硫黄菌等分解作用而逐渐形成，并在圈闭中聚集和保存。世界海洋石油预测蕴藏量占全球石油资源总量的 34%。

6．水合天然气

水合天然气是由水和相对分子质量较小的气体分子（如甲烷）在低温、高压、气体浓度充足的条件下形成的一种结晶固体物质，又被称为可燃冰。它多呈白色或浅灰色晶体，外貌类似冰雪，可以像酒精块一样被点燃。它主要分布于洋底之下 200～600 m 的深度范围。其能量密度约是煤、黑色页岩的 10 倍，是常规天然气的 2～5 倍，储量是现有石油天然气储量的 2 倍。因其密度大、分布面积广、储量规模大、燃烧污染少，而被誉为 21 世纪的洁净替代能源。

三、海水化学资源

海水化学资源是指现代或未来的技术条件能够开发利用的海水中所含的化学元素。海水蕴藏着丰富的化学资源，在我们的地球上已发现的 109 种化学元素中，海水中就含有 80 多种。每 1 km³ 海水含有 3 500 万 t 固体物质，其中大部分是有用元素，总价值约 1 亿美元，可见海水是巨大的液体矿物资源。海盐、溴素、锂盐、镁盐是其中的四大主体要素，因为它们是世界各国国民经济发展的重要的基础化工原料；铀、氘、锂、碘是其中的四大微量元素，也是 21 世纪的重要战略物资。同时也需要注意到，在对各种海水化学资源提取生产过程中，经常大量使用酸碱等化工产品，产生大量废水、废气，易于污染环境。海水中主要元素的质量浓度和存在形式及储量，见表 7-1。

表 7-1　海水中主要元素的质量浓度和存在形式及储量

元素	平均质量浓度/（mg/L）	存量/t	主要存在形态
Cl	19 354	2.65×10^{16}	Cl^-
Na	10 770	1.47×10^{16}	Na^+
Mg	1 290	1.64×10^{15}	Mg^{2+}
S	904	1.23×10^{15}	S^{2-}
Ca	412	5.6×10^{14}	Ca^{2+}
K	399	5.5×10^{14}	K^+
Br	67	9.18×10^{13}	Br^-
Sr	7.9	1.08×10^{13}	Sr^{2+}
B	4.5	6.16×10^{12}	H_3BO_3
Li	0.174	3.38×10^{11}	Li^+
Rb	0.12	1.64×10^{11}	Rb^+
U	0.003 3	4.52×10^{9}	$UO_2(CO_3)_3^{4-}$
Ni	5×10^{-4}	6.85×10^{8}	Ni^{2+}
Zn	4×10^{-4}	5.48×10^{8}	Zn^{2+}
Cs	2.9×10^{-4}	3.97×10^{8}	Cs^+
Cu	2.5×10^{-4}	3.43×10^{8}	Cu^{2+}
Ag	4×10^{-5}	6.85×10^{7}	$AgCl_2^-$

引自袁俊生等. 海水化学资源利用技术的进展[J]. 化学工业与工程，2010（2）.

1. 海盐资源

　　盐是基础的化工原料，又是人们日常生活的必需品。多年来，我国的海盐年产量一直居世界第 1 位。常用的海水制盐技术主要有盐田法、电渗析法及冷冻法。盐田日晒法是古老的制盐方法，也是我国制盐主要方法，其利用太阳能将海水蒸发，使海水盐度增高，促使盐类渐次结晶。制盐的过程包括纳潮、制卤、结晶、采盐、贮运等步骤。盐田法占据了大片的沿海土地。随着改革开放的深入，沿海地区将成为我国人口密集和经济发达地区，经济发展用地矛盾越来越突出，盐场晒盐产值较低，因此，应利用新的资源或技术减少占地，发展其他高产值、高附加值工业。电渗析法是随着海水淡化工业发展而产生的一种新的制盐方法，它通过选择性离子交换膜电渗析浓缩制卤，真空蒸发制盐。它可以充分利用海水淡化所产生的大量含盐量高的浓海水为原料来生产食盐。与盐田法相比，电渗析法节省了大量的土地，而且不受季节影响、节省人力。冷冻法是把海水冷却到海水的冰点（−1.8℃），盐析出可以用于制盐，同时分离出来冰晶可以得到淡水。

2. 溴资源

溴是医药、化工、农业和国防工业等方面的重要原料，近年来合成阻燃剂、高效灭火剂、石油井上作业添加剂等生产对溴的需求量日益增大。地球上99%的溴存于海水中，因而被称为"海洋元素"，目前世界溴的年产量约 $40×10^4$ t，其中从海水中提溴仅 1/3，因而海水提溴有广阔的前景。空气吹出法是目前唯一成熟的用于工业规模生产的海水提溴方法，该方法是用氯气将海水中的溴离子氧化成单质溴，然后通入空气和水蒸气，将溴吹出并加以吸收，其生产过程包括氯化、吹出、吸收等步骤。采用空气吹出法直接从海水提溴存在着吹出塔设备庞大、电耗高等问题。为此，近年来国内外相继提出了聚乙烯管式膜法、沸石吸附法、表面活性剂泡沫解吸法、离子交换吸附法、液膜法、气态膜法等新的提溴工艺方法。

3. 碘资源

碘在所有天然存在的卤素中最为稀缺。碘是食物中缺少的但人体必需的微量元素，也是工业、农业和医药保健业重要的原料物资，同时还是火箭燃料和高效农药制造、放射性探测和人工降水领域不可缺少的元素。海水中碘浓度偏低，目前从海水中直接提取碘尚处于科学攻关阶段，未实现工业化。工业化制碘主要从含碘丰富的海带等海藻生物中提取。

4. 钾资源

钾是生长发育必需的元素，能够维持细胞内的渗透压、调节酸碱平衡，参与细胞内糖和蛋白质代谢，维持神经肌肉的兴奋性，参与静息电位的形成，在生命活动过程中起着重要作用。钾在工业方面可用于制造硬度高、不易受化学药品腐蚀的钾玻璃，药用洗涤剂和消毒剂，汽车和飞机的清洁剂、明矾等。世界上钾盐主要来自于古海洋遗留下的可溶性钾矿。海水提钾的方法有蒸发结晶法、化学沉淀法、溶剂萃取法、离子交换法4种。

5. 镁资源

海水矿物中，镁盐仅次于钠盐居第二位。镁及镁化物是重要的工业原料，在合金材料、耐火材料、建筑材料和环保材料等行业具有广泛用途。镁同时也是动、植物生命过程中不可缺少的元素，在光合作用和呼吸过程中有重要作用。目前世界上60%镁源于海水提镁。

6. 铀资源

铀是一种天然的放射性元素，也是高能量的核燃料，1 kg 铀可供利用的能量相当于2 250 t 优质煤。海水中铀储量巨大，是陆地铀总含量的1 000倍，因而海水也被称为"核燃料仓库"。海水提铀的方法有吸附法、溶剂萃取法、起泡分离法、生物富集法4种。

7. 锂资源

锂是一种自然界中最轻的金属。被公认为推动世界进步的"能源金属"，是制造氢弹、大容量电池的重要原料。锂铝合金在航空航天工业中有重要地位，此外在化工、玻璃、电子、陶瓷等领域的应用也较广泛。美国每年从海水中提取锂约 1.4×10^4t，我国目前用卤水生产锂的产量占总产量的 30%～40%。

8. 重水

如果构成水分子的氢原子是氢的同位素氘（^{2}H 或 D）或氚（^{3}H 或 T），这样的水就是重水。重水发生核聚变可以释放出巨大的能量，是核反应堆的减速剂和传热介质，也是制造氢弹的原料。海水中重水的总储量 250×10^{12}t。现在较大规模地生产重水的方法有蒸馏法、电解法、化学交换法和吸附法等。如果受控热核聚变技术和从海水中大规模提取重水的技术能够实现，海洋就能够为人类提供取之不尽，用之不竭的新能源。

四、海洋能源

海洋能源通常指海洋中所蕴藏的可再生的自然能源，主要为潮汐能、波浪能、海流能（潮流能）、海水温差能和海水盐差能。更广义的海洋能源还包括海洋上空的风能、海洋表面的太阳能以及海洋生物质能等。海洋能源具有：总量大，可再生，对环境影响小，能量密度低，分布广泛但时空变化大等特点。

1. 潮汐能

潮汐是海水在月球和太阳引力作用下产生的周期性升降运动和水平运动。潮汐能是指海水潮涨和潮落形成的水的势能，其利用原理和水力发电相似。潮汐发电是选择潮汐差大、地形条件好的海湾或河口，构筑大坝，将海湾或河口与海洋隔开，构成水库，利用潮水涨落形成水位差，冲击带动水轮旋转从而发电。潮汐能的能量与潮量和潮差成正比。和水力发电相比，潮汐能的能量密度很低，相当于微水头发电的水平。

2. 波浪能

波浪能是指海洋表面波浪所具有的动能和势能。波浪的能量与波高的平方、波浪的运动周期以及迎波面的宽度成正比。在各波浪中，风浪和涌浪能级较高，是波浪能开发利用的主要对象。波浪能是海洋能源中能量最不稳定的一种能源，且其功率密度小但总量可观。

3. 海流能

海流是指海水水团大范围地、流向流速较稳定地从一地流动到另一地。海流能是指海水流动的动能，主要是指海底水道和海峡中较为稳定的海水流动。海流能的能量与流速的平方和流量成正比。由于海流流量大、不存在枯水期，因此可以利用障碍体等装置把海流能转化为电能。

4. 海洋温差能

海洋温差能是指辐射到海水表面的太阳能除少部分直接反射离开，大部分被海水吸收，使表面水温升高。温差能是指海洋表层海水和深层海水之间水温之差的热能。利用这一温差可以实现热力循环并发电。

5. 海洋盐差能

盐差能是指海水和淡水之间或两种含盐浓度不同的海水之间的化学电位差能。主要存在于河海交接处。同时，淡水丰富地区的盐湖和地下盐矿也可以利用盐差能。盐差能是海洋能中能量密度最大的一种可再生能源。通常，盐度为 35 的海水和淡水之间的化学电位差有相当于 256 m 水头差的能量密度。这种位差可以利用半渗透膜在盐水和淡水交接处实现。这一水位差可以用来发电，目前利用盐度差发电主要有水压塔式发电和压力式发电。

五、海水资源

随着经济发展和人口增长，人类需水量不断增长，然而水体污染导致可用陆地淡水资源却减少，开发海洋水资源是解决水资源困境的重要途径。海水资源有直接利用和淡化后利用两种方式。直接利用的海水在工业上可作为冷却水、溶剂及洗涤用水；生活上可用于洗刷、消防、游泳池用水等；农业上，海水灌溉技术也受到广泛关注。海水淡化，是将海水脱盐，使之符合生产生活所需淡水要求。海水淡化方法有相变化法、膜分离法和化学平衡法。相变化法通过蒸发、蒸馏、冷冻等物理相态变化，使水盐分离。膜分离法主要有反渗透法和电渗析法。化学平衡法主要有离子交换法、水合物法和溶剂萃取法。

六、海洋空间资源

随着世界人口激增，陆地空间已逐渐吃紧，向海洋寻求发展空间成为了必然。海洋空间资源（marine space resources）主要包括海岸带与海岛空间资源、海洋水面空间资源、海洋水层空间资源和海底空间资源。

海岸带是海洋与陆地相互接触的地带。海岸带和海岛是养殖业、旅游业、环保产业发展的重要空间区域。海洋水面是交通运输、旅游等重要场所，同时可以在海上建漂浮体甚至海上城市，以拓宽陆地空间范围。海洋水层空间可用于交通、潜水旅游、海水养殖等活动。海底空间目前主要用作铺设海底管线及电缆、海底隧道、海洋仓储基地、垃圾倾倒、人工鱼礁。

第三节　海洋环境问题与保护

一、海洋灾害与预防

联合国教科文组织定义灾害为：自然或人为环境中对人类生命、财产活动等社会功能的严重的破坏，它引起普遍的人类、物质或环境损失，这些损失超出了受影响的社会只利用它本身的资源加以应付的能力。海洋灾害大致可分为：海洋气候灾害、海洋地质灾害、海洋生态灾害和人为海洋灾害四类。海洋灾害造成的经济损失和损害占全球自然灾害的60%。建立有效的海洋灾害预警机制为防灾、救灾及灾后救援工作上采取有效措施提供保障。

（一）海洋气候灾害

1. 风暴潮（storm surge）

风暴潮是由于热带风暴、温带气旋、海上雹线等风暴过境所伴随的强风和气压周边而引起的海面非周期性异常升高或降低的现象。风暴潮是导致全球生命财产损失最严重的自然灾害之一，一次严重的风暴潮灾常造成成千上万的人员伤亡和数亿甚至数十亿美元的财产经济损失。中国是全球少数几个同时受台风风暴潮和温带风暴潮危害的国家之一，风暴潮灾一年四季、从南到北均可发生，损失严重。

2. 海冰灾害

海冰是指海洋上一切的冰，包括海水冻结冰、陆源带来的河冰、冰山等。海冰会导致气航道堵塞、船只损坏、建筑物破坏、海洋水产养殖业受损等。海冰灾害持续时间从三五天到月余不等。我国较为严重的海冰灾害多发生在渤海。

3. 厄尔尼诺现象

厄尔尼诺又称厄尔尼诺海流。东太平洋渔民很早发现每隔数年，海水就会异常升温，因其通常在圣诞节前后开始发生，故称其为圣婴（西班牙语为 El Niño，音译为厄尔尼诺）。正常情况下，北半球赤道附近吹东北信风，南半球赤道附近吹东南信风。信风带动海水自东向西流动，分别形成北赤道洋流和南赤道暖流。从赤道东太平洋流出海洋，靠海洋底部的涌升流补充，由于底层海水温度较低，使得表面水温低于四周，形成东西部海洋温差。但是，一旦东风减弱，甚至变为西风时，赤道东太平洋地区的冷水上涌减少，海水温度升高，形成大范围的海水温度异常变暖。这股暖流使得冷水鱼群大量死亡，海鸟因缺食而离去，渔场受损，给周围海岸造成巨大经济损失。海水水温持续变暖也会使得整个世界气候模式发生变化，造成一些地区干旱而另一些地区降雨过量。厄尔尼诺主要发生在太平洋东部和中部的热带海洋。产生厄尔尼诺现象的原因主要有自然因素（赤道信风、地球自转、地热运动等）和人为因素。科学家们认为，厄尔尼诺现象频繁、灾害加剧与人类导致的自然环境日益恶化有关，是地球温室效应增加的直接结果，与人类向大自然过度索取而不注意保护环境有关。

（二）海岸带地质灾害

地质灾害是由于地质作用使地质自然环境恶化，并造成人类生命财产损毁。海洋地质灾害则是海洋中发生的地质灾害。海洋地质灾害可分为：内动力地质灾害（地震、火山等）、外动力地质灾害（海平面上升、海水入侵、滑坡等）和人为地质灾害（如海洋不合理开发造成的污染破坏）。

1. 海岸侵蚀（coastal erosion）

海岸侵蚀是指由自然因素、人为因素或者两种因素叠加产生的海洋作用下，沿岸供沙少于沿岸来沙而引起的海岸线未知的后退、岸滩下蚀等现象。海岸侵蚀危害主要有：侵蚀大片土地、沿岸堤坝、码头、房屋等建筑物，破坏海防工事、防护林、公路、旅游设施等，海岸带生态环境和自然环境遭受改变。

2. 海啸

海啸是由海底地震、火山爆发或巨大岩体塌陷和滑坡等导致的海水长周期波动，造成近岸海面大幅度涨落。海啸波长可达 500～600 km，周期可达 200 min，当传到近岸时，波长变短，波高增大，可达 10～30 m，造成巨大的灾害。

（三）海洋生态灾害

1. 赤潮

赤潮又称藻华，是指海洋微藻、细菌和原生动物在一定的海洋和气象条件下暴发性繁殖或聚集而引起水体变色的一种有害的生态异常现象。海洋中能够形成赤潮的生物有 330 余种，其中有毒性的 70 余种。海水的富营养化是赤潮发生的主要原因，其发生条件有：水中氮磷含量充足，铁等元素适度，有适宜的温度、光照和溶解氧量，缓流水体中。近年来，海岸污染加剧，水体富营养化严重，赤潮频发，对渔业、水产养殖业、人类生命安全产生威胁。

赤潮是海水中某些微小的微型藻、原生动物或细菌在一定的环境条件下暴发性增殖或聚集在一起而引起水体变色的一种生态异常现象。

赤潮是一个历史沿用名，它并不一定都是红色。通常水体颜色依据赤潮起因生物种类和数量的不同，而呈现红、黄、绿和褐等色。如中缢虫、夜光藻形成的赤潮呈红色或砖红色，真甲藻、鞭毛藻形成的赤潮呈绿色，短裸甲藻形成的赤潮呈黄色，金球藻和某些硅藻形成的赤潮呈褐色。赤潮这一概念最早是因为海水变红而得名（又称红潮）。实际上，现在赤潮已变成各种色潮的统称。

赤潮现象在古代就有发现。在日本，早在腾原时代和镰仓时代就有赤潮方面的记载。达尔文在"贝格尔"号船航海记录中对赤潮有过较详细的描述。在我国，早在 2000 多年前就发现赤潮的现象，一些古籍或文艺作品中有一些关于赤潮方面的记载。近年来，随着沿海工农业生产的迅猛发展和人口的剧增，赤潮发生频率、规模、危害加剧。

有害藻华能够直接杀死动物。1986 年，得克萨斯海湾沿岸的一种有害藻华在两个月内杀死了超过 2 200 万条鱼。1987 年，美国科德角的 19 头座头鲸死于食用被有害藻华污染的鲭鱼。1995 年，超过 50 万条鱼死于切萨皮克湾，许多鱼身上都有红色和黑色的伤口。与此同时，接触过该海湾海水的人相继出现伤口疼痛、眼部刺激、呼吸困难及记忆能力下降等症状。人们发现，这是由于噬鱼费氏藻（*Pfiesteria piscicida*）所引起的。该藻通过分泌毒素侵入皮肤，并依靠鱼伤口流出的营养生长。1997 年，费氏藻藻华导致了马里兰东海岸沿岸大量鱼死亡，并造成至少 5 000 万美元的损失。研究发现，沿岸迅速发展的养殖业，使得人们每天向河流系统中排放 4.5 万 t 动物垃圾，这些垃圾随河入海最终导致费氏藻藻华。

赤潮不仅威胁海洋生物的生存，也危害着人类的健康。赤潮区域内的鱼类、贝类摄入大量含藻毒素的食物后，虽不能被毒死，但毒素可积累于体内，大大超过使用时人体可接受水平，人类食用这些鱼、贝类，将会中毒甚至死亡。由赤潮引发的毒被统称为贝毒，目前确定有 10 多种贝毒的毒性比眼镜蛇毒性高 80 倍，比一般麻醉剂毒性强 10 万多倍。赤潮引起的人体中毒事件在沿海地区时有发生。

有毒藻类危害着海洋生物及人类的生存和健康，无毒藻类在某些方面也是有害的。一些藻类有倒钩刺，能够产生黏液，堵塞鱼的呼吸系统，直至鱼窒息。此外，海洋表面密集的海藻将会阻挡阳光，使得海草生物量降低，鱼类、贝类食物来源减少，栖息地安全性降低。此外食物来源的减少也威胁大型海洋动物的生长繁殖。

如今赤潮已成为一种世界性公害，美国、日本、中国、加拿大、法国、瑞典、挪威、菲律宾、印度、印度尼西亚、马来西亚、韩国等 30 多个国家和地区赤潮发生频繁。我国近年来赤潮发生频率越来越高，范围越来越广。据不完全统计，1980—1992 年，在我国海域共发现赤潮近 300 起，是 20 世纪 70 年代的 15 倍。赤潮发生范围涉及南海、东海、黄海和渤海，其中珠江口、湛江港、舟山群岛、长江口、胶州湾、大连湾、辽东湾和渤海湾是赤潮的多发区。

赤潮对海洋环境损害主要表现为：① 改变水体理化性质。因为藻类等暴发性增殖使水中溶解氧、酸碱度、透光性均发生改变。② 赤潮生物含有的毒素造成海洋动物死亡，也威胁人类生命安全。③ 竞争水中营养物质，造成水域物种组成简单。④ 赤潮暴发性繁殖后又大量死亡，分解时消耗水中溶解氧而产生有害气体。总之，赤潮严重危害了海洋生态环境的稳定和平衡。

2. 滨海湿地退化

滨海湿地是海陆交错地带，具有重要的生态功能和环境美学功能。滨海湿地具有防洪抗旱、调节地表径流、降解污染、调节气候、防止海水入侵、维护海洋生物多样性、形成独特海洋旅游景观资源等功能。但由于人类的盲目围垦、开发及海洋污染，致使滨海湿地退化。湿地退化将导致水资源短缺、气候变化、各种自然灾害频发等一系列生态环境问题。

3. 海洋石油污染

随着经济社会的快速发展，人类对石油需求激增，海上石油开发、运输、废水排放等导致的海洋石油污染问题越来越严重。石油进入海洋后，主要以漂浮油膜、溶解及乳化态、凝聚态三种形式存在。漂浮于海水表面的油膜阻碍太阳辐射进入水体，阻碍水体与大气之间的氧交换、热交换，改变海水水文特征，此外，石油中物质对海洋生物具有毒害作用，同时导致海洋渔业资源衰退，并通过食物链危害人体健康。海洋中的石油污染将导致有害气体挥发进入大气污染空气，此外随水漂流的石油也将污染滨海地带，降低滨海经济价值。海洋石油污染将会对海洋生态环境、社会经济造成巨大危害。

4. 海洋酸化

海洋酸化是指由于 CO_2 排放过多，海洋吸收大气中过量 CO_2，溶解在海水里形成碳酸（H_2CO_3），使海水逐渐变酸。

海水应为弱碱性，海洋表层水的 pH 值约为 8.2。当空气中过量的二氧化碳进入海洋中时，海洋就会酸化。科学家研究表明，由于人类活动影响，到 2012 年，过量的二氧化碳排放已将海水表层 pH 值降低了 0.1，这表示海水的酸度已经提高了 30%。预计到 2100 年海水表层酸度将下降到 7.8，到那时海水酸度将比 1800 年高 150%。

海洋酸化将给海洋生物带来了严重损害，工业革命以来，海水的 pH 值下降了 0.1。海水酸性的增加，将改变海水化学的平衡，使依赖于化学环境稳定性的多种海洋生物乃至生态系统面临巨大威胁。实验证明，pH 值降低 0.2～0.3，将干扰海洋中最重要的基础生物珊瑚虫以及其他浮游生物的骨骼钙化，因为构成它们骨骼的碳酸钙对酸性环境非常敏感。尤其是珊瑚、贝壳类。珊瑚对环境要求很高，环境稍有改变就会死亡。贝壳的壳主要成分是碳酸钙（$CaCO_3$），在酸性环境下会被腐蚀、分解，然后引发贝类死亡，生态系统将遭到严重的破坏。在 21 世纪中叶，以澳大利亚大堡礁为代表的珊瑚礁等海洋区域将陷入严重的生存危机之中，因此海水酸化会危害海洋生物的生存。

在过去的两个世纪内，人类排放的二氧化碳中，40%被海洋所吸收，海洋减缓了全球变暖的步伐，但是将付出高昂的代价：与工业化前水平相比，二氧化碳导致海洋的平均 pH 值（衡量酸碱程度指标）降低了大约 0.1。以现在二氧化碳排放的速度，到 21 世纪中叶，海洋的平均 pH 值下降可能高达 0.35。

大多数海洋生物生活在日光照射的表层水域，也是二氧化碳最易被吸收的水域。为了保护海洋生物，需将 pH 值下降范围控制在 0.2 以内。这是 1976 年美国国家环境保护局发布的极限值，二氧化碳减排迫在眉睫。虽然二氧化碳导致海洋酸化的生物反应是不确定的，但是海洋的 pH 值和碳酸盐化合物数量在几百万年内保持稳定——比温度变化稳定得多。

工业革命以来，人类活动释放的 CO_2 有超过 1/3 被海洋吸收，使表层海水的氢离子浓度近 200 年增加了 30%，pH 值下降了 0.1。作为海洋中进行光合作用的主力，浮游植物的门类众多、生理结构多样，对海水中不同形式碳的利用能力也不同，海洋酸化会改变种间竞争的条件。在 pH 值较低的海水中，营养盐的饵料价值会有所下降，浮游植物吸收各种营养盐的能力也会发生变化。

由于全球变暖，从大气中吸收 CO_2 的海洋上表层也由于温度上升而密度变小，从而减弱了表层与中深层海水的物质交换，并使海洋上部混合层变薄，不利于浮游植物的生长。

越来越酸的海水，腐蚀着海洋生物的身体，研究表明，钙化藻类、珊瑚虫类、贝类、甲壳类和棘皮动物在酸化环境下形成碳酸钙外壳、骨架效率明显下降。酸化必定会对贝类动物，如贻贝和牡蛎等造成严重损害，对商业捕鱼造成极大影响。一些研究认为，到 2030 年南半球的海洋酸化将对蜗牛壳产生腐蚀作用，这些软体动物是太平洋中三文鱼的重要食物来源，如果它们的数量减少或是在一些海域消失，那么对于三文鱼捕捞行业将造成较大影响。

二氧化碳对大气的影响已经引起大部分科学家和公众的关注，然而，海洋酸化已经迫在眉睫，将是另一个潜在的严重环境危机。因此在二氧化碳排放问题上，我们不仅要考虑气候因素，也要考虑海洋所受的影响。

2011 年 7 月 4 日出版的《自然》上，卡耐基基金会全球生态学部 Ken Caldeira、夏威夷大学 Richard Zeebe 及海洋化学学者呼吁加大减排二氧化碳的力度，并采取措施解决海洋酸化问题，以遏制气候进一步恶化。我们知道海洋酸化会损害珊瑚虫和其他有机体，但是对大多数物种如何被影响，我们没有更多的实验数据做支撑。海洋酸化对整个海洋生态系统的影响是无法预言的，人类排放的二氧化碳开始改变被称为生命摇篮的海洋的化学成分，而这种海洋化学成分的改变所导致的生态和经济学的结果极有可能是灾难性的。

（四）海洋开发产生的问题

随着经济和技术的发展，人们对海洋开发利用不断加强的同时不合理的开发利用也造成了严重海洋污染、生态系统破坏，进而导致了海洋极端灾害加剧、海洋资源消耗过快等问题。

1. 海岸侵蚀及生物资源遭受破坏

不恰当的人类活动，例如沿岸挖沙、河流拦蓄导致输沙减少、海岸工程都将造成海岸侵蚀，海岸线后移。由于人类排污及围海造田、修筑海岸工程等导致的生态环境恶化造成了海洋生物资源丰富度锐减。此外，海洋渔业的缺乏规划和过度捕捞等使渔业资源衰退严重。

过度捕捞导致渔业资源衰竭

千百年来，海洋为人类提供了鱼类、贝类等海洋食物，保障着人类的生活质量。由于鱼类繁殖能力强，数量维持在较高水平。然而随着人口数量的激增，工业化捕鱼技术的应用，在渔业资源取之不尽，用之不竭的错误捕捞观念的影响下，产生了大量的捕捞现象。在过度捕捞下，尚未成熟的鱼类，或产卵次数尚且不足的鱼类而被捕捞，导致鱼类生物量大幅下降，鱼类年龄层发生了变化，渔场鱼的捕获量大幅度下降，甚至整个渔业场面临着崩溃。

2006 年联合国粮食及农业组织在《世界渔业和水产养殖状况（SOFIA）》（两年一度的报告）中估计：2/3 的公海鱼类资源被过度捕捞，与此同时，大多数近海鱼类资源已经耗尽或达到其最大捕捞量。总而言之，25%的鱼类资源被过度捕捞，52%被开发殆尽。美国渔场保护与管理局指出，美国水域中 41%的海产品存在过度捕捞的现象。前十大海洋鱼类中有 7 种已经被完全或者过度捕捞；增加的捕捞量会对这些鱼类的数量产生巨大影响。大型鱼类数量锐减，金枪鱼、马林鱼、剑鱼、鲨鱼、鳕鱼和大比目鱼的数量只相当于 1950 年的 10%。2006 年 11 月的《科学》（Science）杂志指出，如果不彻底改变捕鱼方式，所有野生海产品的数量将会在 2050 年前锐减。然而，据美国国家海洋渔业处估计，2004—2025 年全球海产品需求量将增加 3 倍多。

在捕捞过程中，其他海洋鱼类或生物也会被捕或杀死，这些动物被称为兼捕渔获物。联合国预计，兼捕渔获物约占总捕获物的 25%。每年约有 1.2 万只海龟成为兼捕渔获物而死亡，以至于有 7 种海龟濒临灭绝。

限制捕捞量、保护重建被毁渔业资源、在科学研究下对渔业资源进行管理是保护海洋生态系统，实现海洋渔业可持续发展的必由之路。

---

2. 海洋生态环境恶化，海洋污染严重

人类各项工程如围海造田、围海晒盐、海洋工程等造成了海洋特殊生态系统退化、岛屿生态环境恶化。

20 世纪 50 年代以来，海洋环境污染日趋严重。据统计，目前全世界每年约有 100×10^4 t 石油、1 000 t 汞、25×10^4 t 铜、30×10^4 t 锌进入海洋。此外，还有不断增加的有机物、营养

盐、放射性废物、热废水及固体废物进入海洋。污染严重的海域主要集中在沿海、港湾和河口等陆缘地区，但随着环流、潮汐的作用，沿海海域的污染正向大洋和深海扩散。海洋污染导致海水和沉积物环境质量下降，破坏海洋景观，既妨碍人类正常的海洋生产活动，也引起海洋生物资源损害，甚至危及人类健康。

3. 技术层次低，管理较为落后

开发不充分，利用不合理：一方面导致海洋产业发展不平衡；另一方面技术装备落后使开发不充分，污染严重。

目前，我国海洋和海洋资源的法律制度，已难以适应海洋开发、管理和维护海洋权益的需要，尤其是海洋综合管理的法制建设滞后，加剧了我国海洋资源开发的无序和无度。

二、海洋生态修复

随着全球工业化和城市化的发展，海洋环境受人类活动的干扰日益显著，海洋环境质量下降，生态服务功能受损，海洋生态修复也日益受到人们的重视。生态恢复是指恢复被人类损害的原生生态系统的多样性及动态的过程，是帮助研究生态整合性的恢复和管理过程的学科，生态整合性包括生物多样性、生态过程和结构、区域及历史情况、可持续的社会实践等广泛的范围。

生态修复的基本原则一般包括自然原则、社会经济技术原则和美学原则三个方面。自然原则指的是生态修复要遵循自然规律；社会经济技术原则是指生态修复需要考虑经济技术所带来的修复可能性、水平和深度；美学原则是要保证修复的生态系统能给人美学享受，并利于人类健康发展。因而生态修复应当选择经济可行、技术合适、社会可接受的方法，使退化的生态系统重新为人类提供服务。

海洋生态系统修复是利用生态工程手段改善或修复受损的海洋生态系统，为海洋生态系统健康、人类对海洋的可持续开发利用提供保障。海洋生态修复主要包括生物修复、物理修复和化学修复。

（一）海洋生物修复

海洋生物修复是指利用某些特定生物在一定条件下对环境中污染物的吸收、降解和转移等作用，达到减少或最终消除环境污染，受损生态系统得以恢复的过程。海洋生物修复是一种较为经济、二次污染小的修复方式，按照修复生物不同可分为微生物修复、植物修复和动物修复，按照修复点位可分为原位修复和异位修复两类。

1. 微生物修复

微生物是生态系统中的分解者，利用微生物对环境污染物的吸收、代谢、降解等功能可以去除污染改善环境状况。目前微生物修复主要用于石油污染、耗氧有机物污染、有毒有机化合物污染、重金属污染的海洋修复过程。此外，某些微生物对特定赤潮生物的抑制作用，海洋微生物也可以用于海洋赤潮防治。海洋微生物修复的成功与否与降解生物群落在环境中的数量和生长繁殖速率有关。为了提高细菌修复能力，将目的基因导入细菌体内的工程菌在修复中也发挥着重要作用。

2. 植物修复

植物修复是利用大型海藻或高等植物对水体进行修复。大型海藻具有多种生态功能，不仅可以有效降低氮磷等营养物质含量，而且通过光合作用，提高海域初级生产力，同时，大型海藻的存在为众多的海洋生物提供了生活附着基质、食物和生活空间；大型海藻存在对于赤潮生物还起到抑制作用，因此在海域生态修复中，大型海藻起到重要的作用。此外，研究表明高等植物对固滩保淤、减少风浪侵蚀等方面有积极作用，可以用来修复受损生态系统。

3. 动物修复

研究表明一些海洋动物如牡蛎、海绵等可以吞噬、过滤海洋中有机碎屑，净化水体，同时在保护生物多样性和耦合生态系统能量流动方面具有重要意义。在动物修复过程中，需要在控制污染和生境修复的基础上，通过引入合适的物种，使其在修复区域建立稳定种群，形成规模资源，达到调控水质、改善沉积物质量，以期重建植被及动物群落，使受损的生物得到修复、自净，进而恢复该区域生物多样性和生物资源的生产力，促进退化海洋环境的生物结构完善和生态平衡。

（二）物理修复

物理修复是指采用物理方法对退化或被破坏的环境系统进行生态修复的过程，主要包括物理絮凝、地质耕耘、栖息地重建等。

（三）化学修复

化学修复是利用化学试剂，通过氧化、还原、沉淀、聚合等反应，使污染物从环境中分离或降解转化为无毒、无害的化学形态。

（四）生境修复

生境是指具体的生物及其群体生活的空间环境，包括该空间环境因子的总和。由于人类活动干扰和破坏，原本连续成片的生境破碎化。破碎的生境中生态系统空间异质性降低和生物多样性降低，生态系统退化。由于海洋污染和海水富营养化、近海工程引起的海水动力条件改变等导致海水空间的减少和海水退化；滩涂、红树林、海藻床等生态系统退化；

采矿等导致的海底状态破坏。针对这些海洋生境的破坏的现象，可以采取相应的措施，修复生境。例如，控制污染，提高海水水质；拆除相关工程设施；保护海洋生物或移植生物进行修复；建立人工鱼礁。

此外，国内外已经针对不同类型海洋生态系统实施以下生态修复工程：

（1）河口生态修复。受沿岸人类活动的影响特别是大量污染物的输入、生态服务功能降低等问题，河口生态安全受到关注，河口修复主要以河道整治、修复渔业资源、及时预测赤潮等为目标。

（2）海湾生态修复。目前，国内外海湾生态修复的主要措施包括氮磷污染物入海总量控制、养殖环境自身污染控制、生物净化和底质污染控制等。

（3）滨海湿地生态修复。除了开展滨海湿地调查、污染治理、生态保护及合理开发利用外，在滨海湿地生态修复中，滨海景观建设也备受关注。滨海景观是指临海具有一定景观价值的带状区域，在开发中可以建设人工湿地以保持景观区块间的自然衔接，设立滨海湿地公园和滨海防护林等美化滨海生态环境。

（4）红树林生态修复。红树林是世界上最富有的生物多样性、生产力最高的海洋生态系统之一，具有重要生态价值和经济价值。因此，在原先有红树林分布的区域，重新种植红树林，恢复红树林生态系统结构功能，对于修复海洋环境有重要意义。

（5）珊瑚礁生态系统修复。珊瑚对环境变化反应及其敏感，人类活动引起海水污染、透明度下降、开采珊瑚，都会使得珊瑚生长受到威胁，如今珊瑚分布区缩减，生态系统退化未得到遏制。因此，控制污染，设立保护区等对于保护珊瑚生态系统十分关键。

近年来，有关海洋主管部门，针对海洋特别是近岸海洋生态系统的退化趋势，加强了海洋生态规划和海洋生态设计工作，建立了一些有效的生态修复措施。但总体而言，海洋生态修复的理论和技术还比较薄弱，未来海洋生态修复工作还具有更广阔的发展空间。

三、海洋资源保护

海洋是人类资源宝库，《中国海洋 21 世纪议程》提出要建设良性循环的海洋生态系统，形成合理的海洋开发体系，促进海洋经济持续发展。保护海洋资源要充分了解海洋资源状况，海洋资源与海洋环境关系，开发对海洋环境的影响等，同时要运用可持续发展理论、系统动力学理论、生态系统理论、生态经济学理论，让海洋成为当代人以及子孙后代持续发展的保障。

保护海洋资源的基本途径有：海洋资源现状调查与评价、海洋资源管理、海洋环境保护及建立海洋自然保护区。

（一）海洋资源调查评价

为了对海洋资源进行有效的开发和保护，实现海洋资源的可持续利用，必须对海洋资源现状进行调查评价。此外,通过对海洋资源的数量、质量、结构和分布以及开发潜力等方面进行评价,从强化地域整体功能出发,明确各地区海洋资源的优势与劣势、优势资源在全局中地位、制约因素,揭示各种海洋资源在地域组合上、结构上和空间配置上的合理性及匹配度,掌握各种海洋资源的分布特征和开发潜力,特别是占主导成分的、重要的海洋资源的开发潜力,明确海洋资源开发重点和海洋产业结构的布局,为制定人类与海洋协调发展、海洋资源持续开发等战略决策提供全面的科学依据。总之,海洋资源评价是为正确制定海洋资源开发利用与管理决策,为强化区域整体功能服务的,它是海洋资源开发与海洋产业结构布局必不可少的前期工作,对区域海洋经济发展及海洋产业布局是否合理有着深刻影响。

(二)海洋资源管理

海洋资源管理是指政府及其职能部门对其所管辖海洋区域内的海洋资源系统进行干预的复杂过程;是实现海洋资源高效开发利用、持续发展的必要手段。我国海洋资源管理存在管理体制不健全、法律不完善、海洋资源资产观念不强等一系列问题,需要政府通过法律、经济及行政手段来实现调控管理。

(三)海洋环境保护

海洋资源与海洋环境密切相关。保护海洋环境要维持生态系统稳定,提高公众海洋保护意识,加强海洋活动的规划管理。

建立海洋自然保护区:海洋自然保护区是为了保护海洋环境和海洋资源而依法将特殊自然地带划分出来加以特殊保护和管理的区域,是保护海洋生物多样性,防止海洋生态环境恶化的措施之一。海洋自然保护区既能较完整地为人类保护部分海洋生态系统的"天然本底",成为天然"自然博物馆",又能减少人为不利影响,改善海洋环境,维持海域生态平衡,促进再生资源繁殖、恢复和发展,为物种提供栖息、生存和保持进化过程的良好条件,有效保护海洋生物的多样性,保护不可再生资源的利用价值,从而使海洋资源能为人类永续利用。海洋自然保护区可以分为海洋海岸自然保护区、海洋生物自然保护区、海洋自然遗迹和非生物资源自然保护区。

第四节 海洋管理与可持续发展

一、海洋管理与规划

管理的任务是在资源的竞争者之间分配资源,从而最大限度地利用有限的资源为整个社会及未来的利益服务。海洋管理是政府对海洋空间、海洋资源和海洋活动采取的一系列干预行动。根据《海洋科技名词》的定义，海洋环境管理是指政府维持海洋环境的良好状态，运用行政、法律、经济和科技等手段，防止、减轻和控制海洋环境破坏、损害或退化的行政行为。

海洋环境管理可以分为环境开发管理、环境滞后管理和环境规划管理。环境开发管理是伴随海洋开发过程中的环境管理，它是在开发时，全面考虑其对其他环境及资源的影响，并制定相应的管理方案，以维持环境质量和保持生态平衡。海洋环境滞后管理是指对过去已经开发利用造成污染的海域进行生态环境管理，对已污染的海域进行治理，使其恢复到原有环境状况。环境规划管理是根据项目开发规划进行的环境管理。

海洋环境管理从生态系统理论出发，规范人类自身行为方式，以实现海洋生态系统稳定、促进海洋环境可持续发展的目的。实施海洋环境管理可以对海洋开发利用项目进行统一的规划，通过调整布局来协调海洋产业之间的矛盾，加强海洋保护，促进海洋环境质量的改善。

（一）海洋环境管理原则

1. 协调发展，综合管理原则

在海洋管理时要将经济效益、环境效益、社会效益相统一，对海洋进行综合开发利用。

2. 预防为主，防治结合原则

将环境保护的重点放在事前防止环境污染和自然破坏上，同时也要对已存在的海洋污染进行积极治理，使海洋环境和生态系统得以恢复。在防治海洋环境破坏的同时也要控制陆源污染，将陆源污染摆到重要位置。

3. 开发者养护，污染者治理原则

在对海洋资源开发和利用过程中，对因开发资源而造成资源减少和环境损害以及排放污染物造成的环境破坏等，养护和治理责任应由开发者和污染者承担。

4. 保障海洋环境及资源有偿使用原则

通过经济手段强化海洋环境管理，减少海洋资源浪费和环境损害，同时也为海洋环境保护积累必要资金。

5. 公众参与原则

在海洋环境保护中，公民应当有权通过一定程序参与一切与环境利益相关的管理决策活动中，使得该项管理决策符合广大人民的切身利益。

（二）海洋环境管理的措施

1. 加强宣传教育，提高海洋环境意识

通过大众传媒，宣传海洋保护，并开展有关活动，加强普通公众、船员及海洋开发利用者的海洋环境保护意识。

2. 加强海洋环境科学研究

在调查海洋资源环境状况的基础上，探索海洋整体生态变化规律，以探讨适合的海洋环境管理科学方法及开发、治污的技术方法。加强海洋环境研究需要健全机构，给予一定资金支持，并加强相关科学的横向交流。

3. 建立健全海洋信息系统

海洋信息是任何有关海洋科学、技术、资源、经济活动、管理等的海洋环境数据、政策法规等一切信息范畴。海洋信息系统一般包括海洋环境数据库子系统（数值数据库、文献数据库、实施数据库）、海洋环境管理方法库子系统（提供海洋环境和数据统计分析、优化分析程序和图标输出软件）、海洋环境模型子系统（通过计算机求解模型对海洋环境进行建模及预测）。

4. 调整产业结构，发展海洋环保产业

要充分利用海洋资源大力发展海洋工业及海洋旅游业；实施科学捕捞养殖，发展生态渔业；大力发展海洋科技、加快发展海洋信息产业。

5. 划分海洋功能区

根据海域、自然资源、环境条件和开发利用要求，按照海洋功能标准，将海域划分为不同类型的功能区，以加强海域的使用管理，保障科学合理地使用海洋资源。

6. 建立海洋环境损害的管理制度

对各类海洋环境损害建立相应的管理制度。其主要包括：建立海洋环境补偿制度；建立重大海洋生态破坏应急计划；实施海洋环境污染的管理措施；加强海洋环境治理的规划管理。

7. 加强国内外科学技术交流

参与国际海洋环境保护交流合作，同时拓宽海洋环境保护合作领域，鼓励强民间合作。

二、海洋可持续发展

可持续发展是既满足当代人的需要，又不对后代人满足其需要的能力构成危害的发展。面对海洋开发利用带来的资源与环境的压力，加强海洋发展的综合管理，以实现可持续发展是必然的选择。海洋可持续发展是一种技术上应用得当、资源节约利用、生产集约化、生态不退化，可以实现海洋资源的综合利用、深度开发和循环再生，经济上持续发展和社会普遍接受的海洋开发模式。

（一）大力发展海洋产业

可持续发展突出强调发展的主题，合理开发利用海洋资源是人类继续发展的必然要求和途径。海洋资源的有效开发和利用需要依靠高科技产业。同时，海洋的开发也必然能形成新的科技与产业群。中国应发展以海洋交通运输业、海洋水产养殖业、海洋渔业、海洋油气业、滨海旅游业等为主的海洋产业群，主动合理利用资源的同时，保护海洋环境和生态系统。

（二）提高资源利用效率

尽管海洋资源十分丰富，但大部分资源都是有限的。只有提高资源利用效率，减少浪费才能在有限的资源中扩大其价值。合理利用关键在于合理布局、使用先进技术，减少资源浪费环境污染。

（三）控制海洋污染

控制陆源和海上排污总量，减少海洋污染。

（四）加强海洋科学研究

加强海洋科学研究，有助于人们对海洋的了解，进而为合理开发利用海洋资源、防灾减灾提供理论依据。

（五）加强灾害预警体系建设

加强灾害预警体系建设，有助于提高灾害预报能力，减少生命财产损失。

（六）健全海洋法制建设

健全海洋各项法律为海洋资源开发保护、生态建设等提供法律保障。

（七）树立可持续发展观念

加强对海洋可持续发展的宣传，在人们心中树立起可持续发展观念，为海洋环境保护工作创造良好社会氛围。

（八）建立海洋"3S"技术

充分运用遥感（RS）、全球定位系统（GPS）和地理信息系统（GIS）获取海岸带的资源、环境、经济与社会动态变化数据，实现数据获取、处理、存储和数据交换与共享，实现动态模拟海岸带环境的变迁趋势，提高快速预测、预报和评估能力，为海岸带可持续发展的决策系统提供技术支撑。

（九）开展广泛的国际合作

在海洋划界、资源开发、灾害防治等方面需要开展广泛的国际合作。

复习思考题

1. 海洋矿产资源主要有哪些类型？
2. 海洋资源开发带来的环境问题有哪些？
3. 海洋生态灾害有哪些？海洋酸化的危害。
4. 海洋生态修复的方式有哪些？
5. 如何实现海洋可持续发展？

参考文献

[1] 李凤岐，高会国. 环境海洋学[M]. 北京：高等教育出版社，2013.

[2] 陈英旭. 环境学[M]. 北京：中国环境科学出版社，2001.

[3] 赵淑江，吕宝强，王萍. 海洋环境学[M]. 北京：海洋出版社，2011.

[4] 傅秀梅，王长云，王亚楠，等. 海洋生物资源与可持续利用对策研究[J]. 中国生物工程杂志，2006，26（7）：105-111.

[5] 缪辉南，方旭东，焦炳华. 海洋生物资源开发研究概况与展望[J]. 氨基酸和生物资源，1999，21（4）：12-18.

[6] 刘瑞玉. 关于我国海洋生物资源的可持续利用[J]. 科技导报，2005（11）：28-31.

[7] 王斌. 中国海洋生物多样性的保护和管理对策[J]. 生物多样性，1999，7（4）：347-350.

[8] 崔木花，董普，左海凤. 我国海洋矿产资源的现状浅析[J]. 海洋开发与管理，2005，22（5）：16-21.

[9] 宁凌，唐静，廖泽芳. 中国沿海省市海洋资源比较分析[J]. 中国渔业经济，2013（1）：141-149.

[10] 王国强，冯厚军. 海水化学资源综合利用发展前景概述[J]. 海洋技术，2002，21（4）：61-65.

[11] 袁俊生，纪志永，陈建新. 海水化学资源利用技术的进展[J]. 化学工业与工程，2010，27（2）：110-116.

[12] 张绪良，谷东起，陈焕珍. 海水及海水化学资源的开发利用[J]. 安徽农业科学，2009（18）：8626-8628.

[13] 余志. 海洋能源的种类[J]. 太阳能，1999，4：25.

[14] 高祥帆，游亚戈. 海洋能源利用进展[J]. 辽宁科技参考，2004（2）：25-28.

[15] 杨桂山. 中国沿海风暴潮灾害的历史变化及未来趋向[J]. 自然灾害学报，2000，9（3）：23-30.

[16] 王诗成. 论近海资源和海洋可持续发展战略[J]. 海洋开发与管理，2001（4）：14-19.

[17] 董哲仁，曾向辉. 受污染水体的生物—生态修复技术[J]. 水利水电技术，2002，33（2）：1-4.

[18] 王治国. 关于生态修复若干概念与问题的讨论[J]. 中国水土保持，2003（10）：4-5.

[19] 王淼，段志霞. 浅谈建立区域海洋管理体系[J]. 中国海洋大学学报：社会科学版，2007（6）：1-4.

[20] 鞠德峰. 我国海洋资源管理的现状与问题[J]. 经济师，2002（10）：58-58.

[21] 蒋平. 我国海洋资源管理现状及完善[J]. 海洋信息，2006（2）：9-10.

[22] 达娜·德索尼. 海洋不再湛蓝的故乡. 袁志文译. 上海：上海科技教育出版社，2011.

阅读资料——海洋酸化

工业文明带来了过多的 CO_2 排放，不仅仅造成温室效应，同时也使得海水酸化。近年来，海水酸化以及其产生的影响引起了人们的广泛关注。2003 年，"海洋酸化"这个术语第一次出现在英国著名科学杂志《自然》上。到 2005 年，灾难突发事件专家詹姆斯·内休斯为人们进一步勾勒出了"海洋酸化"潜在的威胁。距今 5 500 万年前，海洋里曾经出现过一次生物灭绝事件，罪魁祸首就是溶解到海水中的 CO_2，估计总量达到 45 000 亿 t，此后海洋至少花了 10 万年时间才恢复正常得以渡过难关。现有的大量科学证据表明，人类现在一年中产生、释放的碳量约为 71 亿 t，其中 25%~30%（约 20 亿 t）被海洋吸收，33 亿 t 在大气中积累。海洋吸收大量 CO_2，极大地缓解了全球变暖，但也使表层海水的 pH 平均值从工业革命开始时的 8.21 下降到目前的 8.1。据政府间气候变化专门委员会（IPCC）预测，到 2100 年，海水 pH 平均值将下降 0.3~0.4，至 7.9 或 7.8。

大气中 CO_2 通过水—气交换溶于海洋以达到水—气平衡。研究证实，人类向大气释放的 CO_2 的 50%在进入大气空间之后，通过海气交换被海洋吸收。海水中的 CO_2 通过水解作用增加氢离子的浓度，从而导致海水 pH 值的降低。海水吸收的 CO_2 首先与缓冲碳酸离子反应：$CO_2+CO_3^{2-}+2H_2O \rightarrow 2HCO_3^-$，当更多的 CO_2 进入海水后：$CO_2+H_2O \rightarrow HCO_3^-+H^+$，使得海水中氢离子浓度增加。海洋酸化直接影响着海洋生态系统的结构与健康，持续酸化可能引发第六次生物大灭绝。

海洋酸化将影响海洋碳化学过程、海洋生物钙化过程，以及整个海洋生态价值和开发利用价值。

海洋酸化改变碳酸盐系统的无机碳质量分数与不同类型无机碳（CO_2、HCO_3^-、CO_3^{2-}）的比例，从而影响着海水中 $CaCO_3$ 的饱和度。海洋吸收更多的 CO_2 后，CO_3^{2-} 质量分数下降，导致海水 $CaCO_3$ 饱和度下降。自 1880 年以来，表层海水 CO_3^{2-} 质量分数已经下降了约 10%。值得强调的一点是，不同海域 CO_3^{2-} 质量分数分布是不同的（与温度等相关），两极海域仅为热带海域的 41%。因此，大气 CO_2 的体积分数升高导致的海水酸化将对不同海域的碳化学过程产生不同程度的影响。

海洋钙化生物珊瑚（corals）、有壳翼足目（shelled pteropods）、有孔虫（foraminifera）、颗石藻（coccolithophores）、软体动物（mollusks）、棘皮动物（echinoderms）等利用海水 CO_3^{2-} 生成钙质骨骼或保护壳。海洋酸化后，CO_3^{2-} 浓度降低，海洋钙化生物的钙化作用将受到抑制。海洋酸化将导致翼足目生物的骨架不稳而难以生存，部分有孔虫身体的外壳变薄，棘皮动物的生长受到严重影响。此外，实验室受控实验表明，海洋酸化降低了珊瑚虫的钙化速率，使成体珊瑚虫生长缓慢，新珊瑚礁的恢复率低于珊瑚礁死亡率的阈值。海洋酸化不仅能导致珊瑚礁系统中钙化生物钙化率的降低，还会促进珊瑚礁系统内的溶解现象。研究表明，即使是在健康的珊瑚礁区，溶解现象也是伴随钙化同时发生的，只是由于钙化率大于溶解率，整个礁区通常表现为净钙化。但是，随着海洋酸化的加剧，珊瑚礁的溶解速率不断升高，当溶解速度达到或超过其钙化速度，某些珊瑚礁将可能出现负生长。海洋酸化将致使珊瑚礁出现漂白现象，甚至导致大范围死亡。更为严重的是，珊瑚虫的减少将导致依赖珊瑚生活或生存的生物群落的丰度降低，甚至整个群落消亡。

珊瑚礁是海洋生物的重要栖息地，是防护海岸线、抵御风浪侵蚀的天然屏障，也是滨海旅游和潜水等娱乐活动的理想场所。海水酸化无疑是对海洋生态平衡和旅游资源开发的重大打击。此外，海水酸化也将造成海洋渔业衰退。海洋酸化直接影响到海洋生物资源的数量和质量，从而导致商业渔业资源的永久改变，最终会影响到海洋捕捞业的产量和产值，并威胁数百万人口的粮食安全。

第八章　环境保护对策与可持续发展

第一节　环境保护法律与法规

　　法律是一种体现统治阶级意志，由国家制定、认可并强制执行的调整社会关系和行为的准则或规范。国家可以通过制定环境保护法律法规，把国家的环境保护方针、政策、原则、制度、措施等，以法律的形式加以规范，使之获得全社会遵守的地位和效力。环境保护法是我国现阶段做好环境保护监督管理的主要法律依据，也是环境管理中较为有效的手段。

　　环境保护法的产生和发展相当曲折，大体上经历了三个阶段才为世人所接受。第一阶段为奴隶社会到资产阶级产业革命前阶段，古代中国春秋时期的《逸周书·大聚篇》里就有关于禁伐山林和禁捕鱼鳖的记载，国外的《汉谟拉比法典》也规定了对牧场、森林的保护；第二阶段是从资产阶级产业革命到第二次世界大战结束前阶段，渐渐地出现了如英国的《碱液法》、美国的《煤烟法》、日本的《河川法》等单行的环境保护法律、法规；第三阶段是从"二战"结束以来的阶段，环境保护法的地位被社会承认，在世界各国形成了综合性环境保护基本法，国际上也有相关的环境保护条约和环境保护标准。

一、环境保护法概述

（一）环境保护法的概念

　　环境保护法，是指调整因保护和改善生活环境与生态环境，合理开发利用自然资源，防治环境污染和其他公害而产生的社会关系的法律规范的总称。我国现行的《环境保护法》于 1989 年正式颁布实施，其前身是 1979 年的《中华人民共和国环境保护法（试行）》。随着社会发生日新月异的变化，《环境保护法》在适用过程中，已不能完全适应当前环境保护的需要，也不能满足生态文明建设的需要，全国人大常委会于 2011 年启动了《中华人民共和国环境保护法》的修订工作。在最大限度地凝聚和吸纳各方面共识之后，于 2014

年 4 月 24 日，第十二届全国人大常委会第八次会议审议通过了修订后的具有"史上最严环保法"之称的《环境保护法》，新法将于 2015 年 1 月 1 日起施行。

同国家其他部门法一样，《环境保护法》也属于社会主义性质，具有科学技术性、综合性和广泛性、可持续发展性等自身特点，同时它又是一部新兴的、科学技术性和综合性很强，并最早体现可持续发展战略思想的法律部门。环境保护法的贯彻实施，要求人们处理好环境保护与经济、社会发展三者之间的关系，不断提高自身环境保护意识和法制观念，摒弃以污染环境或者破坏、浪费自然资源换取经济增长的发展模式，改变不可持续发展的生产、消费方式，善待、保护自然。

（二）环境保护法的基本原则与制度

法的规范根据其抽象程度不同，一般分为基本原则、原则和规则三个层次，基本原则是指导法律制定、执行、遵守的基本准则，贯穿于立法、执法、司法全过程，是一部法律的灵魂。

环境法所确立的基本原则，是环境法本质的集中表现，是调整因保护和改善环境而产生的社会关系的基本准则，对于加强环境保护领域的法制建设，增强环境保护执法的自觉性和积极性，提高有关部门和公民的环境保护责任感，顺利实现环境法的目的和任务具有重要意义。我国环境保护法的基本原则包括：① 基于环境保护与经济社会具有矛盾和统一关系的基础上提出来的环境保护与经济、社会发展相协调原则；② 以明确治理环境污染和生态破坏途径和方式的预防为主、防治结合、综合治理原则；③ 加强环境保护责任制，维护正常的环境保护秩序的损害者付费、受益者补偿原则；④ 体现社会主义本质、保护公民权利和切身利益的公众参与原则；⑤ 基于《宪法》第二十六条规定"国家保护和改善生活环境和生态环境，防治污染和其他公害"的政府对环境质量负责的原则。这些原则互相联系又互相制约，在贯彻执行某一原则的同时要求贯彻执行其他原则。

环境保护基本法律制度是指为实现环境法的任务和目的，根据环境法的基本原则，通过立法形成的在环境管理中起主要作用且具有普遍意义的法律规则和程序，也是调整某一方面或一类环境社会关系的一系列环境法律规范所组成的体系。我国环境保护的基本制度，是我国环境保护法基本原则规范化、制度化、具体化的体现，是为保证我国环境法基本原则的实施而制定的。它包括：环境影响评价制度、环境保护规划制度、"三同时"制度、征收环境保护费制度、限期治理和限期淘汰制度、排污申报登记和排污许可证制度、污染事故报告制度、环境监测制度、排污总量控制制度、污染物集中控制制度、公众参与制度等。

环境保护法的基本原则和环境保护法的基本制度不同。基本原则是从总体上为人们提供保护和改善环境的行为准则，基本制度则是在总体的某一部分或者某一方面为人们提供行为准则；前者一般是原则性要求，后者则是前者的具体化和表现，实践性较强。

（三）环境保护法的任务

"十一五"以来，我国环境状况总体恶化的趋势尚未得到根本遏制，随着人口总量持续增长，工业化、城镇化快速推进，在环境保护领域，长期积累的历史遗留问题尚未解决，快速发展带来的新问题又不断出现。

《宪法》第 26 条规定："国家保护和改善生活环境和生态环境，防治污染和其他公害。国家组织和鼓励植树造林，保护林木。"《环境保护法》第 1 条规定："为保护和改善生活环境与生态环境，防治污染和其他公害，保障人体健康，促进社会主义现代化建设的发展，制定本法。"从上述两条规定以及我国现在的环境状况可知，我国环境保护法具有保护和改善生活环境和生态环境，防治环境污染和其他公害的任务，从而实现经济、社会、环境三效益相统一的可持续发展。

为此，我们必须在开发利用自然资源中重视并采取有力措施保护和改善生态环境，努力贯彻实施《国民经济和社会发展第十二个五年规划纲要》《国家环境保护"十二五"规划》等各项文件中规定的保护和改善生活环境与生态环境及防治环境污染和其他公害的各项要求，认真贯彻执行《环境保护法》和各种自然资源保护、污染防治单行法的有关规定，加强对大气、水、土壤及整个生态环境的修复和保护。

二、我国环境保护法体系

（一）概念

环境法律体系是指环境法的内部层次和结构，对外保持与其他法律部门相协调，以保证整个法律体系的和谐统一，对内保持与各种环境法律规范协调互补，以发挥环境法的整体功能。从国家的角度来说，法律体系通常是这个国家的全部现行法律规范按照调整的不同社会关系，分门别类为不同的法律部门而形成的有机联系的统一整体。从单个法律部门来说，它既是整个国家法规总体系中的一个组成部分，自身又是按照一定内在联系而结合起来的完整体系。环境保护法在我国作为一个独立的法律部门，它的法律体系是指由我国现行的有关调整因保护和改善生活环境与生态环境，合理开发利用自然资源，防治环境污染和其他公害而产生的社会关系的法律规范所形成的相互联系、协调一致的统一体。

（二）构成

有没有一个比较科学而健全的环境保护法律体系，是衡量一个国家环境法制建设和环境保护工作发达程度的重要标志。我国环境保护法体系日趋完善，国家已修订了试行多年的综合性环境保护基本法；环境保护体系的框架也已基本形成，各层次的环境保护法律、法规、规章和地方性环境保护法规、规章发展迅速，并已具备相当的规模，调整的范围也在不断扩大。但同时，也存在许多不足之处，建立健全环境法体系，为环境控制系统工程绘制蓝图，对于加强环境管理、发展环境保护事业具有重大的实际意义。

我国的环境保护法体系构成大致可以从三个角度来说。首先，从制定的国家机关的级别看，我国环境保护法体系是一个由宪法、法律、行政法规、部门规章和地方法规组成的多层次的统一整体；其次，从环境保护法规的从属关系和内部联系纵向看，我国环境保护法体系是一个由宪法、环境保护基本法、环境保护一级法、二级法、三级法等组成的多层次的系统；最后，从环境保护法规的具体内容看，我国环境保护法体系主要由以下八个方面组成：

（1）《宪法》中有关环境保护的法律法规。现代各国的宪法，大都设置有环境保护法规。我国新中国成立初期的《共同纲领》第32条、第33条等就设有环境保护规范。现行《宪法》第9条第2款、第10条第5款、第22条第2款和第26条有关环境保护的规定，体现了保护和改善环境是我国的基本国策，是制定环境保护法律、法规和规章的根本依据。

（2）综合性环境保护基本法，是国家环境保护方针、政策、原则、制度和措施的基本规定，效力仅次于《宪法》和国家基本法。

（3）环境保护单行法律、法规，包括自然资源保护法和环境污染防治法两类单行法律、法规和规章。

（4）环境保护纠纷解决程序的法律、法规、规章，即有关追究污染或者破坏环境者的行政责任、民事责任和刑事责任的程序性法律规范。如《行政诉讼法》《民事诉讼法》以及《仲裁法》《监察机关处理不服行政处分的申诉办法》和环境保护法中的有关规定。

（5）环境保护标准中的环境保护规范。目前，我国初步建立了以国家环境质量标准和国家污染物排放标准为主体，以环境方法标准、标准样品标准和基础环境标准相配套，以地方环境标准和行业环境标准为补充的环境标准体系。

（6）地方性环境保护法规、规章。20世纪80年代以来，全国各地依据《宪法》和《环境保护法》，结合本地实际，先后制定了大量地方性环境保护法规、规章。

（7）其他部门法中的环境保护规范。如《民法通则》中关于使用自然资源者有保护、合理利用义务的规定，关于污染、破坏环境与自然资源者承担民事责任的要件、形式、免责条件和"不可抗力"含义的规定。

（8）我国参加和批准的国际法中的环境保护规范。包括我国参加、批准并对我国生效的一般国际条约中的环境保护规范和专门性国际环境保护条约。如《联合国海洋公约》中关于保护海洋环境的国际法律规范，《保护臭氧层维也纳公约》及其《议定书》《气候变化框架公约》等。我国环境法体系结构见图8-1。

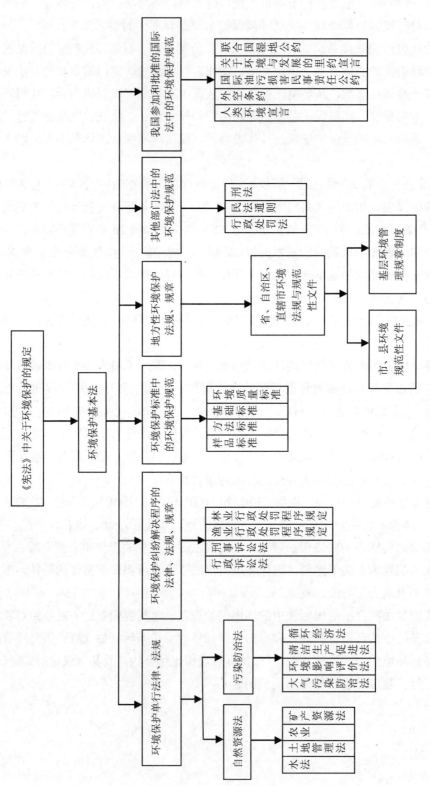

图 8-1 我国环境法体系结构

三、环境权

任何一项新的法律权利的出现，都是利益发生冲突的结果，或者说是社会利益发生剧烈冲突后，需要对这些相互冲突的利益重新平衡的结果。随着生产力的发展和人类文明提高以及人口急剧膨胀，清洁的水、空气、安宁、阳光等环境要素作为稀缺性资源的特性逐渐显露了出来。为解决生存利益和生产利益对环境的需求而产生的矛盾，一种支配公众资源的环境权应运而生。

（一）环境权含义

环境权的主张是 1960 年由原德意志联邦共和国的一位医生首先提出来的，继而慢慢被宣传讨论，成为世界性的概念，许多国家和国际组织逐渐开始了环境权的立法实践。各国环境权法律化的具体模式和环境权论者的主张不尽相同，有的国家在宪法层面上确认了环境权，有的国家仅在法律中给以确认，也有的国家在宪法中确认后又在法律中具体化。

环境权的理解往往分为两种，分别是"环境的权利"（Environmental rights）和"对环境的权利"（The right to environment）。但由于现行的法律主体只能是人，客体不能享有权利，因而我们通常所称的环境权是人对环境的权力，具体可以理解为人所享有的在健康、舒适和优美的环境中生存和发展的权利。环境权具有多重属性，可以是采光权、安静权、清洁空气权等具体权利的基础，也可以是生存权、发展权等人权基础，它强调的是对这些权力行使的克制和适度以及对权利滥用的禁止，是国际法上新型的、正在发展中的"第三代人权"。

（二）国家环境管理权的含义及实现

国家环境管理权是指国家环境管理职能部门可以实施计划、限制、扶助和监督等手段措施的职权，即依法行使对环境保护工作的预测、决策、组织、指挥、监督等诸权力的总称，它的产生是现代化社会市场经济发展的必然要求，也是保护社会公共利益的需要。

国家环境管理权是公民环境管理权让渡的结果，目的在于维护和保障公民环境权，它的实现涵盖了"权力产生—权力行使—权力实现"这一完整过程，实现方式分为一般和特殊。

1. 一般实现方式

国家环境管理权的一般实现方式有环境行政立法、行政执法、行政司法三方面：

（1）环境行政立法是指有立法权的环境管理行政主体依法制定、修改和废止环境管理行政法规和规章的行为。按照法律效力等级可分为：①国务院；②国务院各部门；③各省、自治区、直辖市人民政府；④省、自治区人民政府所在地的市和经国务院批准的较大的市的人民政府四个层次，其制定的规范性文件的效力自上而下递减，且所有的环境行政立法活动都不能违背宪法和法律。

（2）环境行政执法是指环境行政主体依法对环境行政管理相对人采取的直接影响其具体权利义务的行为，或对相对人行使权力和履行义务的情况进行监督检查的行为，主要采取行政收费、监督检查、行政许可、行政处罚、行政强制执行等形式实现。

（3）环境行政司法是指享有环境行政司法权的环境管理行政主体依法处理和裁决环境行政争议和环境民事纠纷的行为，包括环境行政复议和环境行政调解两种形式。

2．特殊实现方式

国家环境管理权的特殊实现方式有环境行政合同和环境行政指导两种：

（1）环境行政合同属于法律行为中的双方行为，它是指行政机关与行政相对人在行政法律关系的基础上，为实现彼此之间在防治环境污染和环境破坏方面的相对应的目的，而依法签订的协议。对于变更或解除依法订立的合同时我们应该注意，在对相对人的损失做出补偿的基础上，环境管理行政机关有权单方面作出变更或解除；而相对人要求变更或解除合同时则必须经环境管理行政机关同意。

（2）环境行政指导是指环境保护行政主管部门和其他相关主管部门，在法定职权内，为实现环境保护目标，通过制定规范性文件、采用具体非强制性方式来获得相对人同意或协助等行为的总称。它不具有国家强制力，但却能够最大限度地挖掘和发挥环境管理相对人的积极性，在环境保护方面有着巨大的作用。

四、环境监测与环境执法

（一）环境监测

为了准确、及时、全面地反映环境质量现状和发展趋势，正确处理环境污染事故和污染纠纷，需要对环境各项要素进行经常性的监测。顾名思义，环境监测是指人们对影响人类和其他生物生存和发展的环境质量状况进行的监视性测定的活动，具有综合性、连续性、追踪性的特点，包括对物理、化学指标和生态系统的监测。

环境监测具有三项任务：

（1）进行环境质量方面的监测，系统地掌握和提供环境质量状况及发展趋势。

（2）进行污染监督方面的监测，为环境管理提供技术支持和服务。

（3）进行环境科研和服务方面的监测，发展环境监测技术，为社会多作贡献。

为更好地完成以上三项任务，必须对环境监测加以严格的管理。我国《环境保护法》第 11 条规定："国务院环境保护行政主管部门建立环境监测制度，制定监测规范，会同有关部门组织监测网络，加强对环境监测的管理。国务院和省、自治区、直辖市人民政府的环境保护行政主管部门，应当定期发布环境状况公报。"同时，1996 年国家环境保护局发布了《环境监测报告制度》，要求对环境质量某些代表值进行长时间监视、测定，全面地、确切地说明环境污染对人群、生物的生存和生态平衡的影响程度，以实现环境监测数据、资料管理制度化，从而作出正确的环境质量评价。

（二）环境执法

对于社会主义市场经济发展过程中出现的环境污染和破坏严重的状况，我们需要采用法律手段，加强环境执法来保护环境。所谓环境执法是指法的贯彻实施，包括环境司法、环境行政执法、环境仲裁执法。环境司法是根据我国环境法规、民事诉讼法、行政诉讼法，以及刑事诉讼法的规定，对于环境纠纷案件和环境犯罪案件，由当事人、主管部门或人民检察院向人民法院起诉，人民法院依法审理，作出调解或判决。环境行政执法是指环境行政主管部门或者其他依照法律规定行使环境监督管理权的部门，会同有关业务单位调查处理，作出处理决定或调处协议。而环境仲裁执法是指当事人双方对争议或问题的争执由第三方居间调节作出判决或裁决，属于准司法性质的执法活动。

我国社会主义环境法规使用的基本要求是正确、合法、及时，这也是衡量环境执法过程中的工作质量和效率的标准。在处理环境纠纷、解决案件时必须贯彻"以事实为根据，以法律为准绳"的原则，按照法定程序及时处理案件，依法确立环境法律体系，制裁环境违法行为。

五、我国环境保护法存在的问题

（一）某些领域尚存法律空白

在对放射性物质、有毒化学品、遗传资源保护以及与气候变化、沙漠化和盐碱地防治等自然资源和生态安全保护方面，还没有制定明确的法律或行政法规；部分重要的环境管理制度，如排污许可、总量控制、区域限批等，缺少程序性法规；某些国际环境条约签署后，缺乏国内配套立法。即使有一些规章制度，由于法律地位较低，在法律效力、执行范围内都存在局限，在一定程度上造成了无法可依的局面。

（二）环境监管制度内容交叉重叠

我国环境法律法规中确立的环境管理制度达 20 多项，但不少法律、法规、规章之间缺少有效的协调和补充，内容上出现重叠、交叉，甚至相互矛盾。比如，《环境保护法》中明确规定行政诉讼时效为 15 天，而在《森林法》《草原法》等专项法律中却将该时效延长至 30 天。这既浪费了有限的立法资源，又导致法律之间相互冲突，不仅增加了修订工作的难度，也给执法工作造成困难，对环境执法的严肃性和规范性带来不利影响。

（三）约束政府行为的法律制度不完善

政府是环境保护的主要责任主体，政府履行环境责任的好坏直接关系到当地环境质量的优劣。现行环保法律对政府行为规范不够，对于与环境保护相关的行政决策和行政执行行为，法律监督和制约制度也不够完善。

（四）环境诉讼难度大

我国的实体法与程序法都对环境诉讼作出了相应规定；最高人民检察院和最高人民法院也为环境诉讼颁布了一系列的司法解释，但从实际状况来看，环境纠纷的司法救济途径远未顺畅。大部分受害者考虑到诉讼成本、法律专业知识和信息等因素，都不会选择司法救济；我国有些地方依然没有深刻认识环境保护的重要性，环境诉讼的受理与否、受害者胜诉与否，仍然受到一些案外因素如地方保护主义、片面追求经济发展等影响；同时，环境保护审判人员专业性也不强，大多缺乏环境诉讼所需要的专门知识和专业技能。

第二节　环境标准与环境管理

一、环境标准

（一）环境标准的定义

对于环境标准的概念，目前业内有不同的定义，但是很多定义在内容上大同小异，大多是根据《中华人民共和国标准化法》和《中华人民共和国环境保护标准管理办法》的规定进行的简单套取，如：环境标准是国家为了维护环境质量，控制污染，从而保护人群健康、社会财富和生态平衡，按照法定程序制定的各种技术规范的总称；环境标准是国家为防治环境污染，维护生态平衡，保护人体健康，由国务院环境保护行政主管部门和省级人民政府依据国家有关法律规定制定的技术准则，从而使环境保护工作中需要统一的各项技术规范和技术要求法制化，是环境保护法律体系的组成部分；环境标准是一种通过数字、指标、图形、样品、方法等来指导和规范人们行为的具有"普遍性、规范性、导向性和强制性"等法律表征的技术性行为规范，等等。环境标准不是一般意义上的标准，其制定、发布、实施应与其他法规相同。因此有学者认为环境标准是指由特定的国家机关按照法定的程序，在综合考虑本国自然环境特征、科学技术水平和经济条件的基础上，对环境要素间的配比、布局和各环境要素的组成以及进行环境保护工作的某些技术要求加以限定的技术法规。

环境标准具有以下特点：第一，它由特定的国家机关按照法定的程序制定。第二，它是技术性法规，通过一些数字和指标来表示行为规则的界限，不具体规定人们的行为模式和法律后果。第三，具有极强的技术性和时效性。它的制定不仅要考虑地区的环境特征而且要考虑当前最佳的污染控制技术和经济发展水平。

（二）环境标准的分类

国家环境标准是由环境保护部门与国家质量监督检验检疫部门制定和发布的。我国的环境标准分为国家标准、地方标准；环境标准的分类按照环境标准的法律效力不同可以分为强制性环境标准和推荐性环境标准；按照国际绿色贸易规则的要求，可分为环境管理标准和环境技术标准。环境管理标准较多采用的是 ISO 14000 同等转化标准，即 GB/T 标准。环境技术标准可分为环境质量标准、污染物排放标准、环境监测方法标准、环境基础标准和环境标准样品标准。由此可见，依据不同，环境标准的分类不同。

（三）环境标准的意义

环境标准是体现环境优化经济发展、实现环境保护目标的重要手段。环境标准作为环境保护法体系的一个重要组成部分，在环境保护工作中发挥着十分重要的作用，主要表现为几个方面：首先，环境标准是开展环境保护工作的基础。环境标准是立法者、执法者、司法者以及守法者的依据；其次，环境标准是维护我国环境权益，防止发达国家污染转嫁的屏障。在国际贸易、投资、技术转让中，发达国家常常把相当大部分国内已淘汰、高能耗、高污染的产业转移到发展中国家。为保护我国的环境权益，亟须在吸收外商投资的政策、法律法规中重视环境保护问题，最有效的方法就是制定严格的环境标准，防止污染的转嫁；最后，环境标准有利于促进环保科技的进步。反映时限要求的环境标准的制定需要与最佳实用技术相匹配，使标准在某一程度上成为判断污染防治技术、生产工艺与设备是否先进可行的依据，对技术进步起到导向作用。标准的实施可以起到强制推广先进科技成果的作用，加速科技成果转化为生产力的步伐。

（四）环境标准制定原则

为确保环境标准的科学性和可行性，环境标准的制定需要遵循以下一些原则：

（1）保护环境和人体健康的原则。环境标准是国家运用定量手段限制有害环境行为的工具，其根本目的在于确保环境不受人为污染的危害。当环境中的污染物质在数量和浓度达到一定限值时，就会对人类产生危害。这个限值一般称为有害作用阈值。环境中的污染物质是客观存在的，只有超过一定的数量和浓度的限值，才会对人体的健康产生危害，由此要求在制定环境标准时，污染物的浓度应低于有害作用阈值。

（2）因地制宜和分类指导的原则。污染的产生及严重与否和该地区的环境容量有关，而我国地域辽阔，东西部、南北方在自然地理条件方面，存在很大的差异，生态系统的功能强弱不同，在经济发展水平、市场经济意识和人的基本素质方面也存在较大差异。因而在制定环境标准时要因地制宜，必须充分考虑这些因素对环境标准实施造成的影响。制定出适合本地区自然环境条件和社会条件的标准。此外，我国产业门类比较齐全，不同行业之间，同行业的不同企业之间也都存在较大差异。因而制定的环境标准应体现分类指导的原则，即区别对待、宽严有度。

（3）与相应法律政策配套和有可操作性的原则。在制订环境标准时，必须紧紧围绕现行的环境保护法律法规以及政策的规定和要求，使之得以充分体现，避免环境标准与法律法规政策相互脱节的现象。此外，环境标准还要有相关配套技术支持，保证标准在实施中具有可操作性。环境标准既要体现国家环境保护方针政策，又要符合国家技术经济的实际水平。

（4）公众参与的原则。环境标准的制定是政府公共决策的一部分，直接关系到公众的切身利益，广泛吸引公众的参与，有利于决策的民主化，保护公众权利，调动公众参与整个环境保护的积极性，提高公众的环境意识，有利于标准的实施。同时环境标准专业性、技术性很强，广泛听取专家学者的意见，吸引先进企业参与环境标准的制定，保证标准处于技术领先水平，有利于提高环境标准的代表性、权威性、先进性和可操作性。

（5）尽量与国际标准接轨的原则。欧美发达国家以其丰富的环保经验，建立了较为完善的环境标准体系。我国在环境标准制定过程中吸取国外先进的经验，可以减少摸索的过程和人力物力的浪费。根据我国实际情况，积极采用国际和外国相关标准、技术法规，有利于促进对外经济技术合作和对外贸易。在制订国家污染物排放标准等强制性技术法规时，要注意借鉴发达国家同类标准，在充分考虑国情条件下，逐步提高我国污染物排放标准，推动行业、产业结构调整和技术进步，预防境外污染向我国转移。

（五）我国环境标准体系

1. 我国环境标准体系现状

改革开放前夕，我国政府已经开始关注自然环境的污染和破坏问题，此后经过 30 多年的建立和发展，我国环境标准体系已经初具规模，并且形成了由国家和地方两级构成，包括环境质量标准、污染物排放标准、环境基础标准、环境方法标准、环境标准物质标准以及其他环境标准 6 方面的环境标准体系。截至 2010 年，我国共批准发布国家环境标准已达 841 项，北京、上海、山东等省市共制定地方环境保护标准 30 余项，均涉及环境质量标准和污染物排放标准，而且还有更多的行业标准与企业标准被制定并公布。

2. 我国环境标准体系不足之处

（1）污染防治指标与公众健康指标混淆。公众最为关注、环境保护行政最为关切的就是环境污染对人体健康的影响和危害，然而，环境标准的制定和执行工作对经济指标冲击环境与健康价值的压力的躲闪、退让，使得保护生态环境和保障人体健康的价值灵魂始终未能主导环境标准的制定和实施进程，我国绝大多数环境标准中未专门针对公众健康设定指标，难以区分污染防治与公众健康指标的界限。虽然美国国家环境保护局在制定环境质量标准的实践中或多或少也考虑了成本和其他相关因素，同时美国也制定了大量基于技术和经济可行性的排放标准，但这些标准仍需要基于健康制定。正是因为环境标准体系对于人体健康目的的忽视，导致在我国现实中环境与健康的管理要求没有形成具体的管理政策与手段，开展环境与健康管理缺乏法律与政策依据；缺乏以健康风险防范与预警为目标的环境监测体系，难以为科学开展环境与健康管理提供依据；环境保护系统在人力资源、技术支撑、资金保障、机构建设等方面的能力远远不能满足环境与健康管理的需求。

（2）环境标准法律性质模糊。环境标准本身并不属于法的规范，具体适用需要依附于法定环境行政决定即公法上的判断。然而，对标准法律性质的研究不属于科学家研究的范畴，相关立法及政策也未给出明确答案，以至于发生纠纷时在司法适用上出现争议。环保先进国家几乎无一例外地将环境标准与司法准则相等同，旨在更好地加强环境标准的施行和环境保护监督管理。但是我国环境法学界对于环境标准的法律性质还存在颇多争议。尚未理顺的环境标准与环境法律的关系，凸显了环境标准在法律性质方面的模糊性。尤其是我国环境标准体系将环境标准区分为强制性标准和推荐性标准，强制性标准必须执行，推荐性标准仅具有行业指导意义，并不具有法律的强制力，更不具有法律执行力。环境标准模糊不清的性质和效力正是阻碍我国环境标准制度顺利实施的根源所在，也造成实践中标准制定不规范、适用随意等一系列问题。

（3）环境标准体系缺乏协调性。除国务院环境保护部门外，其他部门主持编制的各类标准中也有大量涉及环境保护的内容。但在制定相关标准时，部门之间缺乏应有的协调和沟通，致使标准的项目和数值交叉重叠，不同部门制定的标准之间存在冲突。

（4）环境标准修订不及时。环境标准缺乏及时的修正机制，影响了标准体系的完善，也限制了有关排污企业生产技术的调整。环境标准应当作为行业、产品发展的前沿标准，以此敦促行业、企业进行升级换代，并且逐渐降低乃至消除其对环境资源的浪费和破坏。过去由于在环境标准制定时迁就当时国内的生产水平和工艺流程，导致环境标准水平偏低。但在目前已颁布的环境标准中，依旧大量沿用20世纪80年代颁布实施的标准。由于时间、客观条件的变化，某些技术指标早已不符合现实需求，环境标准设计之初就存在的缺陷和不足无法进行及时修正和调整。

（5）国内部分环境标准与国际标准差距较大。环保先进国家在其发展过程中积累了丰富的环保经验，并且基于其先进的科学技术，建立了完善的环境标准体系。但是我国在环境标准制定上由于投入不多，很多基础性研究工作跟不上，环境标准与国际标准还存在十分明显的差距。一方面环保先进国家在对外贸易中愈加注重环保标准，即评估该项贸易对于本国的环境是否会造成直接或间接的损害和破坏而实施"绿色贸易壁垒"。另一方面，发达国家常常把大部分国内已淘汰、高能耗、高污染的产业转移到发展中国家，而改革开放后我国一直积极吸引外资，客观上也造成一部分外商将淘汰的技术、设备、生产工艺、危险废物等转移到我国。这一现象产生的直接原因就是我国有关污染物排放和自然资源保护的环境标准过低，缺乏与国际标准的互动协调。

二、环境管理

（一）环境管理的概念

环境管理学是 20 世纪 70 年代才明确提出和发展起来的一门学科，它是融合了自然科学与社会科学知识的新兴交叉学科。关于环境管理的含义现在尚无一致的看法。我国学者对环境管理的阐述是：环境管理是指通过法律、政策、经济、技术、教育等手段，根据生态学原理和环境容量许可的范围，对从事开发活动的集团或个人的行为进行监督控制，以防止生态的破坏和环境污染。它的目的是协调社会经济发展同环境保护之间的关系，处理国民经济各部门、各社会集团和个人有关环境问题的相互关系，使社会经济发展在满足人们物质和文化生活需要的同时，防治环境污染和维护生态平衡，它的核心问题是正确处理发展与环境的关系，实质是影响人的行为，以求维护环境质量。

（二）环境管理的特点

环境管理是国家管理的重要组成部分，是国家意志的体现，其特点主要表现在区域性、综合性、社会性和决策的非程序化上。

1. 区域性

环境管理区域性是由环境问题的区域性、经济发展的区域性、资源配置的区域性、科技发展的区域性以及产业结构的区域性等特点决定的。因此，我国在开展环境管理的过程中要从国情、省情、地情出发，不搞"一刀切"，要从实际情况出发，制定有针对性的环境保护目标和环境管理对策与措施。

2. 综合性

环境管理的综合性是由环境问题的综合性、管理手段的综合性、管理领域的综合性和应用知识的综合性等特点决定的，这是有别于一般行政管理的主要特点之一。在环境管理的工作中，既要充分发挥环境保护部门的职能和作用，又要动员其他部门的力量，极大地调动社会各阶层和政府各部门的环保积极性，实现分工合作、综合协调和综合管理。

3. 社会性

环境保护是全社会的责任与义务，开展环境管理除了专业力量和专门机构外，还需要社会公众的广泛参与，因此提高社会公众的环境意识和参与能力是做好环境工作的社会基础，在此基础上，还要建立健全环境保护的社会公众参与和监督机制，以强化环境管理工作。

4．环境决策的非程序化特点

非程序化决策是针对那些不常发生的或例外的非结构化问题而进行的决策，如新产品的研究和开发、新工厂的扩建、环境执法监督等一类非例行状态的决策，这类决策随着管理者地位的提高，面临的不确定性增大，决策的难度加大，所面临的非程序化决策的数量和重要性也都在逐步提高，进行非程序化决策的能力变得越来越重要。不同于一般的行政管理，环境管理中的决策大都表现出新颖、无结构、具有非寻常的、非重复的例行状态和不寻常的影响，每一环境问题的处理和解决的程序与方案无法预先设定，因此环境决策具有明显的非程序化特点。

5．自适应性

不可耗竭资源的再生能力，区域环境容量水平，大气、水体自净能力等均属环境的自适应性。了解和掌握这一特点，对于保护环境、资源，对于实施经济合理的环境对策，都具有实际意义。

（三）环境管理的程序和内容

环境管理程序可分为一般环境管理程序和例外环境管理程序两大类。一般环境管理程序是经过长期管理经验的科学总结提炼出来的程序，即环境分析→环境监测→环境评价→环境治理（图 8-2），而例外环境管理是在特定环境和特定时期采用的管理程序。

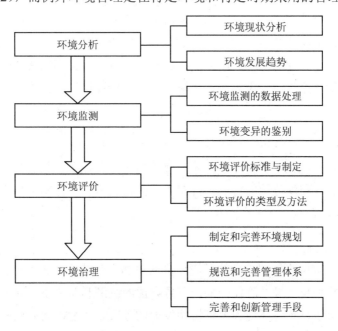

图 8-2 环境管理的一般程序和内容（引自黄恒学，2012）

环境管理的主要内容可以从管理范围、管理性质、管理尺度三个角度来划分。从管理的范围可分为区域环境管理（指某一地区的环境管理，如城市环境管理、流域环境管理、海域环境管理等），部门环境管理（指资源保护和资源的管理，如工业环境管理、农业环境管理等），资源环境管理（指资源保护和资源的最佳利用，如土地资源管理、水资源管理、生物资源管理、能源环境管理等）。从性质来讲，可分为以下三个方面：① 环境计划管理。包括工业企业污染防治计划、城市污染控制计划、流域污染控制规划、自然环境保护计划、环境科学发展计划以及区域环境规划等。② 环境质量管理。如组织制订各种环境质量标准、各类污染物排放标准和监督检查工作，组织调查、监测和评价环境质量状况以及预测环境质量变化的趋势。③ 环境技术管理。主要包括确定环境污染的防治技术路线和技术政策，确定环境科学技术发展方向，组织环境保护技术咨询和情报服务，组织国内外环境科学技术合作交流等。从管理尺度来分，可以分为宏观环境管理（包括地区环境管理、国家环境管理以及全球环境合作与资源管理）、中观环境管理（包括区域远景管理和流域环境管理）和微观环境管理（包括企业与单位环境管理如排污申报登记、排污许可证审批等）。

（四）环境管理手段

环境管理是一个具有对象性、目的性的管理过程，环境管理手段是指实现环境管理目标。管理主体针对客体所采取的必需、有效的手段。根据各种手段在环境管理中的作用与功能，可以分为法律手段、行政手段、经济手段和技术手段等。

1. 法律手段

法律手段是为保护环境，管理主体代表国家和政府，依据国家环境法律法规所赋予的并受国家强制力保证实施的对人们的行为进行管理的手段。法律手段具有强制性、权威性、规范性、共同性和持续性的特征，常见的措施有行政制裁、民事制裁和刑事制裁。中国目前的环境保护法律体系有：国家宪法、环境保护法、环境保护单行法、环境标准和环境保护相关法。

2. 行政手段

行政手段是指行政机构以命令、指示、规定等形式作用于直接管理对象的一种手段。具有权威性、强制性和规范性的特点，目前主要的行政手段包括制定和实施环境标准以及颁布和推行环境政策。

3. 经济手段

经济手段指行政机构依据国家的环境经济政策和经济法规，运用价格、成本、利润、信贷、税收、收费和罚款等经济杠杆来调节各方面的经济利益关系，规范人们的宏观经济行为，培育环保市场以实现环境和经济协调发展的手段。环境管理的经济手段包括宏观管理的经济手段和微观管理的经济手段。其中宏观管理的经济手段指国家运用价格、税收、信贷、保险等经济政策来引导和规范各种经济行为主体的微观经济活动，以满足环境保护要求，把微观经济活动纳入国家宏观经济可持续发展的轨道上来的手段。微观管理的经济手段指行政机构运用征收排污费、污染赔款和罚款、押金制等经济措施来规范经济行为主体的经济活动，强化企业内部的环境管理，以防治污染和保护生态的手段。环境管理经济手段的核心作用是把各种经济行为的环境成本内化到生产成本中。

4．技术手段

技术手段是国家建立合理的制度，制定有关的政策和法律，提高环境保护的科学和技术水平。环境管理的技术手段包括宏观管理技术手段和微观管理技术手段。宏观管理技术手段指管理者为开展宏观管理所采用的各种定量化、半定量化以及程序化的分析技术。属于决策技术的范畴，是一类"软技术"，包括环境预测技术、环境评价技术和环境决策技术等。微观管理技术手段指管理者运用各种具体的环境保护技术来规范各类经济行为主体的生产与开发活动，对企业生产和资源开发过程中的污染防治和生态保护活动实施全过程控制和监督管理的手段。属于应用技术的范畴，是一类"硬技术"，包括污染防治技术、生态保护技术和环境监测技术三类。

5．宣传教育手段

宣传教育手段指运用各种形式开展环境保护的宣传教育以增强人们的环境意识和环境保护专业知识的手段，具有后效性、广泛性和非程序化的特征。环境教育的形式包括：专业环境教育、基础环境教育、公众环境教育和成人环境教育，各种形式的环境教育在不同的国家和地区有不同的优先顺序。

案例分析：杭州市创模中实行环境违法行为公众有奖举报制度

2001年杭州市进入创建国家环境保护模范城市的冲刺阶段。杭州市环境保护局在这一阶段公开发布了《关于对环境违法行为实行公众有奖举报制度的通告》。有奖举报的范围包括：污水处理设施擅自拆除、闲置或故意不正常使用造成污水超标排放的；市、区政府责令停止生产、关闭的企业未经环保部门批准擅自恢复生产造成污水超标排放的；新建项目污染防治设施未建成或未达到国家规定要求即投入生产或使用的工业企业，造成污水超标排放的；新建国家命令禁止的小型化学制纸浆、印染、燃料、制革、电镀、炼油、农药以及其他小型企业污染水环境的。有奖举报人的举报经查证确属环境违法行为的，按规定对举报人进行奖励，奖金标准为：晚上12时至凌晨4时的举报奖励1 500元/次，其他时间举报的奖励1 000元/次。重赏之下，必有勇夫。通告发布后仅五天时间内，市环境保护局就收到举报电话126件，属有奖举报的18件，经查实，其中五家企业的行为已经违反了环保法有关规定，环境保护局对他们做出5 000～22 500元不等的行政处罚决定（引自：赵文军，2003）。

从上面这个案例中，我们可以了解到此案例实际已经采用了法制手段、行政手段、经济手段和宣传教育手段等。有奖举报是以环境保护法为依据的，以环境标准为最底线的，这属于法制手段。有奖举报制度出自环境保护局之手，这属于行政手段。对举报人员的奖励和对违法行为的处罚属于经济手段，以奖金来激励举报人员，以罚金来约束污染排放企业，对前者是补贴手段，对后者是征税手段。发动公众参与环境保护，旨在提高公众的环境意识，因此，也是教育手段。

（五）我国的环境管理的发展现状

中国的环境管理经过 30 年的发展，基本建立了国家的环境管理组织机构、环境管理的法律体系和环境管理的政策体系。这些体系的建立在遏制我国环境污染恶化趋势的方面起到了一定的作用，但我国总体的环境形势仍十分严峻，在实际工作中常出现有法不依、执法不严的"两张皮"现象。因此，应从立法、行政、司法、教育和科研等多个体系出发，改革和完善现有的环境管理的法律制度和机构体制，提高环境管理手段的理论与应用水平，使之适应可持续发展的需要。

第三节　生态评价与绿色生态设计

一、生态评价

（一）生态评价的定义

目前，对于生态评价还没有一个明确定义，通常认为生态评价是根据合理的指标体系和评价标准，运用恰当的生态学方法，对一个区域内各个生态系统，特别是起主要作用的生态系统本身质量的评价。生态评价是生态环境评价的简称。与环境评价一样，生态评价也可分为生态环境质量评价和生态影响评价。

目前，随着生态环境问题的日益严重，人类对生态系统及其功能的理解更加深入，生态评价更侧重于对生态系统结构与功能方面的评价，下面的定义可能更准确地反映生态评价的内涵：生态评价是指利用生态学的原理和系统论的方法，对自然生态系统许多重要功能的系统评价。这些功能包括：① 生产功能，自然环境为人类社会提供原材料和能量的能力。② 载体功能，自然环境为人类活动提供空间和适宜机制的能力。③ 调节功能，自然生态系统具有调节和维持一定的生态过程和生态支持系统的能力。④ 信息功能，自然环境为人类提供认识发展和再创造的机会的能力。

（二）生态评价的分类

生态评价从不同的角度可分为不同的评价类型，如按时间可分为回顾性评价、现状评价、影响评价、预测评价；按生态环境要素可分为单要素评价和多要素综合评价，其中，单要素评价又可分为大气环境评价、水环境评价、土壤环境评价、生物多样性评价；按评价的生态系统类型可分为农业生态系统评价、城市生态系统评价、森林生态系统评价、草原生态系统评价、海洋生态系统评价等；按照评价的主题和侧重点不同，生态评价通常可分为生态适宜性评价、生态敏感性评价、生态风险性评价、生态安全评价、生态环境容量评价、生态环境现状评价、生态功能价值评价以及生态环境影响评价等类型。

（三）生态评价的基本原则

在进行生态评价时，应遵循下述基本原则：

（1）生态学原则。生态评价应建立在生态学基本原理的基础上，遵循生态学规律，反映生态环境客观实际和生态环境固有特点，采取相应的对策措施，包括层次性、生态完整性、区域性、生物多样性保护优先性和注意珍贵性生境或资源的保护等。

（2）可持续性原则。生态评价过程中必须遵循可持续性原则，尤其是自然资源的可持续利用性。即在生态评价过程中，首先注意保护资源，特别是保护那些关系到基本生存的资源。应当运用科学的观点、超前的观念和可持续发展的观念对待各类资源。

（3）针对性原则。因不同开发建设活动的内容、规模、影响强度不一样，在不同区域的环境特点也存在差异，决定了生态评价必须遵循针对性原则。根据开发建设活动特点以及环境特点进行针对性评价。

要使生态评价具有针对性，详细的现场调查和实地勘测是必不可少的。而且生态环境组成、运行和功能的复杂性，现场调查与踏勘必须由多学科的专业人员参与，以获得正确的信息。

（4）政策性原则。生态评价如同其他环境影响评价一样，是贯彻实行国家环保政策的行动之一。由于开发建设活动对生态环境的影响具有突然性和冲击性的特点，因此在开发建设活动的生态评价中必须采用"预防为主"的对策和措施。

（四）生态评价方法

当前，常采用的生态评价方法主要包括图形叠加法、生态机理分析、类比法、列表清单法、质量指标法（综合指标法）、景观生态学方法、生产力评价法和数学评价法等。

（五）生态评价标准

生态评价标准要求反映生态系统不同层次的特点：个体→种群→群落→生态系统，反映生态系统结构、过程、功能的状态；结构，空间结构、物种多样性；过程，物质循环、能量流动、信息传递，功能，水源涵养力、生产力。反映不同区域生态系统的"理想状态"，如区域背景、原始的自然生态系统，采用不同的评价方法，会有不同的表征方式。目前生态评价的标准尚处于探索阶段。生态评价的标准应能满足：

（1）能反映生态环境质量的优劣，特别是能够衡量生态环境功能的变化；

（2）能反映生态环境受影响的范围和程度，尽可能定量化；

（3）能用于规定开发建设活动的行为方式，即具有可操作性。

生态评价标准主要来自四个方面：一是国家、行业和地方规定的标准；二是背景值或本底值；三是类比标准；四是科学研究已判定的生态效应。生态评价标准指标值选取应考虑的基本原则应包括可计量、先进性和超前性、地域性。

常用的生态环境评价标准主要有：

（1）环境标准（国标）；

（2）规划目标与指标、功能区划，如自然保护区、水源保护区、重要生态功能区、风景区；

（3）科学研究确定的承载力、容量、阈值；

（4）法规定值（资源法、环境法、环境标准）；

（5）行业规范与产业政策；

（6）背景值（现状）或本底（理想状态），如生物量、生产力、生物多样性、森林覆盖率；

（7）资源量与生产力。

（六）生态环境调查及现状评价

1. 生态环境调查

生态环境调查内容包括：① 生态系统调查；② 区域社会经济状况调查；③ 区域敏感保护目标调查；④ 区域可持续发展规划，环境规划调查；⑤ 区域生态环境历史变迁情况、主要生态环境问题及自然灾害等。

生态环境调查方法有：① 收集现有的资料；② 收集各级政府部门有关自然资源、自然保护区、珍稀和濒灭物种保护的规定，环境保护规划及国内国际确认的有特殊意义的栖息地和珍稀、濒灭物种等资料，并收集国际有关规定等资料；③ 现场调查。

2. 生态环境现状评价内容与方法

（1）物种评价。Helliwell（1974）根据物种存在的相对频率推定物种的"保护价值"的计算步骤如下：

a. 准备评价区植物物种清单；

b. 指定物种的相对频率值 P，按对数进位分为 6 级；

c. 以英国植物区系地图中物种在以 10 km² 网格为单元的不列颠诸岛中出现的频率(%)作为该物种的"国家价值"(*NV*)；

d. 以物种在评价中心区出现的频率（%）作为该物种的"地区价值"(*RV*)；

e. 根据一个经验表将出现频率转化为每个物种的国家和地区水平的"稀有价值"*NRV* 和 *RRV*；

f. 按下式计算"保护价值"：保护价值=0.36*P*（*RRV*+*NRV*）

（2）群落评价。对某项工程拟建场址 3 km 范围内不同栖息地（水体、废料堆、农田、草原、洼地森林）的主要哺乳动物按照丰度定为以下 4 类：

A——丰富类，当人们在适当季节来栖息地视察时，每次看到的数量都很多；

C——普遍类，人们在适当季节来访时，几乎每次都可以看到中等数量；

U——非普遍类，偶尔看到；

S——特殊关心类，珍稀的或者可能被管理部门列为濒危类的物种。

对 3 km 范围内的哺乳动物、鸟类、两栖类和爬行动物按其处境的危险程度分为如下几类：

E 类——濒灭类，有成为灭绝物种可能的；

T 类——濒危类，物种的种群已经衰退，要求保护以防物种遭受危险；

S 类——特殊类，局限在极不平常的栖息地的物种，要特殊的管理以维持栖息地的完整和栖息地上的物种；

B 类——由特别法律监督控制和保护的毛皮动物。

（3）栖息地（生境）评价。以分类法为例说明栖息地评价：第一类，野生生物物种的最主要的栖息地；第二类，对野生生物有中等意义的栖息地；第三类，对野生生物意义不大的栖息地。

（4）生态系统质量评价。生态系统质量 *EQ* 按下式计算：

$$EQ = \sum_{i=1}^{n} \frac{A_i}{n}$$

式中：*EQ*——生态系统质量；A_i——第 *i* 个生态特征的赋值；*n*——参与评价的特征数。

按 *EQ* 值将生态系统分为 5 级：Ⅰ级 100～70，Ⅱ级 69～50，Ⅲ级 49～30，Ⅳ级 29～10，Ⅴ级 9～0。

（七）生态环境影响评价

1. 生态环境影响评价的基本概念

生态环境影响评价是对人类开发建设活动可能导致的生态环境影响进行分析与预测，并提出减少影响或改善生态环境的策略和措施，包括对区域自然系统生态完整性的评价和敏感生态区域与敏感生态问题的评价两大部分内容。

环境影响评价已成为我国一项重要的环保制度，但现行的环境影响评价内容过窄，主要偏重于评价环境污染和治理对策措施，很少涉及生态环境影响评价，或涉及的生态环境影响评价内容不全、深度不够，与实际需要进行的生态环境影响评价差距较大，通过表 8-1 的介绍可以清晰地了解到现行的环境影响评价与生态环境影响评价在诸多方面的差异。

表 8-1　现行的环境影响评价与生态环境影响评价的比较（引自章家恩，2009）

比较项目	现行的环境影响评价	生态环境影响评价
主要目的	控制污染，解决清洁、安静问题，主要为工程设计和建设单位服务	保护生态环境和自然资源，解决优美和持续性问题，为区域长远发展利益服务
主要对象	污染型工业项目、工业开发区	所有开发建设项目，区域开发建设
评价因子	水、大气、噪声、土壤污染根据工程排污性质和环境要求筛选	生物及其环境，污染的生态效应，根据开发活动影响的性质、强度和环境特点筛选
评价方法	偏重工程分析和治理措施、定量监测与预测、指数法	偏重生态分析和保护措施，定量与定性方法相结合，综合分析评价
工作深度	阐明污染影响范围、程度，治理措施达到排放标准和环境标准要求	阐明生态环境影响的性质、程度和后果（功能变化），保护措施达到生态环境功能保持和可持续发展的要求
措施	清洁生产、工程治理措施，追求技术经济合理化	合理利用资源，寻求保护、恢复途径和补偿、建设方案及替代方案
评价标准	国家和地方法定标准，具有法规性质	法定标准、背景与本底、类比及其他，具有研究性质

2．生态环境影响评价的内容与方法

（1）生态环境影响评价的主要内容。生态环境影响评价的工作内容一般包括如下几方面：① 进行规划或建设项目的工程分析；② 进行生态现状的调查与评价，进行环境影响识别与评价因子筛选；③ 进行选址选线的环境合理性分析；④ 确定评价等级和范围；⑤ 进行建设项目全过程的影响评价和动态管理；⑥ 进行敏感保护目标的影响评价，研究保护措施；⑦ 研究消除和减缓影响的对策措施；⑧ 得出结论。

（2）生态环境影响评价的基本步骤。生态环境影响评价的基本步骤为四步：① 选定生态环境影响评价的主要对象和主要因子；② 根据评价对象和评价因子选择预测方法、模式、参数，并进行计算；③ 研究确定评价标准和进行主要生态系统和生态功能的影响评价；④ 社会、经济和生态环境相关影响的综合评价和分析。

（3）生态环境影响评价工作等级。《环境影响评价技术导则　非污染生态影响》（HJ/T 19—1997）根据评价项目对生态环境的程度和影响范围大小，将生态环境影响评价工作级别划分为 1、2、3 共三个等级，一般选择 1～3 个方面的主要生态影响，依据表 8-2 进行划分，按其中评价级别最高的影响确定整个评价工作的级别。

表 8-2　生态环境影响评价工作等级（引自章家恩，2009）

主要生态影响及其变化程度	工程影响范围		
	$>50 \text{ km}^2$	$20\sim50 \text{ km}^2$	$<20 \text{ km}^2$
生物群落			
生物量减少＜50%	2	3	—
生物量锐减≥50%	1	2	3
异质性程度降低	2	3	—
相对同质	1	2	3
物种的多样性减少＜50%	2	3	—
物种多样性锐减≥50%	1	2	3
珍稀濒危物种消失	1	1	1
区域环境			
绿地数量减少，分布不均，连通程度变差	2	3	—
绿地数量减少 1/2 以上，分布不均，连通程度极差	1	2	3
水和土地			
荒漠化	1	2	3
物化性质改变	2	3	—
物化性质恶化	1	2	3
敏感地区	1	1	1

3．评价范围的确定

生态环境影响评价的评价范围一般根据区域与周边环境的生态完整性以及敏感生态目标的保护需要来确定，对于 1、2、3 级评价项目，以重要评价因子受影响的方向为扩展距离，一般不能小于 8～30 km、2～8 km、1～2 km。另外，有行业要求、规范或导则的，可参照行业要求、导则或规范所规定的评价范围。

二、绿色生态设计

（一）绿色生态设计的定义

绿色生态设计是以可持续发展思想为指导，以人、建筑、自然和社会协调发展为目标，依托当地的自然生态环境，运用生态学、建筑技术科学的基本原理，采用现代科学技术手段，合理地安排并组织建筑与其他领域相关因素的关系，使其与环境形成一个完整的生态系统。

绿色生态设计不是某个职业或学科所特有的，它是一种与自然相作用和相协调的方式，其范围非常之广，包括建筑师对其设计及材料选择的考虑；水利工程师对洪水控制途径的重新认识；工业产品设计师对有害物的节制使用；工业流程设计者对节能和减少废弃物的考虑。它为我们提供一个统一的框架，帮助我们重新审视对景观、城市、建筑的设计，以及人们的日常生活方式和行为。简单地说，绿色生态设计是对自然过程的有效适应及结合，它需要对设计途径给环境带来的冲击进行全面的衡量。

绿色生态设计理论是新的设计价值观的体现，它将设计观建立在生态学有机整体的基础上，用有机整体的观点观察分析事物、观察研究设计对象。要求设计师面对单个的设计对象时，应该将其纳入人与物、人与自然的整个系统中来考虑。这一新兴的设计观念改变了以往设计师们仅仅在产品外观上标新立异的传统观念，而自觉地纳入可持续发展的先进思想中，将设计的重点放在真正维护人类长远利益和未来发展中。

（二）绿色生态设计理念的发展

绿色生态设计规划思想，从柏拉图的《理想国》论述中就有出现。19世纪末风行欧美的"城市公园运动"和霍华德的"田园城市"理论，可以说是绿色生态设计规划的雏形。而近代发展的绿色生态规划观念，始自盖迪斯的论著《城市的进化》，他与美国学者芒福德都强调要树立生态意识，并把自然地区作为规划的基本框架，从而向现代的绿色生态规划迈了一步。

现代绿色主题的缘起应该回溯到20世纪60年代。由于现代工业生产所带来的物质文明，本质上是以过度消耗资源、无控制地排放废物和破坏生态环境为代价的生产方式，因此，不可避免地给人类社会带来工业创造力与破坏力的同步增长，以致演化成严重的生态危机。因而人们在规划城市时更加注重环境和人与自然的生态平衡的新设计理念——绿色生态设计的运用。

由于经济水平的发展与提高，现代人追求生活的质量和情趣，追求健康，更希望保持自然的多样性和长远永恒的发展。绿色生态设计的宗旨认为人与自然的关系应该是和谐的发展关系，不能单以经济的增长为唯一目的。它自觉地纳入可持续发展的先进思想中，认为人与自然是一个有机的整体，只有保护好人类生存的自然界才能实现可持续发展要求。绿色生态设计顺应了可持续发展观的要求，也使它成为当今整个世界设计的主流。

（三）绿色生态设计原则

（1）讲究节约能源；

（2）讲究生态和谐；

（3）强调整体性设计；

（4）从实际出发，不照搬盲从；

（5）设计科学，以人为本。

（四）绿色生态的设计策略

（1）对自然环境的关心和尊重；

（2）对使用者的关心；

（3）增强使用者与自然的沟通；

（4）整体协调设计；

（5）构建建筑生态链；

（6）可持续设计。

（五）绿色生态设计的原理

绿色生态设计，是将整个人类生态系统中人居环境及它们的结构和功能作为研究对象，通过科学的设计和安排，最终使系统结构和功能达到整体优化。

1．自然优先原理

保护自然环境、维护自然过程是利用自然和改造自然的前提。在进行人居环境规划建设时，应对人居环境地域的自然环境给予高度重视和最起码的尊重。一个区域的自然环境是本地特色的最基本的体现。人居环境本身就是一个巨大的生命活体，自然生态成为维系城市生命功能的最基本和最有力的保障，山、江、河、岛及城市内外密集的大小湖泊及郊野地是人居环境宝贵的自然资源，保持其原始风貌和自然情趣，是建设生态人居环境的基础和前提。

2．整体设计原理

绿色生态设计是对人类生态系统进行全面的整体设计，设计目标是整体优化和可持续发展。人居环境是一个庞大的复杂的生命系统，要保证人居环境各组成元素达到最优的配置就必须正确定位城市社会和经济的发展方向，综合研究城市土地功能布局和公共基础设施组织。

3．综合设计原理

环境元素的复杂性和多样性决定了实现理想绿色生态设计的多学科性，以此才能确保整体生态系统的和谐与稳定。实现城市可持续发展目标，构筑一个协调、多样、具有鲜明特色的物质环境空间，就必须有自然科学、社会科学和研究城市发展的各类专业人才及社会各部门的广泛参与和协作。

4．以人为本原理

建筑物、建筑小品、构筑物、道路、广场、公共设施等都是人类为满足自己活动需要而建筑的。英国规划家 W.Alonso 曾指出规划师犹如一个翻译，他的职责就在于把公众的需要"翻译"成物质的环境。人类有五个基本需求（生理、安全、社交、心理、自我实现），在现代城市建设中，设计师按人类自身需要进行规划，为居民营造一个宁静、亲切、便于交流的物质生态和人文空间。

5. 地方特色原理

    绿色生态设计应根植于所在的地方,对于任何一个设计问题,设计师首先应该考虑的问题是,我们在什么地方?自然允许我们做什么?自然又能帮助我们做什么?关于这一原理可从以下几个方面来理解:其一,尊重传统文化和乡土习俗,人们依赖于其生活的环境获得日常生活的一切需要,包括水、食物、能源、药物以及精神寄托。其生活空间中的一草一木、一水一石都是有含义的。所以,一个适宜于场所的生态设计,必须首先应考虑当地环境或是传统文化给予设计的启示。其二,适应场所自然过程:现代人的需要可能与历史上本场所中的人的需要不尽相同。因此,为场所而设计决不意味着模仿和拘泥于传统的形式。绿色生态设计告诉我们,新的设计形式仍然应以场所的自然过程为依据,场所中的阳光、地形、水、风、土壤、植被及能量等设计的过程就是将这些带有场所特征的自然因素结合在设计之中,从而维护场所的健康。其三,当地材料:乡土植物和建材的使用,是设计生态化的一个重要方面。乡土物种不但最适宜于在当地生长,管理和维护成本最少,还因为乡土物种的消失已成为当代最主要的环境问题。所以保护和利用乡土物种也是时代对设计师的要求。

    除了上述基本原理外,绿色生态设计还强调人人都是设计师,人人参与设计过程。传统设计强调设计师的个人创造,是一个纯粹的、高雅的艺术过程。而绿色生态设计是人与自然的合作,也是人与人合作的过程。因此从本质上讲,绿色生态设计包含在每个人的一切日常行为之中,因为每个人都在不断地对其生活和未来作决策,而这些都将直接地影响自己及其他人共同的未来。从每天上班出行的交通方式,到选择家具,装修材料,水的使用,食物的选购,垃圾的处理,甚至于包装袋的使用,都是一个绿色生态设计的问题。因为它们都对整个社区和环境的健康有着深刻的影响,每个人的决策选择都应成为绿色生态设计的内容。

    因此对专业设计人员来说,这意味着自己的设计必须走向大众,走向社会,融合大众的知识于设计之中。同时使自己的绿色生态设计理念和目标为大众所接受,从而成为人人的设计和人人的行为。

(六)建筑的绿色生态设计

1. 建筑绿色生态设计的原则

    在做生态设计的时候有几个原则:首先,设计的时候尽可能充分细致;其次,绿色建筑并不是我们所想的那样极其昂贵,不同造价的建筑都可以采用绿色设计,可以有针对性地进行技术调整;第三,生态设计不是一种建筑风格,而是一种建筑上的哲学,大多数绿色技术在本质上是不可见的,所以它们可以融入到任何一种建筑风格,其生态特征是建筑与环境的联系，并没有必要支配设计；第四，我们不能随意地把一系列的技术都运用到建筑设计中来，而是要量身定做，只有这样，才能使得运行成本降低，在许多情况下也会降低投资成本，整体的经济效益才会增加。比如安装了节能的窗户而没有降低空调系统的规模，使用高性能的厕所但是没有减小废物过滤设备的大小，尽管运行成本降低了，但是投资的成本还是会很高，所以要考虑到长期与短期的效应。最后，生态设计的作用不仅仅是节约能源，但能源消耗最小化却是核心目标。所以，在生态设计的时候，在避免浪费和过量使用的问题上我们要保持警觉。绿色生态设计的艺术不仅仅是安置什么到建筑里，还要将什么节省出去。最好的系统是我们不需要添加和删减的系统，就如同自然界中的植物一样。因此，绿色生态设计是比一般的建筑需要更多的考虑和筹划。我们需要更多的时间去掌握新的技术和设计工具与方法，理解生态的内涵以及了解近期可被利用的建筑产品，它的各个方面的重要性是根据实际情况来调整的，但是第一步都要保证工程对环境的影响是最小的。

2．绿色生态设计观的运用

所谓生态建筑，是根据当地的自然生态环境，运用生态学、建筑技术科学的基本原理和现代科学技术手段等，合理安排并组织建筑与其他相关因素之间的关系，使建筑和环境之间成为一个有机的结合体，同时具有良好的室内气候条件和较强的生物气候调节能力，以满足人们居住生活的环境舒适，使人、建筑与自然生态环境之间形成一个良性循环系统。生态建筑的设计思想是在 20 世纪不断发生地区性的环境污染和全球性的生态环境恶化的过程当中，不少学者和建筑师对现代工业文明开始进行深刻反思的产物。生态建筑系统是一种坚持师法自然的理想建筑系统，它大幅降低非再生能源的绝对消耗，采用自我控制、自我调节，对物质和能量逐级、合理、综合应用，有效利用可再生资源，力求把建筑生态系统纳入生物圈物质循环系统，从而避免或减轻对生态环境的不利影响。生态建筑观在建筑设计中的运用主要体现在以下几个方面：

（1）与环境的协调化。生态建筑在建设立项和整体规划时首先要重视选址，即建筑与周边环境的关系要协调。设计应该遵循从实际出发，因地、因时、因景制宜，合理恰当地处理好环境、建筑、经济效益三者的关系，处理好新、旧建筑的矛盾，合理预测和控制，坚持可持续发展的原则。如在做某公园绿化、美化工程的设计方案时，将回归自然作为设计主题，具体体现为不破坏现有的植被，依山造舍，就势建馆，不因经济利益而建设大的活动场馆，突出自然风光，建筑只作为其中的一个点缀，将那些必要的人工建设痕迹淡化到最低点，人造山石、卵石铺小路、仿真泥木墩、石砌条凳、矮小的红色坡顶小屋在葱郁的绿色中若隐若现，漫步公园，大自然的气息迎面扑来，使人意趣盎然。

（2）方案设计应个性化。生态建筑设计的宗旨即注重环境，与环境相适宜，但不等于抹杀了设计方案的个性。生态建筑更应注重自身形象的设计，才能更好地使其融入环境，"建筑的目的在于创造完美"。建筑师必须用自己的创造性劳动使建筑作品保持技术的领先性和生态环境的可持续性。生态建筑要求能够良好地把握设计尺度，将建筑平面设计、立面造型与周边环境有机地结合起来，使建筑功能使用便捷，流线明快顺畅，充分利用地形、地势、地貌，将各个空间有机组合，利用各种设计手法、造景手法，使整个建筑高低错落、疏密有致，与周边背景相呼应，将其统一在大自然的"神妙"之中。我国古代劳动人民很早就具备了这种朴素的生态观和可持续发展的思想，如在南方多雨潮湿的林区，建筑采用干阑式构造，使房屋下部架空，既可以使空气流通、减少潮湿，又有安全感；在黄土层肥沃的黄土高原，多采用生土技术建造窑洞，依山就势，节约耕地，较小地破坏地面植被和自然环境，这两种建筑形式都是古代人民朴素的生态学思想在建筑设计上的应用，属于传统的生态建筑。

（3）室内空间绿色化。生态建筑外部与自然相呼应，内部空间的设计也应绿色化，即通过精心的室内设计，将室外的绿色引入室内环境，建筑师可以从以下几个方面着手：① 室内外空间一体化。通过建筑设计，可以使建筑的室内外通透。这种设计手法在建筑创作上最为常见，如建筑物内的共享大厅、内庭院，在其上部加一个可调节的开启屋顶，根据时间季节的变化，由计算机或人工控制，达到室内温湿度的调节，又可使室内外空间连成一体。另一种设计手法也被建筑师经常应用，将面向庭园的墙面部分或全部打开，不仅让大众在室内获得更多的阳光和新鲜的空气，而且将室外空间延伸到室内，既获得了良好的景观，又扩大了使用空间。② 室内外景观一体化。使室内外景观一体化，其实在中国古代园林造景中屡见不鲜。将室外的景观直接延伸到室内空间，使室内小气候与室外大气候形成鲜明的对比，既增添了生活的情趣，又与自然息息相关，常用的手法有引水入室、引廊入室及绿化栽植等。③ 室内装饰生态化。室内设计小品、装饰壁画设计等与自然紧密联系。可以放置盆景、花缸、壁画等，在充分借助视觉感观的同时，还可以模拟大自然的声音效果、灯光效果与气味效果，使大众宛如置身于大自然之中。

（4）建筑技术生态化、节能化。生态建筑是可持续发展的建筑，建筑师应清醒地认识到人类发展与环境持续的主要矛盾在于能源短缺和环境污染上。建筑设计要充分利用自然能源，减少对日益紧缺的不可再生能源的利用，获得适宜的居住环境。生态建筑不仅应从设计方案上考虑与生态环境相结合，而且应在建筑材料、施工、节能等方面处处体现生态化。首先，建筑设计中要积极采用新技术、新材料，从而减少对环境的污染，通过适度使用现有地方资源来满足地方需要，减少对外来特殊物质的选用，提倡使用可再生能源的建筑材料来达到建筑设计生态化；应该更多地使用木材、天然石材、可再生能源建材等天然节能型材料。注重技术的生态建筑的特点在于：利用计算机和信息技术的发展，将固定的建筑结构变成相对气候可以自我调整的围合建筑，如以绿色植栽代替分隔墙体，将空间分隔，营造绿色墙或选用树木来代替墙壁、梁柱，更好地使建筑与景观一体化。生态建筑应强调降低能耗，注重在空间布局与物质能源消耗上的节约，即建筑物限高、小体量、结构简单、功能多样、低能耗、低维护费用等模式。外墙保温技术日趋成熟，外保温采用挤塑板、聚苯板或涂刷保温材料等，内保温采用复合墙体或加厚的废渣做成的轻质砌块等单一材料；保温门窗主要采用铝合金或塑钢。单框双层玻璃、一层玻璃、中空玻璃等气密性门窗；屋内采用倒置式，以聚苯板、水泥聚苯板等为主要保温隔热材料，既保温又延长了防水层的使用年限；在节水方面，使用节水型卫生器具如节水的水龙头等，成规模小区推广使用中水系统，使废水再生利用；供暖系统开发利用太阳能供热系统供热，利用现代高新技术转化风能、水能等天然的清洁能源实现供冷；利用生态工程建设沼气池处理生活污水，既净化了环境，又实现了能源的重新利用；节地方面，通过对规划设计的控制、积极推广低层高密度、高层高密度、集约式住宅等设计方案，同时减少甚至停止黏土实心砖使用的规定也是节地的重要措施之一。构造节能，在建筑细部上采用百叶窗、遮阳构架和传统的木帘等手法，对于单体建筑出挑的阳台、有顶的或敞开的外廊都可以起到遮阳节能的作用。

　　绿色生态建筑的兴起是建筑业走向可持续发展的重要一步，建筑师应牢记"人类不可能创造一个生态系统"，只可以设计生态系统的环境和整个系统。保护生态、回归自然的绿色生态建筑将为建筑师提供一片崭新的天地。

（七）绿色生态设计理念案例分析

1. 广州白天鹅宾馆绿色生态设计

　　（1）室内设计室外化。广州白天鹅宾馆在设计时充分利用自然条件，将空气、阳光等引进到室内，满足室内的采光、通风要求，提高室内的舒适度。它通过科技手段，遵循美的法则，将自然环境融入到室内环境设计中，进行人工生态美的创造，不仅为室内环境设计增加新的内容，而且获得良好的生态效果。

　　（2）生态环保型材料。广州白天鹅宾馆强调生态环保型材料的使用。它强调天然材质的运用，通过对素材的肌理和真实质感来创造自然质朴的室内环境。同时在设计中还充分考虑和开发材料的可回收性、可再生性、可再利用性，真正实现可持续的室内设计。

　　（3）引进自然景观。广州白天鹅宾馆的中庭设计以自然景观作为室内的主题，将绿色植物引植到建筑室内，净化空气、消除噪声，改善室内环境与小气候，通过自然景观的塑造，给室内空间带来大自然的勃勃生机。同时假山瀑布、故乡水，这些景物比附了祖国的大好河山，同时也比附寄托着思乡、爱乡的情感，是该室内环境空间序列的高潮，其水瀑寒潭，浪花飞溅，泉声淙淙，无不激起了风尘仆仆的游子对家乡、对祖国的眷念和热爱之情。

　　（4）贯穿生态思想。广州白天鹅宾馆在设计中贯穿生态思想使室内环境设计有利于局部地区小气候，维持生态平衡，创造高度满足人民生活、理想的内部环境。采用了中国道家"天人合一"的观念，强调人与自然的协调关系，强调人工环境和自然环境的渗透和协调共生，符合可持续发展原则。

2. 上海世博会绿色生态设计

（1）上海世博会的设计原理。根据上海环境的总体外貌和其建筑景观环境的总体布局，以人为本，将建筑群体与自然环境、人工环境有机结合；同时将人文景观与上海的地方特色、民俗风情融于一体，并与自然景观有机结合在一起；在目前的自然、经济和科学技术水平下，充分利用自然条件，顺应并适度改善自然，利用和保护世博园的生态平衡，寻求创造适宜人类生存与可持续发展的人居环境。

（2）上海世博会的规划思想。世博会的规划思想：以绿色生态设计理念为基础，通过高起点，高标准，因地制宜的绿色生态绿地规划和建设，统筹兼顾，合理布局，使世博园达到生态健全，环境优美，从而实现"可持续发展的绿色生态人居环境"的宏伟理想。

（3）上海世博会的规划原则。它坚持"以人为本"的原则，通过展馆层架空步道，来降低人均参观用地密度以达到 $8\sim9$ 人/m^2 的正常标准，同时也保护了园区的生态环境，从而达到人与自然的和谐统一。

世博园规划设计同时还坚持"资源再利用"的设计原则。世博会建设项目是高水平的、高瞻远瞩的。例如它的用水系统采用层面的水和黄浦江双水源，大面积收集屋面雨水，对水循环的利用，是绿色生态设计的体现。

世博园规划设计体现了尊重自然的设计原则。世博园在材料选择和使用上也符合绿色生态设计理念。世博园使用了天然和无污害的材料，同时使用天然能源与再生能源进行循环使用；还采用了节能技术，清洁生产技术，形成了合理的绿色生态结构，体现了尊重自然的设计原则，从自然环境出发，建设一个舒适宜人的绿色空间。

第四节　环境科学技术

改革开放 30 多年来，随着我国进入工业化、城镇化快速发展阶段，发达国家两三百年经历的环境问题在我国已集中显现，凸显了我国环境问题的复杂性和解决环境问题的艰巨性。随着环保工作不断深化，在环境执法力度加大，企业守法意识普遍提高后，科技进步将是改善我国环境质量的唯一途径。回顾环境保护的历史我们可以发现，每一次环境保护事业的跨越式发展都离不开环保科技的突破。例如，新型的纳米级净水剂的吸附能力和絮凝能力是普通净水剂三氯化铝的 15 倍左右，碳吸附、碳捕捉等技术的突破将掀起"低碳经济"的浪潮，提高人类应对气候变化的能力，以上事例均说明，环保科技创新是提升污染治理水平、保护生态环境最有效的手段之一。

结合《环境科学技术学科发展报告》中介绍的最新环境科学技术发展情况，本节将概括阐述我国环境科学技术发展的现状及未来发展趋势，了解我国水环境科学技术、大气环境科学技术、固体废物处理处置技术、噪声污染控制等环境领域分支科学技术的前沿发展情况。

一、我国环境科学技术的发展概况

（一）我国环境科学技术的发展现状

我国环境科学技术的发展始于 20 世纪 70 年代初，自"六五"期间国家将环保科技列入国家科技计划以来，环境科学技术得到了政府部门的有力支持和越来越多的资金投入。30 多年来，我国在学习国外先进环境科学技术的基础上，自主研发关键技术，取得了丰硕的成果。但是，就目前我国环保科技的发展现状来看，离振兴环保事业的要求还有相当大的差距。同发达国家相比，我国的环保科技起步较晚、基础薄弱、自主创新能力低、技术储备不足，部分地方和部门还存在重管理轻科技的现象，科技部门自身人员少，任务重、支撑能力不强、科研队伍素质亟待提高等问题。

近年来，虽然我国对于环境科技的投入不断增加，但是重要污染事件还是偶有发生，如无锡太湖蓝藻的暴发，全国城市的"雾霾天气"等，危害范围广，程度大，不仅影响国家经济发展的快速脚步，而且给国民健康带来极大损害。我国总体水平偏低的生产技术，是造成环境问题的根本原因。而且，落后的"末端"治理思想无法从源头解决环境质量问题。因此，必须采取高效低耗循环的经济技术，把污染控制从"末端"推到全过程。

我国目前的环境领域正面临着两大难题：如何化解经济快速发展对资源、能源消耗的高度依赖；如何跨越资源、能源的瓶颈约束。低碳之路无疑为中国的可持续发展提供了一条新的途径。发展低碳经济有可能演变为中国未来社会经济发展的主流模式，成为促进国内节能减排和应对全球气候变化的重要战略选择。

当前，农村环境与发展、节能减排、发展高效低耗的控制技术、城市生态环境问题等是我国环境科学技术学科发展的热点问题。

（二）我国环境科学技术的发展趋势

我国环境保护事业进入了一个稳定发展的阶段，环境科学技术的发展呈现以下特点：

（1）明确"建设资源节约型和环境友好型社会"的战略思想。"十二五"期间，环境保护以转变发展方式、建设资源节约型和环境友好型社会为重要着力点，确定了削减主要污染物排放总量、改善环境质量、防范环境风险和促进均衡发展的环境保护总体战略。应以"清洁生产"和"循环经济"为核心，探索我国环境保护的新机制、新体系和新制度，大力发展绿色科技。

（2）加强跨学科、跨领域的研究方式。环境科技具有综合性、交叉性、跨学科发展的特征，因此学科发展应从自然科学领域向社会学融合的跨学科领域扩展；研究领域应从单一环境要素向生态系统整体转变；研究手段宜从传统技术方法向大力发展交叉学科促进技术创新改变。随着研究对象的复杂化、研究内容的增加以及研究手段和方法的创新，环境保护的内涵必将不断丰富。

（3）重点解决目前重大污染事件。随着污染事件影响范围与程度的扩大，政府目前以解决当前或未来面临的重大资源与环境问题为重点。加强环境健康学的研究，关注人类生产方式的转变，关注地区发展的不平衡关系、人与自然的人类社会发展的协调和谐问题等。

（4）继续增加国际合作关系。随着全球气候变化、生物多样性、臭氧层退化和持久性有机污染物等一系列重大环境问题的不断恶化，我国应进一步加强与他国的环境交流，分析找出污染源头和机制，共同制定解决策略，积极解决重大全球性环境问题。

二、水环境科学技术研究进展

水污染防治是我国环保工作的重点领域之一。近年来，我国投入大量人力财力，大力开展了大规模的水环境保护与污染治理的科学研究及技术开发，取得了丰硕的成果。本节将从河流、湖泊水环境污染控制技术、污水处理技术及污水资源化技术四个方面阐述我国近年来在水环境科学技术方面所取得的成就及科学前沿性内容。

（一）河流、湖泊水环境污染控制及技术

目前，我国江河、湖泊和水库普遍受到污染，并仍在迅速发展。水污染加剧了水资源短缺，直接威胁着饮用水的安全和人民的健康，影响到工农业生产和农作物安全。近年来，我国在江河、湖泊水环境综合整治与污染控制研究方面，初步提出了解决我国河流、湖泊水污染和富营养化治理的基本理论体系框架，推行生态修复理念，研究中广泛采用 GIS、RS 及 GPS 技术，逐步形成了河流、湖泊水污染和富营养化控制的总体战略途径。

1. 河流水环境科学技术

我国河流水污染治理是在 20 世纪 80 年代后期才开始的，相对于国外发达国家要晚得多，技术水平上整体比国外落后 20 年。不过近年来通过借鉴、研究、探索与实践，我国在河流水污染的控制与修复方面已经形成生态修复的理念，也具备一定的治理技术。可以把近年来我国在河流水环境科学技术的发展情况概括为以下几点：

（1）研究思路从单一的河流治理转向整个流域的治理。近年来，西方发达国家对河流的行政管理已逐步实现了从单一的防洪管理向防洪、水资源利用和河流环境整治的综合性管理方向转变，从单一河流的治理向整个流域治理的转变。我国也将研究思路从单一的河流治理拓展到整个流域的治理，制定适合不同区域经济发展阶段、与水体功能区水质目标需求相适应的污染河流（段）水污染综合整治方案，实现了由以"水污染控制"为目标向以"流域水生态系统健康保护"为目标的转变。

（2）生态修复技术的发展。河流生态修复是指使用综合方法，使河流恢复因人类活动的干扰而丧失或退化的自然功能。河流生态恢复的任务，一是水文条件的改善，二是河流

地貌学特征的改善，目的是改善河流生态系统的结构与功能，标志是生物群落多样性的提高，与水质改善为单一目标相比更具有整体性的特点，其生态效益更高。有研究者从修复理念和修复特征将其分为两类。从修复理念可分为：仅自然生态工法、水文模式修复法、河流分类法。从河流的修复特征分为防洪排涝、水质改善和生态景观建设三方面。另外，GIS、RS 和 GPS"3S"技术已经渗入河流生态修复的各个阶段，包括：河流生态状况调查分析、规划生态修复对策和预测规划效果、规划实施后生态监测三方面。

（3）河流底泥重金属污染治理技术的发展。河流底泥重金属污染已成为世界范围内的一个重要环境问题，当周围的环境条件变化时，底泥中的重金属形态将发生转化并释放，易引起二次污染，同时重金属可以通过食物链浓缩与生物富集作用进一步影响陆地生物，甚至是人类健康。因此，治理河流底泥重金属已成为当务之急。当前国内外对其修复主要有原位固定、原位处理、异位固定及异位治理 4 种方法，涉及物理修复、化学修复及生物修复三种修复技术。物理修复是基于工程技术的处理过程，直接或间接消除底泥中重金属污染物的修复方法。化学处理法通常是用硫酸、硝酸或盐酸等将底泥的酸度降低，通过溶解作用，使难溶态的金属化合物形成可溶解的金属离子，或者用 EDTA、柠檬酸等络合剂通过氯化作用、酸化作用、离子交换作用、螯合剂和表面活性剂的络合作用，将其中的重金属分离出来，达到减少底泥中重金属总量的目的。目前生物修复技术是应用生物体（微生物、原生动物或植物）的生命活动将底泥中的重金属转变成有效性较低的低毒性形态或淋浸提出而达到修复，主要包括微生物修复、植物修复及植物—微生物联合修复等。三种技术各有利弊，目前多采用 3 种技术联合使用的方法。

2. 湖泊水环境科学技术

目前，控制富营养化问题仍是我国湖泊污染治理的重中之重。我国学者分别从富营养化的机理和治理技术两方面做了大量的研究工作，也取得了丰硕的成果。

（1）富营养化机理研究。目前公认的富营养化形成原因，主要是适宜的温度，缓慢的水流流态，总磷、总氮等营养盐相对充足，能给水生生物（主要是藻类）大量繁殖提供丰富的物质基础，导致浮游藻类（或大型水生植物）暴发性增殖。但由于区域地理特性、自然气候条件、水生生态系统和污染特性等诸多差异，会出现不同的富营养化表现症状，因此我国针对不同湖泊的富营养化机制开展了深入研究。近年来，研究了太湖等流域水源要素的循环驱动机制及其失衡原理，分析了蓝藻水华的生消动力学、水生植被的生态系统功能和富营养化导致水生植物消亡的原理，提出了蓝藻生长形成水华的四阶段理论。为控制面源污染，提出了"流域清水产流机制"的概念，如图 8-3 所示。即根据不同湖泊流域的自然与社会经济现状特点，在调整流域经济结构，构建绿色流域基础上，通过流域水源涵养汇流的清水养护与清水输送通道，通过湖滨缓冲区构建湖滨带生态修复最终使"清水"入湖。

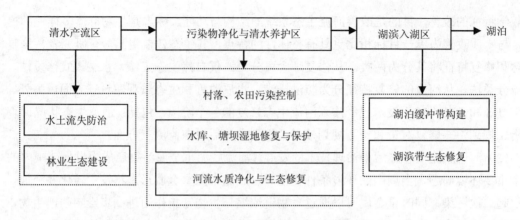

图 8-3 流域清水产流机制修复思路（引自中国科学技术协会，2011—2012）

（2）湖泊富营养化治理技术。湖泊富营养化的治理技术可以概括为控制营养盐、直接除藻和生物调控三大类。其中控制水体营养盐浓度是传统的富营养化防治措施，包括外源营养物质和内源营养物质的调控。除藻是最直接有效的治理方式，常使用物理、化学及生物除藻法，目前出现的新型除藻方法有：病毒方法抑制藻类、超声波蓝绿藻去除技术、利用有益微生物去除丝状蓝藻技术等。生物调控就是用调整生物群落结构的方法控制水质。主要原理是调整鱼群结构，保护大型牧食性浮游动物，从而控制藻类过量生长。鱼群结构调整的方法是在湖泊中投放、发展某些鱼种，而抑制或消除另外一些鱼种，使整个食物网适合于浮游动物或鱼类自身对藻类的牧食和消耗，从而改善湖泊环境质量。

（三）污水处理技术

虽然我国污水处理技术已较为成熟，但近年来针对常规有机污染物、重金属、有毒有机物等污染物依旧开展了大量研究，并取得重大进展。

在生物处理常规有机物的研究中，好氧处理、厌氧处理以及厌氧/好氧一体化处理均有较大进展。好氧生物处理技术研究重点从工艺研发转向解决现有工艺运行实践中存在的问题。主要表现在：① 对现有污水处理工艺在极端条件下的适用性方面开展了大量的研究工作，如超低有机物浓度污水的处理技术、地位下改良型 1CEAS 工艺处理生活污水技术等；② 优化现有污水处理工艺以进一步发挥其处理污水的潜能，如通过优化曝气生物滤池的运行方式和结构形式，建立了两段上向流曝气生物滤池（TUBAF）技术，分段进水 A/O 工艺等；③ 开发多重工艺组合以实现同时去除多种污染物的目的，如 UASB 与好氧生物膜组合工艺、厌氧滤床—接触氧化组合工艺。厌氧生物技术向城镇生活污水处理领域的拓展也越来越引起重视。近年来，国内外针对厌氧处理工艺在城镇生活污水处理中应用的限制因素（主要是温度和低有机物浓度）开展了大量工作，如中温 UASB 生活污水处理技术等，这些改进为城镇生活污水处理提供了一种新途径。值得一提的是，随着占地、剩余污泥量以及景观等方面要求的日趋严格，紧凑高效的厌氧—好氧一体化污水处理技术的研发也成为国内外的研究热点。与组合处理工艺不同的是，一体化处理工艺是在同一个反应器内实现好氧和厌氧生物处理功能的，如具有厌氧、缺氧、好氧反应区的一体化污水处理反应器。

脱氮除磷一直是污水处理技术中的一项难题，目前污水处理广泛应用的工艺有 A^2/O、AB 法、SBR 和氧化沟等，这些工艺均存在基建投资大、运行费用高、能量浪费等一系列问题。针对这些问题，近年来，国内外学者从以下四个方面来提高脱氮除磷的效率：① 通过对传统工艺的优化以提高脱氮除磷效率；② 通过多种传统工艺组合来提高脱氮除磷效率；③ 深入污水生物脱氮除磷新技术的研究；④ 研发和设计高效紧凑的污水生物脱氮除磷反应器，尤其是一体化反应器。

工业废水的处理因含有重金属及有毒有害有机物而比较棘手。近年来，国内外在沉淀法、离子交换、吸附和膜分离等重金属削减方面取得了一定的进展。而在处理有毒有害有机物方面也有一定的成果，主要表现在：① 针对工业废水具有污染物组成复杂、生物效应综合的特点，提出了由综合生物毒性指标、常规水质指标等构成的废水水质评价指标体系，并建议将水蚤生物毒性测试作为工业废水毒性评价的首选方法；② 我国建立了基于高级氧化和催化还原的工业废水预处理工艺；③ 建立了有毒有机物高效生物降解技术及工业废水深度处理技术。

三、大气环境科学技术研究进展

目前，大气污染防治是我国环境领域面临的一项重大考验，国内科学家针对当下问题，在已有科学技术的基础上，加深基础理论的研究，进一步探索适合中国大气环境问题的科学技术方法。

（一）大气污染控制理论

随着城市化进程的加速发展，我国大气污染正由煤烟型污染向复合型污染发展，区域大气污染日益严重。复合污染的直接后果就是导致光化学污染和雾霾天增多，并对人体造成巨大伤害。为此，我国以区域大气污染物总量控制为基础，建立了区域大气环境质量综合调控方法，改善了重点地区和城市大气环境质量。同时，完善了污染物总量控制理论和方法，建立了以提高资源利用率、降低能耗为核心的循环经济和清洁生产技术体系，降低了污染物的总量排放。但由于体系形成时间短，技术不够完善，执法力度不强等原因，大气污染已经成为我国环境领域内的一项亟待解决的重大问题。

（二）大气污染物控制技术

当前，我国大气污染状况十分严重，城市大气环境中总悬浮颗粒物浓度普遍超标；二氧化硫污染保持在较高水平；机动车尾气污染物排放总量增加迅速；氮氧化物污染呈加重趋势；全国形成华中、西南、华东、华南多个酸雨区，以华中酸雨区为重。大气污染问题已经严重影响到了人类身体健康，成为了环境领域迫在眉睫的问题。大气污染控制技术主要包括：烟气脱硫技术、烟气脱硝技术、有机废气治理技术、温室气体减排技术、室内空气净化技术、机动车尾气净化技术及饮食业油烟净化技术等。

1. 烟气脱硫技术

脱硫技术可分为三大类：① 燃烧前脱硫，如洗煤、微生物脱硫；② 燃烧中脱硫，如工业型煤固硫、炉内喷钙；③ 燃烧后脱硫，即烟气脱硫（FGD）。FGD法是世界上唯一大规模商业化的脱硫技术。

烟气脱硫（FGD）技术，主要是利用吸收剂或吸附剂去除烟气中的SO_2，并使其转化为较稳定的硫的化合物。烟气脱硫是目前技术最成熟，应用范围最广，控制火电厂SO_2污染最为有效的脱硫技术。FGD技术种类繁多，主要包括石灰石—石膏法、循环流化床半干法、氨法、海水法、活性焦（炭）吸附法、旋转喷雾干燥法、炉内喷钙尾部烟气增湿活化法等。

石灰石—石膏法是目前世界上技术最成熟、应用最为广泛的一种脱硫技术，该工艺主要采用石灰石/石灰作为脱硫剂，经破碎磨细成粉状，与水混合搅拌成吸收浆液，对SO_2进行吸收，反应产物硫酸钙在洗涤液中沉淀下来，经分离后即可抛弃，也可以石膏形式回收。该法脱硫效率高于95%，吸收利用率一般不低于90%，工作可靠性高，对煤种适应性强。不过该法投资运行成本高，占地面积大，系统复杂，设备损耗和防腐方面的研究也有待加强。我国已掌握自主知识产权的石灰石/石膏烟气脱硫技术，具备1 000MW级机组脱硫装置的生产制造能力。在此基础上发展了燃煤烟气多重污染物湿式协同脱除技术，实现了多效复合添加剂、高效吸收塔、成套集成工艺的应用。

2. 烟气脱硝技术

氮氧化物的治理技术可分为燃烧的前处理、燃烧方式的改进及燃烧的后处理三种。燃烧的后处理也就是对燃烧后产生的含NO_x的烟气（尾气）进行处理的方法，即烟气脱硝技术。

烟气脱硝技术分为干法与湿法两大类，其中干法烟气脱硝技术主要包括：选择性催化还原法（SCR）、选择性非催化还原法（SNCR）、等离子体法、吸附法等；湿法烟气脱硝技术有：碱液吸收法、氧化吸收法、还原吸收法、液相络合法、生物法处理等。

在各种烟气脱硝技术中，选择性催化还原法是目前世界上最成熟的、脱硝效率最高的一种脱硝技术，脱硝效率可达到80%以上，但存在催化剂易失效、价格昂贵等问题，因此研究开发催化效率高、价格合理的催化剂成为该技术的关键所在。湿法烟气脱硝技术也具有很高的研究应用价值，可采用在脱硫装置后面用湿法脱硝技术脱除尾气中的NO_x或利用吸收剂湿法同时吸收烟气中的SO_2和NO_x而达到脱硫脱硝的目的。因此，研究开发出脱除

NO_x效率高，运行成本低，可实现工业应用的湿法烟气脱硝技术具有重大的实际意义。未来我国烟气脱硝技术的选择应该从经济、技术、环境等角度综合考虑，注重从脱硝技术的应用现状出发，研发出具有超强脱硝活性的材料，采用回收价值高的产品，以补偿净化设施全部或大部分费用，采用工艺流程简单、专用设备少，能同时脱硫脱硝，无二次污染，运行和维护费用低的技术，加强大型脱硝一体化技术研究，开辟一条有中国特色的烟气脱硝道路。

3. 有机废气治理技术

有机废气治理是指用多种技术措施，通过不同途径减少石油损耗、减少有机溶剂用量或排气净化以消除有机废气污染。有机废气污染源分布广泛。为防止污染，除减少石油损耗、减少有机溶剂用量以减少有机废气的产生和排放外，排气净化是目前切实可行的治理途径。常用的方法有吸附法、吸收法、催化燃烧法、热力燃烧法等。选用净化方法时，应根据具体情况选用费用低、能耗少、无二次污染的方法，尽量做到化害为利，充分回收、利用成分和余热。多数情况下，石油化工业因排气浓度高，采用冷凝、吸收、直接燃烧等方法；涂料施工、印刷等行业因排气浓度低，采用吸附、催化燃烧等方法。

目前在有机废气治理市场上常用的定型治理设备主要有：活性炭纤维/颗粒活性炭吸收回收设备、催化燃烧设备、吸附浓缩—催化燃烧设备。常用的非定型治理设备主要有热力焚烧设备、冷凝回收设备、溶剂吸收设备、生物降解设备。其中，活性炭纤维/颗粒活性炭吸附回收设备、催化燃烧设备和吸附浓缩—催化燃烧设备组成了目前有机废气治理的主体设备。

4. 温室气体减排技术

气候变化是亟待解决的全球性问题，而人类社会经济活动导致的大气中温室气体浓度上升是诱发气候变化的主要因素之一。目前，全球温室气体中影响最为显著的是CO_2，其作用大约占50%以上。

在减缓气候变化行动中，先进的科学技术发挥着越来越重要的作用。温室气体减排技术可分为广义和狭义两类。不同学者对于狭义的减排技术界定差异较大。我国学者认为狭义的减排技术应该包括提高能效、发展可再生能源和CO_2捕集和封存技术；美国普林斯顿大学的Pacala等研究人员，提出了"稳定楔"理论，并将温室气体减排技术分为5类：① 提高能源效率，加强管理；② 燃料使用的转换与CO_2的捕获与封存；③ 核能发电用核能替代燃煤发电的技术；④ 可再生能源及燃料；⑤ 森林和耕地对CO_2的吸收作用。广义的减排技术不仅包括技术层面的减排，还应包括碳税、清洁发展机制以及节能发电调度技术等一些可以促进节能减排的政策措施及市场机制（图8-4）。

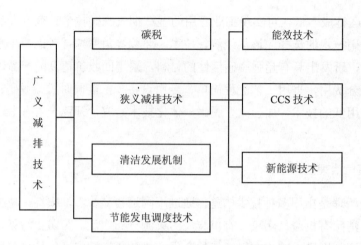

图 8-4　温室气体减排技术分类（引自张慧明，2011）

5. 室内空气净化技术

室内空气污染早在 20 世纪 60 年代中期就已出现，中国标准化协会日前提供的一项调查结果显示，现代人平均有 90% 的时间生活和工作在室内，68% 的疾病是由于室内空气污染造成的，室内空气质量已成为影响人们身体健康的重要因素，由室内空气污染造成的危害已经引起人们的广泛关注。近年来我国在室内空气净化技术和室内空气净化设备两方面展开了大量研究，开发了一批具有自主知识产权的净化技术和净化设备。

根据对空气净化处理的方式和作用原理的不同，空气净化技术可分为物理法和化学法。物理法是利用特定的物质通过吸附、过滤、静电等物理手段去除污染物，而不发生化学作用，从而净化空气的方法，主要的技术有：吸附净化技术、膜分离净化、静电技术、生物过滤技术等。化学法是利用相应的活性化学物质与室内空气污染物发生化学反应，生成无毒无害或危害性小的物质的方法，主要有：光催化氧化法、离子化法等，近年研究最广泛的是低温等离子体技术和光催化技术。

6. 机动车尾气净化技术

机动车尾气污染已成为越来越多城市大气污染的首要污染源，因此如何有效治理机动车尾气已成为当前研究热点。机动车排气的污染物质大致上可分为由燃烧产生的排放气体和从燃油箱、化油器蒸发的燃油蒸汽两种，针对机动车尾气污染控制主要有以下三条途径。

（1）燃料的改进和替代。提高燃料的品位有利于发动机的工况，降低 NO_x、CO、HC 的排放，可采用燃料改进与燃料替代的方法。

（2）机内净化技术，是指通过改善发动机的燃烧，使有害排放物在其生产过程中减少的措施，常见的机内净化技术有以下 4 种：① 电控汽油喷射系统；② 废气再循环系统；③ 正曲轴箱通气系统；④ 蒸汽排放控制系统。

（3）机外净化技术。它是机动车尾气进入大气前的最后处理，净化效果直接决定有害物质的浓度，其重要性显而易见，三效转化器是机外净化的主流产品。

四、固体废物处理处置技术研究进展

随着我国经济与社会进入一个新的发展时期，开展固体废物无害化处理处置与资源化利用对于促进循环经济，建设环境友好型和资源节约型社会起着至关重要的作用。近年来固体废物处理处置与资源化利用的新技术、新工艺与新设备成果不断涌现，取得了众多突破性的进展，并应用于实践生产，为各类固体废物的污染防治与资源化利用提供技术保障。无害化处理技术也在焚烧处理、填埋处理等领域进步显著。

（一）固体废物资源化技术

固体废物是目前世界上唯一不断增长的潜在资源和财富，如加以充分利用，可以有效地缓解资源和能源的短缺，同时又是治理环境污染最有效且对环境负效应最小的途径之一。长期以来，我国粗放式的工业生产模式导致了大量固体废物的产生和堆存，如何变废为宝已经成为目前环境领域的一项亟待解决的课题。学者将固体废物资源化看做是一项"3R"产业，即由循环（Recycle）、再生（Reuse）、减量（Reduce）构成的规模完善的产业体系。同发达国家相比，我国的固体废物资源化技术仍远远落后，但近些年，我国在固体废弃物资源化方面日趋重视并初显成效。下面，列举我国近年来在固体废物资源化方面取得的先进技术。

工业废弃物方面，大量的资源化技术研发成功并实现产业化运作，如电石渣制备水泥钙质原料技术，凝胶包裹固氟技术等应用。在危险废物资源化方面，开展了含铬、砷废渣资源化利用技术、电镀污泥中各类重金属资源化回收技术、电子废弃物资源化技术的研究；对于污泥资源化的利用方面，资源化预处理技术取得了重大突破，传统的堆肥技术也得到了改进和提升，污泥超声波破解、高级氧化、水热法、石灰干化法技术优化等破解技术对浓缩污泥的预处理得到了很好的效果；对于电子废弃物的处理方式上，新开发的两级破碎方式、滚筒静电分选法、高效离心分选法，利用目前国内外最先进的粉碎与解离等技术分类线路板中金属盒非金属，为各类物质的资源回收提供保证。

（二）固体废物无害化技术

固体废物的无害化，是指经过适当的处理或处置，使固体废物或其中的有害成分无法危害环境，或转化为对环境无害的物质，目前，固体废物无害化技术主要有卫生填埋、焚烧、堆肥、回收利用等。下面具体介绍各无害化技术的发展情况。

1. 焚烧技术

焚烧是指固体废物中的可燃物在焚烧炉中与氧进行燃烧的过程。焚烧处理技术的特点是处理量大、减容性好、无害化彻底、焚烧过程产生的热量用来发电可以实现固体废物的能源化，经过几十年的发展，垃圾焚烧技术已经比较成熟，因此，是世界各发达国家普遍采用的一种固体废物处理技术。

我国近期在焚烧技术方面，取得了新的研究成果。在处理设备方面，新型二段往复式生活垃圾焚烧炉可有效降低灰渣的热灼减率，且尚未进行堆存脱水的新生垃圾也能够稳定焚烧，达到国际先进水平；对于医疗废物的焚烧，水煤气二燃炉装置、回转窑技术实现了焚烧炉快速高温强燃，解决了废物焚烧后结焦的问题，达到有效减少二次污染并且提高焚烧炉的使用寿命的效果；对于含重金属危险废物，细菌解毒铬渣、高碱无卤钠化焙烧工艺等新技术实现了六价铬的还原解毒，使我国在含铬危废处理技术方面居于国际领先水平；对于焚烧飞灰的二次污染处理方面，飞灰的土聚物稳定化技术和加速碳酸化稳定化技术在有效降低其重金属浸出毒性，提高其在环境中长期稳定性的同时，也可达到降低二氧化碳减排的效果，符合以废制废和清洁生产的理念。

2. 卫生填埋技术

固体废物填埋处理分为传统填埋与卫生填埋，传统填埋法已基本不再采用。卫生填埋法是对填埋地进行选址并作防渗漏处理、掩盖压实，以防止地下水和周围大气环境污染的填埋处理方式。

目前我国的卫生填埋技术日趋成熟，涌现了一批新技术。在填埋场渗滤液二次污染防治方面，A-O、好氧曝气、生物脱氮等生活垃圾填埋场渗滤液原位脱氮技术的发展，有效解决了填埋场渗滤液循环的氨氮积累问题，降低了运行成本；将渗滤液回灌技术应用于老垃圾填埋场封场工程，使垃圾的稳定化进程加快，实现渗滤液零排放，从而降低了填埋场封场后的环境风险；以渗滤液回灌技术为基础的生活垃圾生物反应器填埋技术的发展，实现了对填埋渗滤液的原位净化和填埋场的提前稳定，同时还能提高填埋气体回收利用率，从而提高垃圾的资源化、无害化水平。控制填埋沼气的自由转移或扩散也是填埋技术的一个重要组成部分，填埋沼气的主要成分是甲烷和二氧化碳。目前通常采取的方法有：① 通过石笼等形式将填埋沼气倒排；② 通过石笼和收集管将填埋沼气导排并使其安全直燃；③ 通过管网系统收集后经过净化处理作为能源回收利用。

3. 堆肥技术

堆肥是使固体废物中的有机物，在微生物作用下，进行生物化学反应，最后形成一种类似腐殖质土壤的物质，用作肥料或改良土壤，是我国、印度等国家处理固体废物、制取农肥的最古老技术，也是当今世界各国均有研究利用的一种方法。

堆肥技术进行科学的研究工作始于 20 世纪 20 年代。目前，国外生活垃圾堆肥场数量总体呈现下降趋势，但垃圾堆肥技术的发展并没有停顿。我国是一个农业大国，利用生物技术堆肥处理城市生活垃圾是实现资源化、减量化的一条重要途径。近年来国内外的城市生活垃圾堆肥处理技术发展很快。发达国家普遍采用好氧堆肥技术：在大城市中将逐步提倡经回收利用和堆肥、焚烧等方法处理后的生活垃圾残余物进填埋场作最终处理，生活垃圾堆肥厂的机械化水平和堆肥质量有明显提高，堆肥产品中的重金属含量和碎玻璃等杂质得到有效控制。我国的国产化有机复合肥成套生产技术与设备进一步完善，生活垃圾堆肥厂生产有机复合肥和颗粒肥的比例逐步提高，由于其具有良好的减量化和资源化效果，使生活垃圾堆肥技术重新得到重视，因而生活垃圾堆肥处理的比例将逐步增加。

4. 新型无害化处理技术

近年来，我国加大了新型无害化处理技术的研究投入，取得了显著的成果。例如，采用在煤矸石和粉煤灰中接种氧化硫杆菌和解磷细菌等特异性菌的微生物修复技术，将生态修复技术引用到固体废物处理领域，实现了对煤矸石和粉煤灰的生物改良并作为生物机制进行利用，为煤矿区的污染防治和生态修复提供了技术依据；高温气化法能有效回收废弃荧光灯中的汞，具有二次污染少、易于规模化等优势，具有较好的资源化前景。

五、噪声污染控制发展研究

噪声控制技术在 20 世纪 50 年代初已引起学者们的注意并开展了研究，我国起步较晚，但进展较快，近 20 年来，我国对噪声控制技术进行了较为系统的研究，取得了可喜的成果，在某些方面还有突破性的进展。

（一）噪声测量和监测技术

噪声测量技术是控制技术的重要组成部分，是编制控制设计方案的前提，通过测量来了解噪声源的特性及传播规律，有针对性地采取治理措施。20 世纪 80 年代以来，计算机和信号处理技术有了很大的发展，从而使噪声测量和监测技术出现了一个崭新的局面。

声强测量技术是噪声测量技术的一项重要环节，它使过去只能在特定的实验室（例如消声室、混内室、隔声室等）内进行的声学测量，现在可以在一般环境中进行。我国声强测量技术的研究与应用，目前还只局限于少数科研设计单位和大专院校，国产声强测量仪器还未商品化，与发达国家相比差距较大。随着便携式声强仪的普及和应用，将在更大的范围内取代传统的测量方法，使用领域将更加广泛。

目前很多噪声测量仪器已具备了自动采集数据、数据存储、数据处理等功能，有的可进行实时分析，呈现出智能化的特点；为方便携带与现场测量，小型化甚至袖珍型仪器逐渐出现；有的仪器集多种功能于一体，将噪声的常规测量和信号处理分析系统组合于一个仪器内，这类仪器被称作"工作站"。目前我国已能生产满足环境噪声测量所需的智能化、小型化测量仪器，噪声测量工作站也正在建立当中。

噪声监测技术方面，西方发达国家的典型噪声调查约早于我国 20 年，大规模噪声监测工作约早于我国 10 年。我国早于 20 世纪 60 年代开始举办噪声训练班，于 1986 年制定了我国第一部《环境监测技术规范（监测技术）》。在环境噪声监测仪器方面的研究，早在 20 世纪 60 年代，我国就开始生产指针式人工读数声级计，体积大、精度低、动态范围小、测量误差大，20 世纪 80 年代中期，研发出具有数据自动采集、存贮、处理功能的环境噪声自动监测仪。到 20 世纪 90 年代初，环境噪声监测仪器进一步追求小型化、便携、多功能。近几年，网络传声器以及其相关的 MEMS 传声器、智能传声器、网络化监测、阵列化处理等一整套技术的发展和应用，给环境噪声监测和分析注入了新的活力；分布式网络化环境噪声的监测加上 GIS 加上 Noise Mapping 使得环境噪声监测快速实时、大范围、永久性的要求得以实现。

（二）噪声控制技术

1. 无源噪声控制技术

无源噪声控制技术，也称为常规控制技术或传统的控制技术，主要包括隔声、吸声、消声、隔振和阻尼减振，是目前对噪声源和振动源进行控制的最主要的也是最有效的手段。各种无源噪声控制技术发展迅速：低频吸声、隔声、消声等难题有所突破；无纤维吸声材料、洁净吸声材料已有应用并在深入研究；根据著名声学专家中科院院士马大猷教授的微穿孔板理论而设计的具有许多优越性的微穿孔板吸声、消声结构，应用范围已由室内扩展到室外，正在酝酿突破性的进展；大型设备隔振技术应用更为广泛。值得一提的是，无源噪声控制技术在建筑业的噪声防治中得到了广泛的应用。例如，建筑板材应用于隔声，塑钢门窗应用于隔声窗，PC 板应用于声屏障等；某些结构向元件化、拼装化、装饰化方向发展。无源控制技术我国与发达国家相比，在原理方面来讲没有什么差距，某些控制技术，例如微穿孔板吸声技术，我国已处于国际领先地位，但在无源控制技术的工艺制造方面差距较大。

2. 有源噪声控制技术

有源噪声控制技术（ANC）又称反声、有源噪声抵消、有源降噪、有源吸收等，是以主动产生一个声场来抵消另一个现有声场的技术。与无源噪声与振动控制技术相比，ANC 的优点在于能解决无源控制中难以解决的低频问题，针对性强，装置体积小，灵活方便，可减少被控制对象的结构改动。有源噪声控制技术在 20 世纪 30 年代被提出，70 年代，由于计算机和信号处理技术的发展，有源控制才得到了迅速发展，进入 80 年代，对有源控制的原理和方法有了更深入的研究，伴随着 ANC 配套的高恒定功率扬声器、次级声源、换能器以及相关信号处理装置的出现，ANC 进入了实用阶段。

我国近几年的研究工作主要在于技术的可靠性和实用性，同时针对性地解决了一系列的应用实例。目前 ANC 已投入应用的领域主要有：管道有源消声；有源护耳器，有源抗噪声送、受话器等，在局部空间有源降噪，有利于个人防护和语言通讯；简单的分离谱噪声（例如变压器噪声等）的有源控制；机械设备基础传递中有源阻尼器的控制等。

（三）声学材料的研究

声学材料是目前研究的热点领域，主要集中在"环保"型和"安全"型声学材料、复合型声学材料、多功能声学材料等。

目前，随着用户对"环保"型和"安全"型声学材料需求的日趋增加，世界各国在"环保"型和"安全"型声学材料领域的研究工作非常活跃。大量的环境和人居场所的污染和化学、物理危害因素调查工作表明，人们应注意使用"环保"型和"安全"型声学材料，包括无毒无害、阻燃防火等，特别是居住场所、人员集中工作场所、有特殊要求的场所更应投入"环保"型和"安全"型声学材料的使用。微穿孔板吸声结构和微穿孔消声器是国内外一个成功的"环保"型与"安全"型声学材料的典型案例。

汽车、火车、飞机等交通运输工具，各类工程机械、家用电器设备的噪声发射已列入重要产品质量评价指标，由于考虑重量和空间的限制，大量不同类型复合声学材料被采用，已成功应用在这些噪声源控制中的复合声学材料有阻尼—吸声复合材料、阻尼—吸声—隔声复合材料等。

在一些情况下，声学材料集多种功能于一体，除吸声、隔声、阻尼等声学能外，还具有其他功能，如电磁屏蔽、射线屏蔽、防火阻燃以及其他防护功能。这类多功能声学材料在特种车辆、建筑施工等设备和场所得到应用，并受到欢迎。

六、环境医学发展研究

目前，人类正承受着环境质量恶化所带来的健康危害。世界卫生组织于 2006 年 6 月发布的一份研究报告显示，全球接近 1/4 的疾病是由可以避免的环境暴露引起的。随着经济的快速发展，我国环境质量已经暴露出许多问题，所引起的环境与健康面临的形势也日益复杂：从介质来看，从室外空气到室内空气、从地表水到地下水、从土壤到农作物的污染对健康的危害无处不在；从污染物来看，传统的重金属污染与新型有毒有害有机污染物的污染对健康的影响共存且相互作用；从范围来看，从城市到农村，从地区到全国，从区域性到全球性的各类环境问题危害同时存在；从类型来看，由于基础卫生设施不足导致的传统环境与健康问题还没有得到妥善解决的同时，由工业化、城市化进程带来的环境污染与健康风险逐步增强。环境污染物对人体健康的影响是巨大且复杂的，由此环境医学应运而生。

环境医学是研究环境与人群健康的关系，特别是研究环境污染对人群健康的有害影响，及其预防的一门科学，环境科学也是预防医学的一个重要组成部分。它探索环境污染物在人体内的动态和作用机理，探讨环境致病因素和致病条件，阐明环境因素相关疾病的发生、发展规律，并研究利用有利环境因素和控制不利环境因素的对策，预防疾病，保障人群健康的一门科学。环境医学主要研究内容包括环境流行病学、环境毒理学、环境医学检测、环境卫生标准等。

当前环境医学的研究重点是严重危害人体健康的疾病如肿瘤、心血管疾病等的流行特点和规律以及相关的环境因素；对环境毒理学的深入研究；以及利用现代分子生物学等的理论和方法，研究环境污染物所引起的亚临床变化和敏感指标，并检出高危险人群，为健康预报和早期诊断提供依据等方面。

第五节　环境保护产业及发展

一、环境保护产业（环保）的内涵

（一）环保产业的概念

环保产业是一个跨产业、跨领域、跨地域，与其他经济部门相互交叉、相互渗透的综合性新兴产业。国内外，对环保产业有不同的定义。联合国的《综合环境经济核算 2003》（简称 SEEA）手册中定义，所谓环保产业，即环境货物和服务产业，"由这样的活动组成：所生产的货物和服务用于水、空气和土壤环境损害以及与废弃物、噪声和生态系统有关的问题的测量、预防、限制，使之最小化或得到修正。它包括降低环境风险，使污染和资源使用达到最小的清洁技术、货物和服务，同时也包括那些与资源管理、资源开采和自然灾害有关的活动。"该定义可以视为截至目前覆盖面最为广泛、产业类别列示最为详细的环保产业定义。

除此之外，国际上也有对环保产业不同的定义，主要有广义和狭义之分。广义的环保产业既包括能够在测量、防止、限制及克服环境破坏方面生产与提供有关产品和服务的企业，又包括能够使污染排放和原材料消耗最小量化的清洁生产技术和产品，针对"生命周期"而言，涉及产品的生产、使用、废弃物的处理处置或循环利用的各个环节。而狭义的环保产业主要是针对环境的"末端处理"而言的，是指在环境污染控制与减排、污染清理以及废弃物处理等方面提供设备和服务的行业。由此可见，广义的环保产业涵盖了狭义定义的同时还包括产品生产过程的清洁技术和清洁产品。随着"清洁生产"理念逐渐融入环保产业，相信广义的环保产业必将是未来的发展趋势。

我国对于环保产业也有自己的定义，1990年国务院环境保护委员会公布的《关于积极发展环境保护产业的若干意见》中规定："环境保护产业是国民经济结构中以防治环境污染，改善生态环境，保护自然资源为目的所进行的技术开发、产品生产、商业流通、资源利用、信息服务、工程承包等活动的总称，主要包括环保机械设备制造，自然开发经营，环境工程建设，环境保护服务等方面。"2004年国家环保总局将环保产业补充定义为"国民经济结构中为环境污染防治、生态保护与恢复有效利用资源、满足人居环境需求，为社会、经济可持续发展提供产品和服务支持的产业。它不仅包括污染控制与减排、污染清理与废物处理等方面提供产品与技术服务的狭义内涵，还包括涉及产品生命周期过程中对环境友好的技术与产品、节能技术、生态设计及与环境相关的服务等。"由此可见，我国的环保产业基本与国际上提出的广义环保产业概念一致，包括污染物管理防治和资源可持续管理及生态保护建设。

（二）环保产业的分类

国际上对于环保产业分类的依据有所不同，目前还没有一个分类标准。以下给出具有代表性的美国、日本及我国的分类方法。

1. 美国环保产业的分类

"环保产业"在美国被称为"环境产业"，分为环境服务、环保设备以及环境资源三大类。美国环保产业具有较为完善的产业体系，其中环境服务业发展较为充分，拥有比较完善的服务体系，并且各分类部门分工明确，具有较强的市场竞争性。表8-3列出了详细的分类方式和每项业务的具体内容。

表8-3 美国环保产业的分类及其内容（引自陈吕军，2002）

分类	内容
第一类：环境服务	
环境测试与分析服务	提供"环境样品"（如土壤、水、空气和生物样品）的分析测试服务
废水处理工程	建造收集和处理生活污水、商业和工业废水的公共设施
固体废物管理	收集、处理和处置固体废弃物
危险废物管理	管理危险废物流、医药废物、核废料等
修复服务	受污染地区、建筑物清扫，运转设施的环境保洁
咨询与设计	方案设计、工程设计、咨询、评估、认证、项目管理、监测等
第二类：环保设备	
水处理设备与药剂	为水和废水处理提供设备服务，包括生产、供货和维修
仪器与信息系统	生产环境分析仪器，以及信息系统和软件
大气污染控制设备	为大气污染控制提供设备和技术
废物管理设备	为危险废物处理、贮存和运输提供设备，包括回收和治理设备

分类	内容
清洁生产和污染预防技术	为生产工艺中的污染预防和废物处理/回收提供设备和技术
第三类：环境资源	
水资源使用	向用户售水
资源回收	出售自工业副产品或废旧物品回收或转化的材料
清洁能源	出售资源，提供太阳能、风能、地热、小规模水力发电系统，以及提高能源利用率的服务

2. 日本环保产业的分类

日本将"环保产业"称为"生态产业"或"生态商务"，日本依据环保产业依托对象的不同将环保产业分为两类：一类是以先进的工业技术为基础的技术系环境产业；另一类是以社会、经济、人类行为为基础的人文系环境产业。其中技术系环境产业包括五个组成部分：污染防治技术、废弃物的适当处理、生物材料、环境调和型设施、清洁能源；人文系环境产业包括六个组成部分：环境咨询、环境影响评价、环境教育和情报信息服务、流通、金融、物流，如图8-5所示。

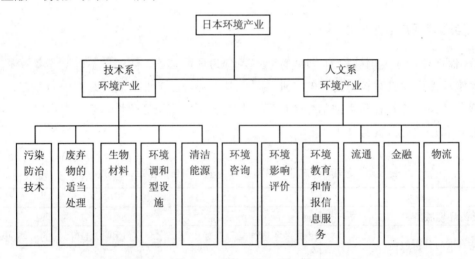

图 8-5 日本环境产业的分类（引自任赟，2009）

3. 我国环保产业的分类

我国学者对环保产业分类角度略有不同，本书中介绍学者多年来归纳总结的三种分类方式。

（1）按其技术经济特点可以分为四类：产业 I 末端控制技术，产业 II 洁净技术，产业 III 绿色产品，产业 IV 环境功能服务（表8-4）。产业 I 重点关注生产链的终端，通过物理、化学或生物技术，实施对环境破坏的控制与治理。产业 II 主要负责在生产过程中，或通过生产链的延长如回收与再利用，减少与消除环境破坏。产业Ⅲ又称洁净产品，特点在于其在整个生命周期对环境无害。产业Ⅳ着眼于环境资源功能效用的开发。

表8-4 按技术经济特点划分环保产业类型（引自彭善枝，2004）

类型	具体内容
产业Ⅰ——末端控制技术	着眼于在生产链的终端，通过物理、化学或生物技术，实施对环境破坏的控制与治理
产业Ⅱ——洁净技术	着眼于生产过程中，或通过生产链的延长（如回收与再利用），减少与消除环境破坏
产业Ⅲ——绿色产品	又称洁净产品，着眼于其在整个生命周期对环境无害
产业Ⅳ——环境功能服务	着眼于环境资源功能效用的开发

（2）按产品的生命周期理论以及产品和服务的环境功能，可将环保产业也划分为自然资源开发与保护型环保产业、清洁生产型环保产业、污染源控制型环保产业、污染治理型环保产业四类（图8-6）。

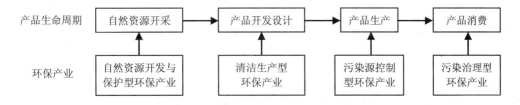

图8-6 按生命周期划分环保产业的分类（引自彭善枝，2004）

（3）按三次产业可划分为：①环保产业第一部门：自然保护，资源保护与再利用，生态保护和恢复，绿色食品。②环保产业第二部门：水污染治理设备，大气污染治理设备，固体废弃物的处理与处置设备，噪声与震动防治设备，辐射与污染控制设备，监测仪器，资源再生利用，材料与药品，绿色产品，"三废"综合利用。③环保产业第三部门：包括环保技术的开发与推广，环保技术的咨询与服务，环保商品的流通，环保信息服务业，环境设施运营，环境工程设计，环境质量评价与评估。

（三）环保产业的特点

环保产业是经济发展到一定规模，科学技术不断提高之后所产生的新兴产业，环保产业与国民经济各部门关系紧密，但又有其自身特点。

1. 政策驱动下的产业

在环保产业的初始阶段，产业内容主要以末端污染控制为主，此时对环保产品和服务的需求受政府与污染企业的环保投入和环境保护目标所驱动，主要来自政府的环境法规和政策的压力，因此可以说环保产业是政策驱动下的产业。

2. 效益综合性

环保产业与一般经济产业部门不同之处在于，环保产业能够同时产生环境效益、经济效益和社会效益，能够促使人与自然关系的协调，促进环境、经济、社会效益的统一。

3. 效益无形化

环保产业主要创造环境效益，环境效益本身不易被人感知，容易被忽略，民众通过对不同环境的比较获得对环境效益的评价。科学发展观，以人为本，建设资源节约型、环境友好型社会首先强调的还是发展，注重人的利益，在发展过程中才谈到资源、环境，事实上，环境友好若想在社会实践中实现需要投入很大的人力、财力以及物力。

4. 公益性

环保产业是以满足环境保护需求、解决环境问题的目标导向型产业，是为防治污染、改善生态保护资源提供物质基础和技术保障的产业，相较其他产业产品，环保产品具有公共物品和私人物品二重性的特点，具有很强的公益性。

5. "逆生产"性

"逆生产"是对于生产和消费过程产生的废弃物进行妥善处理，加以还原，再还给自然界，形成物质循环。环保产业运行方向是针对环境污染和生态破坏提供相应的技术和设备，处理生产和消费过程产生的废弃物，改进对环境有害的生产流程和生产方式，建立循环经济模式，因此具有"逆生产"性。

6. 产业关联性效应大

部分环保产业如末端控制技术生产不可以独立于其他产业存在，一定是在其他产业发展到一定规模时才会有市场和发展机会。

7. 环保产业发展方向多元化

环保产业发展方向多元化表现为过程、产品的多、杂、散、关联少等具体情况，污染的多样性决定了环保产业发展的跨专业性要求。环保产业发展方向多元化要求各企业要素投入比例的差异化。第一、第二、第三产业中均有环保产业产出，但第二产业作为发展的支点，其支撑产业不断向前发展，在第二产业尚未完全之时，过度强调第三产业中的环保产业产出，将会不利于环保产业的整体良性协调。

二、世界环保产业发展

（一）世界环保产业发展概况

目前，环保产业在各国以一定的速度发展，世界环保产业总值不断增加，但是发达国家占主导的地位一直没有动摇，约为全球环保市场85%的份额，大多数国家为环境服务输出国，出口的对象主要是发展中国家，详细可见图8-7。

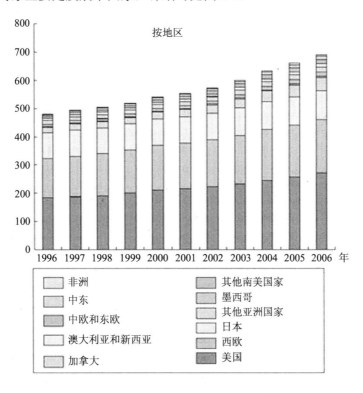

图 8-7　2006 年全球环保产业区域市场结构（单位：10 亿美元）

引自：Environmental Business International，2006

回顾世界环保产业的产生和发展，是伴随人类发现环境问题、控制污染、维护生态平衡、协调与发展环境各阶段发展壮大的，按时间顺序可分为以下几个阶段：

（1）20 世纪 30—60 年代，震惊世界的环境污染事件频繁发生，使众多人群非正常死亡、残废、患病的公害事件不断出现。人们逐渐意识到工业的发展给环境及人类带来的巨大灾难，于是一些科技人员在从事工业科技研究的同时开始对环境问题的研究和探索，为环境科学、环保产业的发展做出了历史性的奠基工作。

（2）进入 20 世纪 60 年代后，工业化国家的工业发展迅猛，原油、煤炭大量用于工业生产，加剧了环境的恶化，环境问题日益严重。迫于环境的压力，工业化国家从立法、管理、环境、工程等方面开始实施污染全面控制。工业发达国家在污染控制方面投入大量的人力财力，发展污染控制技术，投入除污设备，使得环保工业体系基本形成，环保市场开始形成一定规模，可以说这一阶段是环保产业形成的初期。

（3）20世纪70年代后期，环保产业的发展进入成熟阶段，发达国家的环保产业由主要为控制与治理污染步入了为建立清洁、舒适、优美环境提供技术与物质保障的新阶段。环保技术在这一时期更是发展迅速，在继承以往研究成果的基础上，不断研发出新的污染防治技术与产品层，并由污染控制技术向保护自然生态环境和自然资源领域拓展。

（4）20世纪80年代，国外大企业初步建立环保产业。当时，环保产业还局限于污水处理处置、大气污染控制和治理、固体废物处理、填埋和焚烧、噪声控制等污染末端治理方面。随着核电站泄漏、臭氧层的破损、酸雨，以及气候变化等一系列环境问题被人类广泛认识，一些发达国家和跨国企业开始投入大量资金用于环保产业的发展。这包括德国的电厂脱硫脱氮技术、荷兰的清洁煤利用技术、环保汽车等众多先进环保产业。这些企业巨头对于环保产业的发展起到了极大的带动作用。

（5）进入20世纪90年代后，环保产业走入稳定发展期。世界环保产业的技术体系及水平已趋于成熟、产品标准化、系列化、配套化程度高的阶段。在逐步完善污染末端治理技术的基础上，一些发达国家已经把重点转向了清洁生产技术上，力图生产全过程和产品的双清洁。而且，在目前的整个环保产业体系中，环境服务业已经超过了环保设备制造业而位居首位，这预示着世界环保产业正值稳定发展期。

目前世界上环保产业发展最好的就是几个发达国家，其中最具有代表性的是美国、日本、加拿大和德国。而以我国为代表的发展中国家的环保产业仍处于快速发展期。

（二）世界环保产业发展趋势

近年来，随着人们环境意识的增强和对环境质量要求的提高，以及科学技术的进步，环保产业已成为席卷世界的热潮，越来越多的国家正在抛弃传统的工业发展模式，取而代之的是经济与环境相协调的可持续发展战略。目前，全球环保产业的商品及服务市场迅速成长，世界各国也迅速掀起了绿色革命的浪潮，以推动本国经济的可持续发展，未来环保产业将呈现以下趋势。

1．"绿色"制造

目前，各企业已经认识到工业生产所引起的环境问题不仅会对环境质量产生严重危害，而且会大大影响企业的市场竞争力，因此，世界各国工业界正在积极推行清洁生产，降低物耗能耗，实现全生产过程的"绿色化"。一些污染重的工业正在走向没落。相反，一些有利改善环境、被称作"朝阳产业"的工业和产品正在蓬勃发展，展现出强大的竞争力。以美国、加拿大、日本为首的发达国家已投入全球性的绿色制造行动。法国规定，发动机排量 2 L 以上的新轿车都必须安装废气有害物质催化转换器。在美国的加利福尼亚州规定，所有汽车制造厂从 1998 年开始，无污染汽车的产量应占生产总量的 2%。在计算机领域，美国是开发绿色电脑的先驱。据估计，由于使用绿色电脑，美国联邦政府每年可减少电费支出 4 000 万美元。

2. "绿色"商品

可持续消费使环保产业向生活领域延伸。最明显的例证就是"绿色商品"深受消费者青睐。"绿色商品"是指那些从生产、使用到回收处置的整个过程具有特定的环保要求，对生态环境无害或损害极小，并有利于资源的再生回收的产品。绿色商品不仅对人体健康提供了保证，而且促进了环保产业的经济增长，揭开了人类生活的新篇章。

3. "绿色"农业

"绿色"农业的发展是基于人们对"绿色"食品的需求。以世界农业为例，各国正在实施和完善"作物综合管理"计划，以及符合绿色产品要求的其他计划。这些计划的宗旨是选择对环境危害最小的农药和化肥，同时把它们的用量减少到不影响生产效果的最低限度，保证持续提供有益健康的食品，同时还要改良土壤结构，保证野生动植物资源。英国农场农药使用量减少了 20% 以上，氮肥的使用量减少了 25% 左右。同时"绿色耕种"也在全球范围内展开。绿色耕种是指用电脑控制化学制品的播撒数量，使化学用品降到最低限度。计算机屏幕可显示播种示意图，并且精确地计算出每 1 英亩所需的化肥数量，然后自动控制化肥的播撒。这种"精确种田"的方法，既减少了污染，又增加了收益。除此之外，发达国家商用农作物所用的除草剂，如杀虫剂等也正朝着生物化过渡，无污染的生物产品将取代现在的化学制剂产品。

4. "绿色"科技

环境保护正在推动一场技术革命。"绿色"科技是当今国际社会发展的一种趋势，如节能技术、新能源开发技术、无害或低害工业新技术、有害废物处理技术、资源综合利用技术、资源替代技术等，已受到了工业界和科技界前所未有的重视。想要达到清洁生产，保持对资源的持久利用，就必须改变过去落后的工业发展模式，加速科技进步。工业除尘方面，美国在静电除尘器方面对高、低比电阻粉尘以及脉冲充电、电子束射线电离上取得了突破性进展；日本在袋式除尘器采用烟气调质技术以提高除尘效率，降低运行能耗和阻力。目前，世界上的固体废弃物的处理技术基本成熟。美国、日本都建立了许多无公害化的安全填埋场，完善了有害废弃物的焚烧处理技术，另外还发展了安全填海技术、进注入技术、安全固化技术等。新能源方面，意大利 ENL 公司利用新能源技术，对在生产石油过程中排出来的甲基乙醚采用回收利用方法，弥补了损失，控制了污染。

三、中国环保产业发展

我国实行改革开放政策以来，工业化发展迅猛，经济实现了快速增长。然而，伴随着我国经济的迅速工业化，高速的经济增长导致了环境问题的恶化，致使生态环境问题日益突出，大规模污染事件不断发生。赖以生存的环境发生了变化直接影响到我们自身的生活，同时对经济造成巨大的损失，仅 1996—2005 年，污染造成经济损失约占 GDP 的 10%。因此，无论从环境自身的角度，还是经济发展以及国际舆论压力的角度，我国政府都应致力于环境保护产业。

（一）我国环保产业发展历程

我国的环保产业最初起源于 1973 年第一次全国环境保护工作会议，经历了 20 世纪 80 年代起步阶段，90 年代初步发展阶段，特别是 1996 年环保产业被正式列入国家计划以后，我国环保产业进入了快速发展时期，现已初具规模。经过多年的发展，中国环保产业已经初步形成面向 3 类产业的市场体系（图 8-8）。

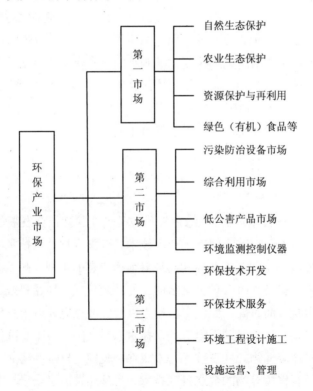

图 8-8　中国环保产业的市场体系框架（引自李燕妮，2006）

（二）中国环保产业发展现状及趋势

我国的环保产业起步较晚，发展速度还是比较快的，到 2011 年，我国环保产业从业单位共有 3 万多家，从业人员近 300 万人；但我国现阶段环保产业还处在过渡阶段，虽然投资在不断地增加，可在技术、管理、政策等方面都与国际水平有一定的差距，国际竞争力还相对较弱。总体来说，受行业前景预期良好及国家政策推动影响，我国呈现出加快发展的势头。随着我国环保产业的发展，将给我国经济带来更大的利益，也将促进我国经济结构调整，成为新的经济增长点。下面，将从环保产业技术发展、环保产业的分布以及环保产业的效益三个方面，具体剖析我国环保产业的发展现状和趋势。

1．环保产业技术发展情况

技术是发展的动力，我国环保产业的快速发展依托于技术的不断创新。目前我国环保产业技术正在发展，部分环保产品生产技术已经达到国际水平。例如，在环保监测方面，我国聚光科技有限公司目前已经成为国际三大激光分析仪器公司之一，公司已形成烟气排放连续监测系统、水质在线监测系统、激光在线气体分析系统、过程分光光谱分析仪等多个系列的完整的环境监测仪器产品线。这说明，我国已具备自行设计和开发建造环保设备的能力。除此之外，我国在资源综合利用、工业废渣综合利用、从有机废液中提取蛋白饲料技术、空气冷冻废橡胶制胶粉技术都已将达到世界先进水平。从总体上看，我国环保产业技术正向高端水平发展。

2．环保产业分布情况

我国环保产业分布除了西藏自治区外，在全国各个省市区都有一定的分布。但是，环保产业和环保产品的生产主要集中在东南沿海、渤海湾、沿江较发达的地区。这些地区中有 24 个省市年生产总值超过亿元。环保产业的区域还在不断的扩展，逐渐向内陆地区发展。

3．环保产业效益情况

环保产业作为一个非常有发展潜力的产业，其经济效益是非常可观的。2012 年 6 月，国家发展和改革委员会公布了《"十二五"节能环保产业发展规划》，规划提出到 2015 年我国节能环保产业总产值达到 4.5 万亿元，增加值占国内生产总值的比重为 2%左右的总体目标；明确了政策机制驱动、技术创新引领、重点工程带动、市场秩序规范、服务模式创新的基本原则；并提出了价格、财税、土地等七个方面的政策措施。2013 年 8 月，国务院印发《关于加快发展节能环保产业的意见》，明确了今后 3 年节能环保产业产值年均增速15%以上。到 2015 年，节能环保产业总产值将达到 4.5 万亿元，成为国民经济新的支柱产业。

案例：以浙江省湖州膜产业的发展为例，说明环保产业为我国带来的经济效益

目前膜法水处理容量全球 150 亿～200 亿美元/a，中国约 80 亿元人民币/a，2007年湖州膜法水处理工程额达 10 亿元，占全国 10%左右。湖州市环保产业以净水处理为特色，以欧美环境为龙头，共有相关企业约 40 家，其中膜生产企业约 8 家，其他32 家为相关的水处理配套产品企业产值过亿元的 1 家，实现工业总产值 6.3 亿元，实现销售收入 6.2 亿元，实现利税 1.7 亿元，实现利润 1.3 亿元，分别同比增长 30%、30%、20%和 20%。其中规模以上企业 2007 年实现销售收入 4.6 亿元，同比增长 40.4%，2006 年销售收入 3.3 亿元。主要产品是反渗透膜、超滤膜、EDI 设备及各类纯水、超纯水设备，并承接各类相关水处理工程，其特色为各类膜产品，技术含量高，"湖州水处理"板块在全国已形成知名度，整体规模处第二位，仅次于江苏宜兴，行业连续多年保持在 30%以上的增长速度，有超过江苏宜兴的趋势。

国内同行资产规模前十位的有 2 家，分别是浙江欧美环境工程公司和浙江四通环境工程公司。目前湖州开发区水处理设备生产企业 8 家中共有规模以上企业 4 家，分别是浙江欧美环境工程公司、浙江四通环境工程有限公司、浙江东洋环境有限公司、湖州飞英环境科技工程有限公司。湖州膜产业年总产值排前的企业见表 8-5，由表可知，湖州膜产业地区行业集中度 CR4 约为 50%，行业集中度高，区域市场竞争趋向垄断。

表 8-5　湖州膜产业年总产值排前企业概况（引自浙江省环保局，2009）

序号	企业名称	2007 年总产值/万元	利润总额（利润率）	从业人数
1	浙江欧美环境工程有限公司	39 804	3 510（8.8%）	500
2	浙江四通环境工程有限公司	6 000	1 200（20%）	98
3	浙江东洋环境工程有限公司	2 685	255（9.5%）	54
4	浙江大港飞英环境有限公司	2 000	165（8.3%）	12
	总计	50 489	5 130（10.2%）	664

备注：该区域膜产业生产企业约 8 家，2007 年产值约 10 亿元，占全国的 10%。

四、我国环保产业面临的问题及解决对策

（一）我国环保产业发展中的问题

目前，我国环保产业初步成型，但与发达国家相比总体上技术水平较低，经济投入不足，尚有一定差距，主要呈现出以下几点问题：

（1）政府环境政策导向。我国环保企业从开始建立，到发展，至现在的逐渐壮大，都是在政府政策引导下进行的。一方面政府政策扶持培育了早期环保产业，但随着国际竞争的日益激烈，政府过多干涉并不一定是好事。另一方面对于民营企业来说，政策导向的发展模式会限制其技术能力的发挥。

（2）市场缺乏公平竞争的环境。我国环保企业以小型化、分散化为主，存在产业结构、区域布局不合理、重复建设多等问题，尚未形成一批大的环保产业集团，而且我国虽然制定了环保产业发展规划，但缺乏有效的宏观调控和指导，质量标准、技术规范和质量监督等仍需继续深入制定和开展，因此造成环保产业市场混乱，出现地方行业垄断的现象。如有些地方设置具有排他性过高的市场准入门槛；在环保工程建设中回避招标和招投标中弄虚作假、不规范竞争；有的地方片面强调当地环境保护建设项目所需的设备和产品要在当地生产，造成低水平重复建设等。市场混乱的结果阻碍了环保产业技术进步，挫伤了经营者积极性。因此，我国环保市场氛围还欠缺公平竞争。

（3）核心技术落后。总体上，我国环保公益和设备的高科技含量少，自动控制水平较低，环保技术开发还有待提高，系统可靠性差，管理人员多，运行成本高，我国环保产业技术总水平（设计、加工、制造）与发达国家还有较大的差距，具有国际水平的产品只占4%，有独立知识产权的高新技术产品不多，绝大多数企业的科研、设计力量薄弱，技术开发力量主要分布在大专院校、研究院所，而且技术开发的投入不足，尚未形成以企业为主体的技术开发和创新体系。产品主要为常规产品，技术含量低。

（4）经济规模小，缺乏具有国际性竞争力的环保企业。虽然出现了一些较有实力的企业，但与有实力的国际环保集团相比，不管是在规模上还是技术上仍有一定的差距。从历年的数据来看，我国环保产业的经济规模不大。目前环保产业中大型企业与中型企业所占总数不到 1/5，而小型企业所占比例高达 80%。环保产业规模较小就会导致在设备建设时会出现覆盖，浪费了资金，也不利于技术上的发展，最终导致企业综合水平偏低。同时，规模小和市场集中度低的状况也制约了环保产业自身的市场开拓和竞争能力，造成了环保企业大多不具有明显的市场竞争力，无法充分发挥有实力企业的引导作用。

（二）我国环保产业所面临问题的解决对策

我国环保产业面临着机遇与挑战。在国际竞争日益激烈的情况下，我们必须走适合中国特色的环保产业发展之路。

1. 充分发挥政府职能，加大政府对环保产业的投入

对于政府来说，要做好对环保事业的引导作用，制定好相关的政策，为环保产业的发展提供有利的平台，提供有力的政策支持，首先要根据国外的一些发展经验以及我国几十年的发展历程中的总结，做好产品的定位工作，对我国的环保工作进行合理的规划，使环保产业能够实际地进行环境保护工作，真正意义上改善我国的环境问题；同时政府要加大

资金的投入，使其有足够的基础支撑，从更多方面来完善环保产业的发展。

2. 完善环保产业的市场机制，形成良好的竞争环境

环保产业市场的不公平性竞争一直是阻碍其发展的重要问题，因此亟待处理这一问题。首先国家需要出台相关的法律法规来规范市场行为，对于各个企业之间的恶性竞争做出惩处，首先从法律上约束企业的不良竞争；其次就是企业自身的态度。作为环保企业，企业要明确企业发展的终极目标，从企业自身的角度来提高市场竞争力，同时可以加强企业之间的合作，从而达到双赢的局面，为环保产品的发展提供有利的环境。

3. 加大技术的投入，提高自主创新能力

我国正处于环保产业发展的重要阶段，对于技术方面的要求也越来越高，技术在产品研发上的作用也愈来愈显著。我国的环境问题有自身的特点，仅仅靠引进国外的技术和方法是不够的，我们需要根据自己的特点，制定合适的发展体系，提高企业的自主创新能力。可以通过依靠高等院校的新技术、新工艺、新创造为我国环保产业技术注入新的源泉，逐步将技术产业化，推进我国环保产业的深入发展。

五、环保产业与可持续发展

当前，环境保护和可持续发展是国际社会的热点话题。1992 年联合国环境与发展大会通过了《环境与发展宣言》和《21 世纪议程》，第一次把可持续发展由理论推向行动。中国在 1992 年联合国的环境与发展会议之后的两个月内，公开发表了《中国环境与发展十大对策》，宣布中国要实施可持续发展战略。然而，在中国近几十年的经济发展中，一直走一条"先污染，后治理"的"增长优先"道路，付出了高昂的环境代价。时间一长，必然导致生态环境急剧恶化、环境发展不平衡、危及国民健康的局面。因此，将环保产业与可持续发展相结合是必然的选择，环境与发展相互依靠、相互促进。目前，党中央提出了可持续的科学发展观，确定走新型工业化道路，明确了建设资源节约型社会和环境友好型社会的目标和要求。

（一）环保产业对环境、生态和资源的可持续发展的意义

据我国专家在 20 世纪 80 年代初的测算，1983 年的环境污染损失为 380 多亿元，生态破坏损失 490 多亿元，两者合计，约占国民生产总值（GNP）的 15.6%。另据中国社会科院 20 世纪 90 年代中的估算，1993 年的环境污染损失过千亿元，生态破坏损失超过 2 000 亿元，两者合计，约占 GNP 的 10.03%。上述数据证明了环境恶化对我国经济造成的巨大损失，自然资源的耗减，生态破坏和环境污染削弱了我国的可持续发展能力。

污染治理型环保产业主要为环境污染治理提供技术、产品，为减少环境中有害物质的

含量、改善环境质量提供服务，最终结果就是修复受损的生态环境，维护其自净能力，提高其环境容量。环保型产业的发展即产业的环保化过程，主要依靠清洁生产、建立循环经济等途径来不断推进产业环保化进程，产业环保化过程就是资源利用率不断提高、资源利用量又相对减少、废物排放量不断减少的过程，某种程度上看也就是环保型产业的发展过程，也就是环境资源的保护过程。环境产业特指经营生态资源、提供舒适性享乐服务的这类环保产业，它以创造生态效益来获取经济效益，虽然其最终目的是得到经济上的好处，但其实现途径则是创造性地保护生态资源。

（二）环保产业对经济、社会可持续发展的意义

根据可持续发展理论，经济可持续发展主要包含经济增长优先、经济结构优化和经济质量改善三个方面，社会可持续发展则主要包括就业、社会公平等方面的内容。发展环保产业对经济、社会可持续发展的方方面面均有明显的促进作用。

将环保产业对经济、社会可持续发展的意义可概括为以下六点：① 提高经济增长的质量；② 创造新的经济增长途径；③ 带动国民经济其他行业和部门的发展；④ 促进经济系统的技术升级和产业结构的转型；⑤ 提供就业机会；⑥ 促进社会公平。

复习思考题

1. 请思考环境保护法律法规的意义，并讨论环境保护与经济政策制定之间的关系。
2. 请分析我国环境标准体系存在问题的原因，对完善我国环境标准体系的看法和建议。
3. 请简要阐述绿色生态设计的设计原理及生态评价的意义。
4. 请列出三种环境管理的手段，请结合实例说出你眼中环境管理的意义。
5. 请分析环保产业与可持续发展的关系。
6. 请谈谈你对"流域清水产流机制"的看法。
7. 你对我国环境科学技术未来发展趋势的看法。

参考文献

[1] 韩德培. 环境保护法教程[M]. 北京：法律出版社，2007.
[2] 陈英旭. 环境学[M]. 北京：中国环境科学出版社，2001.
[3] 吕忠梅. 环境法导论[M]. 北京：北京大学出版社，2010.
[4] 国家环境保护"十二五"规划[M]. 北京：中国环境科学出版社，2012.
[5] 谢校初，龚文启. 完善中国环境法体系之我见[J]. 吉首大学学报（社会科学版），2001，3：55-62.
[6] 蔡守秋. 建立和健全中国环境法体系[J]. 环境保护，1987，9：2-4.

[7] 蒋蕾蕾. 环境标准制订怎样走向规范化[N]. 中国环境报，2010-04-23.

[8] 蒋莉，白林. 关于完善我国环境标准体系的若干思考[J]. 理论，2012，5：92-95.

[9] 彭本利，蓝威. 环境标准基础理论问题探析[J]. 玉林师范学院学报（哲学社会科学版），2006，1（27）：82-86.

[10] 朱晓吉，王君. 环境标准应用的几点探讨[J]. 中国新技术新产品，2010，13：211.

[11] 张晏，汪劲. 我国环境标准制度存在的问题及对策[J]. 中国环境科学，2012，32（1）：187-192.

[12] 彭本利，李奇伟. 以科学发展观创新我国的环境标准[J]. 玉林师范学院学报（哲学社会科学版），2007，2（28）：101-104.

[13] 臧华. 浅谈建筑的绿色生态设计[J]. 科技前沿，2010，10.

[14] 张建雄. 绿色生态设计到工业产品设计的实践[J]. 中国市场，2011，15：40-41.

[15] 陈黎君. 绿色生态设计理念的原则[J]. 园林园艺，2011.

[16] 黄翠芬. 对建筑居住环境绿色生态设计的思考[J]. 广东建材，2007，10：97-98.

[17] 章家恩. 生态规划学[M]. 北京：化学工业出版社，2009.

[18] 罗文泊. 生态监测与评价[M]. 北京：化学工业出版社，2011.

[19] 万玉山. 环境管理与清洁生产[M]. 北京：中国石化出版社，2013.

[20] 黄恒学. 环境管理学[M]. 北京：中国经济出版社，2012.

[21] 徐宗玲. 合作式环境管理模式的架构[D]. 山东科技大学，2007.

[22] 中国科学技术协会. 2011—2012年环境科学技术学科发展报告[M]. 北京：中国科学技术出版社，2012.

[23] 中国科学技术协会. 2008—2009年环境科学技术学科发展报告[M]. 北京：中国科学技术出版社，2009.

[24] 中国科学技术协会. 2006—2007年环境科学技术学科发展报告[M]. 北京：中国科学技术出版社，2007.

[25] 叶长明，王春霞，金龙珠. 21世纪的环境化学[M]. 北京：科学出版社，2004.

[26] 陈运法，朱婷珏. 关于大气污染控制技术的几点思考[J]. 大气灰霾追因与控制，2013，28（3）：364-370.

[27] 金顺平，李健权，韩海燕. PTR-MS在线监测大气挥发性有机物研究进展[J]. 环境科学与技术，2007，30（6）.

[28] 王自发，庞成明，朱江. 大气环境数值模拟研究进展[J]. 大气科学，2008，32（4）：987-995.

[29] Zhang Y M，Zhang X Y，et al. Characterization of new particle and secondary aerosol formation during summering in Beijing，China[J]. Tellus Series B-Chemical and Physical Meteorology，2011，63（3）：382-394.

[30] 郭龙，辛志玲. 烟气脱硝研究进展[J]. 广州化工，2013，41（13）：22-24.

[31] 张慧明，周德群. 温室气体减排技术研究进展[J]. 中国科技论坛，2011（9）：104-120.

[32] 李辉，孔庆媛. 室内空气净化技术的研究与探讨[J]. 林业机械与木工设备，2010，38（5）：30-33.

[33] 徐红. 汽车尾气净化技术的进展[J]. 科技信息，2011（33）：413-414.

[34] 李晟. 饮食业油烟污染及净化技术探讨[J]. 能源与环境，2008（1）：92-94.

[35] 姜华，吴波. 城市生活垃圾处理现状、趋势及对策建议[J]. 电力环境保护，2008，24（1）：50-52.

[36] 董庆士，党国锋. 固体废物资源化研究与探讨[J]. 城市管理，2003（6）：25-28.

[37] 汪群慧. 固体废物处理及资源化 [M]. 北京：化学工业出版社，2004.

[38] 张琪. 城市固体废物无害化资源化处置途径[J]. 中国资源综合利用，2012，30（8）：26-29.

[39] 范留柱. 国内外生活垃圾处理技术的研究现状及发展趋势[J]. 中国资源综合利用，2007，25（12）：36-37.

[40] 马大猷. 环境物理学[M]. 北京：中国大百科全书出版社，1982.

[41] 环境保护部. 2009 年度全国城市环境管理与综合整治年度报告[R]. 2009.

[42] 张猛. 噪声控制技术的现状及发展[J]. 科技信息，2007（22）：26-32.

[43] Proceeding of the 38th International Congress on Noise Control Engineering（Inter – Noise '2008）[R]. Lisbon，Portugal，June 14-16，2010.

[44] 徐顺清. 环境污染与人类健康[J]. 科技报道，2007，25（21）：82-83.

[45] 陈学敏，鲁文清. 我国环境卫生学研究进展[C].//2006 年第四届环境与职业医学国际学术会议论文集，2006：7-9.

[46] Pope C A，Muhlestein J B，May H T，et al. Ischemic heart disease heart triggered by short-term exposure to fine particulate air pollution[J]. Cirul，2006，114（23）：2443 – 2448.

[47] 彭善枝. 环保产业与可持续发展[D]. 武汉大学，2004.

[48] 任赟. 我国环保产业发展研究[D]. 吉林大学，2009.

[49] 杨云彦. 人口、资源与环境经济学[M]. 北京：中国经济出版社，1999.

[50] 鲁传一. 资源与环境经济学[M]. 北京：清华大学出版社，2004.

[51] 伊武军. 资源环境与可持续发展[M]. 北京：海洋出版社，2001.

[52] 徐嵩龄. 世界环保产业发展透视[J]. 中国环保产业，1997，6.

[53] 杨文生. 环保产业发展研究——以武汉市为例[D]. 华中农业大学，2005.

[54] 段福林，李晓海. 世界环保产业发展概况[J]. 山东经济战略研究，2000，7：16-18.

[55] 赵亮. 浅析我国环保产业发展[J]. 华章，2013（14）：341.

[56] 国家环保总局. 2000 年全国环境保护相关产业状况公报[Z]. 2002.

[57] 刘晶. 我国环保产业的发展现状、问题与对策[J]. 海南师范大学学报（社会科学版），2011，24（5）：78-81.

[58] 陈昊文.中国环保产业展望[J]. 中国环保产业，2008（4）：8.

[59] 李强，王晓伟.我国环保产业发展现状与未来发展之路[J]. 环境科学，2011（8）：145.

[60] 李咏梅.我国环保产业发展中的问题与对策[J]. 人资社科，2010（2）：70.

[61] 刘志全.环保政策促循环经济发展[J].中国科技投资，2010，7（12）：105-106.

[62] 田宏莉，冯慧娜.我国环保产业发展中的问题与对策[J]. 郑州航空工业管理学院学报（管理科学版）：2004，22（4）.

[63] 何淑英，徐亚同，胡宗泰. 湖泊富营养化的产生机理及治理技术研究进展[J]. 上海化工，2008，2（33）：1-5.

[64] 赵文军. 环境管理的发展与实践研究[D]. 西北大学，2003.

第九章　环境经济分析与可持续发展战略

第一节　环境问题的经济学分析

一、环境经济学概述

环境经济学是研究经济发展和环境保护之间相互关系的科学，是经济学和环境科学交叉的学科。环境经济学作为经济学的一个分支学科，最早兴起于 20 世纪五六十年代，当时在西方发达国家，严重的环境污染激起了强烈的社会抗议，引起许多经济学家和生态学者重新考虑传统经济定义的局限性，从而把环境和生态科学的内容引入经济学研究中。环境经济学的形成和发展，同时在两个方面为人类知识的发展作出了贡献：一是扩展了环境科学的内容，使人们对于环境问题的认识增添了经济分析这个极为重要的视角；二是实现经济科学在更为现实和客观的基础上得到发展，增强了经济学对于社会现象和人类行为的解释力，为人类克服环境危机的现实行动提供了极大的帮助。

（一）环境经济学的研究内容

环境经济学主要是一门经济科学，以经济学理论为基础，其中主要有微观经济分析中的均衡理论、福利经济学、信息经济学、公共选择理论和新制度经济学的理论和方法，并将生态学、系统论、控制论以及资源学的相关理论分析框架纳入其中。环境经济学就是研究合理调节人类经济活动，使之符合自然生态平衡和物质循环规律，使社会经济活动建立在环境资源的适度承载能力基础之上，综合考量短期直接效果和长期间接效果，兼顾自然资源利用的代内公平和代际公平。其研究内容主要有以下四个方面：

（1）环境经济学的基本理论与方法。环境经济学的基本理论与方法包括社会制度、经济发展、科学技术进步同环境保护的关系，以及资源和环境价值计量（包括对未来的贴现）的理论和方法等。

经济发展和科学技术进步，既带来了环境问题，又不断地增强保护和改善环境的能力。

要协调它们之间的关系，首先是要改变传统的发展方式，把保护和改善环境作为社会经济发展和科学技术发展的一个重要内容和目标。当人类活动排放的废弃物超过环境容量时为保证环境质量必须投入大量的物化劳动和活劳动，这部分劳动已愈来愈成为社会生产中的必要劳动。同时，为了保障环境资源的永续利用，也必须改变对环境资源无偿使用的状况，对环境资源进行计量，实行有偿使用，使经济的外部性内在化，以及经济活动的环境效应能以经济信息的形式反馈到国民经济计划和核算的体系中，保证经济决策既考虑直接的近期效果，又考虑间接的长远效果，兼顾局部利益和社会整体利益。

（2）社会生产力的合理组织和环境资源的功能区划。环境污染和生态失调，很大程度上是对自然资源的不合理的开发和利用造成的。合理开发和利用自然资源，合理规划和组织社会生产力，是保护环境最根本、最有效的措施。为此必须改变单纯以国民生产总值衡量经济发展成就的传统方法，把环境质量的改善作为经济发展成就的重要内容，使生产和消费的决策同生态学的要求协调一致；要研究把环境保护纳入经济发展计划的方法，促进环保产业协调发展；要研究生产布局和环境保护的关系，按照经济观点和生态观点相统一的原则，拟定各类资源开发利用方案，确定一国或一地区的产业结构，以及社会生产力的合理布局。这方面的研究需要综合运用经济学、生态学、系统论和控制论等理论和方法。

（3）环境保护的经济效果（费用—效益分析）。包括环境污染、生态失调的经济损失估价的理论和方法，各种生产生活废弃物最优治理和利用途径的经济选择，区域环境污染综合防治优化方案的经济选择，各种污染物排放标准确定的经济准则，各类环境经济数学模型的建立等。

（4）运用经济手段进行环境管理。经济方法在环境管理中是与行政的、法律的、教育的方法相互配合使用的一种方法。它通过税收、财政、信贷等经济杠杆，调节经济活动与环境保护之间的关系、污染者与受污染者之间的关系，促使和诱导经济单位和个人的生产和消费活动符合国家保护环境和维护生态平衡的要求。

（二）环境经济学在环境管理中的地位和作用

环境管理的手段主要有教育手段、行政手段、经济手段和法律手段。每一种环境管理手段都有其理论支持体系，环境经济学主要为环境的经济管理手段提供理论基础。应该说每一种环境管理手段都存在其优势和不足，但从根本上来说，由于人们的经济关系处于社会关系的支配地位，所以经济手段是环境管理手段的核心。环境问题的背后无不隐藏着人们的经济利益的冲突，环境问题的解决实质上是各利益相关者谈判和重复博弈的过程。因此，环境经济学的研究和发展对改善环境管理，实现环境与经济的协调发展起着至关重要的作用，全球环境管理的实践也证明了环境管理越来越依赖于经济手段的完善与应用。因此，无论从环境科学还是从经济科学的体系考虑，环境经济学均占有举足轻重的地位，并日益发挥出其重要的理论和现实意义。

二、环境经济分析基本理论——外部性理论

(一)外部性概念

简单地说,外部性就是实际经济活动中,生产者或消费者的活动对其他消费者和生产者产生的超越活动主体范围的利害影响。按照传统福利经济学的观点来看,外部性是一种经济力量对于另一种经济力量的"非市场性的"附带影响,是经济力量相互作用的结果。这种影响有好的作用也有坏的作用。好的作用称为外部经济性或正外部性,坏的作用称为外部不经济性或负外部性。可以把外部性分为生产的外部经济性、消费的外部经济性、生产的外部不经济性和消费的外部不经济性。与环境问题有关的外部性,主要是生产和消费的外部不经济性,尤其是生产的外部不经济性。下面举例说明环境生产中外部不经济性的表现。

假设一条小河的流域内只存在一个游乐场和一个纺织厂,并且纺织厂处于河流的上游,而游乐场处于河流的下游,河流的流量很小,其纳污能力或水环境净化容量几乎为零。纺织厂和游乐场都想利用河流水资源,纺织厂把小河作为纳污体,将未经处理的印染废水直接排入河流;游乐场则想利用河水来吸引旅客消闲娱乐(如游泳、垂钓和划船等)。如果这两家企业或公司不由同一个主人或主管单位所有,那么该河流资源的有效利用是不可能的,其原因可以从以下几方面来分析:① 纺织厂不承担废水处理费用;② 纺织厂不承担由于它向河流排放废水引起游乐场收入减少的补偿;③ 纺织厂生产的产品消费者不是游乐场;④ 游乐场生产函数中的投入要素除了一般的资本、劳动和土地外,还有取决于河流的水量和水质;⑤ 河流水资源既不为纺织厂所有,也不为游乐场所有。在这种情况下,游乐场收入减少完全不能反映于纺织厂的生产函数或生产费用或成本核算之中,其结果是纺织厂产量越高,排放废水量越大,河流污染也越严重,游乐场的收入也越少,最后招致娱乐场所的关闭或另寻水源。我们称这种纺织厂给游乐场带来不利影响的现象为外部性,确切地说,这是一种负外部性或外部不经济性。

(二)环境外部不经济性的特征及影响因素

1. 环境外部不经济性的特征

(1)客观存在性。生产率的不完全性决定了这一点。由于在生产或消费中不可避免地要产生物质或能量废弃物,甚至在污染的治理活动中也会产生二次污染,只要排出的废弃物或对生态系统的扰动力超过了系统自净、自控能力,必然会造成环境质量下降,从而对他人造成外部不经济影响。因此生产率不完全的必然性决定了环境外部不经济的必然性,只是其大小规模随环境容量而不同。

（2）范围广泛性。这一点首先表现在随着环境资源的稀缺，环境外部不经济问题在各行各业，生产与消费各个领域更为突出，其次其影响的受害者往往是多方的。

（3）影响联动性。无论是产生者还是受害者已不仅仅是一方对另一方的简单影响，而是通过环境介质形成错综交错的网状联动影响，产生者与受害者已没有严格精确的界限。

（4）计量困难性。理论上外部不经济量为边际社会成本与边际私人成本之差，但由于环境问题的特殊性，一些间接的、联动的影响难以计量，难以货币化，而有些损失又是不能用货币表现的，如物种的损失等。

（5）消除困难性。首先表现在有些环境问题是不可逆的，产生以后要经过长久的年代才能恢复或不可恢复，致使环境外部不经济性的消除困难；其次表现在有些外部性具有潜伏期与时滞效应，也造成发现晚，清除困难。

2. 环境外部不经济的影响因素

（1）与环境要素有关。一般来说，水环境由于其较为稀缺，其流动性决定了影响范围较大，而其具有一定的形状，分子热运动较弱决定了物理降解能力较小，因此沿着水流域形成的不经济性较大；大气流动性强，无一定形状限制，因此物理扩散，迁移能力强，产生的外部不经济性随大气流动影响因子而变，较水环境来说较轻一些；固体废弃物运动性很小，产生环境外部不经济也有一定的空间限制，处置也较为方便。

（2）与生产者的活动有关。不同的生产消费活动，活动方式不同，产生对环境影响的物质、能量不同，影响的规模、强度、性质不同，导致产生外部不经济的大小、时空不同。

（3）与环境容量有关。环境容量大的地区，因环境自净、自控能力，可消解一部分环境外部不经济性，而容量小的地区，不仅不能消除影响，有时由于影响物（能）的协同累积作用还会使外部不经济性放大。因此在组织生产时要充分考虑地区资源与环境容量关系，使当地资源充分利用的同时又不超过可利用的环境容量。

（4）与人口密度、经济发展程度、技术等因素有关。一般来说人口与经济是当地环境容量的消耗大户，一旦产生外部性，所受的损失也较大；而技术是外部不经济的制约者。

（三）环境外部不经济性的解决途径

目前，解决环境外部不经济性问题的途径主要有三种：一是征收税金或罚款（庇古税），让厂商支付额外的环境成本，促使其减少产量，继而减少排污；二是通过界定环境产权（科斯手段）来解决外部性问题；三是基于公共利益的需要，利用行政或法律手段，实施环境保护措施，要求厂商限期治理污染。其中，"庇古税"和"科斯手段"是解决环境外部不经济性问题的两大重要经济手段。

1. 征收污染税或"庇古税"

用政府干预的方式迫使排污企业通过税收的形式支付额外的环境成本，可以使企业减少产量，继而减少排污，从而解决环境外部不经济性问题。

征收污染税的想法是英国经济学家阿瑟·庇古最先提出的，他在 20 世纪初关于福利经济学的分析中提出了私人成本社会化的论点。庇古将企业经济活动的外部成本视为边际净社会产品与边际净私人产品的差额，认为这一差额或成本不能在市场上自行消除，因为这些影响和成本与造成污染的产品的生产者和消费者不直接相关，即污染并不影响该产品的生产者和消费者的交易。在此情况下，政府应该采取行动，根据污染所造成的危害对排污者征税，用税收来弥补私人成本与社会成本之间的差额，将污染成本加到产品的价格中去，以期促使企业减少产量，进而减少污染。这种税称为"庇古税"，也叫"排污税"。庇古关于外部成本通过征税形式使之企业内部化的设想，构成环境污染经济分析的基本理论框架。将私人成本社会化转变为私人成本内部化，以减少甚至消除社会成本，就全社会而言，可以以较小地投入避免较大的损失。

"庇古税"可以降低污染控制成本，并且具有激励排污企业改进技术、减少排污的效用，即将污染减少到边际控制成本等于边际外部（损害）成本时的水平，这时就达到了最优污染控制水平。但是，由于信息不对称问题的存在，使得各方在实践中很难达到理想目标。征收"庇古税"需要事先确定排污标准和相应的最优税额，其最大困难在于缺乏确定最优"庇古税"所必需的信息。最优"庇古税"等于最优污染控制水平的边际外部成本，而在现实中，准确确定污染的边际外部成本十分困难，管理者也不容易了解各个企业的边际私人净收益。如果管理者错误地估计了企业的污染控制成本，使"庇古税"低于控制成本，则企业会选择交税而不是添置污染控制设备，这样就达不到最优污染控制水平。尽管如此，只要能使污染控制接近于最优控制水平，"庇古税"仍是可取的经济手段。

2. 界定环境产权（柯斯定理）

环境外部不经济性产生的一个重要原因是环境资源缺乏明确、清晰的产权。由于市场一般不会对没有产权的物品进行交易，使得日益稀缺的环境资源成为人人可以免费开采和竞争使用的公共物品，长此以往，必将造成资源的短缺和环境的污染与破坏。因此，要解决环境外部不经济性问题，关键是明确界定环境产权，然后由市场去取得有效率的配置结果。

既然外部性和产权结构相关，那么可以设想从产权界定出发去寻求克服或消除外部性的办法。美国的柯斯给出了解决外部不经济性的一个理论框架，即著名的柯斯定理：在产权明确、交易成本为零的前提下，通过市场交易可以消除外部性。假设外部不经济性只涉及双方，即行动方和受害方，同时不考虑双方进行交易的任何费用。柯斯定理给出了消除外部性的两个途径：

第一个途径是对外部不经济性的受害方规定了所有权或使用权，受害方有免受外部不经济性的权利，而且这种权利是可以转让的（以接受同等数量的外部不经济性损失补偿向行动方转让）。也就是说，地方当局可以根据受害方的要求，强制行动方把外部不经济性减为零，而且，受害方与行动方可以进行交易。

下面再看河流污染的例子：如果下游的游乐场对河流拥有所有权或使用权，有权力免受河流污染造成的损失，那么，当它发现遭受外部不经济性时，马上会通知行动方（造纸厂）；如果造纸厂不采取行动消除污染，游乐场就会要求当局执行所有权的规定。这样，造纸厂将被强制要求把污染水平削减到零，由此付出最大的代价。实际上，此时造纸厂会提出补偿受害方的建议以免受起诉，以使游乐场接受一定水平的污染，并使自己给予受害方的补偿小于把污染削减为零的处理费用。一般来说，对于一定的外部不经济性水平，行动方将愿意支付不大于其消除污染所需要的补偿，而受害方将愿意接受不小于其消除（或忍受）污染所需费用的补偿。这时，行动方与受害方之间的补偿交易将会达到一个均衡状态，也是高效率的状态。

第二个途径规定受害方没有免受外部不经济性的权力，除非它愿意购买这种权利。就上述例子来说，假设造纸厂拥有河流所有权和使用权，有利用河流排放并净化废水的权利，而游乐场没有要求造纸厂削减污染或给予补偿的权利。这时，受害方或是忍受外部费用或污染，或是出钱诱使行动方减少外部不经济性水平。实际情况将是，受害方愿意支付一笔不大于消除外部不经济性的费用给行动方用于减少外部不经济性，行动方也愿意接受一笔不小于消除外部不经济性所需要的资金，用于减少外部性。

可以看出，这两种途径的区别在于产权界定不同，规定受害方有权利免受外部不经济性或受害方没有权利免受外部不经济性。但是，只要明确产权，消除外部不经济性的最终交易结果是相同的。这样，通过产权的重新界定和权利交易这样一个综合性的市场手段，在理论上可以解决资源配置的"市场失灵"问题。

3. 实施环境保护指令控制措施

基于公众利益的需要，政府会利用法律或行政手段，实施环境保护命令和污染控制措施。政府处理外部不经济性最严厉的手段就是把它视为非法，即政府对环境外部不经济性实施直接管制，通过制定和颁布环境保护法律法规，确定允许的污染水平（即环境质量标准和污染物排放标准），并对超过该标准的厂商进行惩罚。排放标准是对厂商可以排放多少污染物的法定限制，它能促使厂商更有效率地进行生产。厂商通过添置减少污染的设备来达到这一标准，排放标准越高，污染治理成本越高。低于排放标准的排污往往是被允许的，而排污一旦超过排放标准的限制，厂商就会面临经济处罚甚至刑事惩罚。

我国环境保护行政主管部门依法对辖区内的环境保护工作实施统一监督管理：对新建和改建项目实施环境影响制度和"三同时"管理，即环保治理设施与建设项目同时设计、同时施工、同时运行；对企业的排污行为进行现场执法监察，对查处的违法排污企业进行经济和行政处罚，包括罚款、限期治理、停产整顿等，责令其限期改正，排放达标；对严重违法的区域和行业实施"区域限批"，即对那些违反国家环保政策，盲目进行产业扩张的地区和行业集团，停止其所有建设项目的环评审批。

要有效地实施监督管理措施，政府干预必然要增加。管理方法有时被称为命令和控制方法，因为它们多来自于政府的指令。在污染控制中，政府必须确定允许的污染水平，然后设定适当的排污标准。在实践中，政府不可能对每一个工厂设置不同的标准。一般情况下，政府会对某一行业的所有厂商采取一个统一的排污标准，而不考虑每个厂商所面临的边际治理成本。

大多数经济学家认为，应该选择严格、极端的管制措施更好的办法。对于污染，既不能任其泛滥，也不能一点也不允许。空气和水被污染的程度存在一定的界限，超过这些界限，空气就不能呼吸，水就不能饮用。但在达到这些界限之前，拥有更清洁的空气的额外成本是多少，人们应该将其与额外收益加以比较。在环境领域里，经济学家像在其他任何领域一样要进行成本—收益边际分析，而管理措施常常阻碍对有效率的污染水平的研究。

三、环境质量的费用—效益分析及评价方法

经济的成功发展是对自然资源的持续、合理的利用，并尽可能减少社会经济活动（包括经济开发和政府决策）对环境造成的不利影响。因此，利用经济分析手段，可以通过比较、分析，确定项目的总体经济效益是否会超过其成本，将有助于对项目实施方式进行设计，进而有助于产生良好的资本收益率。对一个项目来说，不利的环境影响应成为其成本的一部分，有利的环境影响则应是其效益的一部分。在项目的经济分析中，应对环境因素给予足够的重视，环境质量影响的费用—效益分析方法就是对环境质量变化所带来的费用和效益进行评估的一种主要经济手段。

（一）费用效益分析的基本概念

效益费用分析是一项活动所投入的资金（费用）与其所产生的效益进行对比分析的方法，是一门实用性很强的技术。在建设项目经济分析评价中，效益费用分析主要是对公共工程项目建成后，社会所得到的效益与所产生的费用进行评价的一种经济分析方法。它所依据的原理是：对社会资源来说，当社会总效益和总费用之差最大时，社会净福利和净效益最大，此时社会的资源利用效率也最大。

自20世纪70年代以来，由于环境污染问题日益凸显，各种环境公害事件不断发生，经济学家们认为，项目可行性在进行经济分析时，应不仅仅考虑经济方面的合理性问题，还应该充分考虑到环境的可持续性，只有这样，才能对项目方案的实际价值有科学的理解和判断，才能既预见到项目方案的经济后果，又能预见到项目方案的环境后果。因此，经

济学家开始把经济费用效益分析方法应用于环境污染控制的决策分析中，对环境质量的变化进行评估，环境费用效益分析方法应运而生。

（二）环境费用效益分析的基本原理和一般步骤

费用效益分析的基本原理可以总结为：社会是通过生产和消费来满足人们的各种需求的，当消费者的总收益大于社会生产所消耗的总成本时，社会福利就得到了提高。反之，如果消费者的总收益小于社会生产所消耗的总成本时，社会福利则降低。费用效益分析方法将一项经济活动或政策对社会福利的全部影响和效果罗列出来，以货币的形式对费用和效益进行定量表示，并考虑时间价值，将所有费用和效益进行贴现，计算出净效益现值。用各备选方案净效益现值作为判断项目优劣的标准，筛选出净现值为最大的项目方案。

用费用效益进行分析，通常可以分以下4个步骤：

（1）确定分析问题的类型和范围。确定所分析的问题是工程建设项目，还是污染控制方案，或是环境政策手段的设计。同时确定分析范围，分析范围越大，越能识别所有的影响和结果（外部影响），但分析范围受到人力和财力的限制。

（2）预测后果。开发活动的费用包括直接成本、环境保护成本、外部成本等；效益包括直接效益、外部效益等。这是往往要建立污染损害的剂量反应关系，即人类开发活动对环境质量的定量影响及环境质量变化对人类带来的定量影响。剂量反应关系函数或损害函数应能够用货币化度量。

（3）确定方案的各种费用和效益的价值。在环境质量影响的费用效益分析中，如何对环境影响进行货币化是一个难点问题。另外，当效益和费用不发生在同一时间时，必须通过一定的折现率将不同时期的价值折算成现值。

（4）综合评价各种效益和费用的现值。通常采用净效益和效益费用比两种方式来评判。

$$净效益=总效益-总费用，效益费用比=总效益/总费用$$

如果净效益大于或等于0，表明社会得到的效益大于该项目或方案支出的费用，该项目或方案是可取的；如果净效益小于0，表明该项目或方案支出的费用大于社会所得的效益，该项目或方案应该放弃。

（三）环境效益评价分析方法

环境效益费用分析方法是效益费用分析的基本理论在环境保护中的具体应用方法。目前，环境效益费用分析的基本方法。

1. 环境质量效益评价方法——市场价值法

（1）直接市场价格法。直接市场价格法是把环境要素作为一种生产要素，利用因环境要素改变而引起的产值和利润的变化，计算出环境质量变化的经济效益或经济损失。直接市场价值法是一种直接和应用广泛的方法，适用于农田污染以及空气污染等经济污染分析。

（2）机会成本法。机会成本法也称社会收入损失法。机会成本是指把一定的资源用在生产某种产品时，所放弃的另一种收入。在环境经济分析中，决定环境资源某一开发、利用方案，该方案的经济效益不能直接估算时，机会成本法就是一种很有用的评价法。机会成本法适用于水资源短缺、占用农田等经济分析。

（3）人力资本法。人力资本法也称工资损失法或收入损失法。人力资本法认为，一个人的价值等于他所创造的价值。环境质量恶化对人的经济损失有过早死亡、疾病和提前退休等，这些可以从一个人一生所创造价值的高低反映出来。用人力资源法可以评估大气污染对某地区人体造成的危害及具体的货币损失。

2．环境质量效益评价方法——替代市场法

（1）资产价值法。资产价值法是指固定资产的价值，如土地、房屋的价值。资产价值法把环境质量看做影响资产价值的一个因素，也就是资产周围的环境质量的变化会影响资产未来的经济收益。噪声、水、大气污染都会影响资产价值，特别是房地产的价值，所以可以用房地产价格的变化来评估某地的环境质量。

（2）工资差额法。工资差额法是利用不同环境质量条件下劳动者的差异工资来估算环境质量变化造成的经济损失或经济效益。如果工人可以自由选择工作地点，污染地区的工作要用高工资来吸引工人，所以工资的地区差异可以部分的归功于工作地的环境质量。

（3）旅行费用法。旅行费用法是根据消费者为了获得娱乐享受或消费环境商品所花费的旅行费用，来评价旅游资源和娱乐性环境商品的效益的分析方法。

3．环境质量费用评价方法

（1）防护费用法。防护费用法是根据环境质量的情况，以及人们愿意为消除或减少环境有害影响而愿意采取防护措施等承担相关费用而进行的经济分析方法。如评估公路噪声污染的危害，可以用建造公路防噪设施所需的费用来评估。

（2）恢复费用法。恢复费用法是指因环境受到破坏后，为使其恢复或更新到原来的状态所需的费用。实际上，环境退化、生态破坏后往往很难恢复到原来的状态，所以恢复费用只能评估最低经济价值。

（3）影子工程法。影子工程法是恢复费用法的一种特殊形式。它是指某环境遭到破坏，拟用人工建造另一个环境来替代原环境的作用，而用这个人工环境所需的费用来估算其经济损失及替代环境度量的方法。例如，某处地下水受到污染而失去饮用水功能，可以用重新建造一个饮用水水源所需的费用来评估地下水资源受到破坏的经济损失。

第二节　环境保护与社会经济的可持续发展

一、环境保护与经济发展的关系

经济发展与环境保护的关系，归根到底是人与自然的关系。解决环境问题，其本质就是一个如何处理好人与自然、人与人、经济发展与环境保护的关系问题。在人类社会发展的过程中，人与自然从远古天然和谐，到近代工业革命时期的征服与对抗，到当代的自觉调整，努力建立人与自然和谐相处的现代文明，是经济发展与环境保护这一矛盾运动和对立统一规律的客观反映。实践证明，正确处理环境与发展的关系，可以达到经济和环境的协调发展。

（一）环境保护在经济发展中的地位

从客观上来分析，经济发展和环境保护的关系是彼此依托、互相推动的。21 世纪所提倡的可持续的经济发展，其最大的特点就是将环境作为经济成本的一个部分，因而环境保护成为了降低成本、提高经济效益的途径。经济发展速度的持续性和稳定性，依赖于自然资源的丰富程度和持续生产能力，因而保护和改善环境提供了经济稳定持续发展的物质基础和条件。

发展经济必须保护环境是发展经济的本质要求。发展经济是为了提高人民的生活水平。在我国发展经济是为了解决人民日益增长的物质文化需求。我国脱胎于半殖民地、半封建的农业国。经济基础薄弱，工业化程度低，在经济发展过程中发展经济与保护环境的矛盾普遍存在。保护环境包括保护人民群众生活环境和自然环境。在城市存在发展经济尤其是发展工业对居民生活产生不良影响的情况，在农村更是存在破坏自然环境和生态环境的问题。发展经济的目的是为了提高人民生活水平，而发展过程中因破坏环境影响人民生活，违背了发展经济的本意。

发展经济必须保护环境是可持续发展战略的要求。我们生活的环境，我们的子孙后代也要在这里生活。我们发展经济破坏了环境，有些破坏是无法弥补的，是对子孙后代的犯罪。现在世界各国都已高度重视可持续发展战略的研究，大力发展绿色工业，无公害产业。我国是具有悠久历史和文明的大国，在发展经济过程中更应该重视环境保护，为子孙后代留下美好的生活空间。

发展经济必须保护环境是自然规律的要求。经济发展过程中，如果自然环境受到了严重损害，那么我们将受到自然的严厉惩罚。重大的洪涝灾害都是破坏环境造成的必然结果。在抗洪救灾中消耗的人力、物力、财力恐怕已超过了牺牲环境的经济发展成果。自然规律是无情的，谁侵犯了它谁将受到它的报复。我们必须高度重视发展经济过程中保护自然环境和社会环境。

（二）经济与生态环境的协调发展

经济与生态环境两个系统既相互独立，又相互依存、相互融合。经济的发展要以生态为基础，为支撑，而生态的保护与建设又有赖于经济的发展。生态是经济的一部分，经济又是生态的一部分，经济发展中有生态，生态建设中也包含着经济，两者具有内在的良性互动关系。应该把经济与生态看做一个互促共进的大系统，让它们在加快全面建设小康社会和提前基本实现现代化的大前提下，有机统一起来，实现经济生态化和生态经济化。

所谓经济的生态化，就是要求我们把生态的理念融入到经济工作中去，用生态的理念来发展经济。从促进经济生态化方面来看，首先要大力发展循环经济。发展循环经济，充分体现了可持续发展的理念，是走新型工业化道路的直接载体，是新经济增长方式和新经济发展模式的具体体现，也是社会文明进步的直接反映。其次要大力发展资源节约型经济。抓住全球经济结构调整优化和产业转移的有利机遇，大力推进经济结构调整，发展节水、节电、节地型产业，推进产业结构的升级换代，把经济增长模式从过去的"高消耗、高排放"转到"低消耗、低排放"上来。第三要大力发展绿色产品。大力推进生态效益型农业、绿色先进制造业基地建设。第四要加快产业结构调整。积极发展现代商贸服务业、知识型服务业和社区服务业，使产业发展建立在可持续发展的基础之上。加快产业结构调整关键在于使经济的发展速度与生态的承载能力相适应。避免盲目地攀指标、比速度、超高速发展，使经济的发展建立在自然资源可承载的基础之上。

所谓生态经济化，就是对生态的保护与建设按照市场经济的规律办事。从生态经济化方面来看：一是要用市场经济的方法来做大、做强生态产业。特别要注重引进民间资本"打理山水"。二是要用考核经济的办法来考核生态，推进绿色 GDP 指标体系。政府应探讨建立一套科学而合理的经济计算制度和由此所决定的绿色指标体系，并作为各级政府领导的政绩考核标准，引导物质投入推动的经济增长方式向质量、效益导向型的经济增长方式转变。三是推动生态项目按市场经济的办法来做。通过完善各类法律制度和经济制度，使那些违背生态建设基本原则的企业的外部成本内部化，使他们付出一定的经济代价，作为其获取公共福利的补偿。积极探索资源定价、适度提价机制，用价格杠杆调节资源使用；推进大项目企业化经营，产业化运作；运用业主招投标、项目经营权转让、BOT 等方式把生态项目推向市场，使生态项目市场化经营落到实处。另外，还要切实建立起有利于欠发达地区发展的生态效益补偿机制。

二、环境保护的经济政策手段

环境保护的经济手段一般是指为达到环境保护和经济发展相协调的目标，运用经济利益关系对环境经济活动进行调节的政策措施。对中国这样的发展中国家,在经济高速发展,环境破坏是主要矛盾的情况下,必须深入研究和积极实践环境保护的经济手段,将经济发展与环境保护在目标和手段上协调和结合起来,在最大限度地不制约经济增长、促进经济持续发展的基础上,进行环境保护,具有非常重要的理论和现实意义。

(一) 环境保护经济手段的类型

我国当前制定和实施的环境保护的经济手段主要有:税费手段,包括排污收费、生态环境补偿费、矿产资源补偿费、土地损失补偿费、育林费、城镇土地使用税、耕地占用税、城乡维护建设税、资源税和其他有益于环境的财政税收政策;价格手段,包括资源定价和产品收费(产品价格),产品收费由于主要是通过产品价格的提高而起作用,故归于价格手段类型;交易制度,包括排污交易和讨论中的一些其他交易方法,在经济合作与发展组织(OECD)分类的市场创建项目中包含的价格干预,排污申报登记和排污许可证;其他经济手段:财政手段,包括综合利用利润留成环保投资、企业更新改造环保投资、林业基金、行业造林专项资金、城建环保投资;信贷手段,包括银行环境保护贷款、造林和育林优惠贷款;执行鼓励金和罚款。下面简单介绍几种常用的经济技术手段。

1. 排污收费制度

大气、水、土壤等环境要素是人类生存的必需条件,它们具有净化污染物的功能。长期以来人们一直把环境当做污染物的净化场所,任意排放污染物,而不支付任何费用。随着经济的发展和人口的增长,污染物的排放量越来越大,超过了环境净化能力,使环境质量不断下降,人民健康受到危害。世界上许多城市和工业区,新鲜的空气、清洁的水现在已成为一种短缺的资源。净化被污染的空气和水,或者从远处和地层深处获得洁净的水源,都需要付出很大的代价。一些经济学家认为这笔费用应由污染者来负担。污染者既然污染了环境,也就是损害了环境质量,应该像消耗其他物品一样支付一定的费用,并应承担治理污染的费用和补偿受害者的经济损失,不应该把因环境污染而支付的费用转嫁给社会,从而提出了向污染者征收污染税的主张。

排污收费制度,是指向环境排放污染物或超过规定的标准排放污染物的排污者,依照国家法律和有关规定按标准交纳费用的制度。征收排污费的目的,是为了促使排污者加强经营管理,节约和综合利用资源,治理污染,改善环境。

排污收费制度是"污染者付费"原则的体现,可以使污染防治责任与排污者的经济利益直接挂钩,促进经济效益、社会效益和环境效益的统一。缴纳排污费的排污单位出于自身经济利益的考虑,必须加强经营管理,提高管理水平,以减少排污,并通过技术改造和资源能源综合利用以及开展节约活动,改变落后的生产工艺和技术,淘汰落后设备,大力开展综合利用和节约资源、能源,推动企业事业单位的技术进步,提高经济和环境效益。征收的排污费纳入预算内,作为环境保护补助资金,按专款资金管理,由环境保护部门会同财政部门统筹安排使用，实行专款专用，先收后用，量入为出，不能超支、挪用。环境保护补助资金，应当主要用于补助重点排污单位治理污染源以及环境污染的综合性治理措施。

排污收费的依据大致有两种：一种是以环境质量为依据，凡向环境排放污染者，都要缴纳排污费；另一种是以环境标准为依据，对超过国家（地方）规定的标准排放污染物，按排放污染物的数量和浓度，征收排污费。我国采用的是后一种办法，规定收费标准，除了考虑污染治理成本外，还考虑企业管理水平、各地区的经济发展水平、能源政策以及对产品成本的影响等多种因素。污染严重的城市，收费标准可适当提高。

德国于1904年在污染严重的鲁尔重工业区最先实行排污收费制度。1976年9月德意志联邦共和国制定世界上第一部征收排污费的法律《向水源排放废水征税法》。目前实行排污收费制度的有法国、日本、捷克斯洛伐克、匈牙利等国。中国在1979年颁布的《中华人民共和国环境保护法（试行）》中规定："超过国家规定的标准排放污染物，要按照排放污染物的数量和浓度，根据规定收取排污费。"1982年2月国务院公布了《征收排污费暂行规定》，同年7月1日在全国各地实施。

2．补助金和减免税制度

在法律规定增加环境负荷物质的排放者均有纳税义务的基础上，凡达到一定政策目标者可减免（租税优惠措施）或者给予补助金，这称为组合型经济手段。政府机构一般对于补助金的裁量范围甚宽，容易发生权钱交易问题。而对于环境问题，PPP（污染者支付原则）正与此相反，可以抑制高污染企业的退出效应。

日本严格的直接控制同补贴相结合的方式，是在污染者、受害者和政府三方参与者之间的政治妥协的结果中形成的。环境修复保护机构、日本政府投资银行、日本政策金融公库等财政投融资相关的金融机构，对公害纺织设备进行长期的和低利率融资，而税制上的优惠措施则有公害防止设备的特别补偿以及固定资产税与事业税等的减免。

采取免征环境税和给予补助金制度时，要同企业努力改善环境的行动相结合才是恰当的。例如，提出减排计划，在此期间内推迟交付环境税，按期完成减排目标的企业，给予减免环境税。即这是一种给予激励、促进企业的自主减排、再积极评价的组织形式。

3．排污许可交易制度

所谓排污权交易是指在污染物排放总量控制指标确定的条件下，利用市场机制，建立合法的污染物排放权利即排污权，并允许这种权利像商品那样被买入和卖出，以此来进行污染物的排放控制，从而达到减少排放量、保护环境的目的。排污权交易的主要思想是建立合法的污染物排放权利（这种权利通常以排污许可证的形式表现），以此对污染物的排放进行控制。它是政府用法律制度将环境使用这一经济权利与市场交易机制相结合，使政府这只有形之手和市场这只无形之手紧密结合来控制环境污染的一种较为有效的手段。这一制度的实施，是在污染物排放总量控制前提下，为激励污染物排放量的削减，排污权交易双方利用市场机制及环境资源的特殊性，在环保主管部门的监督管理下，通过交易实现低成本治理污染。该制度的确立使污染物排放在某一范围内具有合法权利，容许这种权利像商品那样自由交易。在污染源治理存在成本差异的情况下，治理成本较低的企业可以采取措施以减少污染物的排放，剩余的排污权可以出售给那些污染治理成本较高的企业。市场交易使排污权从治理成本低的污染者流向治理成本高的污染者，这就会迫使污染者为追求盈利而降低治理成本，进而设法减少污染。

污染的治理主要有政府行政手段和市场经济手段。由政府征收排污费的制度安排是一种非市场化的配额交易。交易的一方是具有强制力的政府，另一方是企业。在这种制度下，政府始终处于主动地位，制定排放标准并强制征收排污费，但它却不是排污和治污的主体，企业虽是排污和治污的主体，却处于被动地位。由于只有管制没有激励，只要不超过政府规定的污染排放标准，就不会主动地进一步治污和减排。而排污权交易作为以市场为基础的经济制度安排却不同，它对企业的经济激励在于排污权的卖出方由于超量减排而使排污权剩余，之后通过出售剩余排污权获得经济回报，这实质是市场对企业环保行为的补偿。买方由于新增排污权不得不付出代价，其支出的费用实质上是环境污染的代价。排污权交易制度的意义在于它可使企业为自身的利益提高治污的积极性，使污染总量控制目标真正得以实现。这样，治污就从政府的强制行为变为企业自觉的市场行为，其交易也从政府与企业行政交易变成市场的经济交易。可以说排污权交易制度不失为实行总量控制的有效手段。

在所有可利用的控制手段中，排污许可交易制度时迄今为止最具有市场导向性的环境政策。尽管经济学家多年来一直倡导使用该制度，但其发展仍然处于初级阶段，而且大多数应用于空气质量控制。尽管有些排污许可交易制度已经在国际范围内应用，数量和范围都很有限。例如，加拿大和丹麦分别将排污许可交易制度用于损耗臭氧物质计划和二氧化碳排放计划。与之相比，美国的排污许可交易制度无论在州还是联邦的水平上都取得了重要进展。为了解决酸雨的负面影响，《1990 年清洁空气法案修正案》建立了以许可为基础的可交易计划，以控制二氧化硫的排放量。

（二）环境保护经济手段的局限性

环境保护的经济手段是为达到环境保护和经济发展相协调的目标，利用经济利益关系，对环境经济活动进行调节的政策措施。经济手段是通过市场这只无形的手来发生作用的，现实经济中众多的因素都会对其产生影响。而环境问题本身的复杂性，又使得环境保护的经济手段与一般经济管理的经济手段及环境保护的其他手段相比，具有复杂性的特点。这种特点使理论上具有效率优势的环境保护的经济手段在实践效果上存在着相当多的不确定性。

首先，环境保护的经济手段的内部因素比较复杂，如市场结构、企业性质和结构、替代品的可得性与弹性、技术革新对削减成本的潜力、环境损害的程度、排放和影响之间、区域性与时间性变化等，比较繁杂，难以简单地组合与协调。

其次，采用环境保护的经济手段的管理仍是对复杂环境生态系统的一种干预。这个系统中也包括产品的生命周期和生产食物链。比如，环境问题可能是产品生命周期中从原料采掘阶段、各中间产品阶段、最终产品阶段、产品消费阶段，直至最后进入产品生命周期的废物阶段的环境影响的累积后果。因此，要使环境政策真正贴切有效，应该按自然环境影响阶段过程来考虑组合相关的环境保护的经济手段和其他手段，这在实践中有相当的难度。

第三，在外部因素方面，环境政策手段必须考虑特殊的非常重要的社会政治和经济等环境背景。在社会政治因素背景方面，要同时考虑环境效果、经济效果和社会效果。社会对环境问题的关注与对纯经济问题的关注不同，环境政策对象和受间接影响的利益团体可能提出不同意见，使政策手段的可接受程度不同，影响到这些手段的有效实施。在环境保护的经济手段所带来的分配后果方面，由于涉及代际补偿和跨区域污染等问题，也比一般政策手段复杂。

第三节 环境可持续发展战略的实施

一、可持续发展的指标体系

目前，尽管可持续发展在很大程度上被人们尤其是各国政府所接受，但是，如何从一个概念进入可操作的管理层次仍需要进行很多实际的探讨。其中一个至关重要的问题就是如何测定和评价可持续发展的状态和程度。可持续发展是经济系统、社会系统以及环境系统和谐发展的象征，它所涵盖的范围包括经济发展与经济效率的实现、自然资源的有效配置和永续利用、环境质量的改善和社会公平与适宜的社会组织形式等。因此，可持续发展指标体系几乎涉及人类社会经济生活以及生态环境的各个方面。

（一）可持续发展指标体系的框架和类型

一般认为，可持续发展包括三个关键要素，即经济、社会和环境。可持续发展的指标体系就是要为人们提供环境和自然资源的变化状况，提供环境与社会经济系统之间相互作用方面的信息。有关方面为此提出了可持续发展指标体系的驱动力—状态—响应框架。

基于以上框架，环境指标体系由三大类指标构成，即状态、压力和反应指标。那些表征自然界的物理变化或生物变化或趋势的指标，即状态指标能够回答"发生了什么样的变化"的问题。这些状态指标用来衡量环境质量或环境状态，特别是由于人类活动而引起的变化。关于引起环境变化的人类活动的压力指标要回答的是"为什么会发生如此的变化"。这些指标要反映的是环境问题产生的原因，比如由于人类对资源的开采或过度利用、向环境排放污染物或废弃物，以及人类对环境的干预活动等而导致的资源耗竭、环境质量恶化等。换言之，压力指标用来衡量对环境造成的压力。而人类对环境问题所采取的对策方面的指标，即反应指标则要回答"做了什么以及应该做什么"的问题。它们用来表示社会对解决环境问题而进行的努力，因此，它们衡量的是环境政策的实施状况。

（二）关于可持续发展指标体系的新思路

1. 衡量国家（地区）财富的新标准

1995 年，世界银行颁布了一项衡量国家（地区）财富的新标准，即一国的国家财富由三个主要资本组成：人造资本、自然资本和人力资本。人造资本为通常经济统计和核算中的资本，包括机械设备、运输设备、基础设施、建筑物等人工创造的固定资产；自然资本指的是大自然为人类提供的自然财富，如土地、森林、空气、水、矿产资源等。可持续发展就是要保护这些财富，至少应保证它们在安全的或可更新的范围之内。很多人造资本是以大量消耗自然资本来换取的，所以应该从中扣除自然资本的价值。如果将自然资本的消耗计算在内，一些人造资本的生产未必是经济的；人力资本指的是人的生产能力，它包括了人的体力、受教育程度、身体状况、能力水平等各个方面。人力资本不仅与人的先天素质有关，而且与人的教育水平、健康水平、营养水平有直接关系。因此，人力资本是可以通过投入人造资本来获得增长的。从这一指标中我们可以看出，财富的真正含义在于：一是国家可以使用和消耗本国的自然资源，但必须在使其自然生态保持稳定的前提下，能够高效地转化为人力资本和人造资本，保证人造资本和人力资本的增长能补偿自然资本的消耗。如果自然资源减少后，人力资本和人造资本并没有增加，那么这种消耗就是一种纯浪费型的消耗，该方法更多地纳入了绿色国民经济核算的基本概念，特别是纳入了资源和环境核算的一些研究成果，通过对宏观经济指标的修正，试图从经济学的角度去阐明环境与发展的关系，并通过货币化度量一个国家或地区总资本存量（或人均资本存量）的变化，以此来判断一个国家或地区发展是否具有可持续性，能够比较真实地反映一个国家和地区的财富。

2. 人文发展指数

联合国开发计划署（UNDP）于 1990 年 5 月在第一份《人类发展报告》中，首次公布了人文发展指数（HDI），以衡量一个国家的进步程度。它由收入、寿命、教育三个衡量指标构成。"收入"是指人均 GDP 的多少；"寿命"反映了营养和环境质量状况；"教育"是指公众受教育的程度，也就是可持续发展的潜力。收入通过估算实际人均国内生产总值的购买力来测算；寿命根据人口的平均预期寿命来测算；教育通过成人识字率（2/3 权数）

和大、中、小学综合入学率（1/3 的权数）的加权平均数来衡量。

虽然"人类发展"并不等同"可持续发展"，但该指数的提出仍有许多有益的启示。HDI 强调了国家发展应从传统的以物为中心转向以人为中心，强调了追求合理的生活水平而并非对物质的无限占有，向传统的消费观念提出了挑战。HDI 将收入与发展指标相结合，人类在健康、教育等方面的社会发展是对以收入衡量发展水平的重要补充，倡导各国更好地投资于民，关注人们生活质量的改善，这些都是与可持续发展原则相一致的。

3. 绿色国民账户

从环境的角度来看，当前的国民核算体系存在 3 个方面的问题：一是国民账户未能准确反映社会福利状况，没有考虑资源状态的变化；二是人类活动所使用自然资源的真实成本没有计入常规的国民账户；三是国民账户未计入环境损失。因此，要解决这些问题，有必要建立一种新的国民账户体系。近年来，世界银行与联合国统计局合作，试图将环境问题纳入当前正在修订的国民账户体系框架中，以建立经过环境调整的国内生产净值（EDP）和经过环境调整的国内收入（EDI）统计体系。目前，已有一个试用性的 UNSO（联合国统计局）框架问世，称为"经过环境调整的经济账户体系"（SEEA）。其目的在于，在尽可能保持现有国民账户体系的概念和原则的情况下，将环境数据结合在现存的国民账户体系相一致的形式，作为附属账内容列出。简单来说，SEEA 寻求在保护现有国民账户体系完整性的基础上，通过增加附属账户内容，鼓励收集和汇入有关自然资源与环境的信息。SEEA 的一个重要特点在于，它能够利用其他测度的信息，如利用区域或部门水平上的实物资源账目。因此，附属账户是实现最终计算 EDP 和 EDI 的一个重大进展。

4. 国际竞争力评价体系

国际竞争力评价体系是由世界经济论坛和瑞士国际管理学院共同制定的。它清晰地描述了主要经济强国正在经历的变化，展示出未来经济发展的趋势。它不仅为各国制定经济政策提供重要参考，而且对整个社会经济的发展具有重要导向作用。国际竞争力评价系统的权威性已得到世界公认，并为各国政府所重视。

这套评价体系由 8 大竞争力要素、41 个方面、224 项指标构成。8 大要素主要包括：国内经济实力、国际化程度、政府作用、金融环境、基础设施、企业管理、科技开发和国民素质。其中国民素质主要有人口、教育结构、生活质量和就业等 7 个要素；生活质量中包含医疗卫生状况和生活环境等状况。这套评价体系比较全面地评价和反映一个国家的整体水平，不仅包括现实的竞争能力，还预示潜在的竞争力，从而揭示未来的发展趋势。

5. 典型的综合指标

综合指标是通过系统分析方法，寻求一种能够从整体上反映系统发展状况的指标，从而达到对很多单个指标进行综合分析，为决策者提供有效信息。

（1）货币型综合指标。货币性指标以环境经济学和资源经济学为基础，其研究始于 20 世纪 70 年代的改良 GNP 运动。1972 年，美国经济学家 W.Nordhaus 和 Tobin 提出"经济福利尺度"概念，主张通过对 GNP 的修正得到经济福利指标。这方面研究的代表还有英国伦敦大学环境经济学家 D.W.皮尔斯。他在其著作《世界无末日》中，将可持续发展定义为：随着时间推移，人类福利持续不断地增长。从该定义出发，形成了测量可持续发展的判断依据，总资本存量的非递减是可持续性的必要前提，即只有当全部资本的存量随时间保持一定增长的时候，这种发展途径才可能是可持续的。

（2）物质流或能量流型综合指标。以世界资源研究所的物质流指标为代表，寻求经济系统中物质流动或能量流动的平衡关系，反映可持续发展水平。资本创造方案评价也为分析经济性、资源与环境长期协调发展战略提供了一种新思路。ECCO 的主要计量单位是能量单位"焦耳"，所有的货币单位都通过特定的系数转化为能量单位。它通过分析自然资产消耗和生产资产增加之间的关系，在一定的政策、技术条件下，对一个国家的国民经济系统的潜力进行分析，这是可持续发展指标的一种定量分析方法。

二、《21 世纪议程》

《21 世纪议程》是 1992 年 6 月 3 日至 14 日在巴西里约热内卢召开的联合国环境与发展大会通过的重要文件之一，是"世界范围内可持续发展行动计划"，它是至 21 世纪初在全球范围内各国政府、联合国组织、发展机构、非政府组织和独立团体在人类活动对环境产生影响的各个方面的综合的行动蓝图。

（一）《21 世纪议程》

1. 《21 世纪议程》的基本思想

《21 世纪议程》深刻指出，人类正处于一个历史的关键时刻，世界面对国家之间和各国内部长期存在的经济悬殊现象，贫困、饥荒、疾病和文盲有增无减，赖以维持生命的地球生态系统继续恶化。如果人类不想进入这个不可持续的绝境，就必须改变现行的政策，综合处理环境与发展问题，提高所有人特别是穷人的生活水平，在全球范围更好地保护和管理生态系统。要争取一个更为安全、更为繁荣、更为平等的未来，任何一个国家不可能仅依靠自己的力量取得成功，必须联合起来，建立促进可持续发展全球伙伴关系，只有这样才能实现可持续发展的长远目标。

《21 世纪议程》的目的是为了促使全世界为 21 世纪的挑战做好准备。它强调圆满实施议程是各国政府必须首先负起的责任。为了实现议程的目标，各国的战略、计划、政策和程序至关重要，国际合作需要相互支持和各国的努力。同时，要特别注重转型经济阶段许多国家所面临的特殊情况和挑战。它还指出，议程是一个能动的方案，应该根据各国和各地区的不同情况、能力和优先次序来实施，并视需要和情况的改变不断调整。

2. 《21世纪议程》的主要内容

《21世纪议程》涉及人类可持续发展的所有领域，提供了21世纪如何使经济、社会与环境协调发展的行动纲领和行动蓝图。它共计40多万字。整个文件分4个部分。

第一部分，经济与社会的可持续发展。包括加速发展中国家可持续发展的国际合作和有关的国内政策、消除贫困、改变消费方式、人口动态与可持续能力、保护和促进人类健康、促进人类住区的可持续发展、将环境与发展问题纳入决策进程。

第二部分，资源保护与管理。包括保护大气层；统筹规划和管理陆地资源的方式；禁止砍伐森林、脆弱生态系统的管理和山区发展；促进可持续农业和农村的发展；生物多样性保护；对生物技术的环境无害化管理；保护海洋，包括封闭和半封闭沿海区，保护、合理利用和开发其生物资源；保护淡水资源的质量和供应——对水资源的开发、管理和利用；有毒化学品的环境无害化管理，包括防止在国际上非法贩运有毒废料、危险废料的环境无害化管理；对放射性废料实行安全和环境无害化管理。

第三部分，加强主要群体的作用。包括采取全球性行动促进妇女的发展；青年和儿童参与可持续发展、确认和加强土著人民及其社区的作用；加强非政府组织作为可持续发展合作者的作用、支持《21世纪议程》的地方当局的倡议；加强工人及工会的作用、加强工商界的作用、加强科学和技术界的作用、加强农民的作用。

第四部分，实施手段。包括财政资源及其机制；环境无害化（和安全化）技术的转让；促进教育、公众意识和培训、促进发展中国家的能力建设、国际体制安排；完善国际法律文书及其机制等。

（二）《中国21世纪议程》

1. 《中国21世纪议程》的基本思想和特点

制定和实施《中国21世纪议程》，走可持续发展之路，是我国在21世纪发展的需要和必然选择。中国是发展中国家，要提高社会生产力，增强综合国力和不断提高人民生活水平，就必须毫不动摇地把发展国民经济放在第一位，各项工作都要紧紧围绕经济建设这个中心来开展。中国是在人口基数大、人均资源少、经济和科技水平都比较落后的条件下实现经济快速发展的，这使本来就已经短缺的资源和脆弱的环境面临更大的压力。在这种形势下，我国政府认识到，只有遵循可持续发展战略思想，从国家整体利益的高度来协调和组织各部门、各地方、各社会阶层和全体人民的行动，才能顺利完成预期的经济发展目标，才能保护好自然资源和改善生态环境，实现国家长期、稳定的发展。

《中国21世纪议程》具有以下几方面的基本特点。

（1）突出体现了新的发展观。《中国21世纪议程》体现了新的发展观，力求结合中国国情，分类指导，有计划、有重点、分区域、分阶段摆脱传统的发展模式，逐步由粗放型经济发展过渡到集约型经济发展。具体内容如下：

第一，我国东部和东南沿海地区经济相对比较发达，在经济继续保持稳定、快速增长的同时，重点提高增长的质量、提高效益，节约资源与能源、减少废物，改变传统的生产模式与消费模式，实施清洁生产和文明消费。

第二，我国西部、西北部和西南部经济相对不够发达地区，重点是消除贫困，加强能源、交通、通信等基础设施建设，提高经济对区域开发的支撑能力。

第三，对于农业，重点提出一系列通过政策引导和市场调控等手段，逐步使农业向高产、优质、高效、低耗的方向发展，发展我国独具特色的乡镇企业，引导其提高效益、减少污染，为农村剩余劳动力提供更多的就业机会。

第四，能源是我国国民经济的支柱产业。根据我国能源结构中煤炭占 70% 以上的特点，在能源发展中重点发展清洁煤技术，计划通过一系列清洁煤技术项目和示范工程项目，大力提倡节能、提高能源效率以及加快再生能源的开发速度。

（2）注重处理好人口与发展的关系。长期以来，庞大的人口基数给我国经济、社会、资源和环境带来了巨大的压力。尽管我国人口的自然增长率呈下降趋势，但人口增长的绝对数仍然很大，社会保障、卫生保健、教育、就业等远跟不上人口增长的需求。《中国 21 世纪议程》根据这一严峻的现实，着重提出了要继续进行计划生育，在控制人口的同时，通过大力发展教育事业、健全城乡三级医疗卫生和妇女保障系统、完善社会保障制度等措施，提高人口素质、改善人口结构；同时大力发展第三产业，扩大就业容量，充分发挥中国人力资源的优势。

（3）充分认识我国资源所面临的挑战。《中国 21 世纪议程》充分认识到中国资源短缺和人口激增对经济发展的制约。因此，它强调从现在起必须要有资源危机感。21 世纪要建立资源节约型经济体系，将水、土地、矿产、森林、草原、生物、海洋等各种自然资源的管理，纳入国民经济和社会发展计划，建立自然资源核算体系，运用市场机制和政府宏观调控相结合的手段，促进资源合理配置，充分运用经济、法律、行政手段实行资源的保护、刺激与增值。对多样性保护问题、防止有害废物越境转移问题，以及水土流失和荒漠化问题等，都提出了相应的战略对策和行动方案，以强烈的历史使命感和责任感去履行对国际社会应尽的责任和义务。

2. 《中国 21 世纪议程》的主要内容

《中国 21 世纪议程》是中国实施可持续发展战略的行动纲领，也是中国政府认真履行 1992 年联合国环境与发展大会的原则立场和实际行动，表明了中国在解决环境与发展问题上的决心和信心。《中国 21 世纪议程》共 20 章，78 个领域，主要内容分为 4 大部分。

第一部分，可持续发展总体战略与政策。提出了中国可持续发展战略目标、战略重点和重大行动，建立中国可持续发展的法律体系等。

该部分包括，建立中国的可持续发展的法律体系，通过立法保障妇女、青少年、少数民族、工人、科技界等社会各阶层参与可持续发展以及相应的决策过程。制定和推进有利于可持续发展的经济政策、技术政策和税收政策，包括考虑将资源和环境纳入经济核算体系。逐步建立《中国 21 世纪议程》发展基金，广泛争取民间和国际资金支持。能力建设作为《中国 21 世纪议程》的重点，加强现有信息系统的联网和信息共享；特别注重对各级领导和管理人员实施能力的培训；同时，注意进行教育建设、人力资源开发和提高科技能力。

第二部分，社会可持续发展。包括人口、居民消费与社会服务，消除贫困，卫生与健康，人类居住区可持续发展和防灾减灾等。

该部分包括，控制人口增长和提高人口素质。引导民众采用新的消费和生活方式。在工业化、城市化的进程中，发展中小城市和小城镇，发展社区经济，注意扩大就业容量，大力发展第三产业。加强城乡建设规划和合理利用土地，注意将环境的分散治理走上集中治理。逐步建立城市供水用水和污水处理协调统一管理机制，增强贫困地区自身经济发展能力，尽快消除贫困。建立与社会经济发展相适应的自然灾害防治体系。

第三部分，经济可持续发展。包括可持续发展的经济政策，农业与农村经济的可持续发展，工业与交通、通信业的可持续发展，可持续能源和生产消费等部分。

该部分包括，利用市场机制和经济手段推动可持续发展，提供新的就业机会。完善农业和农村经济可持续发展综合管理体系。在工业生产中积极推广清洁生产，尽快发展环保产业，发展多种交通模式，提高能源效率与节能，推广少污染的煤炭开发开采技术和清洁煤技术，开发利用新能源和可再生能源。

第四部分，资源的合理利用与环境保护。包括水、土等自然资源保护与可持续利用，生物多样性保护，防治土地荒漠化，保护大气层，固体废物无害化管理等。

该部分包括，在自然资源管理决策中推行可持续发展影响评价制度。通过科学技术引导，对重点区域和流域进行综合开发整治。完善生物多样性保护法规体系，建立和扩大国家自然保护区网络。建立全国土地荒漠化的监测和信息系统。采用新技术和先进设备，控制大气污染和防治酸雨。开发消耗臭氧层物质的替代产品和替代技术。大面积造林。建立有害废物处置、利用的新法规和制订计划标准。

3. 《中国 21 世纪议程》的实施进程

《中国 21 世纪议程》的实施，将为逐步解决中国的环境与发展问题奠定基础，有力地推动中国走上可持续发展的道路。自《中国 21 世纪议程》颁布以来，中国各级政府分别从计划、法规、政策、宣传、公众参与不同方面，加以推动实施。主要包括以下 4 个方面。

（1）结合经济增长方式的转变推进《中国 21 世纪议程》的实施：一是在实施《中国 21 世纪议程》过程中，既充分发挥市场对资源配置的基础性作用，又注重加强宏观调控，克服市场机制在配置资源和保护环境领域的"失效"现象。二是促进形成有利于节约资源、降低消耗、增加效益、改善环境的企业经营机制，有利于自主创新的技术进步机制，有利于市场公平竞争和资源优化配置的经济运行机制。三是加速科技成果转化，大力发展清洁生产技术、清洁能源技术、资源和能源有效利用技术，以及资源合理开发和环境保护技术等。加强重大工程和区域、行业的软科学研究，为国家、部门、地方的经济、社会管理决策提供科技支撑。四是坚持资源开发与节约并举，大力推广清洁生产和清洁能源；千方百计减少资源的占用与消耗，大幅度提高资源、能源和原材料的利用效率。五是结合农业、林业、水利基础设施建设和"高产、高效、低耗、优质"工程和生态农业的推广，调整农业结构，优化资源的生产要素组合，加大科技兴农的力度，保护农业生态环境。六是研究、制定和改进可持续发展的相关法规和政策，研究可持续发展的理论体系，建立与国际接轨的信息系统。七是研究、改进、完善和制定一系列的管理制度，包括使可持续发展的要求进入有关决策程序的制度、对经济和社会发展的政策和项目进行可持续发展评价的制度等，以保证《中国 21 世纪议程》有关内容的顺利实施。

（2）通过国民经济和社会发展计划实施《中国 21 世纪议程》。根据国务院决定，《中国 21 世纪议程》将作为各级政府制定国民经济和社会发展中长期计划的指导性文件，其基本思想和内容要在计划里得以实现。国务院要求各部门和地方政府要按照计划管理的层次，通过国民经济和社会发展计划阶段地实施《中国 21 世纪议程》。主要是创造条件，优先安排对可持续发展有重大影响的项目，对建设项目进行是否符合可持续发展战略的评估，对不符合可持续发展要求的项目，坚决予以修改和完善。特别是按照可持续发展的思想，对经济和社会发展的政策和计划进行评估，以避免重大失误。

（3）大力提高全民可持续发展意识：一是要加强可持续发展教育。各级教育部门逐步将可持续发展思想贯穿于从初等到高等教育全过程中。二是要加强可持续发展宣传和科学技术普及活动，充分利用电视、电影、广播、报刊、书籍等大众传媒，积极宣传可持续发展思想。三是要加强可持续发展。《中国 21 世纪议程》的实施需要群众的广泛参与，各级领导干部担负着组织实施的重任。因此，应把各级管理干部，特别是各级决策层干部的可持续发展培训，放在突出重要的位置。

（4）利用国际合作实施《中国 21 世纪议程》。为了加强中国可持续发展能力建设和实施示范工程，国家从各地方、各部门实施可持续发展战略的优先项目计划中，选择有代表性的适合于国际合作的项目，列入《中国 21 世纪议程》优先项目计划，以争取国际社会的支持与合作。1994 年和 1997 年，中国政府和联合国开发计划署（UNDP）先后在北京联合召开了《中国 21 世纪议程》高级国际圆桌会议，推出了一批《中国 21 世纪议程》优先项目。许多国际组织、外国政府和企业，以及非政府组织对优先项目表示了不同程度的合作意向，有的正在进行实质性的合作，此外，中国本着"新的全球化伙伴关系的精神"，充分利用可持续发展是当今合作热点的有利时机，通过广泛宣传，引进资金、技术和管理经验，拓宽国际合作渠道。

三、中国实施可持续发展战略的政策措施

可持续发展，是指既满足当代人的需求，又不对后代人满足需求的能力构成危害的发展。可持续发展是以控制人口、节约资源、保护环境为重要条件的，其目的是使经济发展同人口增长、资源利用和环境保护相适应，实现资源、环境的承载能力与经济社会发展相协调，从人口、资源、环境、经济、社会相互协调中推动经济建设发展，并在发展的进程中带动人口、资源、环境问题的解决。把经济社会发展与人口、资源、环境结合起来，统筹安排，综合协调，便成为实施可持续发展战略的主要内容。

（一）促进中国可持续发展的经济政策

1. 将资源环境核算纳入国民经济核算体系

从可持续发展的角度分析，资源与环境是人类的自然资本，是人类可持续发展的自然基础。我国现有的国民经济核算体系在评估成本和资本时，忽视了在自然资源方面出现的稀缺，也忽视了由于污染导致的环境质量下降，以及随之对人类健康和财富带来的影响，甚至一些用来维持环境质量的费用也被当做国民收入和生产的增加加以核算，而实际上这些费用都应视为社会的维持成本，而不能视为社会财富的增加。可见，现行的国民经济核算体系并不包括污染引起的环境恢复费用、污染防治费用和由于自然资源非最佳利用而造成的资源损失费用，既不能反映经济增长导致的生态环境破坏和资源代价，也未计非商品劳务的贡献。因此必须将资源环境核算纳入国民经济核算体系。

2. 推行有利于可持续发展的产业政策

有利于可持续发展的产业政策不同于计划经济时期以国家计划为核心的产业政策，而是在确保生态环境良性循环的前提下，政府创造一种开放市场、清洁生产、鼓励竞争、刺激私人投资、改进技术、放松管制的产业发展环境，在这种环境里，国家出台鼓励一些产业发展而限制另一些产业发展的政策。

3. 贯彻缩小地区差距、促进西部开发战略的政策

实施西部大开发战略，缩小东西部发展差距是我国在 20 世纪末做出的一项重大的战略性区域开发决策，也是一项巨大的系统工程和长期的艰巨任务。

4. 逐步建立可持续发展的税收政策体系

建立可持续发展的税收政策体系，是我国政府增加国民总财富，协调资源开发、生态环境保护同经济社会发展之间矛盾、缩小地区发展差距与收入分配差距、调动纳税人的积

极性、推动国家实现可持续发展战略的重要保障。从我国的实际情况分析，我国税收占GDP 的比重是世界上最低的国家之一，但各种乱收费对企业和农民造成的负担也是世界上最重的国家之一，同时我国又是资源浪费、生态破坏和环境污染最严重的国家之一。在这种情况下，必须推进税收制度改革，建立健全各种资源税和生态环境税，尽快形成可持续发展的税收政策体系框架。

5．明晰资源产权，确保资源的可持续利用政策

为了彻底改变以高资源消耗换取高经济增长导致高环境污染的粗放型经济增长方式，改变资源无价或廉价开采使用、资源产权虚拟、资源开发保护的责、利、权管理混乱等局面，在把资源与环境成本纳入国民经济核算体系的同时，还需进一步明细资源产权，制定并实施一系列确保资源可持续利用的政策。

（二）保障可持续发展的法制手段

1．健全可持续发展的相关法律法规

近年来，我国修订和新制定了《矿产资源法》等多部资源、环境法律，发布了一批资源、环境行政法规和部门规章，进一步完善了环境标准，基本形成了资源、环境保护法律体系。到目前为止，已初步形成了适合中国国情的环境与资源保护法律体系框架，使中国可持续发展战略的实施逐步走向法制化、制度化和科学化的轨道。

2．加大执法力度

要使可持续发展的战略构想能够转化为有效的社会行动，必须用强有力的法制做保障。可持续发展要求在法律建设中不仅要求形成一套完整的法律制度，而且要求能够在现实中更有效地运作法律，执行法律，才能保证法律在促进和维护可持续发展中发挥确实的作用。

（三）加强可持续发展的行政措施

1．加强部门合作，建立协调机制

可持续发展管理需要综合利用经济的、行政的和法律的手段，要求有相应素质的决策和管理人才，配套的管理机构和适用技术，以形成一个高效的管理机制，使其具有推动可持续发展的协调和综合管理能力。因此，在管理、体制上，不仅要明确国家、地方以及相关部门的责任，充分调动各个方面的积极性，更要避免条、块分割，加强部门整体上的协调性，能够使有关部门在不同的条件下相互合作，建立起一种互相联动式的良好协作关系，减少部门之间、个人之间的相互摩擦，提高部门的决策效率以及资源的配置和使用效率，

从而形成统一管理、分工协作的管理体制。

2. 建立综合决策制度，提高政策制定水平

可持续发展不仅涉及生产方式、消费方式，同时也涉及管理方式，是人类生存和发展的模式，它渗透到物质文明、精神文明和制度文明的各个领域，融入经济、社会、生态环境的各个环节，是一个国家或地区乃至企业的基本发展战略和运行平台。要将可持续发展的思想和内在要求贯穿到各领域之中，不宜把可持续发展从一个完整的社会体系中单独列出来与经济、社会的其他领域并列，也不宜把某些领域或产业列入可持续发展范畴的同时又把某些领域或产业摆在可持续发展之外。

（四）依靠科技进步促进可持续发展

1. 加快科技体制改革，建立有利于可持续发展的创新体系

传统的技术创新途径对可持续发展目标的忽视是造成当今众多全球环境问题的重要原因。为此，应加大科技投入，继续大力推动建立有利于可持续发展的国家科技创新体系，深化科技体制改革，完善技术市场，促进科技成果的转让与产业化。发挥技术创新在改造传统粗放型产业、发展新兴技术产业和高技术产业中的作用，使"高资本投入、高资源消耗、高污染排放"的发展模式转变为适合中国国情的"资源节约型"和"环境友好型"国民经济体系。同时，应鼓励企业增加对 R&D 的投入，逐步使企业成为技术创新的主体。

2. 发展高新技术及产业化，实现跨越式发展

现代高科技技术的应用，不仅可产生传统技术所不可及的经济效益，而且有利于资源合理利用和环境保护。因此，要加速高科技产业化进程，在体质和机制上要切实解决科技与经济脱节的问题，大力促进产学研结合，促进高科技成果向现实生产力转化。要用现代科学技术武装基础产业和支柱产业，加快产业结构调整和升级，搞好大中型企业；通过现代新技术形成新的产业生长点，培育规模大的、国际竞争力强的新型产业。

3. 加强基础研究，为可持续发展提供科学技术支撑

世界高科技发展突飞猛进，没有创新的基础研究就不可能攻占高科技的制高点，也就不能掌握国际竞争的主动权。基础研究要力争在符合国家战略目标，关系国家安全和国家长远利益的科技领域有所作为，在对经济、社会发展有重要影响，能形成新兴产业的先进科技领域有所突破，力争掌握一批能形成产业，有自主知识产权的重大技术，为我国可持续发展提供强有力的支撑。

（五）建立可持续发展的公众参与机制

1. 提高公众参与意识、促进社会各界的广泛参与

中国实施可持续发展战略的另一重要推动力来自公众的参与。虽然近几年来政府在提高公众环境意识方面做出了大量的工作，取得了明显的成效，但客观来说，中国公众的环境意识还很淡薄，许多污染事件就是公众环境意识淡薄造成的。因此，如何因势利导，调动公众参与实施可持续发展战略，同样是十分重要的。① 将环境保护纳入教育体系，不仅是职业教育体系，而且要纳入义务教育体系。重视环境从娃娃抓起，是西方国家的普遍做法。② 发挥非政府组织的作用，调动公众的参与意识。中央政府应积极借鉴一些西方国家的环境问题圆桌会议制度，建立具有中国特色的类似机制，吸收非政府组织的代表参与环境决策过程和监督环境执法。③ 因地制宜，搞好环境宣传。充分利用广播、电视、报纸等大众传媒和各级各类学校进行可持续发展的宣传和教育，特别是对妇女和少年儿童的教育，普及可持续发展的知识。

2. 建立公众参与的激励机制，发挥公众在可持续发展中的监督作用

公众是推动社会进步和可持续发展战略的主力，公众能否有效地参与可持续发展是实施可持续发展目标的关键。如何使公众积极参与可持续发展战略实施，一方面要激发公众的可持续发展意识，调动他们参与的积极性。另一方面要建立公众参与的激励机制，不仅要他们参与有关环境与发展的决策过程和对决策执行过程的监督，而且要通过各种形式使可持续发展宣传与公众的切身利益结合起来。

四、国际可持续发展战略态势

为了推进可持续发展战略的实施，不少国家积极采取行动，相继制定出适合本国国情的规划和政策，有的制定了本国的 21 世纪议程，并成立了专门的可持续发展委员会，几乎所有的国际组织都对可持续发展做出了反应。这一切充分体现了国际社会对可持续发展的重视。从目前各国推行可持续发展战略的实际情况看，发展水平不同的国家，其贯彻可持续发展的侧重点和追求的目标均不一样，但是他们在设立机构、制定政策等方面都取得了相当的进展，在执行可持续发展的法律法规、公众参与等方面也做出了积极努力。

（一）美国可持续发展战略实施概况

1996 年美国出台了"美国国家可持续发展战略——可持续的美国和新的共识"。这份报告分别介绍了美国的可持续发展国家目标、信息和教育、加强社区建设、自然资源管理、人口与可持续发展，以及美国的国际领导地位等。在克林顿总统接受这份战略报告的同时，

宣布由两个机构负责实施可持续发展的战略计划，一是总统可持续发展理事会（PCSD）；二是可持续社区联合中心（JCSC），JCSC 是由美国市长大会和美国县联盟共同创建的，其任务是帮助各社区达到自给自足和实现可持续发展。该中心主要通过实施可持续社区发展计划（包括领导培训、信息交换和制定实施行动计划的方法和技术等）开展有关社区政策分析和教育论坛活动（包括政策分析和全国性的教育等），向地方官员提供咨询、信息和财政支持，促进各社区的可持续发展。

美国总统可持续发展理事会（PCSD）认为，为了促进未来的进步与发展，美国必须就环境保护（包括可持续发展的基本组成部分：环境健康、经济繁荣、社会平等与幸福）承担更多的义务，这就意味着必须根据目前的实际情况改革税收和补贴政策，采用市场激励手段等因素改革目前的环境管理体制，并确立新的、有效的政策框架。同时，PCSD 在资源保护、社区建设、人口与可持续发展方向采取了一系列整体措施。此外，美国政府还以制定"国家环境技术战略"为主线，通过实施项目计划，开发新的环保技术，推动环境技术的出口和转让。

（二）欧盟的可持续发展行动

联盟的可持续发展战略带有比较浓厚的资源战略色彩。按当今的发展模式，全球性资源危机将是不可避免的。因此，节约资源和能源，转变消费模式，理所当然地成为发达国家可持续发展战略的核心。欧盟的第五个环境行动计划提出可持续发展需要具备的几个条件，即有效管理资源的开采与利用，避免浪费和自然资源储备的耗损；能源的生存与消费进一步合理化；社会本身的消费及行为方式应予改变。

对于那些把环境目标建立在预防为主，并纳入欧盟政策环境项目，在资金上给予足够重视和支持。另外，除原有的"生命"基金、结构基金及环境能源基金之外，还建立了新的联合基金。欧盟有关条约规定：在不对欧共体任何措施抱有偏见的前提下，各成员国有责任提供资金以实施有关环境政策。

（三）各国可持续发展战略的比较

在全球实施可持续发展战略的同时，应注意到不同经济类型、不同发展阶段、经历了不同发展道路的国家，对可持续发展的理解、所设定的目标以及实施的手段、方式各不相同，由此形成了泾渭分明的发达国家和发展中国家两大阵营，下面介绍发达国家和发展中国家在可持续发展战略上存在的主要差异。

1. 从可持续发展整体上的理解和把握上看，总体目标层次分明

依据不同国家和组织对可持续发展的整体上的认知，可以将它们分成 3 个层次：第 1 层次包括芬兰、瑞典、挪威、德国、新西兰等少数发达国家，将可持续发展定位于经济、社会以及生态的全面可持续发展。第 2 层次，包括第 1 层次以外的工业化国家和少数准工

业化国家，它们将可持续发展定位于在环境保护的基础上的经济发展。如美国、英国、法国、澳大利亚等。第3层次，几乎全部是发展中国家，包括大多数准工业化国家、经济转型国家和其他广大发展中国家，将可持续发展定位于在经济发展的基础上注意保护环境。如泰国、菲律宾、印度尼西亚、印度、巴西、匈牙利、越南等国的可持续发展战略都是把经济发展作为首要任务，在经济发展的同时，不同程度地注重保护环境。

2．从可持续发展的实施手段上看，依靠市场和政府各有侧重

一般来讲，发达国家更侧重于发挥市场手段，如税收、信贷、污染者付费等，同时拥有健全的立法、执法体系和灵活的经济政策；发展中国家更侧重于发挥政府的特殊地位推动环境保护和可持续发展，虽然也已尝试采取市场手段、经济政策和立法，但这些手段无论在建立，还是实施方面都不十分成熟。

3．从地方可持续发展战略的推动情况上看，实现途径各有不同

发达国家，地方实施可持续发展战略的积极性很高，有的国家地方政府的作用甚至大于中央政府。比较典型的国家有加拿大、瑞典等。发展中国家，实施地方可持续发展战略主要是依靠中央政府强制作用，地方政府更多的是贯彻中央政府的指令，突出作用在于搞好地方能力建设。如巴西、菲律宾。

4．从可持续发展的贯彻方式上看，公众参与意识和程度差异很大

发达国家，由于历史和经济水平的缘故，公众参与环境保护和可持续发展的意识较高，如意大利，通常是社会公众的环境意识先行，政府的环境管理滞后于社会和企业的环境保护行动和觉悟。发达国家公众参与环境保护意识高，同这些国家政府提供环境教育和非政府组织参与环境政策是分不开的。如：芬兰政府十分重视在校学生的环保教育等。一些发展中国家也开始尝试通过环境教育和发挥非政府组织作用的方式，推动它们的可持续发展战略。如新加坡着手把环境教育摆在非常重要的地位。总而言之，在提高公众参与意识方面，发展中国家应积极借鉴发达国家的做法，在环境教育和发挥非政府组织作用方面吸收发达国家的经验。

复习思考题

1．环境外部不经济性的概念是什么？有什么途径来解决环境外部不经济性问题？
2．环境质量的费用—效益分析的评价方法有哪些？
3．简述环境保护在经济发展中的地位以及如何确保环境与经济的协调发展。
4．环境保护的经济政策手段有哪些？
5．可持续发展战略指标体系的类型有哪些？关于可持续发展战略指标体系有哪些新的发展思路？

    6. 《中国21世纪议程》的主要内容是什么？其实施进程如何？

    7. 中国实施可持续发展战略的政策措施有哪些？

    8. 比较世界各国的可持续发展战略有哪些差异？

参考文献

[1] 曹洪军，等. 环境经济学[M]. 北京：经济科学出版社，2012.

[2] 程发良，孙成访，等. 环境保护与可持续发展[M]. 北京：清华大学出版社，2009.

[3] 钱易，唐孝炎. 环境保护与可持续发展[M]. 北京：高等教育出版社，2000.

[4] 曲向荣. 环境保护与可持续发展[M]. 北京：清华大学出版社，2012.

[5] 杨京平. 环境生态工程[M]. 北京：中国环境科学出版社，2011.

[6] 刘江. 中国可持续发展战略研究[M]. 北京：中国农业出版社，2001.

[7] 吉田文和. 环境经济学新论[M]. 张坤民，译. 北京：人民邮电出版社，2011.

[8] 卡兰，托马斯. 环境经济学与环境管理：理论、政策和应用[M]. 李建民，姚从容，译. 北京：清华大学出版社，2006.

[9] 宋莹，刘险峰. 浅谈环境保护在我国经济发展中的作用[J]. 长春理工大学学报：社会科学版，2005（4）：59-60.

[10] 赵红. 外部性交易成本与环境管制——环境管制政策工具的演变与发展[J]. 山东财政学院学报，2005（6）：20-25.

[11] 陈建，刘颖. 费用效益分析法在环境审计中的应用研究[J]. 当代经济，2008（1）：122-123.

[12] 诸大建. 从可持续发展到循环型经济[J]. 世界环境，2000（3）：6-12.

[13] 余北迪. 我国国际贸易的环境经济学分析[J]. 国际经贸探索，2005，21（3）：26-30.

[14] 牛文元. 可持续发展：21世纪中国发展战略的必然选择[J]. 天津行政学院学报，2004，4（1）：56-59.

[15] 任力. 低碳经济与中国经济可持续发展[J]. 社会科学家，2009，2（9）：2.